消防行业特有工种
职业培训与技能鉴定统编教材

消防设施操作员

（基础知识）

中国消防协会　组织编写

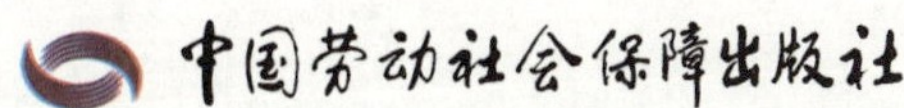
中国劳动社会保障出版社

图书在版编目（CIP）数据

消防设施操作员：基础知识 / 中国消防协会组织编写. -- 北京：中国劳动社会保障出版社，2019

消防行业特有工种职业培训与技能鉴定统编教材

ISBN 978-7-5167-4306-5

Ⅰ.①消… Ⅱ.①中… Ⅲ.①建筑物－消防－职业技能－鉴定－教材 Ⅳ.①TU998.1

中国版本图书馆 CIP 数据核字（2019）第 272715 号

中国劳动社会保障出版社出版发行

（北京市惠新东街 1 号 邮政编码：100029）

*

北京华联印刷有限公司印刷装订 新华书店经销

787 毫米 ×1092 毫米 16 开本 28 印张 520 千字

2019 年 12 月第 1 版 2019 年 12 月第 1 次印刷

定价：68.00 元

读者服务部电话：（010）64929211/84209101/64921644

营销中心电话：（010）64962347

出版社网址：http://www.class.com.cn

编写委员会

主　任：陈伟明

副主任：张荣昌　曹忙根　司　戈

委　员（按姓氏笔画）：

马振国　张国庆　周广连　段　炼　郭树林

本书编写人员

主　编：景　绒　朱国庆

编　者（按姓氏笔画）：

丁显孔　马恩强　王　炜　王吉红　朱　健　朱　磊　朱国庆

刘　峰　刘沐炎　刘洪永　闫怀林　李　伟　李长征　吴　莹

张宏宇　张媛媛　钟　阅　郭　晨　景　绒

主　审：郭树林

审　稿（按姓氏笔画）：

刘　凯　李春强　张建国　赵玉全　南江林　晏　风　高晓斌

编　务：刘　峰　施　策　张　莹　葛书君

序

PREFACE

消防行业特有工种实行职业资格鉴定、推行持证上岗制度，是国家改进和加强社会公共消防安全的一项重要举措，对提高社会消防从业人员的业务技能和职业素质，推动社会化消防工作发展起到了重要的作用。特别是近年来，国家在深化改革的进程中，相继取消了一批职业资格，但仍然保留消防设施操作员职业资格，并作为准入类列入国家职业资格目录（《人力资源社会保障部关于公布国家职业资格目录的通知》，人社部发〔2017〕68号），充分说明党和国家对关乎人民生命财产安全的消防工作的重视。为了推进消防职业技能鉴定工作的发展，人力资源社会保障部、应急管理部批准了重新修订的《消防设施操作员国家职业技能标准》（以下简称《标准》），将于2020年1月起实施。

为了配合《标准》的实施，中国消防协会组织有关专家编写了这套消防行业特有工种职业培训与技能鉴定统编教材。

本套教材对标《标准》，按照消防设施操作员参加职业资格培训和技能鉴定的需求设定内容，并根据《标准》中划定的不同等级职业技能要求，将教材分成《消防设施操作员（基础知识）》《消防设施操作员（初级）》《消防设施操作员（中级）》《消防设施操作员（高级）》《消防设施操作员（技师 高级技师）》五册。

在教材编写过程中，应急管理部消防救援局、人力资源社会保障部职业技能鉴定中心以及有关单位给予了大力支持和指导，教材编写人员和审稿专家付出了辛勤的汗水，作出了突出的贡献，在此一并表示感谢。

本教材还有许多不足之处，欢迎读者提出宝贵意见，以便及时修改。

中国消防协会会长 陈伟明

编写说明

消防设施操作员是指从事建（构）筑物消防设施运行、操作和维修、保养、检测等工作的人员。《消防设施操作员国家职业技能标准》（以下简称《标准》）按照从业人员的职业活动范围、工作责任和工作难度将其划分为2个方向、5个等级，其中消防设施监控操作职业方向分别为：五级 / 初级工、四级 / 中级工、三级 / 高级工、二级 / 技师；消防设施检测维修保养职业方向分别为：四级 / 中级工、三级 / 高级工、二级 / 技师、一级 / 高级技师。

为配合《标准》在2020年1月顺利施行，中国消防协会组织来自消防科研院校、产品生产企业、技术服务机构、消防救援队伍、职业技能鉴定站等从事一线工作的人员，编写了这套消防行业特有工种职业培训与技能鉴定统编教材。本套教材的总体构思由江苏省消防救援总队培训基地周广连高级工程师负责。本套教材的编写以《标准》为依据，分为基础知识和操作技能两大类；以“职业等级制划分”为基础，操作技能类分为《消防设施操作员（初级）》《消防设施操作员（中级）》《消防设施操作员（高级）》《消防设施操作员（技师　高级技师）》4个分册；以“职业活动导向”为核心，《消防设施操作员（基础知识）》设9个培训模块，操作技能类依《标准》确定的职业方向及职业功能分设相应的培训模块；以“评价什么编什么”为思路，技能类分册依据职业功能划分培训模块，每个培训模块依工作内容划分为若干培训项目，每个培训项目再依技能点设若干培训单元，每个培训单元以职业能力为主线，按照“培训重点”“知识要求”“技能操作”3个组成部分来编写内容，强调知识为技能服务。本套教材内容全面对标《标准》，尤其是《标准》中确定的40项关键技能。

根据《标准》所确定的各等级鉴定申报条件，本套教材的配套使用情况为：《消防设施操作员（基础知识）》及《消防设施操作员（初级）》适用五级/初级工学习；五级/初级工所适用教材及《消防设施操作员（中级）》适用四级/中级工学习；四级/中级工所适用教材及《消防设施操作员（高级）》适用三级/高级工学习；三级/高级工所适用教材及《消防设施操作员（技师　高级技师）》适用二级/技师、一级/高级技师学习。各等级职业方向考生可参考《标准》中要求的考核科目，选择本等级培训教材中的相应培训模块进行学习。

《消防设施操作员（基础知识）》共9个培训模块，其中：培训模块一“职业道德”由李伟、刘峰编写；培训模块二“消防工作概述”由马恩强、景绒编写；培训模块三“燃烧和火灾基本知识”由景绒编写；培训模块四“建筑防火基本知识”中培训项目1至3由闫怀林编写，培训项目4至8由朱国庆编写；培训模块五“电气消防基本知识”由刘洪永、李长征、吴莹、郭晨编写；培训模块六“消防设施基本知识”中培训项目1由王吉红编写，培训项目2由朱磊、钟阅编写，培训项目3由张宏宇编写；培训模块七“初起火灾处置基本知识”由朱健编写；培训模块八“计算机基础知识”中培训项目1至2由张媛媛编写，培训项目3至6由王炜编写；培训模块九“相关法律、法规知识”中培训项目1由刘沐炎、马恩强编写，培训项目2至14由丁显孔编写。本分册主编为景绒、朱国庆，并负责本分册体系设计、内容界定和统稿。

本教材编写、审稿期间，郭树林、刘凯、李春强、张建国、赵玉全、南江林、晏风、高晓斌等专家提出了宝贵的修改意见和建议。本教材存在的不足之处，敬请各位读者批评指正，以便进一步修改和完善。本教材中如存在与现行的相关国家法律、法规、规章、标准不一致的内容，以国家法律、法规、规章、标准为准。

编写组

2019年12月

目录

培训模块一　职业道德

培训模块二　消防工作概述

培训模块三　燃烧和火灾基本知识

培训模块四　建筑防火基本知识

培训模块五　电气消防基本知识

培训模块六　消防设施基本知识

培训模块七　初起火灾处置基本知识

培训模块八　计算机基础知识

培训模块九　相关法律、法规知识

培训模块

职业道德

培训项目 1 职业道德基本知识

【培训重点】

1. 熟练掌握职业的含义及特征。
2. 掌握职业分类、职业标准及职业资格的含义、职业类型划分。
3. 熟练掌握消防设施操作员职业定义和主要工作任务。
4. 熟练掌握消防设施操作员国家职业技能标准的有关内容。
5. 掌握道德、职业道德和消防行业职业道德的含义。
6. 掌握职业道德的基本要素、特征及基本规范。

一、职业与职业道德

1. 职业

（1）职业的含义

职业是指从业人员为获取主要生活来源所从事的社会工作类别。

（2）职业的特征

职业需具备下列特征：

1）目的性。即职业活动以获得现金或实物等报酬为目的。

2）社会性。即职业是从业人员在特定社会生活环境中所从事的一种与其他社会成员相互关联、相互服务的社会活动。

3）稳定性。即职业在一定的历史时期内形成，并具有较长生命周期。

4）规范性。即职业活动必须符合国家法律和社会道德规范。

5）群体性。即职业必须具有一定的从业人数。

（3）职业属性

1）职业的社会属性。职业是人类在生产劳动过程中的分工现象，它体现的是劳动力与生产资料之间的结合关系、劳动者之间的关系，以及不同职业之间的劳动交换关系。这种劳动过程中结成的人与人的关系无疑是社会性的，他们之间的劳动交换反映的是不同职业之间的等价关系，这反映了职业活动的社会属性。

2）职业的规范性。职业的规范性应该包含两层含义：一是指职业内部的操作规范性，二是指职业道德的规范性。不同的职业在其劳动过程中都有一定的操作规范性，这是保证职业活动的专业性要求。当不同职业在对外展现其服务时，还存在一个伦理范畴的规范性，即职业道德。这两种规范性构成了职业规范的内涵与外延。

3）职业的功利性。职业的功利性也称为职业的经济性，是指职业作为人们赖以谋生的劳动过程所具有的逐利性。职业活动既满足劳动者自己的需要，也满足社会的需要，只有把职业的个人功利性与社会功利性结合起来，职业活动及其职业生涯才具有生命力和价值。

4）职业的技术性和时代性。职业的技术性是指每一种职业都表现出与职业活动相对应的技术要求和技能要求。职业的时代性是指由于社会进步和科学技术的发展，人们的生活方式、习惯等因素的变化导致职业打上符合时代要求的烙印。

（4）职业分类

1）职业分类的含义。职业分类是指以工作性质的同一性或相似性为基本原则，对社会职业进行的系统划分与归类。职业分类作为制定职业标准的依据，是促进人力资源科学化、规范化管理的重要基础性工作。

2）职业类型划分。目前，《中华人民共和国职业分类大典（2015 年版）》将我国职业划分为以下八大类：第一大类，包含党的机关、国家机关、群众团体和社会组织、企事业单位负责人；第二大类，包含专业技术人员；第三大类，包含办事人员和有关人员；第四大类，包含社会生产服务和生活服务人员；第五大类，包含农、林、牧、渔业生产及辅助人员；第六大类，包含生产制造及有关人员；第七大类，包含军人；第八大类，包含不便分类的其他从业人员。其中，以职业活动所涉及的经济领域、知识领域以及所提供的产品和服务种类为主要参照，将职业划分为 75 个中类、434 个小类；以职业活动领域和所承担的职责，工作任务的专门性、专业性与技术性，服务类别与对象的相似性，工艺技术、使用工具设备或主要原材料、产品用途等的相似性，同时辅之以技能水平相似性为依据，共设置了 1 481 个职业。消防设施操作员属于国家职业分类中第四大类社会生产服务和生活服务人员中的第七中类租赁和商务服务人员中的第五小类安全保护服务人员中的一个职业，职业编码为 4-07-05-04。

消防设施操作员职业定义为：从事建（构）筑物消防设施运行、操作和维修、保养、检测等工作的人员。主要工作任务有三项：一是值守消防控制室；二是操作、维修保养火灾自动报警、自动灭火系统等消防设施；三是检测火灾自动报警、自动灭火系统等消防设施。

（5）职业资格

职业资格是对从事某一职业所必备的学识、技术和能力的基本要求。职业资格分别通过业绩评定、专家评审和职业技能鉴定等方式进行评价，对合格者授予职业资格证书。当前，我国实行职业资格目录清单管理，设置准入类职业资格和水平评价类职业资格。

凡职业（工种）关系到公共安全、人身健康、生命财产安全等，由国家有关法律和国务院决定将其纳入为准入类职业资格。其中，消防设施操作员就属于准入类职业资格。

（6）国家职业技能标准

1）国家职业技能标准的含义。国家职业技能标准（简称职业标准）是指通过工作分析方法，描述胜任各种职业所需的能力，客观反映劳动者知识水平和技能水平的评价规范。职业技能标准既反映了企业和用人单位的用人要求，也为职业技能等级认定工作提供依据。目前，我国已颁布 1 000 余个国家职业技能标准。

2）消防设施操作员国家职业技能标准。该标准经人力资源社会保障部、应急管理部批准，于 2019 年 6 月颁布，自 2020 年 1 月 1 日起施行。该标准以“职业活动为导向、职业技能为核心”为指导思想，对消防设施操作员从业人员的职业活动内容进行规范细致描述，对各等级从业者的技能水平和理论知识水平进行了明确规定，本职业共设五个等级，其中，消防设施监控操作职业方向分别为五级 / 初级工、四级 / 中级工、三级 / 高级工、二级 / 技师，消防设施检测维修保养职业方向分别为四级 / 中级工、三级 / 高级工、二级 / 技师、一级 / 高级技师。该标准包括职业概况、基本要求、工作要求和权重表四个方面的内容，含有设施监控、设施操作、设施保养、设施维修、设施检测、技术管理和培训六个职业功能。

2. 道德

（1）道德的含义

马克思主义伦理学认为，道德是人类社会特有的，由社会经济关系决定的，依靠内心信念和社会舆论、风俗习惯等方式来调整人与人之间、人与社会之间以及人与自然之间的关系的特殊行为规范的总和。它包含了三层含义：一是一个社会道德的性质、内容，是由社会生产方式、经济关系（即物质利益关系）决定的，也就是说，有什么样的生产方式、经济关系，就有什么样的道德体系。二是道德是以善与恶、好与坏、偏私与公正等作为标准来调整人们之间的行为的。一方面，道德作为标准，影响着人们的价值取向和行为模式；另一方面，道德也是人们对行为选择、关系调整做出善恶判断的评价标准。三是道德不是由专门的机构来制定和强制执行的，而是依靠社会舆论和人们的内心信念、传统思想和教育的力量来调节的。根据马克思主义理论，道德属于社会上层建筑，是一种特殊的社会现象。

（2）道德的表现形式

根据道德的表现形式，人们通常把道德分为家庭美德、社会公德和职业道德三大领域。作为从事某一特定职业的从业者，要结合自身实际，加强职业道德修养，担负职业道德责任。同时，作为社会和家庭的重要成员，从业人员也要加强社会公德、家庭美德修养，担负起应尽的社会责任和家庭责任。

3. 职业道德

（1）职业道德的含义

职业道德是指从事一定职业的人们在职业活动中应该遵循的，依靠社会舆论、传统习惯和内心信念来维持的行为规范的总和。它调节从业人员与服务对象、从业人员之间、从业人员与职业之间的关系。它是职业或行业范围内的特殊要求，是社会道德在职业领域的具体体现。

（2）职业道德的基本要素

职业道德的基本要素包括以下七项内容。

1）职业理想。职业理想是人们对职业活动目标的追求和向往，是人们的世界观、人生观、价值观在职业活动中的集中体现。它是形成职业态度的基础，是实现职业目标的精神动力。

2）职业态度。职业态度是人们在一定社会环境的影响下，通过职业活动和自身体验所形成的、对岗位工作的一种相对稳定的劳动态度和心理倾向。它是从业者精神境界、职业道德素质和劳动态度的重要体现。

3）职业义务。职业义务是人们在职业活动中自觉地履行对他人、社会应尽的职业责任。我国的每一个从业者都有维护国家、集体利益，为人民服务的职业义务。

4）职业纪律。职业纪律是从业者在岗位工作中必须遵守的规章、制度、条例等职业行为规范。例如，国家公务员必须廉洁奉公、甘当公仆，公安、司法人员必须秉公执法、铁面无私等。这些规定和纪律要求，都是从业者做好本职工作的必要条件。

5）职业良心。职业良心是从业者在履行职业义务中所形成的对职业责任的自觉意识和自我评价活动。人们所从事的职业和岗位不同，其职业良心的表现形式也往往不同。例如，商业人员的职业良心是“诚实无欺”，医生的职业良心是“治病救人”。从业人员能做到这些，内心就会得到安宁；反之，内心会产生不安和愧疚感。

6）职业荣誉。职业荣誉是社会对从业者职业道德活动的价值所做出的褒奖和肯定评价，以及从业者在主观认识上对自己职业道德活动的一种自尊、自爱的荣辱意向。当一个从业者职业行为的社会价值赢得社会公认时，就会由此产生荣誉感；反之，会产生耻辱感。

7）职业作风。职业作风是从业者在职业活动中表现出来的相对稳定的工作态度和职业风范。从业者在职业岗位中表现出来的尽职尽责、诚实守信、奋力拼搏、艰苦奋斗的作风等，都属于职业作风。职业作风是一种无形的精神力量，对从业者事业的成功具有重要作用。

（3）职业道德的特征

职业道德作为职业行为的准则之一，与其他职业行为准则相比，体现出以下六个特征。

1）鲜明的行业性。行业之间存在差异，各行各业都有特殊的道德要求。

2）适用范围上的有限性。一方面，职业道德一般只适用于从业人员的岗位活动；另一方面，不同的职业道德之间也有共同的特征和要求，存在共通的内容，如敬业、诚信、互助等，但在某些特定行业和具体的岗位上，必须有与该行业、该岗位相适应的具体的职业道德规范。这些特定的规范只在特定的职业范围内起作用，只能对该行业和该岗位的从业人员具有指导和规范作用。

3）表现形式的多样性。职业领域的多样性决定了职业道德表现形式的多样性。随着社会经济的高速发展，社会分工将越来越细，越来越专，职业道德的内容也必然千差万别。各行各业为适应本行业的行业公约、规章制度、员工守则、岗位职责等要求，都会将职业道德的基本要求规范化、具体化，使职业道德的具体规范和要求呈现出多样性。

4）一定的强制性。职业道德除了通过社会舆论和从业人员的内心信念来对其职业行为进行调节外，它与职业责任和职业纪律也紧密相连。职业纪律属于职业道德的范畴，当从业人员违反了具有一定法律效力的职业章程、职业合同、职业责任、操作规程，给企业和社会带来损失和危害时，职业道德就将用其具体的评价标准，对违规者进行处罚，轻则受到经济和纪律处罚，重则移交司法机关，由法律来进行制裁，这就是职业道德强制性的表现所在。但在这里需要注意的是，职业道德本身并不存在强制性，而是其总体要求与职业纪律、行业法规具有重叠内容，一旦从业人员违背了这些纪律和法规，除了受到职业道德的谴责外，还要受到纪律和法律的处罚。

5）相对稳定性。职业一般处于相对稳定的状态，决定了反映职业要求的职业道德必然处于相对稳定的状态。如商业行业“诚信为本、童叟无欺”的职业道德，医务行业“救死扶伤、治病救人”的职业道德等，千百年来为从事相关行业的人们所传承和遵守。

6）利益相关性。职业道德与物质利益具有一定的关联性。利益是道德的基础，各种职业道德规范及表现状况，关系到从业人员的利益。对于爱岗敬业的员工，单位不仅应该给予精神方面的鼓励，也应该给予物质方面的褒奖；相反，违背职业道德、漠视工作的员工则会受到批评，严重者还会受到纪律的处罚。一般情况下，当企业将职业道德规范，如爱岗敬业、诚实守信、团结互助、勤劳节俭等纳入企业管理时，都要将它与自身的行业特点、要求紧密结合在一起，变成更加具体、明确、严格的岗位责任或岗位要求，并制定出相应的奖励和处罚措施，与从业人员的物质利益挂钩，强调责、权、利的有机统一，便于监督、检查、评估，以促进从业人员更好地履行自己的职业责任和义务。

（4）职业道德基本规范

“爱岗敬业、诚实守信、办事公道、服务群众、奉献社会”，这是我国每名从业人员都应奉行的职业道德基本规范。

1）爱岗敬业。爱岗敬业作为最基本的职业道德规范，是对人们工作态度的一种普遍要求，是中华民族传统美德和现代企业发展的要求。爱岗就是热爱自己的工作岗位、热爱本职工作，敬业就是要用一种恭敬严肃的态度对待自己的工作。

2）诚实守信。诚实守信是做人的基本准则，也是社会道德和职业道德的一项基本规范。诚，就是真实不欺，言行和内心思想一致，不弄虚作假。信，就是真心实意地遵守、履行诺言。诚实守信就是真实无欺、遵守承诺和契约的品德及行为。诚实守信体现着道德操守和人格力量，也是具体行业、企业立足的基础，具有很强的现实针对性。

3）办事公道。办事公道是对人和事的一种态度，也是千百年来人们所称道的职业道德。公道就是处理事情坚持原则，不偏袒任何一方。办事公道强调在职业活动中应遵从公平与公正的原则，要做到公平公正、不计较个人得失、光明磊落。

4）服务群众。服务群众就是为人民群众服务。在社会生活中，人人都是服务对象，人人又都为他人服务。服务群众作为职业道德的基本规范，是对所有从业者的要求。社会主义市场经济条件下，要真正做到服务群众，首先，心中时时要有群众，始终把人民的根本利益放在心上；其次，要充分尊重群众，尊重群众的人格和尊严；最后，千方百计方便群众。

5）奉献社会。奉献社会就是积极自觉地为社会做贡献。奉献，就是不论从事何种职业，从业人员的目的不是为了个人、家庭，也不是为了名和利，而是为了有益于他人，为了有益于国家和社会。正因如此，奉献社会是社会主义职业道德的本质特征。社会主义建立在以公有制为主体的经济基础之上，广大劳动人民当家做主，因此，社会主义职业道德必须把奉献社会作为从业者重要的道德规范，作为从业者根本的职业目的。奉献社会并不意味着不要个人的正当利益，不要个人的幸福。恰恰相反，一个自觉奉献社会的人才能真正找到个人幸福的支撑点。个人幸福是在奉献社会的职业活动中体现出来的。奉献和个人利益是辩证统一的，奉献越大，收获就越多。

二、消防行业职业道德

1. 消防行业职业道德的含义

消防行业职业道德是指消防行业从业人员（包括消防设施操作员）在从事消防职业活动中，从思想到工作行为所必须遵守的职业道德规范和消防行业职业守则。消防行业职业道德关系到人民群众的生命和财产安全，关系到经济发展和社会稳定，在整个职业道德体系中具有重要地位。本教材主要针对消防设施操作员进行阐述。

2. 消防行业职业道德的特点

（1）消防安全的责任性

消防设施操作员职业直接关系到人民群众的生命和财产安全，使命光荣，责任重大。消防设施操作员必须提高职业道德修养，落实岗位职责，不断提高自身的职业技能和单位的火灾防控能力。否则，可能导致火灾扩大或严重的火灾伤亡事故，不仅将受到行业内外的道德和舆论的谴责，还会受到法律的严厉追责。

（2）工作标准的原则性

消防设施操作员服务于单位和消防技术服务机构，从事建（构）筑物消防设施运行、操作和维修、保养、检测等工作。消防行业职业道德的内容与消防设施操作员的职业活动紧密相连，作为一线的具体操作人员，工作中必须坚持客观、公正、合规，严格按照国家标准执业，不为利益所诱惑，不弄虚作假，维护消防法律法规的正确实施。

（3）职业行为的指导性

消防行业职业道德对消防设施操作员的职业行为具有重要的导向作用，有利于树立高度的社会责任感、使命感，树立正确的人生观、从业观，转变服务理念，讲究服务质量，注重消防安全。面对火灾危险，能够激发不怕流血牺牲的意志品质和英勇无畏的战斗意志，克服恐惧，挺身而出，坚决履行岗位职责，勇于贡献自己的一切。

（4）规范从业的约束性

消防行业职业道德是在包括消防设施操作员在内的消防从业人员长期的职业经历中提炼形成，作为具体实践的行业规范和职业要求，明确了“应该怎样去做，不应该怎样去做”的标准，为社会所普遍认可，并易于消防设施操作员等消防从业人员接受，在职业活动中能够自觉规范自己的言行。

3. 消防行业职业道德的作用

（1）规范社会职业秩序和职业行为

消防行业职业道德有利于调节职业关系，对职业活动的具体行为进行规范。一方面，消防行业职业道德可以调节消防行业从业人员内部的关系，即遵循消防行业职业道德规范约束职业行为，促进职业内部人员的团队协作，工作中不断提高消防行业职业技能，自觉抵制不良行为，共同为发展本行业、本职业服务。另一方面，消防行业职业道德又可以调节消防设施操作员和服务单位之间的关系，如消防设施操作员怎么对维护、保养、检测的消防设施质量负责，怎么对消防设施监控操作负责等。

（2）有利于提高职业素质，促进本行业的发展

消防行业职业道德是评价消防设施操作员职业行为好坏的标准，能够促使本人尽最大的能力把工作做好，树立良好的行业信誉。只有不断加强职业道德修养，提高职业素质，在防御火灾、保护生命财产安全方面发挥出更大的作用，才能得到社会的认可，实现自我价值。

（3）有利于促进社会良好道德风尚的形成

消防行业职业道德是本行业、本职业全体人员的行为表现，是整个社会道德的重要内容，如果每一名消防行业从业人员都能够做到对自己负责、对工作负责、对社会负责，将塑造良好的社会形象，可以影响带动其他行业形成优良的道德。每个行业、每个职业集体都具备优良的道德，对整个社会道德水平的提高必将发挥重要作用。

培训项目 2

职业守则

【培训重点】

1. 熟练掌握消防设施操作员职业守则的内容。
2. 了解消防设施操作员职业守则的有关要求。

职业守则是员工在生产经营活动中恪守的行为规范。消防设施操作员职业守则的内容是：以人为本，生命至上；忠于职守，严守规程；钻研业务，精益求精；临危不乱，科学处置。

一、以人为本，生命至上

1. 以人为本

（1）以人为本的含义

以人为本是指在社会活动中把保障人的需求作为根本。从消防工作来说，坚持以人为本就是要充分尊重和切实保障人民群众的生命权、财产权等法定权利，努力满足人民群众日益增长的消防安全需求。

（2）以人为本的要求

1）增强以人为本的消防安全意识。从思想上真正认识到消防安全的重要性，把保护人民群众的生命安全作为自己最大的社会责任，把以人为本的消防安全理念深入贯彻到工作的各个环节中，积极主动地做好消防安全工作。

2）在消防安全管理中体现以人为本。本着人性化管理原则，突出人的自身价值，更多关心人身安全和身体健康，养成注重消防安全的良好习惯，增强抓好消防安全工作的自觉性和主动性。当工作与消防安全发生矛盾时，坚决服从消防安全。

3）营造以人为本的消防安全氛围。广泛开展消防安全教育培训，增强广大人民群众的自防自救能力和火灾应急处置技能，营造人人关注消防、参与消防、全民防火的浓厚氛围，使人民群众有更大的安全感。

2. 生命至上

（1）生命至上的含义

生命至上是指人的生命高于一切。每一名消防设施操作员都必须把人民群众的生命安全作为一切工作的出发点和落脚点，从人权观、发展观、人本观的高度，认识生命与健康的价值，始终坚守消防安全红线。

（2）生命至上的要求

1）安全第一。消防安全是每个人、每个单位和全社会的事，这就要求牢固树立安全发展理念，弘扬生命至上、安全第一的思想，把发展不能以牺牲人的生命为代价作为不可逾越的红线，以“安全第一”的价值观作为行动指南，坚决遏制重特大消防安全事故。

2）预防为主。坚持预防为主，在建（构）筑物中广泛设置消防设施并确保完好有效，提升防灾、减灾的综合防范能力，以便最大限度地减少火灾带来的人员伤亡和财产损失。

3）救人第一。发生灾害事故时，把人民群众的生命安全放在第一位，全力抢救受困群众，防范次生灾害，努力减少人员伤亡。

二、忠于职守，严守规程

1. 忠于职守

（1）忠于职守的含义

忠于职守是指以高度负责的职业道德精神，在本岗位上尽职尽责，时刻做好为消防事业献出生命的准备。

（2）忠于职守的要求

1）认真工作。正确对待从事的消防职业，树立高度的职业感和荣誉感，自觉地意识到自己对社会、对人民应履行的消防安全义务，热爱本职工作，保持饱满的工作热情、认真负责的态度，增强工作的能动性和主动性。

2）责任担当。以强烈的责任心、敢于担当的使命感，把本职工作做好做细。在任何情况下都能够坚守战斗岗位，把责任作为必须履行的最根本的义务，甚至做好为消防事业献出生命的准备。

3）爱岗敬业。热爱消防事业，工作中以敬业的高标准来严格要求自己，时刻具备强烈的事业心，想干事、肯干事、能干事、干成事，为工作尽心尽力，尽职尽责，忘我奉献。

2. 严守规程

（1）严守规程的含义

严守规程是指严格按照国家消防安全的方针、政策、法律、条例、标准、规程和有关制度等进行操作。

（2）严守规程的要求

1）遵章守纪。消防安全操作规程是客观规律的总结。大量火灾事故表明，在生产、生活、学习等活动中，不遵守消防安全管理制度，不落实消防安全操作规程，是火灾事故发生或灾害扩大的主要原因。消防设施操作员在实际工作中的一举一动都关乎消防安全。因此，自觉遵守各种规章制度，可以有效防止火灾事故的发生。

2）一丝不苟。在消防工作中必须严格遵守消防安全操作规程和制度，决不允许任何随心所欲的行为存在，坚决克服工作松懈、思想麻痹，牢固树立工匠精神，保持一丝不苟的精神状态，将各种消防安全隐患及时消灭在萌芽状态。

3）坚持原则。保持并维护自己的正确立场不变，严格按照国家有关消防法律法规、技术标准执业，坚持原则、守住底线，自觉抵制违章作业、弄虚作假、违章指挥等违法违纪行为。

三、钻研业务，精益求精

1. 钻研业务

（1）钻研业务的含义

钻研业务是指在消防从业中刻苦钻研，深入探究并掌握火灾发生、发展的规律，以及防火、灭火的知识和技能。这是消防设施操作员做好本职工作的客观基础和基本需要。

（2）钻研业务的要求

1）不断提高自身的综合素质。一个人综合素质的高低，对做好本职工作起着决定性的作用。消防设施操作员是技术技能型人才，要具备丰富的理论知识、较强的实操能力，以及解决复杂问题的能力。因此，要树立明确的学习目标，持之以恒，苦练基本功，提高职业技能和专业技术能力，以适应工作需要。

2）努力做到“专”与“博”的统一。“专”是立身之本，具备岗位需要的专业能力和专业素养。而消防是一门以火灾发生与发展规律及其预防和扑救技术为研究对象的新兴交叉性学科，形成了火灾科学、消防技术、消防产品与装备、消防工程和火灾扑救等完整知识体系，对消防设施操作员的业务能力既“专”又“博”的要求越来越高。因此，不论是成就自己的人生理想，还是担负时代的神圣使命，都应深入学习更高层次和更广泛的知识，努力做到“专”与“博”的统一。

3）树立终身学习的理念。要把学习作为人生永恒的追求，树立和践行终身学习观，不断拓宽知识面，更新知识结构，用正确、科学的方法将工作做到尽善尽美，胜任消防技术岗位的工作。

2. 精益求精

（1）精益求精的含义

精益求精是指为了追求完美，坚持工匠精神，在工作中不放松对自己的要求。

（2）精益求精的要求

1）追求完美的工作表现。时刻保持一股钻劲，精益求精，以更饱满的精神状态、更踏实的工作作风、更精细的工作态度做好每一项工作，“干一行爱一行、专一行精一行”，永远追求完美无缺。

2）追求精益求精的“工匠精神”。“工匠精神”是踏实肯干的工作心态，不畏艰难的工作精神，勇于攀登的工作激情，核心是坚持不懈和精益求精。做好消防工作就要坚持“工匠精神”，执着地追求完美，追求进步。

3）追求卓越的创新精神。只有不断追求突破、追求革新，才能使自己与时俱进、开拓创新，用新的思想、新的方式、新的理念创新工作，实现工作质量的提升。

四、临危不乱，科学处置

1. 临危不乱

（1）临危不乱的含义

临危不乱是指在遇到紧急情况时，可以先于他人意识到危险的存在，知道解决的方法，心情不慌乱，能够从容应对。临危不乱是消防设施操作员应该具备的最基本的心理素质。

（2）临危不乱的要求

1）精湛的业务能力。消防设施操作员必须具备运用有关消防知识和技能，根据实践经验和客观环境做出正确职业判断的能力，掌握专业技术和科学处置的方法。

2）过硬的心理素质。平时有针对性地加强心理素质、应急思维反应、临危处置方法等方面的训练，不断增强个人的应变能力。在遇到紧急情况时，能够克服各种危险因素刺激所带来的不良心理反应，情绪稳定、不慌、不惧，保持良好的观察、记忆、判断和思维能力。

3）完善的应急预案。掌握火灾的预防措施和发展规律，制定火灾和应急处置预案，预先设想各种可能发生的事故场景，制定相应的应对措施，定期开展消防安全演练，做好充分的应对准备工作。

2. 科学处置

（1）科学处置的含义

科学处置是指以减少火灾危害为前提，科学合理地选择有针对性的火灾处置措施，妥善处理各种险情。

（2）科学处置的要求

1）增强工作的预见性。始终保持对消防职业的敏感性，对异常情况有判断力和基本的分析能力，有一定的职业预见性和悟性，工作中时刻保持高度警醒，预判在先、考虑在前，掌握工作的主动权。

2）提高快速反应能力。在处置火灾突发事件时，要强化快的意识、养成快的习惯、营造快的氛围、提高快速反应能力。一旦发生火灾事故和设备设施故障，应快速知情、快速决策、快速反应、快速应变，防止事态发展，防止隐患变灾难。

3）科学应对突发事件。坚持从实际出发，一事一策，找准问题，精准施策。把原则性和灵活性结合起来，既坚持处置的基本原则和基本方法，又依据现场的特殊情况灵活处理，高效有序动作，妥善有效处置。

培训模块

消防工作概述

培训项目 1 消防工作的性质和任务

【培训重点】

1. 了解消防工作的特点。
2. 掌握消防工作的性质和任务。

消防是指火灾预防和灭火救援等的统称。火灾是一种不受时间、空间限制，发生频率很高的灾害，这种灾害随着人类用火的历史而伴生。于是，以防范和治理火灾为目的的消防工作（古称“火政”），也就应运而生。消防工作是国民经济和社会发展的重要组成部分，关系人民群众安居乐业，关系改革发展稳定大局，涉及全社会的安全和利益。

一、消防工作的性质和特点

1. 消防工作的性质

我国消防工作是一项由政府统一领导、部门依法监管、单位全面负责、公民积极参与、专业队伍与社会各方面协同、群防群治的预防和减少火灾危害，开展应急救援的公共消防安全的专门性工作。

2. 消防工作的特点

消防工作的长期实践表明，其具有以下特点：

（1）社会性

消防工作具有广泛的社会性，它涉及社会的各个领域、各行各业、千家万户。凡是有人员工作、生活的地方都有可能发生火灾。因此，要真正在全社会做到预防火灾发生，减少火灾危害，必须按照政府统一领导、部门依法监管、单位全面负责、公民积极参与的原则，依靠社会各界力量和全体公民共同参与，实行群防群治。

（2）行政性

消防工作是政府履行社会管理和公共服务职能的重要内容，各级人民政府必须加强对消防工作的领导，这是中国特色社会主义进入新时代，建设社会主义和谐社会，满足人民日益增长的美好生活需要的基本要求。国务院作为中央人民政府，领导全国的消防工作，使消防工作更好地保障我国社会主义现代化建设的顺利进行，具有主要的作用。由于消防工作又是一项地方性和专门性很强的行政工作，许多具体工作，如城乡消防规划，城乡公共消防基础设施、消防装备的建设，多种形式消防队伍的建立与发展，消防经费的保障，特大火灾的组织扑救以及消防安全监管等，都必须依靠地方各级人民政府和有关职能部门。

（3）经常性

无论是春夏秋冬，还是白天黑夜，每时每刻都有可能发生火灾。人们在生产、生活、工作和学习中都需要用火，稍有疏漏，就有可能酿成火灾。因此，这就决定了消防工作具有经常性。

（4）技术性

科学技术的进步，推动了经济社会的发展，消防工作要与经济社会的发展同步发展，就必须充分应用科学技术，采用先进的消防安全理念、现代科学技术预防和扑救火灾，提升消防救援能力。

二、消防工作的任务

消防工作的中心任务是防范火灾发生，一旦发生火灾要做到“灭得了”，最大限度地减少火灾造成的人员伤亡和财产损失，全力保障人民群众安居乐业和经济社会安全发展。消防工作的任务具体如下：

1. 做好火灾预防工作

（1）制定消防法规和消防技术规范

制定消防法规和消防技术规范可以为城乡建设，各类新建、扩建、改建建设工程，生产、储存、经营场所，住宅区的消防安全建设提供技术标准，为日常消防安全管理提供法律支撑。

（2）制定消防发展规划

切实把消防工作纳入国家、地方政府各个时期经济社会发展的总体规划，同步建设，同步发展，防止严重滞后，保障经济社会安全发展。

（3）编制城乡消防建设规划

按照省、市、县、乡建设总体规划，对消防安全布局、消防站、消防供水、消防车通道、消防装备等内容制定近期、中期、远期消防安全建设规划，报请同级人民政府批准，并纳入总体规划同步实施。

（4）全面落实消防安全责任

依照消防法律法规、政府消防工作规范性文件规定，严格落实地方各级政府、各部门、各单位消防安全责任，形成各负其责、齐抓共管的局面。

（5）加强城乡公共消防设施建设和维护管理

政府市政建设部门要将城乡公共消防设施建设纳入市政建设，加强日常维护管理，确保完好有效。

（6）加强建设工程消防管理

新建、扩建、改建建设工程的建设、设计、施工、监理单位及政府监管部门，要严格执行国家法律法规、消防技术标准，确保每项建设工程消防合规，不留下“先天性”火灾隐患。

（7）单位日常消防管理

各级各类单位要依法履行消防安全职责，开展日常消防安全检查巡查，加强消防设施设备维护保养，及时消除火灾隐患，控制火灾风险，防止火灾发生。

（8）加强社区消防安全管理

按照国家有关消防安全“网格化”管理规定，将社区消防安全纳入综合治理平台，落实日常网格化管理工作，加强社区“微型消防站”建设，提高社区火灾防控能力。

（9）开展全民消防宣传教育

采用多种方式，通过多种途径，对学生、单位从业人员、居民群众等全社会公民开展消防法律法规，防火、灭火基本常识，疏散逃生技能的消防宣传教育培训，全面提升公民消防安全素质。

（10）消防监督管理

依照《中华人民共和国消防法》的规定，县级以上地方人民政府应急管理部门对本行政区域内的消防工作实施监督管理，并由本级人民政府消防救援机构负责实施。军事设施的消防工作，由其主管单位监督管理，消防救援机构协助；矿井地下部分、核电厂、海上石油天然气设施的消防工作，由其主管单位监督管理。

县级以上人民政府其他有关部门在各自的职责范围内，依照《中华人民共和国消防法》和其他相关法律法规的规定做好消防工作；法律、行政法规对森林、草原的消防工作另有规定的，从其规定。

1）实行建设工程消防设计审查验收制度。对按照国家工程建设消防技术标准需要进行消防设计的建设工程，实行建设工程消防设计审查验收制度。一是国务院住房和城乡建设主管部门规定的特殊建设工程，建设单位应当将消防设计文件报送住房和城乡建设主管部门审查，住房和城乡建设主管部门依法对审查的结果负责。其他建设工程，建设单位申请领取施工许可证或者申请批准开工报告时应当提供满足施工需要的消防设计图纸及技术资料。特殊建设工程未经消防设计审查或者审查不合格的，建设单位、施工单位不得施工。其他建设工程，建设单位未提供满足施工需要的消防设计图纸及技术资料的，有关部门不得发放施工许可证或者批准开工报告。二是国务院住房和城乡建设主管部门规定应当申请消防验收的建设工程竣工，建设单位应当向住房和城乡建设主管部门申请消防验收。其他建设工程，建设单位在验收后应当报住房和城乡建设主管部门备案，住房和城乡建设主管部门应当进行抽查。依法应当进行消防验收的建设工程，未经消防验收或者消防验收不合格的，禁止投入使用。其他建设工程经依法抽查不合格的，应当停止使用。

2）实施消防监督检查。消防救援机构应当对机关、团体、企业、事业等单位遵守消防法律法规的情况依法进行监督检查。公安派出所负责日常消防监督检查。

3）公众聚集场所在投入使用、营业前，建设单位或者使用单位应当向场所所在地的县级以上地方人民政府消防救援机构申请消防安全检查。未经消防安全检查或者经检查不符合消防安全要求的，不得投入使用、营业。

4）举办大型群众性活动，承办人应当依法向公安机关申请安全许可。

5）实施消防产品质量监督管理。产品质量监督部门、工商行政管理部门、消防救援机构应当按照各自职责加强对消防产品质量的监督检查。禁止生产、销售或者使用不合格的消防产品以及国家明令淘汰的消防产品。

（11）火灾事故调查与统计

1）火灾事故调查。对发生的火灾事故进行原因调查，总结火灾发生规律，查找引发火灾的原因，修订完善消防管理法规、消防技术标准规范，不断提高火灾防控能力。

2）火灾统计。按照火灾分类标准，通过火灾统计，为政府决策提供技术支持。

2. 做好灭火及综合性救援工作

我国自然灾害频发，各类灾害事故多发，要切实做好灭火及灾害事故抢险救援工作。

（1）建立灭火应急救援指挥体系

地方各级政府要针对本地区自然灾害发生规律和灾害种类，建立健全应急救援指挥体系，明确职责任务，形成联勤联动机制，实行信息化指挥，一旦发生灾害事故，立即进入战时指挥状态。

（2）制定灭火应急处置预案

要针对各类火灾扑救、灾害事故抢险救援特点，制定各类灾害事故数字化处置预案，并定期开展全员、实战演练，提高预案的可实施性，保证一旦发生灾害事故能有序、高效、规范处置，减少人员伤亡和灾害损失。

（3）加强灾害事故预警监测

采用物联网、大数据、云计算、人工智能等现代信息技术，对城市、森林、草原火灾进行预警监测，及早发现事故风险，及时消除隐患。

（4）加强灭火和应急救援队伍建设

地方各级政府要加强综合性消防救援队伍、政府专职消防队、社区微型消防站建设，各级各类单位要依法建立企业专职消防队、微型消防站，保证城乡每个区域、每个单位、每个社区有一支常备消防救援力量，时刻处于应急救援状态，拉得出，打得赢。

培训项目 2 消防工作的方针和原则

【培训重点】

1. 熟练掌握消防工作的方针和原则。
2. 掌握政府、部门、单位及公民的消防安全职责。

《中华人民共和国消防法》(以下简称《消防法》) 明确指出：消防工作贯彻“预防为主、防消结合”的方针，按照政府统一领导、部门依法监管、单位全面负责、公民积极参与的原则，实行消防安全责任制，建立健全社会化的消防工作网络。由此规定了我国消防工作的方针、原则和实行的基本制度。

一、消防工作的方针

消防工作贯彻“预防为主、防消结合”的方针。这一方针科学、准确地阐明了“防”和“消”的辩证关系，反映了人类同火灾作斗争的客观规律，也体现了我国消防工作注重抓住主动权的特色，为我国消防安全形势持续稳定发挥了根本指引作用，是指导消防工作的行动指南。

1. 预防为主

“预防为主”，就是在消防工作的指导思想上，要立足于防患于未“燃”，把火灾预防的工作作为重点，放在首位，积极贯彻落实各项防火措施，力求做到不发生火灾。我国早在战国时期就提出了“防为上，救次之，戒为下”的思想。认为“防”是第一位的，“救”是第二位的，“戒”则是不得已而为之。消防工作实践证明，只要人们具有较强的消防安全意识，遵守消防法规和消防技术标准，严格落实“人防、物防、技防”措施，大多数火灾是可以预防的。

2. 防消结合

“防消结合”，要求把同火灾作斗争的两个基本手段——防火和灭火有机地结合起来，做到相辅相成、互相促进。通过火灾预防工作，虽然可以防止大多数火灾的发生，但火灾是经济发展的伴生物，随着新材料、新产品、新工艺不断出现，潜在的火灾隐患不断产生，目前人们消防安全意识还普遍不高，无法实现本质化安全的条件下，完全杜绝火灾发生是不可能的。因此，在做好预防火灾的同时，必须切实做好扑救火灾的各项准备工作，加强国家综合性消防救援队、专职消防队和志愿消防队等多种形式消防力量的建设，搞好技术装备的配备，强化公共消防基础设施和微型消防站的建设，提高灭火能力。一旦发生火灾，做到能够及时发现，有效扑救，最大限度地减少人员伤亡和财产损失。

由此可见，“防”和“消”是不可分割的整体，“防”是“消”的先决条件，“消”必须与“防”紧密结合，“防”与“消”是实现消防安全的两种必要手段，两者互相联系，互相渗透，相辅相成，缺一不可。在消防工作中，必须坚持“防”“消”并举、“防”“消”并重的思想，把同火灾作斗争的两个基本手段——火灾预防和扑救火灾有机地结合起来，最大限度地保护人身、财产安全，维护公共安全，促进社会和谐。

二、消防工作原则

我国消防工作按照“政府统一领导、部门依法监管、单位全面负责、公民积极参与”的原则，实行消防安全责任制，建立健全社会化的消防工作网络。“政府”“部门”“单位”“公民”四个方面都是消防工作的主体，只有各司其职、各负其责，才能保证消防工作顺利开展。

1. 政府统一领导

消防安全是政府社会管理和公共服务的重要内容，是社会稳定、经济发展的重要保障，各级政府必须加强对消防工作的领导。在全国层面，国务院领导全国的消防工作；在地区层面，地方各级人民政府负责本行政区域的消防工作。

（1）国务院消防工作职责。《消防法》规定，国务院领导全国的消防工作。

（2）地方各级人民政府消防工作职责。《消防法》规定，地方各级人民政府负责本行政区域内的消防工作。国务院办公厅印发的《消防安全责任制实施办法》（国办发〔2017〕87号）（以下简称"国办87号文"）规定：地方各级人民政府负责本行政区域内的消防工作，政府主要负责人为第一责任人，分管负责人为主要责任人，班子其他成员对分管范围内的消防工作负领导责任。同时对地方各级人民政府消防工作职责作了全面规定。

1）县级以上地方各级人民政府消防工作职责。应当落实消防工作责任制，贯彻执行国家法律法规和方针政策，以及上级党委、政府关于消防工作的部署要求，全面负责本地区消防工作，将消防工作纳入经济社会发展总体规划，确保消防工作与经济社会发展相适应，督促所属部门和下级人民政府落实消防安全责任制，建立常态化火灾隐患排查整治机制，依法建立国家综合性消防救援队和政府专职消防队，组织领导火灾扑救和应急救援工作，组织制定灭火救援应急预案并组织开展演练，建立灭火救援社会联动和应急反应处置机制。

2）省、自治区、直辖市人民政府消防工作职责。除履行县级以上地方各级人民政府规定的职责外，还应当定期召开政府常务会议、办公会议，研究部署消防工作；针对本地区消防安全特点和实际情况，及时提请同级人大及其常委会制定、修订地方性法规，组织制定、修订政府规章、规范性文件；将消防安全的总体要求纳入城市总体规划，并严格审核；加大消防投入，保障消防事业发展所需经费。

3）市、县级人民政府消防工作职责。除履行县级以上地方各级人民政府规定的职责外，还应当科学编制和严格落实城乡消防规划；在本级政府预算中安排必要的资金，保障消防站、消防供水、消防通信等公共消防设施和消防装备建设，促进消防事业发展；将消防公共服务事项纳入政府民生工程或为民办实事工程；定期分析评估本地区消防安全形势，组织开展火灾隐患排查整治工作；加强消防宣传教育培训，有计划地建设公益性消防科普教育基地，开展消防科普教育活动；按照立法权限，针对本地区消防安全特点和实际情况，及时提请同级人大及其常委会制定、修订地方性法规，组织制定、修订地方政府规章、规范性文件。

4）乡镇人民政府消防工作职责。建立消防安全组织，明确专人负责消防工作，制定消防安全制度，落实消防安全措施；安排必要的资金，用于公共消防设施建设和业务经费支出；将消防安全内容纳入镇总体规划、乡规划，并严格组织实施；根据当地经济发展和消防工作的需要建立专职消防队、志愿消防队，承担火灾扑救、应急救援等职能，并开展消防宣传、防火巡查、隐患查改；因地制宜落实消防安全"网格化"管理的措施和要求，加强消防宣传和应急疏散演练；部署消防安全整治，组织开展消防安全检查，督促整改火灾隐患；指导村（居）民委员会开展群众性的消防工作，确定消防安全管理人，制定防火安全公约，根据需要建立志愿消防队或微型消防站，开展防火安全检查、消防宣传教育和应急疏散演练，提高城乡消防安全水平。

2. 部门依法监管

政府有关部门在实施行政管理过程中，对消防安全进行监管，这是消防工作的社会化属性所决定的。因此，《消防法》明确规定：国务院应急管理部门对全国的消防工作实施监督管理。县级以上地方人民政府应急管理部门对本行政区域内的消防工作实施监督管理，并由本级人民政府消防救援机构负责实施。军事设施的消防工作，由其主管单位监督管理，消防救援机构协助；矿井地下部分、核电厂、海上石油天然气设施的消防工作，由其主管单位监督管理。另外，对教育、民政、人力资源、住房城乡建设、市场监管等政府有关职能部门的消防安全职责做了原则性规定。

为了进一步细化各政府部门在消防安全工作中的具体责任，“国办 87 号文”对县级以上人民政府工作部门消防安全职责作了以下明确规定。

（1）县级以上人民政府工作部门消防工作职责。应当按照谁主管、谁负责的原则，在各自职责范围内，根据本行业、本系统业务工作特点，在行业安全生产法规政策、规划计划和应急预案中纳入消防安全内容，提高消防安全管理水平；依法督促本行业、本系统相关单位落实消防安全责任制，建立消防安全管理制度，确定专（兼）职消防安全管理人员，落实消防工作经费；开展针对性消防安全检查治理，消除火灾隐患；加强消防宣传教育培训，每年组织应急演练，提高行业从业人员消防安全意识。

（2）具有行政审批职能的部门，对审批事项中涉及消防安全的法定条件要依法严格审批，凡不符合法定条件的，不得核发相关许可证照或批准开办。对已经依法取得批准的单位，不再具备消防安全条件的应当依法予以处理。

1）消防救援机构对消防工作实施监督管理，指导、督促机关、团体、企业、事业等单位履行消防工作职责。开展消防监督检查，组织针对性消防安全专项治理，实施消防行政处罚；组织和指挥火灾现场扑救，承担或参加重大灾害事故和其他以抢救人员生命为主的应急救援工作；依法组织或参与火灾事故调查处理工作，办理失火罪和消防责任事故罪案件；组织开展消防宣传教育培训和应急疏散演练。

2）教育部门负责学校、幼儿园管理中的行业消防安全；指导学校消防安全教育宣传工作，将消防安全教育纳入学校安全教育活动统筹安排。

3）民政部门负责社会福利、特困人员供养、救助管理、未成年人保护、婚姻、殡葬、救灾物资储备、烈士纪念、军休军供、优抚医院、光荣院、养老机构等民政服务机构审批或管理中的行业消防安全。

4）人力资源社会保障部门负责职业培训机构、技工院校审批或管理中的行业消防安全；做好政府专职消防队员、企业专职消防队员依法参加工伤保险工作；将消防法律法规和消防知识纳入公务员培训、职业培训内容。

5）城乡规划管理部门依据城乡规划配合制定消防设施布局专项规划，依据规划预留消防站规划用地，并负责监督实施。

6）住房城乡建设部门，对规定的特殊建设工程消防设计文件进行审查，依法对审查的结果负责；规定应当申请消防验收的建设工程竣工，组织消防验收；规定不需要设计审查、消防验收的其他建设工程备案，应当进行抽查；负责依法督促建设工程责任单位加强对房屋建筑和市政基础设施工程建设的安全管理，在组织制定工程建设规范以及推广新技术、新材料、新工艺时，应充分考虑消防安全因素，满足有关消防安全性能及要求。

7）交通运输部门负责在客运车站、港口、码头及交通工具管理中依法督促有关单位落实消防安全主体责任和有关消防工作制度。

8）文化部门负责文化娱乐场所审批或管理中的行业消防安全工作，指导、监督公共图书馆、文化馆（站）、剧院等文化单位履行消防安全职责。

9）卫生部门负责医疗卫生机构、计划生育技术服务机构审批或管理中的行业消防安全。

10）工商行政管理部门负责依法对流通领域消防产品质量实施监督管理，查处流通领域消防产品质量违法行为。

11）质量技术监督部门负责依法督促特种设备生产单位加强特种设备生产过程中的消防安全管理，在组织制定特种设备产品及使用标准时，应充分考虑消防安全因素，满足有关消防安全性能及要求，积极推广消防新技术在特种设备产品中的应用；按照职责分工对消防产品质量实施监督管理，依法查处消防产品质量违法行为；做好消防安全相关标准制修订工作，负责消防相关产品质量认证监督管理工作。

12）新闻出版广电部门负责指导新闻出版广播影视机构消防安全管理，协助监督管理印刷业、网络视听节目服务机构消防安全；督促新闻媒体发布针对性消防安全提示，面向社会开展消防宣传教育。

13）安全生产监督管理部门要严格依法实施有关行政审批，凡不符合法定条件的，不得核发有关安全生产许可。

（3）具有行政管理或公共服务职能的部门，应当结合本部门职责为消防工作提供支持和保障。

1）发展改革部门应当将消防工作纳入国民经济和社会发展中长期规划，地方发展改革部门应当将公共消防设施建设列入地方固定资产投资计划。

2）科技部门负责将消防科技进步纳入科技发展规划和中央财政科技计划（专项、基金等）并组织实施；组织指导消防安全重大科技攻关、基础研究和应用研究，会同有关部门推动消防科研成果转化应用；将消防知识纳入科普教育内容。

3）工业和信息化部门负责指导督促通信业、通信设施建设以及民用爆炸物品生产、销售的消防安全管理，依据职责负责危险化学品生产、储存的行业规划和布局，将消防产业纳入应急产业同规划、同部署、同发展。

4）司法行政部门负责指导监督监狱系统、司法行政系统强制隔离戒毒场所的消防安全管理，将消防法律法规纳入普法教育内容。

5）财政部门负责按规定对消防资金进行预算管理。

6）商务部门负责指导、督促商贸行业的消防安全管理工作。

7）房地产管理部门负责指导、督促物业服务企业按照合同约定做好住宅小区共用消防设施的维护管理工作，并指导业主依照有关规定使用住宅专项维修资金对住宅小区共用消防设施进行维修、更新、改造。

8）电力管理部门依法对电力企业和用户执行电力法律、行政法规的情况进行监督检查，督促企业严格遵守国家消防技术标准，落实企业主体责任；推广采用先进的火灾防范技术设施，引导用户规范用电。

9）燃气管理部门负责加强城镇燃气安全监督管理工作，督促燃气经营者指导用户安全用气并对燃气设施定期进行安全检查、排除隐患，会同有关部门制定燃气安全事故应急预案，依法查处燃气经营者和燃气用户等各方主体的燃气违法行为。

10）人防部门负责对人民防空工程的维护管理进行监督检查。

11）文物部门负责文物保护单位、世界文化遗产和博物馆的行业消防安全管理。

12）体育、宗教事务、粮食等部门负责加强体育类场馆、宗教活动场所、储备粮储存环节等消防安全管理，指导开展消防安全标准化管理。

13）银行、证券、保险等金融监管机构负责督促银行业金融机构、证券业机构、保险机构及服务网点、派出机构落实消防安全管理。保险监管机构负责指导保险公司开展火灾公众责任保险业务，鼓励保险机构发挥火灾风险评估管控和火灾事故预防功能。

14）农业、水利、交通运输等部门应当将消防水源、消防车通道等公共消防设施纳入相关基础设施建设工程。

15）互联网信息、通信管理等部门应当指导网站、移动互联网媒体等开展公益性消防安全宣传。

16）气象、水利、地震部门应当及时将重大灾害事故预警信息通报消防救援机构。

17）负责公共消防设施维护管理的单位应当保持消防供水、消防通信、消防车通道等公共消防设施的完好有效。

3. 单位全面负责

单位是社会的基本单元，是消防安全责任体系中最直接的责任主体，负有最基础的管理责任，抓好了单位消防安全管理，就解决了消防工作的主要方面。

“单位全面负责”，即单位要对本单位的消防安全负责，并按照《消防法》和“国办 87 号文”规定履行以下消防安全职责。

（1）机关、团体、企业、事业等单位应当落实消防安全主体责任，履行下列职责：

1）明确各级、各岗位消防安全责任人及其职责，制定本单位的消防安全制度、消防安全操作规程、灭火和应急疏散预案。定期组织开展灭火和应急疏散演练，进行消防工作检查考核，保证各项规章制度落实。

2）保证防火检查巡查、消防设施器材维护保养、建筑消防设施检测、火灾隐患整改、专职或志愿消防队和微型消防站建设等消防工作所需资金的投入。生产经营单位安全费用应当保证适当比例用于消防工作。

3）按照相关标准配备消防设施、器材，设置消防安全标志，定期检验维修，对建筑消防设施每年至少进行一次全面检测，确保完好有效。设有消防控制室的，实行 24 小时值班制度，每班不少于 2 人，并持证上岗。

4）保障疏散通道、安全出口、消防车通道畅通，保证防火防烟分区、防火间距符合消防技术标准。人员密集场所的门窗不得设置影响逃生和灭火救援的障碍物。保证建筑构件、建筑材料和室内装修装饰材料等符合消防技术标准。

5）定期开展防火检查、巡查，及时消除火灾隐患。

6）根据需要建立专职或志愿消防队、微型消防站，加强队伍建设，定期组织训练演练，加强消防装备配备和灭火药剂储备，建立与国家综合性消防救援队联勤联动机制，提高扑救初起火灾能力。

7）消防法律、法规、规章以及政策文件规定的其他职责。

（2）消防安全重点单位除履行机关、团体、企业、事业等单位规定的职责外，还应当履行下列职责：

1）明确承担消防安全管理工作的机构和消防安全管理人并报知当地消防救援机构，组织实施本单位消防安全管理。消防安全管理人应当经过消防培训。

2）建立消防档案，确定消防安全重点部位，设置防火标志，实行严格管理。

3）安装、使用电器产品、燃气用具和敷设电气线路、管线必须符合相关标准和用电、用气安全管理规定，并定期维护保养、检测。

4）组织员工进行岗前消防安全培训，定期组织消防安全培训和疏散演练。

5）根据需要建立微型消防站，积极参与消防安全区域联防联控，提高自防自救能力。

6）积极应用消防远程监控、电气火灾监测、物联网技术等技防、物防措施。

（3）对容易造成群死群伤火灾的人员密集场所、易燃易爆单位和高层、地下公共建筑等火灾高危单位，除履行机关、团体、企业、事业等单位和消防安全重点单位规定的职责外，还应当履行下列职责：

1）定期召开消防安全工作例会，研究本单位消防工作，处理涉及消防经费投入、消防设施设备购置、火灾隐患整改等重大问题。

2）鼓励消防安全管理人取得注册消防工程师执业资格，消防安全责任人和特有工种人员须经消防安全培训；自动消防设施操作人员应取得消防设施操作员职业资格证书。

3）专职消防队或微型消防站应当根据本单位火灾危险特性配备相应的消防装备器材，储备足够的灭火救援药剂和物资，定期组织消防业务学习和灭火技能训练。

4）按照国家标准配备应急逃生设施设备和疏散引导器材。

5）建立消防安全评估制度，由具有资质的机构定期开展评估，评估结果向社会公开。

6）参加火灾公众责任保险。

（4）同一建筑物由两个以上单位管理或使用的，应当明确各方的消防安全责任，并确定责任人对共用的疏散通道、安全出口、建筑消防设施和消防车通道进行统一管理。

物业服务企业应当按照合同约定提供消防安全防范服务，对管理区域内的共用消防设施和疏散通道、安全出口、消防车通道进行维护管理，及时劝阻和制止占用、堵塞、封闭疏散通道、安全出口、消防车通道等行为，劝阻和制止无效的，立即向公安机关等主管部门报告。定期开展防火检查巡查和消防宣传教育。

（5）石化、轻工等行业组织应当加强行业消防安全自律管理，推动本行业消防工作，引导行业单位落实消防安全主体责任。

（6）消防设施检测、维护保养和消防安全评估、咨询、监测等消防技术服务机构和执业人员应当依法获得相应的资质、资格，依法依规提供消防安全技术服务，并对服务质量负责。

（7）建设工程的建设、设计、施工和监理等单位应当遵守消防法律、法规、规章和工程建设消防技术标准，在工程设计使用年限内对工程的消防设计、施工质量承担终身责任。

4. 公民积极参与

公民是消防工作的基础，是消防工作的重要参与者、监督者和受益者，有义务做好自己身边的消防安全工作。公民发现消防违法行为，应及时制止和举报，共同维护好消防安全工作。没有广大人民群众的参与，消防工作就不会发展进步，全社会抗御火灾的能力就不会提高。

《消防法》对公民在消防工作中的权利和义务作了如下明确规定：

（1）任何个人都有维护消防安全、保护消防设施、预防火灾、报告火警的义务。

（2）任何成年人都有参加有组织的灭火工作的义务。

（3）禁止在具有火灾、爆炸危险的场所吸烟、使用明火。

（4）进行电焊、气焊等具有火灾危险作业的人员和自动消防系统的操作人员，必须持证上岗，并遵守消防安全操作规程。

（5）进入生产、储存易燃易爆危险品的场所，必须执行消防安全规定。

（6）禁止非法携带易燃易爆危险品进入公共场所或者乘坐公共交通工具。

（7）任何个人不得损坏、挪用或者擅自拆除、停用消防设施、器材，不得埋压、圈占、遮挡消火栓或者占用防火间距，不得占用、堵塞、封闭疏散通道、安全出口、消防车通道。

（8）任何人发现火灾都应当立即报警。任何个人都应当无偿为报警提供便利，不得阻拦报警。严禁谎报火警。

（9）人员密集场所发生火灾，该场所的现场工作人员应当立即组织、引导在场人员疏散。

（10）消防车、消防艇前往执行火灾扑救或者应急救援任务，其他车辆、船舶以及行人应当让行，不得穿插超越。

（11）火灾扑灭后，发生火灾的单位和相关人员应当按照消防救援机构的要求保护现场，接受事故调查，如实提供与火灾有关的情况。

对个人违反《消防法》规定，应给予警告、罚款、行政拘留处罚，没收违法所得、停止执业或者吊销相应资质、资格。

培训模块

燃烧和火灾基本知识

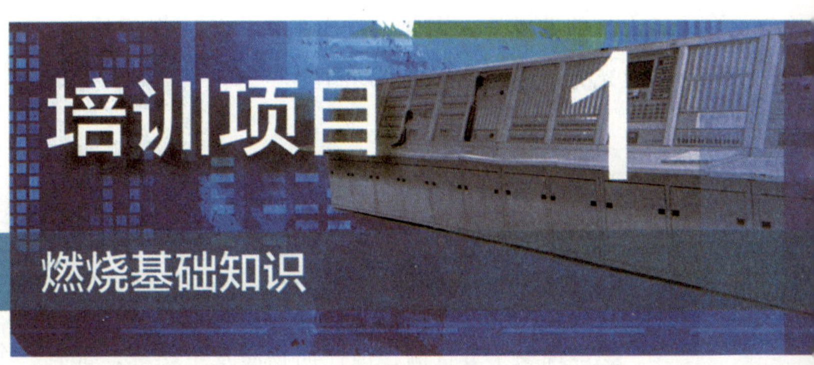

培训项目1 燃烧基础知识

【培训重点】

1. 熟练掌握燃烧的定义和条件。
2. 掌握燃烧的不同类型和有关术语的定义及其相关内容。
3. 了解燃烧产物的定义、类型及毒性。
4. 掌握烟气的危害性和流动蔓延过程。
5. 掌握火焰的定义、构成及特征，燃烧热和燃烧温度的定义与变化规律。

一、燃烧的定义

燃烧是指可燃物与氧化剂作用发生的放热反应，通常伴有火焰、发光和（或）烟气的现象。

燃烧过程中，燃烧区的温度较高，使白炽的固体粒子和某些不稳定或受激发的中间物质分子内的电子发生能级跃迁，从而发出各种波长的光，发光的气相燃烧区域称为火焰，它是燃烧过程中最明显的标志。通常将气相燃烧并伴有发光现象称为有焰燃烧，物质处于固体状态而没有火焰的燃烧称为无焰燃烧。物质高温分解或燃烧时产生的固体和液体微粒、气体，连同夹带和混入的部分空气，就形成了烟气。燃烧是一种十分复杂的氧化还原化学反应，能燃烧的物质一定能够被氧化，而能被氧化的物质不一定都能够燃烧。因此，物质是否发生了燃烧反应，可根据“化学反应、放出热量、发出光亮”这三个特征来判断。

二、燃烧的条件

1. 燃烧的必要条件

燃烧现象十分普遍，但任何物质发生燃烧，都有一个由未燃烧状态转向燃烧状态的过程。燃烧过程的发生和发展都必须具备以下三个必要条件，即可燃物、助燃物和引火源，这三个条件通常被称为“燃烧三要素”。只有这三个要素同时具备，可燃物才能够发生燃烧，无论缺少哪一个，燃烧都不能发生。燃烧的三个要素可用“燃烧三角形”来表示，如图 3–1–1 所示。用“燃烧三角形”来表示无焰燃烧的必要条件非常确切，但对于有焰燃烧，根据燃烧的链式反应理论，燃烧过程中存在未受抑制的自由基作中间体，因而“燃烧三角形”需增加一个“链式反应”，形成“燃烧四面体”（见图 3–1–2）。即有焰燃烧需要有可燃物、助燃物、引火源和链式反应四个要素。

图 3–1–1　燃烧三角形

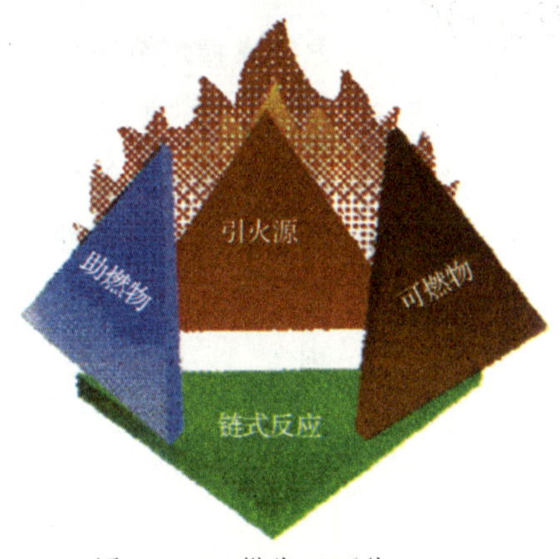

图 3–1–2　燃烧四面体

（1）可燃物

可以燃烧的物品称为可燃物，如纸张、木材、煤炭、汽油、氢气等。自然界中的可燃物种类繁多，若按化学组成不同，可分为有机可燃物和无机可燃物两大类；按物理状态不同，可分为固体可燃物、液体可燃物和气体可燃物三大类。

（2）助燃物

凡与可燃物相结合能导致和支持燃烧的物质，称为助燃物（也称氧化剂）。通常燃烧过程中的助燃物是氧，它包括游离的氧或化合物中的氧。一般来说，可燃物的燃烧均是指在空气中进行的燃烧，空气中含有大约 21% 的氧，可燃物在空气中的燃烧以游离的氧作为氧化剂，这种燃烧是最普遍的。此外，某些物质也可作为燃烧反应的助燃物，如氯、氟、氯酸钾等。也有少数可燃物，如低氮硝化纤维、硝酸纤维的赛璐珞等含氧物质，一旦受热，能自动释放出氧，不需外部助燃物就可发生燃烧。

（3）引火源

凡使物质开始燃烧的外部热源（能源），称为引火源（也称点火源）。引火源温度越高，越容易点燃可燃物质。根据引起物质着火的能量来源不同，在生产生活实践中引火源通常有明火、高温物体、化学热能、电热能、机械热能、生物能、光能和核能等。

（4）链式反应

有焰燃烧都存在着链式反应。当某种可燃物受热，它不仅会汽化，而且其分子会发生热裂解作用，从而产生自由基。自由基是一种高度活泼的化学基团，能与其他自由基和分子起反应，使燃烧持续进行，这就是燃烧的链式反应。

2. 燃烧的充分条件

具备了燃烧的必要条件，并不意味着燃烧必然发生。发生燃烧，其“三要素”彼此必须要达到一定量的要求，并且三者存在相互作用的过程，这就是发生燃烧或持续燃烧的充分条件。

（1）一定数量或浓度的可燃物

要燃烧，必须具备一定数量或浓度的可燃物。例如，在室温 20℃的条件下，用火柴去点燃汽油和煤油时，汽油立刻燃烧起来，而煤油却不燃。这是因为在室温 20℃的条件下煤油表面挥发的油蒸气量不多，还未达到燃烧所需要的浓度。由此说明，虽然有可燃物，但当其挥发的气体或蒸气浓度不够时，即使有足够的空气（氧化剂）和引火源接触，也不会发生燃烧。

（2）一定含量的助燃物

试验证明，各种不同的可燃物发生燃烧，均有本身固定的最低含氧量要求。低于这一浓度，即使燃烧的其他条件全部具备，燃烧仍然不会发生。例如，将点燃的蜡烛用玻璃罩罩起来，使周围空气不能进入，经过较短时间后，蜡烛的火焰就会自行熄灭。通过对玻璃罩内气体的分析，发现气体中还含有 16% 的氧气，这说明蜡烛在含氧量低于 16% 的空气中就不能燃烧。因此，可燃物发生燃烧需要有一个最低含氧量要求。可燃物质不同，燃烧所需要的含氧量也不同，表 3–1–1 列举了部分物质燃烧所需的最低含氧量。

表 3–1–1　部分物质燃烧所需的最低含氧量

物质名称	最低含氧量	物质名称	最低含氧量
汽油	14.4%	丙酮	13.0%
煤油	15.0%	氢气	5.9%
乙醇	15.0%	橡胶屑	13.0%
乙醚	12.0%	棉花	8.0%
乙炔	3.7%	蜡烛	16.0%

（3）一定能量的引火源

无论何种形式的引火源，都必须达到一定的能量，即要有一定的温度和足够的热量才能引起燃烧反应，否则，燃烧不会发生。其所需引火源的能量，取决于可燃物质的最小引燃能量（又称最小点火能量，即能引起可燃物燃烧所需的最小能量）。引火源的强度低于可燃物的最小引燃能量，燃烧便不会发生。例如，从烟囱冒出来的炭火星，温度约有 600℃，已超过一般可燃物的燃点，如果这些火星落在柴草、纸张和刨花等可燃物上，就能引起着火，说明这些火星所具有的温度和热量能引燃该类物质；如果这些火星落在大块木材上，虽有较高的温度，但缺乏足够的热量，不但不能引起大块木材着火，而且还会很快熄灭。由此可见，不同可燃物质燃烧所需的最小引燃能量各不相同，见表 3–1–2。

表 3–1–2　部分可燃物质燃烧所需的最小引燃能量　mJ

物质名称	最小引燃能量	物质名称	最小引燃能量
汽油	0.200	乙炔（7.7%）	0.019
丙烷（5.0%）	0.260	甲烷（8.5%）	0.280
甲醇（12.2%）	0.215	乙醚（5.1%）	0.190

（4）相互作用

要使燃烧发生或持续，除“燃烧三要素”彼此必须要达到一定量的要求，“燃烧三要素”还必须相互结合、相互作用。否则，燃烧也不能发生。例如，在办公室里有桌、椅、门、窗帘等可燃物，有充满空间的空气，有引火源（电源），存在燃烧的基本要素，可并没有发生燃烧现象，这是因为“燃烧三要素”没有相互结合、相互作用。

三、燃烧的类型

1. 按照燃烧发生瞬间的特点不同分类

按照燃烧发生瞬间的特点不同，燃烧分为着火和爆炸两种类型。

（1）着火

着火又称起火，它是日常生产、生活中最常见的燃烧现象，与是否由外部热源引发无关，并以出现火焰为特征。可燃物着火一般有引燃和自燃两种方式。

1）引燃

①引燃的定义。外部引火源（如明火、电火花、电热器具等）作用于可燃物的某个局部范围，使该局部受到强烈加热而开始燃烧的现象，称为引燃（又称点燃）。引燃后在靠近引火源处出现火焰，然后以一定的燃烧速率逐渐扩大到可燃物的其他部位。

大部分火灾的发生，可燃物都是通过引燃方式而点燃着火的。例如，发动机燃烧室中应用最普遍的点火方式以及实验室测试可燃气体的燃烧性能和爆炸极限等其他参数的最常用点火方式，采用的就是电火花引燃。

②物质的燃点。在规定的试验条件下，物质在外部引火源作用下表面起火并持续燃烧一定时间所需的最低温度，称为燃点。通常，根据燃点的高低，可以衡量可燃物质的火灾危险性程度。物质的燃点越低，越容易着火，火灾危险性也就越大。表3–1–3 列举了部分可燃物质的燃点。

表 3–1–3　　部分可燃物质的燃点　　℃

物质名称	燃点	物质名称	燃点	物质名称	燃点
松节油	53	漆布	165	木材	250 ~ 300
樟脑	70	蜡烛	190	有机玻璃	260
橡胶	120	麦草	200	醋酸纤维	320
纸张	130 ~ 230	豆油	220	涤纶纤维	390
棉花	210 ~ 255	黏胶纤维	235	聚氯乙烯	391

③不同可燃物的引燃。第一，固体可燃物的引燃。固体可燃物受热时，产生的可燃蒸气或热解产物释放到大气中，与空气适当地混合，若存在合适的引火源或温度达到了其自燃点，就能被引燃。影响固体可燃物的引燃因素主要有可燃物的密度（密度小的物质容易引燃）、可燃物的比表面积（比表面积大的可燃物容易引燃）、可燃物的厚度（薄材料比厚材料容易引燃）。第二，可燃液体的引燃。液体蒸气欲形成可点燃的混合气，液体应当处在或高于它的闪点温度条件下。但由于引火源能够产生一个局部加热区，对于大多数液体即使在稍低于其闪点时，也可以引燃。另外，雾化的液体，由于其具有较大的比表面积，因此更容易被引燃。第三，可燃气体的引燃。无论是石油化工企业生产中使用可燃气体作原料，还是日常生活中使用液化石油气、天然气作燃料，这些气体与空气混合后遇合适的引火源，不但可以燃烧，甚至可能产生爆炸。

2）自燃

①自燃的定义。可燃物在没有外部火源的作用时，因受热或自身发热并蓄热所产生的燃烧，称为自燃。

②自燃的类型。根据热源不同，自燃分为两种类型。一种是自热自燃。可燃物在没有外来热源作用的情况下，由于其本身内部的物理作用（如吸附、辐射等）、化学作用（如氧化、分解、聚合等）或生物作用（如发酵、腐败等）而产生热，热量积聚导致升温，当可燃物达到一定温度时，未与明火直接接触而发生燃烧，这种现象称为自热自燃。例如煤堆、油脂类、赛璐珞、黄磷等物质自燃就属于自热自燃。另一种是受热自燃。可燃物被外部热源间接加热达到一定温度时，未与明火直接接触就发生燃

烧，这种现象叫作受热自燃。例如，油锅加热、沥青熬制过程中，受热介质因达到一定温度而着火，就属于受热自燃。自热自燃和受热自燃的本质是一样的，都是可燃物在不接触明火的情况下自动发生的燃烧。它们的区别在于导致可燃物升温的热源不同，前者是物质本身的热效应，后者是外部加热的结果。

③物质的自燃点。在规定的条件下，可燃物质产生自燃的最低温度，称为自燃点。自燃点是衡量可燃物受热升温形成自燃危险性的依据，可燃物的自燃点越低，发生火灾的危险性就越大。不同的可燃物有不同的自燃点，同一种可燃物在不同的条件下自燃点也会发生变化，表 3–1–4 列举了部分可燃物的自燃点。

表 3–1–4　　部分可燃物的自燃点　　℃

物质名称	自燃点	物质名称	自燃点	物质名称	自燃点
黄磷	34 ~ 35	汽油	250 ~ 530	棉籽油	370
赛璐珞	150 ~ 180	煤油	210	亚麻仁油	343
甲烷	537	甲醇	464	芝麻油	410
乙烷	472	乙醇	363	桐油	410
丙烷	450	丁醇	360	花生油	445
丁烷	287	二硫化碳	102	菜籽油	446
戊烷	260	一氧化碳	605	豆油	460

④易发生自燃的物质及自燃特点。某些物质具有自然生热而使自身温度升高的性质，物质自然生热达到一定温度时就会发生自燃，这类物质称为易发生自燃的物质。易发生自燃的物质种类较多，按其自燃的方式不同，分为以下类型：

第一类是氧化放热物质。主要包括：油脂类物质（如动植物油类、棉籽、油布、涂料、炸油渣、骨粉、鱼粉和废蚕丝等），低自燃点物质（如黄磷、磷化氢、氢化钠、还原铁、还原镍、铂黑、苯基钾、苯基钠、乙基钠、烷基铝等），其他氧化放热物质（如煤、橡胶、含油切屑、金属粉末及金属屑等）。这类物质能与空气中的氧发生氧化放热，当散热条件不好时，物质内部就会发生热量积累，使温度上升。当达到物质自燃点时，物质就会因自燃而着火，引起火灾或爆炸。例如，含硫、磷成分较高的煤，遇水常常发生氧化反应释放热量。如果煤层堆积过高，时间过长，通风不好的话，使得缓慢氧化释放出的热量散发不出去，煤堆就会产生热量积累，从而导致煤堆温度升高，当内部温度超过 60℃时，就会发生自燃。再如烷基铝，能在常温下与空气中的氧反应放热自燃，遇空气中的水分会产生大量的热和乙烷，从而产生自燃，引起火灾。

第二类是分解放热物质。主要包括硝化棉、赛璐珞、硝化甘油、硝化棉漆片等。

这类物质的特点是化学稳定性差，易发生分解而生热自燃。例如，硝化棉又称硝酸纤维素，它是由硫酸和硝酸经不同配比混合，混合的酸作用于棉纤维而制成的。强硝化棉可用于制造无烟火药，与硝化甘油混合可制造黄色炸药；弱硝化棉可用于生产涂料、胶片、赛璐珞、油墨及指甲油、人造纤维、人造革等制品。该物质为白色或微黄色棉絮状物，易燃且具有爆炸性，化学稳定性较差，常温下能缓慢分解并放热，超过 40℃时会加速分解。放出的热量若不能及时散失，就会使硝化棉温升加剧，经过一段时间的热量积累，当达到 180℃时，硝化棉便发生自燃。硝化棉通常加乙醇或水作湿润剂，一旦湿润剂散失，极易引发火灾。试验表明，去除湿润剂的干硝化棉在 40℃时发生放热反应，达到 174℃时发生剧烈失控反应及质量损失，自燃并释放大量热量。如果在绝热条件下进行试验，去除湿润剂的硝化棉在 35℃时即发生放热反应，达到 150℃时即发生剧烈的分解燃烧。

第三类是发酵放热物质。主要包括植物秸秆、果实等。这类物质发生自燃的原因是微生物作用、物理作用和化学作用，它们是彼此相连的三个阶段。第一，生物阶段。由于植物中含有水分，在适宜的温度下，微生物大量繁殖，使植物腐败发酵而放热，这种热量称为发酵热，从而导致植物温度升高。若热量散发不出去，当温度上升到 70℃左右时，微生物就会死亡，生物阶段结束。第二，物理阶段。随着环境温度的持续上升，植物中不稳定的化合物（果酸、蛋白质及其他物质）开始分解，生成黄色多孔炭，吸附蒸气和氧气并析出热，继续升温到 100 ~ 130℃，可引起新的化合物不断分解炭化，促使温度不断升高。这就是物理阶段吸附生热，化合物分解炭化过程。第三，化学阶段。当温度升到 150 ~ 200℃，植物中的纤维素就开始分解、焦化、炭化，并进入氧化过程，生成的炭能够剧烈地氧化放热。温度继续升高到 250 ~ 300℃时，若积热不散就会自燃着火，这就是该阶段氧化自燃的过程。例如，稻草呈堆垛状态时，因含水量较多或因遮盖不严使雨雪漏入内层，致使其受潮，并在微生物的作用下发酵生热升温，由于堆垛保温性好、导热性差，在物理作用和化学作用下，温度不断升高，当达到物质的自燃点时便会产生自燃现象。

第四类是吸附生热物质。主要包括活性炭末、木炭、油烟等炭粉末。这类物质的特点是具有多孔性，比表面积较大，表面具有活性，对空气中的各种气体成分产生物理和化学吸附，既能吸附空气生热，又能与吸附的氧进行氧化反应生热。在吸附热和氧化热共同作用下，若蓄热条件较好，就会发生自燃。例如，炭粉的挥发成分占 10% ~ 25%，燃点为 200 ~ 270℃。当炭粉在制造过程中，如果不经充分散热，大量堆积到仓库，由于室内蓄热良好再加上炭粉本身产生的吸附热，则会发生自燃而引发火灾。

第五类是聚合放热物质。主要包括聚氨酯、聚乙烯、聚丙烯、聚苯乙烯、甲基丙烯酸甲酯等。这类物质的特点是单体在缺少阻聚剂或混入活性催化剂、受热光照射时，会自动聚合生热。例如，聚氨酯泡沫塑料密度小，比表面积大，吸氧量多，导热系数低，不易散热。在生产过程中，原料多异氰酸酯与多元醇反应能放出热，多异氰酸酯与水反应也能放出热。而且生产用水量越大，放热就越多，越易发生自燃；多异氰酸酯用量越大，放热就越多，同样越易发生自燃，由此导致聚氨酯泡沫塑料在生产时因聚合发热而自燃。

第六类是遇水发生化学反应放热物质。主要包括活泼金属（如钾、钠、镁、钛、锆、锂、铯、钾钠合金等），金属氢化物（如氢化钾、氢化钠、氢化钙、氢化铝、四氢化锂铝等），金属磷化物（如磷化钙、磷化锌），金属碳化物（如碳化钾、碳化钠、碳化钙、碳化铝等），金属粉末（如镁粉、铝粉、锌粉、铝镁粉等），硼烷等。这类物质的特点是遇水发生剧烈反应，产生大量反应热，引燃自身或反应产物，导致火灾或爆炸发生。例如，活泼金属与水发生剧烈反应，生成氢气，并放出大量热，使氢气在局部高温环境中发生自燃，并使未来得及反应的金属发生燃烧起火或爆炸。另外，生成的氢氧化物对金属等材料有腐蚀作用，会使容器破损而泄漏造成次生灾害。

第七类是相互接触能自燃的物质。强氧化性物质和强还原性物质混合后，由于强烈的氧化还原反应而自燃，由此引发火灾或者爆炸。氧化性物质包括硝酸及其盐类、氯酸及其盐类、次氯酸及其盐类、重铬酸及其盐类、亚硝酸及其盐类、溴酸盐类、碘酸盐类、高锰酸盐类、过氧化物等。还原性物质主要有烃类、胺类、醇类、醛类、醚类、苯及其衍生物、石油产品、油脂等有机还原性物质，磷、硫、锑、金属粉末、木炭、活性炭、煤等无机还原性物质。

⑤影响自燃发生的因素。主要有以下三种：一是产生热量的速率。自燃过程中热量产生的速率很慢，若发生自燃，自燃性物质产生热量的速率就应快于物质向周围环境散热或传热的速率。当自燃性物质的温度升高时，升高的温度会导致热量产生速率的增加。二是通风效果。自燃需要有适量的空气可供氧化，因为良好的通风条件又会造成自燃产生的热量损失，从而阻断自燃。三是物质周围环境的保温条件。

（2）爆炸

1）爆炸的定义。在周围介质中瞬间形成高压的化学反应或状态变化，通常伴有强烈放热、发光和声响的现象，称为爆炸。

2）爆炸的分类。爆炸按照产生的原因和性质不同，分为物理爆炸、化学爆炸和核爆炸。化学爆炸，按照爆炸物质不同，分为气体爆炸、粉尘爆炸和炸药爆炸；按照爆炸传播速率不同，又分为爆燃、爆炸和爆轰。

①物理爆炸。装在容器内的液体或气体，由于物理变化（温度、体积和压力等因

素的变化）引起体积迅速膨胀，导致容器压力急剧增加，因超压或应力变化使容器发生爆炸，且在爆炸前后物质的性质及化学成分均不改变的现象，称为物理爆炸。例如，锅炉爆炸就是典型的物理爆炸，其原因是过热的水迅速蒸发出大量蒸汽，使蒸汽压力不断升高，当压力超过锅炉的耐压强度时，就会发生爆炸。再如，液化石油气钢瓶受热爆炸以及油桶或轮胎爆炸等均属于物理爆炸。物理爆炸本身虽没有进行燃烧反应，但由于气体或蒸气等介质潜藏的能量在瞬间释放出来，其产生的冲击力可直接或间接地造成火灾。

【案例 3–1】2012 年 3 月 6 日 18 时 15 分，辽宁省某烧烤店因液化石油气钢瓶过量充装，且将其从环境温度 –0.3℃的场所放置到环境温度为 20℃的场所，随着温度的升高，瓶内液体体积逐渐膨胀，使压力不断升高，当压力升高至 6 MPa 时，超过了该钢瓶所能承受的最大允许压力，导致钢瓶发生爆炸事故，造成 4 人死亡、22 人受伤。爆炸冲击波和火灾将烧烤店和相邻的店铺一、二层完全冲毁和烧毁。

②化学爆炸。由于物质在瞬间急剧氧化或分解（即物质本身发生化学反应）导致温度、压力增加或两者同时增加而形成爆炸，且爆炸前后物质的化学成分和性质均发生了根本的变化的现象，称为化学爆炸。化学爆炸反应速度快，爆炸时能发出巨大的声响，产生大量的热能和很高的气体压力，具有很大的火灾危险性，能够直接造成火灾，是消防工作中预防的重点。

【案例 3–2】2015 年 8 月 31 日 23 时 18 分，山东省某化学有限公司新建年产 20 000 t 改性型胶黏新材料联产项目二胺车间混二硝基苯装置在投料试车过程中发生重大爆炸事故，导致硝化装置殉爆，框架厂房彻底损毁，爆炸中心形成南北 14.5 m、东西 18 m、深 3.2 m 的椭圆状锥形大坑。爆炸造成北侧苯二胺加氢装置倒塌，南侧甲类罐区带料苯储罐爆炸破裂，苯、混二硝基苯空罐倾倒变形。爆炸后产生的冲击波，造成周边建（构）筑物的玻璃受到不同程度损坏，并造成 13 人死亡、25 人受伤，直接经济损失达 4 326 万元。据事故调查组认定，该车间负责人违章指挥，安排操作人员违规向地面排放硝化再分离器内含有混二硝基苯的物料，混二硝基苯在硫酸、硝酸以及硝酸分解出的二氧化氮等强氧化剂存在的条件下，自高处排向一楼水泥地面，在冲击力的作用下起火燃烧，火焰炙烤附近的硝化机、预洗机等设备，使其中含有二硝基苯的物料温度升高，引起爆炸事故。

③核爆炸。由于原子核发生裂变或聚变反应，释放出核能所形成的爆炸，称为核爆炸。例如，原子弹、氢弹、中子弹的爆炸就属于核爆炸。

【案例 3–3】1986 年 4 月 26 日 1 点 23 分，苏联境内切尔诺贝利核电站的第四号核子反应堆发生爆炸。连续的爆炸引发了大火并散发出大量高能辐射性物质到大气层中，这些辐射尘覆盖了大面积的区域。这次灾难所释放出的辐射线剂量是“第二次世界大战”时期爆炸于广岛的原子弹的400倍以上。这场灾难总共造成经济损失大约2 000亿美元，由于辐射危害严重，导致事故后3个月内有31人死亡，之后15年内有6万～8万人死亡，13.4万人遭受各种程度的辐射疾病折磨，方圆30 km地区的11.5万民众被迫疏散。

④气体爆炸。物质以气体、蒸气状态发生的爆炸，称为气体爆炸。按爆炸原理不同，气体爆炸分为混合气体爆炸（指可燃气体或液体蒸气和助燃性气体的混合物在引火源作用下发生的爆炸）和气体单分解爆炸（指单一气体在一定压力作用下发生分解反应并产生大量反应热，使气态物质膨胀而引起的爆炸）。可燃气体与空气组成的混合气体遇火源能否发生爆炸，与气体中的可燃气体浓度有关。而气体单分解爆炸的发生需要满足一定的压力和分解热的要求。能使单一气体发生爆炸的最低压力称为临界压力。单分解爆炸气体物质压力高于临界压力且分解热足够大时，才能维持热与火焰的迅速传播而造成爆炸。

气体爆炸具有的主要特征：一是现场没有明显的炸点；二是击碎力小，抛出物块大、量少、抛出距离近，可以使墙体外移、开裂，门窗外凸、变形等；三是爆炸燃烧波作用范围广，能烧伤人、畜呼吸道；四是不易产生明显的烟熏；五是易产生燃烧痕迹。

【案例3–4】2017年6月5日凌晨1时左右，山东省某石化有限公司储运部装卸区的一辆液化石油气运输罐车在卸车作业过程中发生液化气泄漏，引起重大爆炸着火事故，造成10人死亡、9人受伤，直接经济损失达4 468万元。经现场勘查，事故造成企业内外500 m范围内的建（构）筑物及其门窗不同程度损坏。其中，控制室、机柜间、配电室、办公室、化验室、仓库等厂区内建筑物墙体断裂或坍塌，装卸区夷为平地，水泥地面被烧成琉璃状，车辆铝合金轮毂被熔融，现场到处是散落的车体、罐体、管道、零散金属构件和部件。事故罐车及周边多台车辆完全解体，装卸设施、厂内管廊、压缩机等设备设施变形烧毁，装置设备外保温全部撕开、悬挂。受运输罐车罐体爆炸飞出的残片、残骸、飞火等影响，距离装卸区爆炸中心160 m处一台1 000 m^3液化气球罐坍塌，180 m处3台停运的液化气运输半挂车烧毁，205 m处5 000 m^3消防水罐被砸坏，312 m处两台2 000 m^3异辛烷储罐烧毁，6台1 000 m^3液化气球罐全部过火。除此之外，周边500 m以外的建筑物也受到爆炸冲击波的影响。经计算，本次事故释放的爆炸总能量为31.29 t的TNT当量，产生的破坏当量为8.4 t的TNT当量。

⑤粉尘爆炸。粉尘是指在大气中依其自身重量可沉淀下来，但也可持续悬浮在空气中一段时间的固体微小颗粒。

a. 粉尘的种类。粉尘按照动力性能不同，分为悬浮粉尘（又称粉尘云）和沉积粉尘（又称粉尘层）。悬浮粉尘是指悬浮在助燃气体中的高浓度可燃粉尘与助燃气体的混合物，沉积粉尘是指沉（堆）积在地面或物体表面上的可燃性粉尘群。悬浮粉尘具有爆炸危险性，沉积粉尘具有火灾危险性。粉尘按照来源不同，分为粮食粉尘、农副产品粉尘、饲料粉尘、木材产品粉尘、金属粉尘、煤炭粉尘、轻纺原料产品粉尘、合成材料粉尘八类。粉尘按性质不同，分为无机粉尘、有机粉尘和混合性粉尘。粉尘按照燃烧性能不同，分为可燃性粉尘和难燃性粉尘。可燃性粉尘是指在大气条件下能与气态氧化剂（主要是空气）发生剧烈氧化反应的粉尘、纤维或飞絮，如淀粉、小麦粉、糖粉、可可粉、硫粉、锯木屑、皮革屑等属于可燃性粉尘。难燃性粉尘是指化学性质比较稳定，不易燃烧爆炸的粉尘，例如土、砂、氧化铁、水泥、石英粉尘等。

b. 粉尘爆炸的定义及条件。火焰在粉尘云中传播，引起压力、温度明显跃升的现象，称为粉尘爆炸。粉尘爆炸应具备以下五个基本条件：一是粉尘本身要具有可燃性或可爆性。一般条件下，并非所有的可燃粉尘都能发生爆炸，如无烟煤、焦炭、石墨、木炭等粉尘基本不含挥发分，因此，发生爆炸的可能性较小。二是粉尘为悬浮粉尘且达到爆炸极限。因为沉积粉尘是不能爆炸的，只有悬浮粉尘才可能发生爆炸。粉尘在空气中能否悬浮及悬浮时间长短取决于粉尘的动力稳定性，主要与粉尘粒径、密度和环境温度、湿度等有关。另外，悬浮粉尘与可燃气体一样，只有当其浓度处于一定的范围内才能爆炸。这是因为粉尘浓度太小，燃烧放热太少，难以形成持续燃烧而无法爆炸。而粉尘浓度太大，混合物中氧气浓度就太小，也不会发生爆炸。三是有足以引起粉尘爆炸的引火源。粉尘燃烧爆炸需要经过加热，或熔融蒸发，或受热裂解，放出可燃气体，因此，粉尘爆炸需要较大的点火能，通常其最小点火能量为 10 ~ 100 mJ，比可燃气体的最小点火能量大 100 ~ 1 000 倍。四是氧化剂。大多数粉尘需要氧气、空气或其他氧化剂作助燃剂。而对于一些自供氧的粉尘，例如 TNT 粉尘可以不需要外来的助燃剂。五是受限空间。当粉尘在封闭、半封闭的设备设施及场所或建筑物等受限空间内悬浮，一旦被引火源引燃，受限空间内的温度和压力将迅速升高，从而引起爆炸。但有些粉尘即使在开放的空间内也能引起爆炸，这类粉尘由于化学反应速度极快，其引起压力升高的速率远大于粉尘云边缘压力释放的速率，因此，仍然能引起破坏性的爆炸。例如，2015 年 6 月 27 日台湾新北市八仙水上乐园可燃性彩色粉尘爆燃事故就是这方面典型的案例。

c. 粉尘爆炸的过程。对于像木粉、纸粉等受热后分解、熔融蒸发或升华能释放出可燃气体的粉尘而言，其爆炸形成大致要经历以下过程：第一步，悬浮粉尘在热源作用下温度迅速升高并产生可燃气体；第二步，可燃气体与空气混合后被引火源引燃发生有焰燃烧，火焰从局部传播、扩散；第三步，粉尘燃烧放出的热量，以热传导和火焰辐射的方式传给附近悬浮的或被吹扬起来的粉尘，这些粉尘受热分解汽化后使燃烧循环进行下去。随着每个循环的逐次进行，其反应速度逐渐加快，通过剧烈的燃烧，最后形成爆炸。从本质上讲，这类粉尘的爆炸是可燃气体爆炸，只是这种可燃气体“储存”在粉尘之中，粉尘受热后才会释放出来。而对于像木炭、焦炭和一些金属类粉尘而言，其在爆炸过程中不释放可燃气体，它们在接受引火源的热能后直接与空气中的氧气发生剧烈的氧化反应并着火，产生的反应热使火焰传播，在火焰传播过程中，反应热使周围炽热的粉尘和空气加热迅速膨胀，从而导致粉尘爆炸。

d. 粉尘爆炸的特点及现场特征。粉尘爆炸的特点：一是能发生多次爆炸。粉尘初始爆炸产生的气浪会使沉积粉尘扬起，在新的空间内形成爆炸浓度而产生二次爆炸。二次爆炸往往比初次爆炸压力更大，破坏更严重。另外，在粉尘初始爆炸地点，空气和燃烧产物受热膨胀，密度变小，经过极短的时间后形成负压区，新鲜空气向爆炸点逆流，促成空气的二次冲击，若该爆炸地点仍存在粉尘和火源，也有可能发生二次爆炸、多次爆炸。二是爆炸所需的最小点火能量较高。由于粉尘颗粒比气体分子大得多，而且粉尘爆炸涉及分解、蒸发等一系列的物理和化学过程，所以，粉尘爆炸比气体爆炸所需的点火能量大，引爆时间长，过程复杂。三是高压持续时间长，破坏力强。与可燃性气体爆炸相比，粉尘爆炸压力上升较缓慢，较高压力持续时间长，释放的能量大，加上粉尘粒子边燃烧边飞散，其爆炸的破坏性和对周围可燃物的烧损程度也更为严重。粉尘爆炸现场特征：粉尘爆炸特征与气体爆炸特征类似，即现场没有明显的炸点，击碎力小，抛出物块大、量少、抛出距离近，可使墙体外移、开裂，门窗外凸、变形，爆炸燃烧波作用范围广，能烧伤人、畜呼吸道。另外，粉尘爆炸可能会发生二次或多次爆炸，其具有的破坏程度和爆炸威力比气体爆炸更大。

e. 粉尘爆炸的控制。一般要求：粉尘爆炸危险场所工艺设备的连接，如不能保证动火作业安全，其连接应设计为能将各设备方便地分离和移动；在紧急情况下，应能及时切断所有动力系统的电源；存在粉尘爆炸危险的工艺设备，应采用泄爆、抑爆和隔爆、抗爆中的一种或多种控爆方式，但不能单独采取隔爆。抗爆：生产和处理能导致爆炸的粉料时，若无抑爆装置，也无泄压措施，则所有的工艺设备应采用抗爆设计，且能够承受内部爆炸产生的超压而不破裂；各工艺设备之间的连接部分（如管道、法兰等），应与设备本身有相同的强度；高强度设备与低强度设备之间的连接部分，应安装隔爆装置；耐爆炸压力和耐爆炸压力冲击设备应符合《耐爆炸设备》（GB/T 24626）的相关要求。泄爆：工艺设备的强度不足以承受其实际工况下内部粉尘爆炸产生的超压时，应设置泄爆口，泄爆口应朝向安全的方向，泄爆口的尺寸应符合《粉尘爆炸泄压指南》（GB/T 15605）的要求；对安装在室内的粉尘爆炸危险工艺设备应通过泄压导管向室外安全方向泄爆，泄压导管应尽量短而直，泄压导管的截面积应不小于泄压口面积，其强度应不低于被保护设备容器的强度；不能通过泄压导管向室外泄爆的室内容器设备，应安装无焰泄爆装置；具有内联管道的工艺设备，设计指标应能承受至少 0.1 MPa 的内部超压。抑爆：存在粉尘爆炸危险的工艺设备，宜采用抑爆装置进行保护；如采用监控式抑爆装置，应符合《监控式抑爆装置技术要求》（GB/T 18154）的要求；抑爆系统设计和应用应符合《抑制爆炸系统》（GB/T 25445）的要求。隔爆：通过管道相互连通的存在粉尘爆炸危险的设备设施，管道上宜设置隔爆装置；存在粉尘爆炸危险的多层建（构）筑物楼梯之间，应设置隔爆门，隔爆门关闭方向应与爆炸传播方向一致。

【案例 3–5】2014 年 8 月 2 日 7 时 34 分，江苏省某金属制品有限公司抛光二车间发生特别重大铝粉尘爆炸事故，造成 97 人死亡、163 人受伤，直接经济损失达 3.51 亿元。经国务院事故调查组认定，导致事故的直接原因是车间除尘系统较长时间未按规定清理，铝粉尘集聚。除尘系统风机开启后，打磨过程产生的高温颗粒在集尘桶上方形成粉尘云。1 号除尘器集尘桶锈蚀破损，桶内铝粉受潮，发生氧化放热反应，达到粉尘云的引燃温度，引发除尘系统及车间的系列爆炸。因没有泄爆装置，爆炸产生的高温气体和燃烧物瞬间经除尘管道从各吸尘口喷出，导致全车间所有工位操作人员直接受到爆炸冲击，造成群死群伤。

⑥炸药爆炸。炸药是指一种在一定的外界能量作用下，能由其自身化学能快速反应发生爆炸，生成大量的热和气体产物的物质。炸药爆炸时化学反应速度非常快，在瞬间形成高温高压气体，以极高的功率对外界做功，使周围介质受到强烈的冲击、压缩而变形或碎裂。炸药爆炸的发生，一般应具备以下三个条件：爆炸药（包括炸药包装）、起爆装置和起爆能源。炸药爆炸造成的危害表现在以下三个方面：一是爆炸瞬间产生的高温火焰，可引燃周围可燃物而酿成火灾；二是爆炸产生的高温高压气体所形成的空气冲击波，可造成对周围的破坏，严重的可摧毁整个建筑物及设备，也可破坏邻近建筑物，甚至离爆炸点很远的建筑物也会受到损坏并造成人员伤亡；三是爆炸时产生的爆炸飞散物，向四周散射，造成人员伤亡和建筑物的破坏，当爆炸药量较大时，飞散物有很高的初速度，对邻近爆炸点的人员和建筑物危害很大，有的飞散物可抛射很远，对远离爆炸点的人员和建筑物也会造成伤亡和破坏。

⑦爆燃。爆燃是指以亚音速传播的燃烧波。爆燃的产生必须要有三个条件：一是有燃料和助燃空气的积存；二是燃料和空气混合物达到了爆燃的浓度；三是有足够的点火能量。爆燃的这三要素缺一不可。例如，锅炉在启动、运行、停运中，避免燃料和助燃空气积存就是杜绝炉膛爆燃的关键所在。

【案例 3–6】2018 年 11 月 28 日零时 40 分，河北某化工有限公司氯乙烯泄漏扩散至厂外区域，遇火源发生爆燃，造成 24 人死亡、21 人受伤，38 辆大货车和 12 辆小型车损毁，直接经济损失达 4 149 万元。经省事故调查组认定，导致事故的直接原因是该化工公司违反有关规程的规定，聚氯乙烯车间的 1 号氯乙烯气柜长期未按规定检修，事发前氯乙烯气柜卡顿、倾斜，开始泄漏，压缩机入口压力降低，操作人员没有及时发现气柜卡顿，仍然按照常规操作方式调大压缩机回流，进入气柜的气量加大，加之调大过快，氯乙烯冲破环形水封泄漏，向厂区外扩散，遇火源发生爆燃。

⑧爆轰。爆轰又称爆震，是指以冲击波为特征，传播速度大于未反应物质中声速的化学反应。发生爆轰时能在爆炸点引起极高压力，并产生超音速的冲击波。爆轰具有很大的破坏力，一旦条件具备爆轰会突然发生，并同时产生高速、高温、高压、高能、高冲击力的冲击波，该冲击波能远离爆震源独立存在，能引起位于一定距离处、与其没有联系的其他爆炸性气体混合物或炸药的爆炸，从而产生一种“殉爆”现象。

3）爆炸极限

①爆炸极限的定义。可燃的蒸气、气体或粉尘与空气组成的混合物，遇火源即能发生爆炸的最高或最低浓度，称为爆炸极限。可燃的蒸气、气体或粉尘与空气组成的混合物，遇火源即能发生爆炸的最低浓度，称为爆炸下限。可燃的蒸气、气体或粉尘与空气组成的混合物，遇火源即能发生爆炸的最高浓度，称为爆炸上限。爆炸下限和上限之间的间隔称为爆炸极限范围。爆炸极限范围越大，爆炸下限越低，爆炸上限越高，爆炸危险性就越大。混合物的浓度低于下限或高于上限时，既不能发生爆炸，也不能发生燃烧。但若浓度高于爆炸上限的爆炸混合物，离开密闭的设备、容器或空间，重新遇到空气仍有燃烧或爆炸的危险。

②不同物质的爆炸极限。可燃气体和液体的爆炸极限，通常用体积百分比表示。表 3–1–5 为部分可燃气体在空气和氧气中的爆炸极限，表 3–1–6 为部分可燃液体的爆炸极限。不同的物质由于其理化性质不同，其爆炸极限也不同。即使是同一种物质，在不同的外界条件下，其爆炸极限也不同，从表 3–1–5 可以看出，物质在氧气中的爆炸极限范围要比在空气中的爆炸极限范围大。

表 3–1–5　　部分可燃气体在空气和氧气中的爆炸极限

气体名称	在空气中的爆炸极限		在氧气中的爆炸极限	
	下限	上限	下限	上限
氢气	4.1%	75.0%	4.7%	94.0%
甲烷	5.0%	15.0%	5.4%	60.0%
乙烷	3.0%	12.5%	3.0%	66.0%
丙烷	2.1%	9.5%	2.3%	55.0%
丁烷	1.9%	8.5%	1.8%	49.0%
乙炔	2.5%	82.0%	2.8%	93.0%
一氧化碳	12.5%	74.2%	15.5%	94.0%

表 3-1-6 部分可燃液体的爆炸极限

液体名称	爆炸极限	
	下限	上限
乙醇	3.3%	18.0%
甲苯	1.5%	7.0%
松节油	0.8%	62.0%
车用汽油	1.7%	7.2%
灯用煤油	1.4%	7.5%
乙醚	1.9%	40.0%
苯	1.5%	9.5%

可燃粉尘的爆炸极限一般用单位体积的质量（g/m^3）表示。表 3-1-7 为部分常见可燃粉尘的爆炸下限。试验表明，许多工业粉尘的爆炸上限为 2 000 ~ 6 000 g/m^3，但由于粉尘沉降等原因，实际情况下很难达到爆炸上限值。因此，通常只应用粉尘的爆炸下限，其爆炸上限一般没有实用价值。

表 3-1-7 部分常见可燃粉尘的爆炸下限 g/m^3

粉尘名称		爆炸下限	粉尘名称		爆炸下限	粉尘名称		爆炸下限
金属类粉尘	铝	25	食品类粉尘	玉米	45	合成材料类粉尘	环氧树脂	20
	镁	20		黄豆	35		酚醛树脂	25
	钛	45		马铃薯淀粉	45		酚醛塑料制品	30
	铁	120		可可粉	45		聚乙烯树脂	30
	锌	500		咖啡	85		聚丙烯树脂	20
	铝镁合金	50		砂糖	19		聚苯乙烯制品	15
	钛铁合金	140		小麦粉	50		聚乙烯醇树脂	35

③爆炸极限在消防中的应用。主要体现在以下三个方面：

第一方面：作为评定可燃气体、液体蒸气或粉尘等物质火灾爆炸危险性大小的主要指标。由于爆炸极限范围越大，爆炸下限越低，越容易与空气或其他助燃气体形成爆炸性混合物，其可燃物的火灾爆炸危险性就越大。因此，《建筑设计防火规范》（GB 50016）在对生产及储存物品的火灾危险性分类时，以爆炸极限为其中的火灾危险性特征对其进行了相应分类。第一，在对生产的火灾危险性分类时，将生产中使用或产生爆炸下限小于 10% 的气体物质，划分为甲类生产，例如氢气、甲烷、乙烯、乙炔、环氧乙烷、氯乙烯、硫化氢、水煤气和天然气等气体；将生产中使用或产生爆炸下限不小于 10% 的气体，划分为乙类生产，例如一氧化碳压缩机室及净化部位，发生炉煤气或鼓风炉煤气净化部位，氨压缩机房。第二，在对储存物品的火灾危险性分类时，将储存爆炸下限小于 10% 的气体和受到水或空气中水蒸气的作用能产生爆炸下限小于 10% 气体的固体物质，划分为甲类储存物品场所；将储存爆炸下限不小于 10%

的气体，划分为乙类储存物品场所。

第二方面：作为确定厂房和仓库防火措施的依据。以爆炸极限为特征对生产厂房的火灾危险性和储存物品仓库的火灾危险性进行分类后，以此为依据可以进一步确定厂房和仓库的耐火等级、防火间距、电气设备选用、建筑消防设施以及灭火救援力量的配备等。

第三方面：在生产、储存、运输、使用过程中，根据可燃物的爆炸极限及其危险特性，确定相应的防爆、泄爆、抑爆、隔爆和抗爆措施。例如，利用可燃气体或蒸气氧化法生产时，可采用惰性气体稀释和保护的方式，避免可燃气体或蒸气的浓度在爆炸极限范围之内。存在粉尘爆炸危险的工艺设备，采用监控式抑爆装置进行保护，从而在爆炸初始阶段，通过物理化学作用扑灭火焰，使未爆炸的粉尘不再参与爆炸。

4）最低引爆能量

①最低引爆能量的定义。最低引爆能量又称最小点火能量，是指在一定条件下，每一种爆炸性混合物的起爆最小点火能量。

②不同物质的最低引爆能量。表 3–1–8 为部分可燃气体和蒸气的最低引爆能量，表 3–1–9 为部分可燃粉尘的最低引爆能量。爆炸性混合物的最低引爆能量越小，其燃爆危险性就越大，低于该能量，混合物就不会爆炸。

表 3–1–8　　部分可燃气体和蒸气的最低引爆能量　　mJ

物质名称	最低引爆能量	物质名称	最低引爆能量
甲烷	0.470	甲醚	0.330
乙烷	0.285	乙醚	0.490
丙烷	0.305	二硫化碳	0.015
乙炔	0.020	氢	0.020
乙烯	0.096	乙酸乙酯	1.420
丙烯	0.282	乙胺	2.400

表 3–1–9　　部分可燃粉尘的最低引爆能量　　mJ

粉尘名称		最低引爆能量	粉尘名称		最低引爆能量	粉尘名称		最低引爆能量
金属类粉尘	铝	20	食品类粉尘	玉米	40	合成材料类粉尘	环氧树脂	15
	镁	80		黄豆	100		酚醛树脂	10
	钛	120		马铃薯淀粉	20		酚醛塑料制品	10
	铁	100		可可粉	100		聚乙烯树脂	10
	锌	900		咖啡	160		聚丙烯树脂	30
	铝镁合金	80		砂糖	30		聚苯乙烯制品	40
	钛铁合金	80		小麦粉	50		聚乙烯醇树脂	120

5）引发爆炸的直接原因。引发爆炸事故的直接原因可归纳为以下两大方面：

①机械、物质或环境的不安全状态。由机械、物质或环境的不安全状态引发爆炸事故的原因主要有以下三个方面：

a. 生产设备原因。选材不当或材料质量有问题，导致设备存在先天性缺陷；由于结构设计不合理，零部件选配不当，导致设备不能满足工艺操作的要求；由于腐蚀、超温、超压等导致出现破损、失灵、机械强度下降、运转摩擦部件过热等。

b. 生产工艺原因。物料的加热方式方法不当，致使引爆物料；对工艺性火花控制不力而形成引火源；对化学反应型工艺控制不当，致使反应失控；对工艺参数控制失灵，导致出现超温、超压现象。

c. 物料原因。生产中使用的原料、中间体和产品大多是有火灾、爆炸危险性的可燃物；工作场所过量堆放物品；对易燃易爆危险品未采取安全防护措施；产品下机后不待冷却便入库堆积；不按规定掌握投料数量、投料比、投料先后顺序；控制失误或设备故障造成物料外溢，生产粉尘或可燃气体达到爆炸极限。

②人的不安全行为。由人的不安全行为导致爆炸的原因主要有：违反操作规程，违章作业，随意改变操作控制条件；生产和生活用火不慎，乱用炉火、灯火，乱丢未熄灭的火柴杆、烟蒂；判断失误、操作不当，对生产出现的超温、超压等异常现象束手无策；不遵循科学规律指挥生产，盲目施工，超负荷运转等。

【案例 3–7】2018 年 7 月 12 日 18 时 42 分，四川省某科技有限公司发生重大爆炸着火事故，造成 19 人死亡、12 人受伤，直接经济损失达 4 142 万元。经省事故调查组调查认定，引起该起重大爆炸着火事故的直接原因是：该公司在生产咪草烟的过程中，操作人员将无包装标识的氯酸钠当作 2– 氨基 –2，3– 二甲基丁酰胺，补充投入到 2R301 釜中进行脱水操作。在搅拌状态下，丁酰胺 – 氯酸钠混合物形成具有迅速爆燃能力的爆炸体系，开启蒸汽加热后，丁酰胺 – 氯酸钠混合物的摩擦及撞击感度随着釜内温度升高而升高，在物料之间、物料与釜内附件和内壁相互撞击、摩擦下，引起釜内的丁酰胺 – 氯酸钠混合物发生化学爆炸，爆炸导致釜体解体。随釜体解体过程冲出的高温甲苯蒸气，迅速与外部空气形成爆炸性混合物并产生二次爆炸，同时引起车间现场存放的氯酸钠、甲苯与甲醇等物料殉爆殉燃和二车间、三车间着火燃烧，进一步扩大了事故后果，造成重大人员伤亡和财产损失。

6）爆炸对火灾发生变化的影响。爆炸冲击波能将燃烧着的物质抛散到高空和周围地区，如果燃烧的物质落在可燃物体上就会引起新的火源，造成火势蔓延扩大。除此之外，爆炸冲击波能破坏难燃结构的保护层，使保护层脱落，可燃物体暴露于表面，这就为燃烧面积迅速扩大增加了条件。由于冲击波的破坏作用，使建筑结构发生局部变形或倒塌，增加空隙和孔洞，其结果必然会使大量的新鲜空气流入燃烧区，燃烧产物迅速流到室外。在此情况下，气体对流大大加强，促使燃烧强度剧增，助长火势迅速发展。同时由于建筑物孔洞大量增加，气体对流的方向发生变化，火势蔓延方向也会改变。如果冲击波将炽热火焰冲散，使火焰穿过缝隙或不严密处，进入建筑结构的内部孔洞，也会引起该部位的可燃物质发生燃烧。火场如果有沉浮在物体表面上的粉尘，爆炸的冲击波会使粉尘扬撒于空间，与空气形成爆炸性混合物，可能发生再次爆炸或多次爆炸。当可燃气体、液体和粉尘与空气混合发生爆炸时，爆炸区域内的低燃点物质会在顷刻之间全部发生燃烧，燃烧面积迅速扩大。火场上发生爆炸，不仅对火势发展变化有极大影响，而且对扑救人员和附近群众也有严重威胁。因此，应采取有效措施，防止和消除爆炸危险。

2. 按燃烧物形态不同分类

按燃烧物形态不同，燃烧分为固体物质燃烧、液体物质燃烧和气体物质燃烧三种类型。

（1）固体物质燃烧

根据固体物质的燃烧特性，其主要有以下四种燃烧方式：

1）阴燃。物质无可见光的缓慢燃烧，通常产生烟气并有温度升高的现象，称为阴燃。阴燃是在燃烧条件不充分的情况下发生的缓慢燃烧，是固体物质特有的燃烧形式。固体物质能否发生阴燃，主要取决于固体材料自身的理化性质及其所处的外部环境。例如，成捆堆放的纸张、棉、麻以及大堆垛的煤、草、锯末等固体可燃物，在空气不流通、加热温度较低或含水分较高时就会发生阴燃。这种燃烧看不见火苗，可持续数天，不易发现。阴燃和有焰燃烧在一定条件下能相互转化。如在密闭或通风不良的场所发生火灾，由于燃烧消耗了氧，氧浓度降低，燃烧速度减慢，分解出的气体量减少，火焰逐渐熄灭，此时有焰燃烧可能转为阴燃。但如果改变通风条件，增加供氧量或可燃物中的水分蒸发到一定程度，也可能由阴燃转变为有焰燃烧。火场上的复燃现象和固体阴燃引起的火灾等都是阴燃在一定条件下转化为有焰燃烧的例子。

2）蒸发燃烧。可燃固体受热后升华或熔化后蒸发，随后蒸气与氧气发生的有焰燃烧现象，称为蒸发燃烧。固体的蒸发燃烧是一个熔化、汽化、扩散、燃烧的连续过程，属于有焰的均相燃烧。例如，蜡烛、樟脑、松香、硫黄等物质燃烧就是典型的蒸发燃烧形式。

3）分解燃烧。分子结构复杂的可燃固体，由于受热分解而产生可燃气体后发生的有焰燃烧现象，称为分解燃烧。例如，木材、纸张、棉、麻、毛、丝以及合成高分子的热固性塑料、合成橡胶等物质的燃烧就属于分解燃烧。分解燃烧与蒸发燃烧一样，都属于有焰的均相燃烧，只是可燃气体的来源不同：蒸发燃烧的可燃气体是相变的产物，而分解燃烧的可燃气体来自固体的热分解。

4）表面燃烧。可燃固体的燃烧反应是在其表面直接吸附氧气而发生的燃烧，称为表面燃烧。例如，木炭、焦炭、铁、铜等物质燃烧就属于典型的表面燃烧。这种燃烧方式的特点是：在发生表面燃烧的过程中，固体物质既不熔化或汽化，也不发生分解，只是在其表面直接吸附氧气进行燃烧反应，固体表面呈高温、炽热、发红、发光而无火焰的状态，空气中的氧不断扩散到固体高温表面被吸附，进而发生气固非均相反应，反应的产物带着热量从固体表面逸出。表面燃烧呈无火焰的非均相燃烧，因此，有时又称为异相燃烧。

实际上，上述四种燃烧形式的划分不是绝对的，有些可燃固体的燃烧往往包含两种或两种以上的形式。例如，木材及木制品、纸张、棉、麻、化纤织物等可燃性固体，四种燃烧形式往往同时伴随在火灾过程中：阴燃一般发生在火灾的初起阶段；蒸发燃烧和分解燃烧多发生于火灾的发展阶段和猛烈燃烧阶段；表面燃烧通常发生在火灾的熄灭阶段。

（2）液体物质燃烧

根据液体物质的燃烧特性，其燃烧方式主要有以下四种：

1）闪燃

①闪燃的定义。可燃性液体挥发的蒸气与空气混合达到一定浓度后，遇明火发生一闪即灭的燃烧现象，称为闪燃。

②闪燃的形成过程。在一定温度条件下，可燃性液体表面会产生可燃蒸气，这些可燃蒸气与空气混合形成一定浓度的可燃性气体，当其浓度不足以维持持续燃烧时，遇火源能产生一闪即灭的火苗或火光，形成一种瞬间燃烧现象。可燃性液体之所以会发生一闪即灭的闪燃现象，是因为液体在闪燃温度下蒸发的速度较慢，所蒸发出来的蒸气仅能维持一刹那的燃烧，而来不及提供足够的蒸气维持稳定的燃烧，故闪燃一下就熄灭了。闪燃往往是可燃性液体发生着火的先兆，因此，从消防角度来说，发生闪燃就是危险的警告。

③液体的闪点

a. 闪点的定义。在规定的试验条件下，可燃性液体表面产生的蒸气在试验火焰作用下发生闪燃的最低温度，称为闪点，单位为“℃”。

b. 闪点的变化规律。闪点与可燃性液体的饱和蒸气压有关，饱和蒸气压越高，闪点越低。表 3–1–10 列出了部分可燃性液体的闪点。同系物液体的闪点具有以下规律：闪点随其分子量的增加而升高；闪点随其沸点的增加而升高；闪点随其密度的增加而升高；闪点随其蒸气压的降低而升高。

表 3-1-10　　部分可燃性液体的闪点　　℃

名称	闪点	名称	闪点	名称	闪点
汽油	-58 ~ 10	甲醇	12.2	苯	-11
煤油	≥ 30	乙醇	17	甲苯	4
柴油	60	正丙醇	15	乙苯	12.8
樟脑	65.6	丁醇	29	丁基苯	60

c. 闪点在消防上的应用。闪点是可燃性液体性质的主要特征之一，是评定可燃性液体火灾危险性大小的重要参数。闪点越低，火灾危险性就越大；反之，则越小。在一定条件下，当液体的温度高于其闪点时，液体随时有可能被引火源引燃或发生自燃；当液体的温度低于闪点时，液体不会发生闪燃，更不会着火。闪点在消防上的应用体现在以下方面：一是根据闪点划分可燃性液体的火灾危险性类别。例如，《建筑设计防火规范》（GB 50016）在对生产及储存物品场所的火灾危险性分类时，以闪点作为火灾危险性的特征对其进行了相应分类。即将液体生产及储存场所的火灾危险性分为甲类（闪点 <28℃的液体）、乙类（28℃≤闪点 <60℃的液体）、丙类（闪点≥ 60℃的液体）三个类别。再如，《石油库设计规范》（GB 50074）根据闪点将液体分为易燃液体（闪点 <45℃的液体）和可燃液体（闪点≥ 45℃的液体）两种类型。二是根据闪点间接确定灭火剂的供给强度。例如，《泡沫灭火系统设计规范》（GB 50151）在确定非水溶性液体储罐采用固定式、半固定式液上喷射系统时，依据液体闪点所划分的甲类、乙类和丙类液体，明确其对应的泡沫混合液供给强度和连续供给时间不应小于表 3-1-11 的规定值。

表 3-1-11　　泡沫混合液供给强度和连续供给时间

系统形式	泡沫混合液种类	供给强度［L/（min·m²）］	连续供给时间（min）	
			甲、乙类液体	丙类液体
固定式、半固定式液上喷射系统	蛋白	6.0	40	30
	氟蛋白、水成膜、成膜氟蛋白	5.0	45	30

2）蒸发燃烧。蒸发燃烧是指可燃性液体受热后边蒸发边与空气相互扩散混合，遇引火源后发生燃烧，呈现有火焰的气相燃烧形式。可燃性液体在燃烧过程中，并不是液体本身在燃烧，而是液体受热时蒸发出来的液体蒸气被分解、氧化达到燃点而燃烧。因此，液体能否发生燃烧、燃烧速率高低，与液体的蒸气压、闪点、沸点和蒸发速率等密切相关。

3）沸溢燃烧

①沸溢的定义。正在燃烧的油层下的水层因受热沸腾膨胀导致燃烧着的油品喷溅，

使燃烧瞬间增大的现象，称为沸溢。

②沸溢的形成过程及其危害。含有一定水分、黏度较大的重质油品（如原油、重油）中的水以乳化水和水垫层两种形式存在。乳化水是悬浮于油中的细小水珠，油水分离过程中，水沉降在底部就形成水垫层。当重质油品燃烧时，这些沸程较宽的重质油品产生热波，在热波向液体深层运动时，由于温度远高于水的沸点，会使油品中的乳化水汽化，大量的蒸汽穿过油层向液面上浮，在向上移动过程中形成油包气的气泡，即油的一部分形成了含有大量蒸汽气泡的泡沫。这种表面包含有油品的气泡，比原来的水体积扩大千倍以上，气泡被油薄膜包围形成大量油泡群，液面上下像开锅一样沸腾，到储罐容纳不下时，油品就会像“跑锅”一样溢出罐外，这就是沸溢形成的过程。有关试验表明，含有 1% 水分的石油，经 45 ~ 60 min 燃烧就会发生沸溢。在一般情况下，油品含水量大，热波移动速度快，沸溢出现早；油品含水量小，热波移动速度慢，沸溢出现就晚。储罐发生沸溢时，油品外溢距离可达几十米，面积可达数千平方米，会形成大面积流散液体燃烧，对灭火救援人员及消防器材装备等的安全会产生巨大的威胁。

③沸溢的形成条件。含有水分、黏度较大的重质油品发生燃烧时，有可能产生沸溢现象。通常，沸溢形成必须具备以下三个条件：一是油品为重质油品且黏度较大；二是油品具有热波的特性；三是油品含有乳化水。

④沸溢的典型征兆。一是出现液滴在油罐液面上跳动并发出“啪叽啪叽”的微爆噪声；二是燃烧出现异常，火焰呈现大幅度的脉动、闪烁；三是油罐开始出现振动。

4）喷溅燃烧

①喷溅的定义。储罐中含有水垫层的重质油品在燃烧过程中，随着热波温度的逐渐升高，热波向下传播的距离也不断加大。当热波达到水垫层时，水垫层的水变成水蒸气，蒸汽体积迅速膨胀，当形成的蒸汽压力大到足以把水垫层上面的油层抬起时，蒸汽冲破油层将燃烧着的油滴和包油的油汽抛向上空，向四周喷溅燃烧，这种现象称为喷溅燃烧。

②喷溅的形成过程及其危害。一般情况下，发生喷溅的时间要晚于发生沸溢的时间，常常是先发生沸溢，间隔一段时间，再发生喷溅。研究表明，喷溅发生的时间与油层厚度、热波移动速度及油的燃烧线速度有关，储罐从着火到喷溅的时间与油层厚度成正比，与燃烧的速度和热波传播的速度成反比。油层越薄，燃烧速度、油品温度传递速度越快，越能在着火后较短时间内发生喷溅。而喷溅高度和散落面积与油层厚度、储罐直径有关。发生喷溅时油品与火突然腾空而起，带出的燃油从池火燃烧状态转变为液滴燃烧状态，向外喷出，形成空中燃烧，火柱高达十几米甚至几十米，燃烧强度和危险性随之增加，导致流散液体增多，燃烧面积迅速增大，严重威胁周边建

（构）筑物、器材装备及人员的安全。因此，储罐一旦出现沸溢和喷溅，火场有关人员必须立即撤到安全地带，并应采取必要的技术措施，防止喷溅时油品流散，火势蔓延和扩大。

③喷溅的形成条件。从喷溅形成的过程看，发生喷溅必须具备以下条件：一是油品属于沸溢性油品；二是储罐底部含有水垫层；三是热波头温度高于水的沸点，并与水垫层接触。

④喷溅的典型征兆。一是油面蠕动、涌涨现象明显，出现油泡沫 2 ~ 4 次；二是火焰变白且更加发亮，火舌尺寸变大，形似火箭；三是颜色由浓变淡；四是罐壁发生剧烈抖动，并伴有强烈的“嘶嘶”声。

【案例 3–8】1989 年 8 月 12 日，某油库 5 号油罐突然遭到雷击发生火灾，在燃烧了大约 4 h 后，5 号罐里的原油随着轻油馏分的蒸发燃烧，形成速度约 1.5 m/h、温度为 150 ~ 300℃的热波向油层下部传递，当热波传至油罐底部的水垫层时，罐底部的积水、原油中的乳化水以及灭火时泡沫中的水汽化，使原油产生猛烈沸溢和喷溅，油夹杂火焰浓烟喷向空中高达几十米，撒落四周地面。喷溅的油火点燃了 4 号油罐顶部的泄漏油气层，引起爆炸。炸飞的 4 号罐顶混凝土碎块将相邻 30 m 处的 1 号、2 号和 3 号金属油罐顶部震裂，造成汽油外漏。其间，5 号罐连续发生了 3 次沸溢和喷溅现象，喷溅的油火又先后点燃了 3 号、2 号和 1 号油罐的外漏油，引起爆燃，整个罐区陷入一片火海。失控的外溢原油像火山喷发出的岩浆，在地面上四处流淌，整个灭火行动共耗时 104 h。该起火灾爆炸事故共造成 19 人死亡、100 多人受伤，直接经济损失达 3 540 万元，共烧毁原油约 40 000 t，毁坏民房约 4 000 m^2，道路 20 000 m^2。燃烧的高温、水域的污染、爆炸的冲击波，使近海 5 200 亩虾池和 1 160 亩贻贝养殖场毁坏，2.2 万亩滩涂上成亿尾鱼苗死亡，岛四周 102 km 的海岸线受到严重污染。经国务院事故调查组调查认定，该起事故直接原因是油库的非金属油罐本身存在不足，遭到雷电击中引发爆炸。同时认为，该油库设计布局不合理、选材不当、忽视安全防护尤其是缺少避雷针、管理不当造成消防设备失灵延误灭火时机等是造成此事故的深层次原因。

（3）气体物质燃烧

可燃气体的燃烧不像固体、液体物质那样需经熔化、分解、蒸发等变化过程，其在常温常压下就可以任意比例与氧化剂相互扩散混合，完成燃烧反应的准备阶段。当混合气体达到一定浓度后，遇引火源即可发生燃烧或爆炸，因此，气体的燃烧速度大于固体、液体。根据气体物质燃烧过程的控制因素不同，其有以下两种燃烧方式：

1）扩散燃烧。可燃性气体或蒸气与气体氧化剂互相扩散，边混合边燃烧的现象，称为扩散燃烧。例如，天然气井口的井喷燃烧、工业装置及容器破裂口喷出燃烧等均属于扩散燃烧。扩散燃烧的特点是扩散火焰不运动，也不发生回火现象，可燃气体与气体氧化剂的混合在可燃气体喷口进行。气体扩散多少，就烧掉多少，这类燃烧比较稳定。对于稳定的扩散燃烧，只要控制得好，就不至于造成火灾，一旦发生火灾也较易扑救。

2）预混燃烧。可燃气体或蒸气预先同空气（或氧气）混合，遇引火源产生带有冲击力的燃烧现象，称为预混燃烧。这类燃烧往往造成爆炸，因此，也称爆炸式燃烧或动力燃烧。预混燃烧按照混合程度不同，又分为部分预混燃烧（即可燃气体预先与部分空气或氧气混合的燃烧）和完全预混燃烧（即可燃气体预先与过量空气或氧气混合的燃烧）两种形式。预混燃烧的特点是燃烧反应快，温度高，火焰传播速度快，反应混合气体不断扩散，在可燃混合气体中会产生一个火焰中心，成为热量与化学活性粒子集中源。预混燃烧一般发生在封闭体系或混合气体向周围扩散的速度远小于燃烧速度的敞开体系中。当大量可燃气体泄漏到空气中，或大量可燃液体泄漏并迅速蒸发产生蒸气，则会在大范围空间内与空气混合形成可燃性混合气体，若遇引火源就会立即发生爆炸。许多火灾爆炸事故都是由预混燃烧引起的，如制气系统检修前不进行置换就烧焊，燃气系统开车前不进行吹扫就点火，用气系统产生负压“回火”或漏气未被发现而动火等，往往形成动力燃烧，极易造成设备损坏和人员伤亡事故。

【案例 3–9】2013 年 11 月 22 日 10 时 25 分，某公司输油管道泄漏原油进入市政排水暗渠，原油泄漏后，现场处置人员采用液压破碎锤在暗渠盖板上打孔破碎，产生撞击火花，在形成密闭空间的暗渠内油气积聚遇火花发生爆炸，造成 62 人死亡、136 人受伤，直接经济损失达 75 172 万元。

四、燃烧产物

1. 燃烧产物的定义

由燃烧或热解作用而产生的全部物质，称为燃烧产物。它通常包括燃烧生成的烟气、热量和气体等。

2. 燃烧产物的分类

燃烧产物分为完全燃烧产物和不完全燃烧产物两类。

（1）完全燃烧产物

可燃物质在燃烧过程中，如果生成的产物不能再燃烧，则称为完全燃烧，其产物为完全燃烧产物，例如二氧化碳、二氧化硫等。

（2）不完全燃烧产物

可燃物质在燃烧过程中，如果生成的产物还能继续燃烧，则称为不完全燃烧，其产物为不完全燃烧产物，例如一氧化碳、醇类、醛类、醚类等。

3. 不同物质的燃烧产物

燃烧产物的数量及成分，随物质的化学组成以及温度、空气（氧）的供给情况等变化而有所不同。

（1）单质的燃烧产物

一般单质在空气中的燃烧产物为该单质元素的氧化物。如碳、氢、硫等燃烧分别生成二氧化碳、水蒸气、二氧化硫，这些产物不能再燃烧，属于完全燃烧产物。

（2）化合物的燃烧产物

一些化合物在空气中燃烧除生成完全燃烧产物外，还会生成不完全燃烧产物。最典型的不完全燃烧产物是一氧化碳，它能进一步燃烧生成二氧化碳。特别是一些高分子化合物，受热后会产生热裂解，生成许多不同类型的有机化合物，并能进一步燃烧。

（3）木材的燃烧产物

木材属于高熔点类混合物，主要由碳、氢、氧、氮等元素组成，常以纤维素分子形式存在。木材燃烧一般包含分解燃烧和表面燃烧两种类型。在高湿、低温、贫氧条件下，木材还能发生阴燃。木材的燃烧存在三个比较明显的阶段：一是干燥准备阶段。当木材接触火源时水分开始蒸发，加热到约110℃时就被干燥并蒸发出极少量的树脂。温度达到150～200℃时，木材开始分解，产物主要是水蒸气和二氧化碳，为燃烧做好了准备。二是有焰燃烧阶段，即木材的热分解产物的燃烧。当温度达到200～280℃时，木材开始变色并炭化，分解产物主要是一氧化碳、氢和碳氢化合物，并进行稳定的有焰燃烧，直到木材的有机质组分分解完为止，有焰燃烧才结束。三是无焰燃烧阶段，即木炭的表面燃烧。当木材被加热到300℃以上时，在木材表面垂直于纹理方向上木炭层出现小裂纹，使挥发物容易通过炭化层表面逸出。随着炭化深度的增加，裂缝逐渐加宽，产生“龟裂”现象。

（4）高聚物的燃烧产物

有机高分子化合物（简称高聚物），主要是以石油、天然气、煤为原料制得，例如人们熟知的塑料、橡胶、合成纤维这三大合成有机高分子化合物。高聚物的燃烧过程十分复杂，包括一系列的物理和化学变化，主要分为受热软化熔融、热分解和着火燃烧三个阶段。高聚物的燃烧与热源温度、物质的理化特性和环境氧浓度等因素密切相关，其着火燃烧的难易程度有很大差别。高聚物的燃烧具有发热量大、燃烧速度快、发烟量大、有熔滴等特点，并且在燃烧或分解过程中会产生氮氧化合物、氯化氢、光气、氰化氢等大量有毒或有刺激性的有害气体，其燃烧产物的毒性十分剧烈。不同类型的高聚物在燃烧或分解过程中会产生不同类别的产物：只含碳和氢的高聚物，例如聚乙烯、聚丙烯、聚苯乙烯燃烧时有熔滴，易产生一氧化碳气体；含有氧的高聚物，例如赛璐珞、有机玻璃等燃烧时变软，无熔滴，同样产生一氧化碳气体；含有氮的高聚物，例如三聚氰胺甲醛树脂、尼龙等燃烧时有熔滴，会产生一氧化碳、一氧化氮、氰化氢等有毒气体；含有氯的高聚物，例如聚氯乙烯等燃烧时无熔滴，有炭瘤，并产生氯化氢气体，有毒且溶于水后有腐蚀性。

4．燃烧产物的毒性及其危害

燃烧产物大多是有毒有害气体，例如一氧化碳、氰化氢、二氧化硫等均对人体有不同程度的危害，往往会通过呼吸道侵入或刺激眼结膜、皮肤黏膜使人中毒甚至死亡。据统计，在火灾中死亡的人约 75% 是由于吸入毒性气体中毒而致死的。一氧化碳是火灾中致死的主要燃烧产物之一，其毒性在于对血液中血红蛋白的高亲和力。一氧化碳与血红蛋白的亲和力比氧与血红蛋白的亲和力高 200 ~ 300 倍，所以一氧化碳极易与血红蛋白结合，形成碳氧血红蛋白，使血红蛋白丧失携氧的能力和作用，造成人体组织缺氧而窒息。当吸入一氧化碳气体后，一氧化碳能阻止人体血液中氧气的输送，引起头痛、虚脱、神志不清、肌肉调节障碍等症状，严重时会使人昏迷甚至死亡。表 3–1–12 所示为不同浓度的一氧化碳对人体的影响。另外，建筑物内广泛使用的合成高分子等物质燃烧时，不仅会产生一氧化碳、二氧化碳，而且还会分解出乙醛、氯化氢、氰化氢等有毒气体，给人的生命安全造成更大的威胁，表 3–1–13 为部分主要有害气体的来源及对人体的影响。

表 3–1–12　不同浓度的一氧化碳对人体的影响

火场中一氧化碳的浓度	人的呼吸时间（min）	中毒程度
0.1%	60	头痛、呕吐、不舒服
0.5%	20 ~ 30	有致死的危险
1.0%	1 ~ 2	可中毒死亡

表 3–1–13　部分主要有害气体的来源及对人体的影响

有害气体的来源	对人体的影响	短期（10 min）估计致死浓度
木材、纺织品、聚丙烯腈尼龙、聚氨酯等物质燃烧时分解出的氰化氢	一种迅速致死、有窒息性的毒物	0.035%
纺织物燃烧时产生的二氧化氮和其他氮的氧化物	肺的强刺激剂，能引起即刻死亡及滞后性伤害	>0.02%

续表

有害气体的来源	对人体的影响	短期（10 min）估计致死浓度
由木材、丝织品、尼龙以及三聚氰胺燃烧产生的氨气	强刺激剂，对眼、鼻有强烈刺激作用	>0.1%
PVC 电绝缘材料，其他含氯高分子材料及阻燃处理物热分解产生的氯化氢	呼吸道刺激剂，吸附于微粒上的氯化氢的潜在危险性较等量的氯化氢气体要大	>0.05%，气体或微粒存在时
氟化树脂类或薄膜类以及某些含溴阻燃材料热分解产生的含卤酸气体	呼吸刺激剂	HF ≈ 0.04% COF_2 ≈ 0.01% HBr>0.05%
含硫化合物及含硫物质燃烧分解产生的二氧化硫	强刺激剂，在远低于致死浓度下即使人难以忍受	>0.05%
由聚烯烃和纤维素低温热解（400℃）产生的丙醛	潜在的呼吸刺激剂	0.003% ~ 0.01%

5. 烟气

（1）烟气的定义及成分

烟气是指物质高温分解或燃烧时产生的固体和液体微粒、气体，连同夹带和混入的部分空气形成的气流。

火灾烟气的主要成分有：燃烧和热分解所生成的气体，例如一氧化碳、二氧化碳、氰化氢、氯化氢、硫化氢、乙醛、丙醛、光气、苯、甲苯、氯气、氨气、氮氧化合物等；悬浮在空气中的液体微粒，例如蒸气冷凝而成的均匀分散的焦油类粒子和高沸点物质的凝缩液滴等；固态微粒，例如燃料充分燃烧后残留下来的灰烬和炭黑固体粒子。

（2）烟气的危害性

建（构）筑物发生火灾时，建筑材料及装修材料、室内可燃物等在燃烧时所产生的生成物之一是烟气。不论是固态物质还是液态物质、气态物质在燃烧时，都要消耗空气中大量的氧，并产生大量炽热的烟气。烟气是一种混合物，其含有的各种有毒性气体和固体碳颗粒具有以下危害性：

1）毒害性。火灾中产生的烟气中含有的各种有毒气体，其浓度往往超过人的生理正常所允许的最高浓度，极易造成人员中毒死亡。例如，人生理正常所需要的氧浓度应大于 16%，而烟气中含氧量往往低于此数值。据有关试验测定：当空气中含氧量降低到 15% 时，人的肌肉活动能力下降；降到 10% ~ 14% 时，人就会四肢无力，智力混乱，辨不清方向；降到 6% ~ 10% 时，人就会晕倒；低于 6% 时，人的呼吸会停止，约 5 min 就会死亡。实际的着火房间中氧的最低浓度仅有 3% 左右，可见在发生火灾时人要是不及时逃离火场是很危险的。此外，火灾烟气中常含有氰化氢、卤化氢、光气及醛、醚等多种有毒刺激性气体，使眼睛不能长时间睁开，不能较好地辨别方向，这势必影响逃生能力。另据试验表明：一氧化碳浓度达到 1% 时，人在 1 ~ 2 min 内死亡；氢氰酸的浓度达到 0.027% 时，人立即死亡；氯化氢的浓度达到 0.2% 时，人在数分钟内死亡；二氧化碳的浓度达到 20% 时，人在短时间内死亡。在对火灾遇难者的尸体解剖中发现，死者血液中经常含有羰基血红蛋白，这是吸入一氧化碳和氰化物等的结果。

2）窒息性。二氧化碳在空气中的含量过高，会刺激人的呼吸系统，使呼吸加快，引起口腔及喉部肿胀，造成呼吸道阻塞，从而产生窒息。表 3–1–14 为不同浓度的二氧化碳对人体的影响。例如，河南省某商厦“12 · 25”特别重大火灾事故，造成 309 人死亡、7 人受伤。事后调查表明，这起火灾的遇难人员全部是因为吸入有毒烟气中毒、窒息而亡。

表 3–1–14　　不同浓度的二氧化碳对人体的影响

二氧化碳的含量	对人体的影响
0.55%	6 h 内不会有任何症状
1% ~ 2%	有不适感，引起不快
3%	呼吸中枢受到刺激，呼吸加快，脉搏加快，血压升高
4%	有头痛、晕眩、耳鸣、心悸等症状
5%	呼吸困难，喘不过气来，30 min 内引起中毒
6%	呼吸急促，呈困难状态
7% ~ 10%	数分钟内意识不清，失去知觉，出现紫斑，以致死亡

3）减光性。火灾烟气中存在大量的悬浮固体和液体烟粒子，烟粒子粒径为几微米到几十微米，而可见光波的波长为 0.4 ~ 0.7 μm，即烟粒子的粒径大于可见光的波长，这些烟粒子对可见光是不透明的，对可见光有完全的遮蔽作用。当烟气弥漫时，可见光因受到烟粒子的遮蔽而大大减弱，能见度大大降低，这就是烟气的减光性。烟气的减光性，会使火场能见距离降低，进而影响人的视线，使人在浓烟中辨不清方向，不易找到起火点和辨别火势发展方向，严重妨碍人员安全疏散和消防人员灭火扑救。

4）高温性。火灾烟气是燃烧或热解的产物，在物质的传递过程中，携带大量的热量离开燃烧区，其温度非常高，火场上烟气往往能达到 300 ~ 800℃，甚至超过多数可燃物质的热分解温度，人在火灾烟气中极易被烫伤。试验表明，短时间内人的皮肤直接接触烟气的安全温度范围不宜超过 65℃，接触超过 100℃的烟气，不仅会出现虚脱现象且几分钟内就会严重烧伤或烧死。

5）爆炸性。烟气中的不完全燃烧产物，如一氧化碳、氰化氢、硫化氢、氨气、苯、烃类等都是易燃物质，这些物质的爆炸下限都不高，极易与空气形成爆炸性混合气体，使火场有发生爆炸的危险。

6）恐怖性。发生火灾时，烟气和火焰冲出门窗孔洞，浓烟滚滚，烈火熊熊，高温烘烤，使人陷入极度恐惧状态，惊慌失措，失去理智，会给火场人员疏散造成严重混乱局面。

（3）烟气的流动和蔓延

火灾产生的高温烟气的密度比冷空气小，因此，烟气在建筑物内向上升腾，但因受到建筑结构、开口和通风条件等限制，遇到水平楼板或顶棚时，即改为水平方向流动，所以烟气在流动扩散过程中通常呈水平方向和竖直方向流动扩散蔓延，如图 3–1–3 所示。烟气在顶棚下向前运动时，如遇梁或挡烟垂壁，烟气受阻，此时烟气会折回，聚集在储烟仓上空，直到烟的层流厚度超过梁高时，烟会继续前进，占满另外空间。研究表明，烟气的蔓延速度与火灾燃烧阶段、烟气温度和蔓延方向有关。烟气在水平方向的流动扩散速度较小，竖直上升速度比水平流动速度大得多。据测试，水平方向烟气流动扩散速度，在火灾初期为 0.1 ~ 0.3 m/s，在火灾中期为 0.5 ~ 0.8 m/s；而在竖直方向烟气流动扩散速度可达 1 ~ 8 m/s。通常，在建筑内部烟气流动扩散一般有三条路线：第一条路线是着火房间→走廊→楼梯间→上部各楼层→室外；第二条路线是着火房间→室外；第三条路线是着火房间→相邻上层房间→室外。

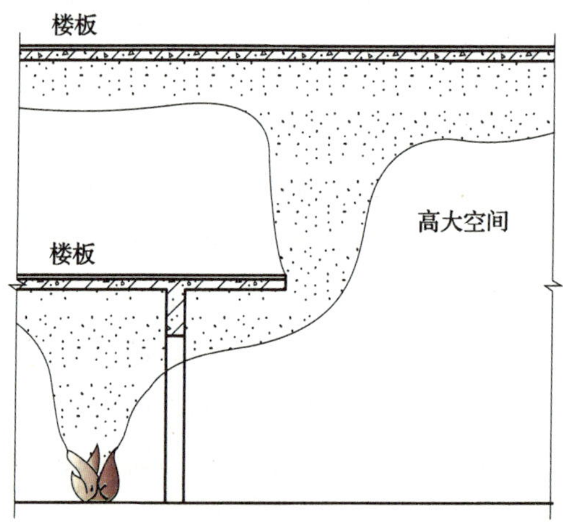

图 3–1–3　烟气竖直和水平方向流动过程示意图

1）着火房间内的烟气流动蔓延。火灾过程中，由于热浮力作用，烟气从火焰区域沿竖直方向上升到达楼板或者顶棚，然后会改变流动方向沿顶棚水平方向流动扩散。由于冷空气混入以及建筑围护构件的阻挡，水平方向流动扩散的烟气温度逐渐下降并向下流动。逐渐冷却的烟气和冷空气流向燃烧区，形成了室内的自然对流，使火越烧越旺。着火房间内顶棚下方逐渐积累形成稳定的烟气层。着火房间内烟气在流动扩散过程中，会出现以下现象：

①烟羽流。火灾时烟气卷吸周围空气所形成的混合烟气流，称为烟羽流。烟羽流按火焰及烟的流动情形，可分为轴对称型烟羽流（见图 3–1–4）、阳台溢出型烟羽流、窗口型烟羽流等。在燃烧表面上方附近为火焰区，它分为连续火焰区和间歇火焰区。而火焰区上方为燃烧产物即烟气的羽流区，其流动完全由浮力效应控制，由于浮力作用，烟气流会形成一个热烟气团，在浮力的作用下向上运动，在上升过程中卷吸周围新鲜空气与原有的烟气发生掺混。

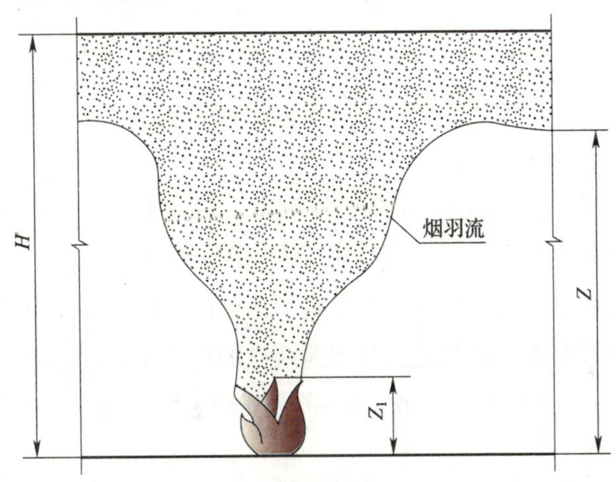

图 3–1–4 轴对称型烟羽流示意图

H—空间净高 *Z*—燃料面到烟层底部的高度 Z_1—火焰极限高度

②顶棚射流。当烟羽流撞击到房间的顶棚后，沿顶棚水平运动，形成一个较薄的顶棚射流层，称为顶棚射流。由于它的作用，使安装在顶棚上的感烟火灾探测器、感温火灾探测器和洒水喷头感应动作，实现自动报警和喷水灭火。

③烟气层沉降。随着燃烧持续发展，新的烟气不断向上补充，室内烟气层的厚度逐渐增加。在这一阶段，上部烟气的温度逐渐升高，浓度逐渐增大，如果可燃物充足，且烟气不能充分地从上部排出，烟气层将会一直下降，直到浸没火源。由于烟气层的下降，使得室内的洁净空气减少，如果着火房间的门、窗等开口是敞开的，烟气会沿这些开口排出。因此，发生火灾时，应设法通过打开排烟口等方式，将烟气层限制在一定高度。否则，着火房间烟气层下降到房间开口位置，如门、窗或其他缝隙时，烟气会通过这些开口蔓延扩散到建筑的其他部位。

④火风压。火风压是指建筑物内发生火灾时，在起火房间内，由于温度上升，气体迅速膨胀，对楼板和四壁形成的压力。火风压的影响主要在起火房间，如果火风压

大于进风口的压力，则大量的烟火通过外墙窗口由室外向上蔓延；若火风压等于或小于进风口的压力，则烟火便全部从内部蔓延，当它进入楼梯间、电梯井、管道井、电缆井等竖井后，会大大增强烟囱效应。

2）走廊的烟气流动蔓延。随着火灾的发展，着火房间上部烟气层会逐渐变厚。如果着火房间设有外窗或专门的排烟口，烟气将从这些开口排至室外。若烟气的生成量很大，致使外窗或专设排烟口来不及排出烟气，烟气层厚度会继续增大。当烟气层厚度增大到超过挡烟垂壁的下端或房门的上缘时，烟气就会沿着水平方向蔓延扩散到走廊。着火房间内烟气向走廊的扩散流动是火灾烟气流动的主要路线。显然，着火房间门、窗不同的开关状态，会在很大程度上影响烟气向走廊扩散的效果。如果房间的门、窗都紧闭，空气和烟气仅仅通过门、窗的缝隙进出，流量非常有限。如果外窗关闭，室内门开启，会使着火房间产生的烟气大量扩散到走廊中。当发生轰燃时，门、窗玻璃破碎或门板破损，火势迅猛发展，烟气生成量大大增加，致使大量烟气从着火房间流出。

3）竖井中的烟气流动蔓延。在高层建筑中，走廊中的烟气除了向其他房间蔓延外，由于受烟囱效应的驱动，还会通过建筑物内的楼梯井、电梯井、管道井等竖井向上流动扩散。所谓的烟囱效应是指在相对封闭的竖向空间内，由于气流对流而使烟气和热气流向上流动的现象。经测试，在烟囱效应的作用下，火灾烟气在竖井中的上升运动十分显著，流动蔓延速度可达 6 ~ 8 m/s，甚至更快。因此，烟囱效应是造成烟气向上蔓延的主要因素。

火灾时由于建筑物内的温度高于室外温度，所以室内气流总的方向是自下而上，即正烟囱效应。在正烟囱效应下，若火灾发生在中性面（即室内空间内部与外部压力相等的高度）以下的楼层，火灾烟气进入竖井后会沿竖井上升。当升到中性面以上时，烟气可由竖井上部的开口流出，也可进入建筑物上部与竖井相连的楼层；若中性面以上的楼层起火，当火势不大时，由烟囱效应产生的空气流动可限制烟气流进竖井，如果着火层的燃烧强烈，则热烟气的浮力足以克服竖井内的烟囱效应，仍可进入竖井而继续向上蔓延。如果在盛夏季节，安装空调的建筑内的温度比外部温度低，这时建筑内的气体是向下运动的，即逆烟囱效应。逆烟囱效应的空气流可驱使比较冷的烟气向下运动，但在烟气较热的情况下，浮力较大，即使楼内起初存在逆烟囱效应，一段时间后烟气仍会向上运动。因此，当高层建筑中的楼梯间、电梯井、管道井、电缆井、排气道等各种竖井的防火分隔或封堵处理不当时，就会形同一座高耸的烟囱，强大的抽拔力将使烟火沿着竖井迅速蔓延扩大。

（4）烟气的颜色及嗅味特征

不同物质燃烧，产生烟气的颜色及嗅味特征各不相同，表 3–1–15 列举了部分可燃物产生的烟气颜色及嗅味特征。在火场上，消防救援人员可通过识别烟气的这些特征，为火情侦查、人员疏散与火灾扑救提供参考和依据。

表 3-1-15　　部分可燃物产生的烟气颜色及嗅味特征

可燃物	烟气特征		
	颜色	嗅	味
木材	灰黑色	树脂嗅	稍有酸味
棉、麻	黑褐色	烧纸嗅	稍有酸味
石油产品	黑色	石油嗅	稍有酸味
硫黄	—	硫嗅	酸味
橡胶	棕褐色	硫嗅	酸味
硝基化合物	棕黄色	刺激嗅	酸味
有机玻璃	—	芳香嗅	稍有酸味
钾	浓白色	—	碱味
聚苯乙烯	浓黑色	煤气嗅	稍有酸味
酚醛塑料	黑色	甲醛嗅	稍有酸味

6. 火焰、燃烧热和燃烧温度

（1）火焰

1）火焰的定义。火焰俗称火苗，是指发光的气相燃烧区域。火焰是可燃物在气相状态下发生燃烧的外部表现。

2）火焰的构成。对于固体和液体可燃物而言，其燃烧时形成的火焰由焰心、内焰、外焰三部分构成，如图 3-1-5 所示。焰心是指最内层亮度较暗的圆锥体部分，由可燃物受热蒸发或分解产生的气态可燃物构成。由于内层氧气浓度较低，所以燃烧不完全，温度较低。内焰是指包围在焰心外部较明亮的圆锥体部分。内焰中气态可燃物进一步分解，因氧气供应不足，燃烧不是很完全，但温度较焰心高，亮度也比焰心强。外焰是指包围在内焰外面亮度较暗的圆锥体。外焰中，氧气供给充足，因此燃烧完全，燃烧温度最高。由于外焰燃烧的往往是一氧化碳和氢气，炽热的碳粒很少，因此，外焰几乎没有光亮。对于气体可燃物而言，其燃烧形成的火焰只有内焰和外焰两个区域，而没有焰心区域，这是由于气体的燃烧一般无相变过程。

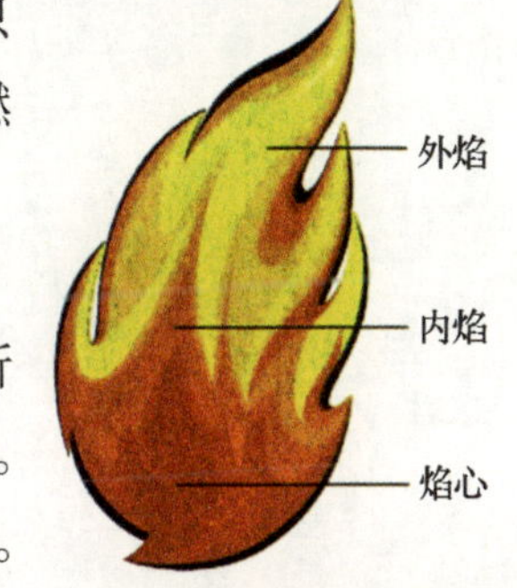

图 3-1-5　火焰的构成

3）火焰的特征。火焰具有以下基本特征：

①火焰具有放热性。由于燃烧反应伴有大量的热释放，所以火焰区的气体会被加热到很高的温度（一般大于 1 200 K）。火焰区的热能主要通过辐射、传导和对流方式向周围环境释放。火焰温度越高，辐射强度越高，对周围可燃物和人员的威胁就

越大。

②火焰具有颜色和发光性。火焰的颜色取决于燃烧物质的化学成分和助燃物的供应强度。大部分物质燃烧时火焰是橙红色的，但有些物质燃烧时火焰具有特殊的颜色，如硫黄燃烧的火焰是蓝色的，磷和钠燃烧的火焰是黄色的。此外，火焰的颜色还与燃烧温度有关，燃烧温度越高，火焰就越明亮，颜色越接近蓝白色。火焰有显光（光亮）和不显光（或发蓝光）两种类型，而显光火焰又分为有熏烟和无熏烟两种。含氧量达到 50% 以上的可燃物燃烧时，火焰几乎无光。含氧量在 50% 以下的可燃物燃烧时，发出显光（光亮或发黄光）火焰。如果燃烧物的含碳量达到 60% 以上，火焰则发出显光，而且带有大量黑烟。因此，根据火焰的颜色和发光特性，可以认定起火部位和范围，判定燃烧的物质。此外，掌握不显光火焰的特征，可防止火势扩大和灼伤人员。

③火焰具有电离特性。一般在碳氢化合物燃料和空气的燃烧火焰中，气体具有较高的电离度。

④火焰具有自行传播的特征。火焰一旦形成，就不断地向相邻未燃气体传播，直到整个反应系统反应终止。因此，根据火焰大小与流动方向，可以判定其燃烧速度和火势蔓延方向。

（2）燃烧热

燃烧热是指在 25℃、101 kPa 时，1 mol 可燃物完全燃烧生成稳定的化合物所放出的热量。燃烧热值越高的物质燃烧时火势越猛，温度越高，辐射出的热量也越多。物质燃烧时，都能放出热量。这些热量被消耗于加热燃烧产物，并向周围扩散。可燃物质的发热量取决于物质的化学组成和温度。

（3）燃烧温度

燃烧温度是指燃烧产物被加热的温度。不同可燃物质在同样条件下燃烧时，燃烧速度快的比燃烧速度慢的燃烧温度高。在同样大小的火焰下，燃烧温度越高，向周围辐射出的热量就越多，火灾蔓延的速度就越快。

培训项目 2

火灾的定义和分类

【培训重点】

1. 掌握火灾的定义。
2. 熟练掌握火灾的分类。
3. 了解火灾的危害。

一、火灾的定义

在时间或空间上失去控制的燃烧，称为火灾。

二、火灾的分类

1. 按照可燃物的类型和燃烧特性分类

按照可燃物的类型和燃烧特性，将火灾划分为以下六个类别：

（1）A 类火灾

A 类火灾是指固体物质火灾。这种物质通常具有有机物性质，一般在燃烧时能产生灼热的余烬。例如，木材及木制品、棉、毛、麻、纸张、粮食等物质火灾。

（2）B类火灾

B类火灾是指液体或可熔化的固体物质火灾。例如，汽油、煤油、原油、甲醇、乙醇、沥青、石蜡等物质火灾。

（3）C类火灾

C类火灾是指气体火灾。例如，煤气、天然气、甲烷、乙烷、氢气、乙炔等气体燃烧或爆炸发生的火灾。

（4）D类火灾

D类火灾是指金属火灾。例如，钾、钠、镁、钛、锆、锂、铝镁合金等金属火灾。

（5）E类火灾

E类火灾是指带电火灾，即物体带电燃烧的火灾。例如，变压器、家用电器、电热设备等电气设备以及电线电缆等带电燃烧的火灾。

（6）F类火灾

F类火灾是指烹饪器具内的烹饪物火灾。例如，烹饪器具内的动物油脂或植物油脂燃烧的火灾。

2. 按照火灾损失严重程度分类

火灾损失是指火灾导致的直接经济损失和人身伤亡。火灾直接经济损失包括火灾直接财产损失、火灾现场处置费用、人身伤亡所支出的费用。火灾直接财产损失包括建筑类损失、装置装备及设备类损失、家庭物品类损失、汽车类损失、产品类损失、商品类损失、文物建筑等保护类财产损失和贵重物品等其他财产损失；火灾现场处置费用包括灭火救援费（含灭火剂等消耗材料费、水带等消防器材损耗费、消防装备损坏损毁费、现场清障调用大型设备及人力费）及灾后现场清理费。人身伤亡包括在火灾扑灭之日起7日内，人员因火灾或灭火救援中的烧灼、烟熏、砸压、辐射、碰撞、坠落、爆炸、触电等原因导致的死亡、重伤和轻伤三类。

依据《生产安全事故报告和调查处理条例》（国务院令第493号）规定的生产安全事故等级标准，相关职能部门下发的《关于调整火灾等级标准的通知》中按照火灾事故所造成的损失严重程度不同，将火灾划分为特别重大火灾、重大火灾、较大火灾和一般火灾四个等级。

（1）特别重大火灾

特别重大火灾是指造成30人以上死亡，或者100人以上重伤，或者1亿元以上直接财产损失的火灾。

（2）重大火灾

重大火灾是指造成 10 人以上 30 人以下死亡，或者 50 人以上 100 人以下重伤，或者 5 000 万元以上 1 亿元以下直接财产损失的火灾。

（3）较大火灾

较大火灾是指造成 3 人以上 10 人以下死亡，或者 10 人以上 50 人以下重伤，或者 1 000 万元以上 5 000 万元以下直接财产损失的火灾。

（4）一般火灾

一般火灾是指造成 3 人以下死亡，或者 10 人以下重伤，或者 1 000 万元以下直接财产损失的火灾。

上述所称的“以上”包括本数，“以下”不包括本数。

3. 按照引发火灾的直接原因分类

我国在火灾统计工作中按照引发火灾的直接原因不同，将火灾分为电气、生产作业不慎、生活用火不慎、吸烟、玩火、自燃、静电、雷击、放火、其他、原因不明十一种火灾类型。如图 3-2-1 所示，为 2018 年全国发生的 23.7 万起火灾的起火直接原因起数比例图。其中，电气引发的火灾占全年火灾起数的 34.6%，生产作业不慎引发的火灾占全年火灾起数的 4.1%，生活中因用火不慎引发的火灾占全年火灾起数的 21.5%，吸烟引发的火灾占全年火灾起数的 7.3%，玩火引发的火灾占全年火灾起数的 2.9%，自燃引发的火灾占全年火灾起数的 4.8%，静电、雷击引发的火灾占全年火灾起数的 0.1%，放火引发的火灾占全年火灾起数的 1.3%，原因不明引发的火灾占全年火灾起数的 4.2%，其他原因引发的火灾占全年火灾起数的 17.1%，起火原因仍在调查的火灾占全年火灾起数的 2.1%。

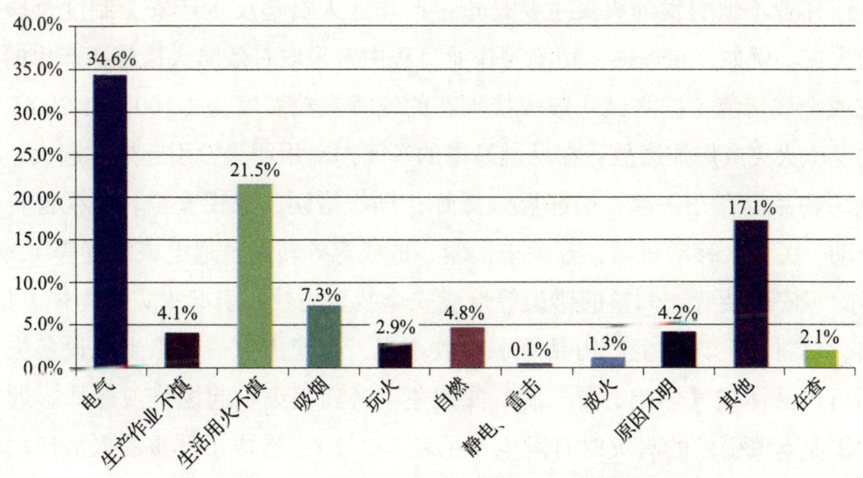

图 3-2-1　2018 年全国火灾直接原因起数比例图

（1）电气引发的火灾

随着社会电气化程度不断提高，电气设备使用范围越来越广，安全隐患也逐渐增多，导致近年来电气火灾事故发生越来越频繁，始终居于各种类型火灾的首位。根据中国消防年鉴统计（见表 3–2–1），2009—2018 年的 10 年间全国共发生电气火灾 77.3 万起，每年电气火灾起数及伤亡损失均占全国火灾总起数及伤亡损失的 30% 以上。电气火灾按其发生在电力系统的位置不同，分为三类：一是变配电所火灾，主要包括变压器及变配电所内其他电气设备火灾；二是电气线路火灾，主要包括架空线路、进户线和室内敷设线路火灾；三是电气设备火灾，主要包括家用电器火灾、照明灯具火灾、电热设备火灾以及电动设备火灾等。通过对近年来电气火灾事故分析发现，发生电气火灾的主要原因是电线短路故障、过负荷用电、接触不良、电气设备老化故障等。

表 3–2–1　　2009—2018 年全国因电气引发火灾的情况统计

年度	2009	2010	2011	2012	2013	2014	2015	2016	2017	2018
电气火灾起数（起）	39 102	41 237	37 960	49 043	115 599	108 282	104 534	94 848	100 317	82 002
所占比例	30.2%	31.1%	30.3%	32.2%	29.7%	27.4%	30.2%	30.4%	35.7%	34.6%

【案例 3–10】2014 年 11 月 16 日 18 时 36 分，某食品有限公司厂房发生重大火灾事故，共造成 18 人死亡、13 人受伤，4 000 m^2 主厂房及主厂房内生产设备被损毁，火灾直接经济损失达 2 666.2 万元。经火灾事故调查认定，火灾的直接原因是北厂区制冷系统供电线路敷设不规范、系统超负荷运转、线路老化，致使 8 号恒温库内沿西墙敷设的冷风机供电线路接头处过热短路，引燃墙面聚氨酯泡沫保温材料。

（2）生产作业不慎引发的火灾

生产作业不慎引发的火灾主要是指生产作业人员违反生产安全制度及操作规程引起的火灾。例如，在焊接、切割等作业过程中未采取有效防火措施，产生的高温金属火花或金属熔渣（据测试一般焊接火花的喷溅颗粒温度为 1 100 ~ 1 200℃）引燃可燃物发生火灾或爆炸事故；在易燃易爆的车间内动用明火，引起爆炸起火；将性质相抵触的物品混存在一起，引起燃烧爆炸；操作错误、忽视安全、忽视警告（未经许可开动、关停、移动机器，开关未锁紧，造成意外转动、通电或泄漏等），引起火灾；拆除了安全装置、调整的错误等造成安全装置失效，引起火灾；物体（指成品、半成品、材料、工具和生产用品等）存放不当，引起火灾；化工生产设备失修，出现易燃可燃液体或气体跑、冒、滴、漏现象，遇到明火引起燃烧或爆炸。近年来由于生产作业不慎引发的火灾时有发生（见表 3–2–2），造成了严重的人员伤亡和财产损失。

表 3–2–2　　2009—2018 年全国因生产作业不慎引发火灾的情况统计

年度	2009	2010	2011	2012	2013	2014	2015	2016	2017	2018
生产作业不慎火灾起数（起）	6 636	7 722	6 742	6 291	13 046	11 712	10 091	8 736	11 240	9 717
所占比例	5.1%	5.8%	5.4%	4.1%	3.4%	3.0%	2.9%	2.8%	4.0%	4.1%

【案例 3–11】2017 年 2 月 25 日，南昌市某休闲会所发生重大火灾事故，造成 10 人死亡、13 人受伤，过火面积约 1 500 m^2，火灾直接经济损失达 2 778 万元。经火灾事故调查认定，火灾的直接原因为会所改建装修施工人员使用气割枪在施工现场违法进行金属切割作业，切割产生的高温金属熔渣溅落在工作平台下方，引燃废弃沙发，造成火灾。

（3）生活用火不慎引发的火灾

生活用火不慎引发的火灾，主要包括照明不慎引发火灾，烘烤不慎引发火灾，敬神祭祖引发火灾，炊事用火不慎引发火灾，使用蚊香不慎引发火灾，焚烧纸张、杂物引发火灾，炉具故障及使用不当引发火灾，烟囱本体引发火灾（原因主要有烟囱滋火、烟囱烤燃可燃物、金属烟囱热辐射引燃可燃物、烟囱安装不当、民用烟囱改作生产用火烟囱等），油烟道引发火灾（原因主要有油烟道引燃可燃装修材料、油烟道内油垢受热燃烧、油烟道滋火、烟道过热窜火与飞火）等。表 3–2–3 为 2009—2018 年全国因生活用火不慎引发火灾的情况统计。

表 3–2–3　　2009—2018 年全国因生活用火不慎引发火灾的情况统计

年度	2009	2010	2011	2012	2013	2014	2015	2016	2017	2018
生活用火不慎引发火灾起数（起）	27 202	25 878	22 248	27 293	69 080	71 318	61 089	54 600	61 820	50 955
所占比例	21.0%	19.5%	17.7%	17.9%	17.8%	18.1%	17.6%	17.5%	22.0%	21.5%

【案例 3–12】2014 年 12 月 15 日零时 26 分，河南省某歌厅发生一起重大火灾事故，过火面积 123 m^2，造成 12 人死亡、28 人受伤，火灾直接经济损失达 957.64 万元。经火灾事故调查认定，该起火灾的直接原因是歌厅吧台内使用的硅晶电热膜对流式电暖器，近距离高温烘烤违规大量放置的具有易燃易爆危险性的罐装空气清新剂，导致空气清新剂爆炸燃烧，引发火灾。

（4）吸烟引发的火灾

吸烟引发的火灾，主要包括三类：一是乱扔烟头、卧床吸烟引发火灾。点燃的烟头表面温度为 200 ~ 300℃，中心部位温度可达 700 ~ 800℃，而一般可燃物如纸张、棉花、布匹、松木、麦草等，其燃点大多低于烟头表面温度。因此，当将未熄灭的烟头随意丢弃，扔在纸张等可燃物上，或躺在床上吸烟，烟头掉在被褥等可燃物上，由于受到烟头表面作用发生热分解、炭化，并蓄存热量从阴燃发展成为有焰燃烧。试验表明，在自然通风的条件下，燃着的烟头扔进深度为 5 cm 的锯末中，经过 75 ~ 90 min 阴燃便出现火苗。扔进深度为 5 ~ 10 cm 的刨花中，有 25% 的机会经过 60 ~ 100 min 开始燃烧。二是点烟后乱扔火柴杆引发火灾。若吸烟者用火柴点燃香烟，将未熄灭的火柴杆乱扔，落到棉纺织品、纸张、柴草、刨花上，具有引燃的危险性。试验表明，点燃的火柴杆从 1.5 m 的高处向下扔落到地面可燃物上，有 20% 的火柴并不熄灭，只需 10 s 就可以将棉纺织品、柴草类物质引燃。三是违章吸烟引发火灾。如在商场、石油化工厂、汽车加油加气站等具有火灾、爆炸危险的场所吸烟，易引起火灾爆炸事故。中国消防年鉴统计显示，我国每年因吸烟造成的火灾占全国火灾总起数的比例较大，且损失相当严重。表 3-2-4 为 2009—2018 年全国因吸烟引发火灾的情况统计。

表 3-2-4　　2009—2018 年全国因吸烟引发火灾的情况统计

年度	2009	2010	2011	2012	2013	2014	2015	2016	2017	2018
吸烟引发火灾起数（起）	9 073	7 586	7 091	9 492	26 226	23 701	19 503	16 224	22 480	17 301
所占比例	7.0%	5.7%	5.7%	6.2%	6.7%	6.0%	5.6%	5.2%	8.0%	7.3%

【案例 3-13】2004 年 2 月 15 日上午 11 时许，吉林市某商厦发生火灾，造成 54 人死亡、70 人受伤，火灾直接经济损失达 426 万元。经火灾事故调查组认定，火灾的直接原因是该商厦雇员于某某不慎将吸剩的烟头掉落在仓库地面上，并在未确认烟头被踩灭的情况下离开了仓库，烟头引燃仓库内的可燃物后引发火灾。

（5）玩火引发的火灾

玩火引发的火灾在我国每年都占有一定的比例，主要包括两类：一是小孩玩火引发火灾。有关资料显示，小孩玩火取乐是造成火灾的常见原因之一。二是燃放烟花爆竹引发火灾。据统计每年春节期间火灾频繁，其中 70% ~ 80% 的火灾是由燃放烟花爆竹所引起的。表 3-2-5 为 2009—2018 年全国因玩火引发火灾的情况统计。

表 3-2-5　　2009—2018 年全国因玩火引发火灾的情况统计

年度	2009	2010	2011	2012	2013	2014	2015	2016	2017	2018
玩火引发火灾起数（起）	9 336	7 094	8 247	5 771	12 982	16 639	11 478	9 048	8 430	6 873
所占比例	7.2%	5.4%	6.6%	3.8%	3.3%	4.2%	3.3%	2.9%	3.0%	2.9%

【案例 3-14】2015 年 2 月 5 日 13 时 43 分许，广东省某小商品批发城发生火灾事故，过火面积约 3 800 m^2，造成 17 人死亡，2 名群众、4 名消防队员受伤，火灾直接经济损失达 1 173 万元。经火灾事故调查认定，火灾的直接原因是一名儿童用打火机

点燃了堆放在四楼商铺门口消防通道边的可燃物。

（6）自燃引发的火灾

自燃性物质处于闷热、潮湿的环境中，经过发热、积（蓄）热、升温等过程，由于体系内部产生的热量大于向外部散失的热量，在无任何外来火源作用的情况下最终发生自燃。在我国，因自燃引发的火灾每年都占火灾总起数的一定比例，表 3–2–6 为 2009—2018 年全国因自燃引发火灾的情况统计。

表 3–2–6　　2009—2018 年全国因自燃引发火灾的情况统计

年度	2009	2010	2011	2012	2013	2014	2015	2016	2017	2018
自燃火灾起数（起）	3 072	3 504	3 533	4 610	11 547	10 613	10 116	9 984	12 926	11 376
所占比例	2.4%	2.6%	2.8%	3.0%	3.0%	2.7%	2.9%	3.2%	4.6%	4.8%

【案例 3–15】2015 年 8 月 12 日 22 时 52 分，天津市某国际物流有限公司危险品仓库发生特别重大火灾爆炸事故。经火灾事故调查认定，该起事故的直接原因是该公司危险品仓库运抵区南侧集装箱内的硝化棉由于湿润剂散失出现局部干燥，在高温（天气）等因素的作用下加速分解放热，积热自燃，引起相邻集装箱内的硝化棉和其他危险化学品长时间大面积燃烧，导致堆放于运抵区的硝酸铵等危险化学品发生爆炸。

（7）静电引发的火灾

静电引发火灾是指由静电放电火花作为引火源导致可燃物起火。静电是一种处于静止状态的电荷，静电荷积累过多形成高电位后，产生放电火花。气候干燥的秋冬季节最容易产生静电。产生静电的常见作业与活动有以下方面：一是石油、化工、粮食加工、粉末加工、纺织企业用管道输送气体、液体、粉尘、纤维的作业；二是气体、液体、粉尘的喷射（冲洗、喷漆、压力容器、管道泄漏等）；三是造纸、印染、塑料加工中传送纸、布、塑料等；四是军工、化工生产中的碾压、上光；五是物料的混合、搅拌、过滤、过筛等；六是板型有机物料的剥离、快速开卷等；七是高速行驶的交通工具；八是人体在地毯上行走、离开化纤座椅、脱衣、梳理毛发、用有机溶剂洗衣、拖地板等活动。通常具备下列情形时，可以认定为静电火灾：一是具有产生和积累静电的条件；二是具有足够的静电能量和放电条件；三是放电点周围存在爆炸性混合物；四是放电能量足以引燃爆炸性混合物；五是可以排除其他起火原因。在我国，因静电引发的火灾每年都有一定的比例。

【案例 3–16】2017 年 12 月 9 日 2 时 9 分，连云港某科技有限公司间二氯苯装置发生爆炸事故，造成 10 人死亡、1 人轻伤，火灾直接经济损失达 4 875 万元。经火灾事故调查认定，该起事故的直接原因是尾气处理系统的氮氧化合物（夹带硫酸）进入1号保温釜，与加入回收残液中的间硝基氯苯、间二氯苯、1，2，4–三氯苯、1，3，5–三氯苯和硫酸根离子等形成混酸，在绝热高温下，与釜内物料发生化学反应，持续放热升温，并释放氮氧化物气体（冒黄烟）。使用压缩空气压料时，高温物料与空气接触，反应加剧（超量程），紧急卸压放空时，遇静电火花燃烧，釜内压力骤升，物料大量喷出，与釜外空气形成爆炸性混合物，遇燃烧火源发生爆炸。

（8）雷击引发的火灾

雷电是大气中的放电现象。雷电通常分为直击雷、感应雷、雷电波侵入和球雷等。雷击能在短时间内将电能转变成机械能、热能并产生各种物理效应，对建筑物、用电设备等具有巨大的破坏作用，并易引起火灾和爆炸事故。例如，雷击时产生数万至数十万伏电压，足以烧毁电力系统的发电机、变压器、断路器等设备，造成绝缘击穿而发生短路，引起火灾或爆炸事故；雷击产生巨大的热量，可以使金属熔化，混凝土构件、砖石表层熔化，使可燃物起火；雷电温度高，能量巨大，物体中的水分瞬间爆炸式汽化，导致树木劈裂，燃烧起火。在我国，雷击引发的火灾每年占火灾总起数的一定比例。

【案例3–17】2019年3月30日18时许，四川省凉山州海拔约3 800 m处发生森林火灾，火场总过火面积约20公顷，造成27名森林消防指战员和3名地方扑火人员共30人遇难。经调查，该起森林火灾为雷击导致。

（9）放火引发的火灾

放火是指蓄意制造火灾的行为。常见的放火动机有报复、获取经济利益、掩盖罪行、寻求精神刺激、对社会和政府不满、精神病患者放火、自焚等。在我国，因放火引发的火灾每年都有发生。

【案例3–18】2019年7月18日，日本京都动画工作室突然出现爆炸，随之发生火灾，致使工作室从1层到3层完全烧毁，过火建筑面积约690 m^2，大火燃烧了约5 h，共造成35人死亡、34人受伤。京都府警察局发言人称，火灾系一名男子故意泼洒汽油并点燃放火所致。

三、火灾的危害

火灾是各种自然与社会灾害中发生概率高、突发性强、破坏性大的一种灾害。据国际消防技术委员会对全球火灾调查统计显示，近年来在世界范围内，每年发生的火灾起数高达600万～700万起，每年有6万～7万人在火灾中丧生。当今，火灾是世界各国所面临的一个共同的灾难性问题，对人类社会的发展进步、人民的生命及公私财产安全已构成了十分严重的危害。具体表现在以下方面：

1. 导致人员伤亡

据中国消防年鉴统计，2009—2018 年全国发生火灾总起数为 249.9 万起，共造成 12 187 人死亡、8 132 受伤，见表 3-2-7。由此表明，火灾给人类的生命安全构成了严重危害。

表 3-2-7　　　　2009—2018 年全国火灾四项指标统计

年份	火灾起数（万起）	死亡人数（人）	受伤人数（人）	直接财产损失（亿元）
2009	12.9	1 236	651	16.24
2010	13.2	1 205	624	19.59
2011	12.5	1 108	571	20.57
2012	15.2	1 028	575	21.77
2013	38.9	2 113	1 637	48.47
2014	39.5	1 817	1 493	47.02
2015	34.7	1 742	1 112	43.59
2016	31.2	1 582	1 065	37.20
2017	28.1	1 390	881	36.00
2018	23.7	1 407	798	36.75
合计	249.9	12 187	8 132	327.2

【案例 3-19】2000 年 12 月 25 日，河南省某商厦地下一层施焊人员明知商厦地下二层存有大量可燃木制家具，却在不采取任何防护措施的情况下违章作业，电焊火花溅落到地下二层家具商场的可燃物上导致火灾发生。火灾发生后，肇事人员和该商厦在现场的职工和领导既不报警，也不通知四层娱乐城人员撤离，使娱乐城大量人员丧失逃生机会，造成 309 人死亡、7 人受伤，直接财产损失 275.3 万元。这起特别重大火灾事故给当地人民群众生命安全造成了巨大危害。

2. 毁坏物质财富

俗话说，水火无情。火灾，能烧掉人类经过辛勤劳动创造的物质财富，使城镇、乡村、工厂、仓库、建筑物和大量的生产、生活物资化为灰烬；火灾，能将成千上万个温馨的家园变成废墟；火灾，能吞噬掉茂密的森林和广袤的草原，使宝贵的自然资源化为乌有；火灾，能烧掉大量文物、古建筑等稀世瑰宝，使珍贵的历史文化遗产毁于一旦，将人类文明成果付之一炬。另外，火灾所造成的间接财产损失往往比直接财产损失更为严重，这包括受灾单位自身的停工、停产、停业，以及相关单位生产、工作、运输、通信的停滞和灾后的救济、抚恤、医疗、重建等工作带来的更大的投入与花费。至于文物、古建筑火灾和森林火灾，造成不可挽回的损失，更是难以用经济价值计算。创业千日功，火烧一日穷。随着社会经济的发展，财富日益增多，火灾给人类造成的财产损失越来越大。据世界火灾统计中心 2007 年前提供的资料显示，发生火灾的直接财产损失，美国不到 7 年翻一番，日本平均 16 年翻一番，中国平均 12 年翻一番。表 3-2-7 统计显示，我国 2009—2018 年共发生 249.9 万起火灾，造成的直接财产损失达 327.2 亿元，年均火灾直接财产损失达 32.72 亿元，是 21 世纪前五年间的年均火灾直接财产损失（15.5 亿元）的 2.1 倍。

【案例 3-20】“8 · 12”瑞海公司危险品仓库特别重大火灾爆炸事故，共造成 165 人死亡、798 人受伤，共计有 304 幢建筑物、12 428 辆商品汽车、7 533 个集装箱受损，直接经济损失达 68.66 亿元人民币。

3. 破坏生态环境

火灾的危害不仅表现在残害人类生命、毁坏物质财富，而且还会严重影响和破坏人类生存和发展的大气、海洋、土地、矿藏、森林、草原、野生生物、自然遗迹、人文遗迹、自然保护区、风景名胜区、城市和乡村等生态环境，使水资源和土地资源遭受污染，森林和草地资源减少，大量植物和动物灭绝，干旱少雨，风暴增多，气候异常，生物多样性减少，生态环境恶化。由于生态平衡遭到破坏，导致生态系统的结构和功能严重失调，从而严重威胁人类的生存和发展。

【案例 3-21】2005 年 11 月 13 日，某石化公司双苯厂硝基苯精馏塔发生爆炸，除造成 8 人死亡、60 人受伤，直接经济损失 6 908 万元外，还引发了松花江水污染事件。松花江水污染事件的直接原因是双苯厂没有事故状态下防止受污染的“清净下水”流入松花江的措施，爆炸事故发生后，未能及时采取有效措施，防止泄漏出来的部分物料和循环水及抢救事故现场消防水与残余物料的混合物流入松花江，致使苯、苯胺和硝基苯等 98 t 残余物料通过清净废水排水系统流入松花江，引发特别重大水污染事件。为此，市政府发出临时停水 4 天的公告，市民们经历了一场前所未有的水荒大考验，这种整个城市停水的现象在历史上还是第一次。

4. 影响社会和谐稳定

公众聚集场所、医院及养老院、学校和幼儿园、劳动密集型企业、宗教活动场所等人员密集场所如果发生群死群伤火灾事故，或者涉及能源、粮食、资源等国计民生的行业发生大火时，往往还会严重影响人民正常的生活、生产、工作、学习等秩序，形成一定程度的负面效应，扰乱社会的和谐稳定，破坏人民的安居乐业和国家的长治久安。

【案例 3-22】1994 年 12 月 8 日 18 时 20 分许，某剧场在演出过程中，因舞台纱幕后的第7号光柱灯离纱幕太近将其烤燃，导致剧场内突发火灾，火势迅速蔓延，整个剧场浓烟弥漫，各种易燃材料燃烧后产生大量有害气体。由于剧场绝大多数安全门紧锁，场内人员无处逃生，造成325人被烧死或中毒窒息死亡（其中中小学生288人）、130人受伤。这起群死群伤的恶性火灾事故，不仅给国家和人民生命财产造成了无法弥补的惨痛损失，也给当地教育工作带来了严重影响，留给许多家庭的精神创伤至今仍未消除。

培训项目 3

建筑火灾的发生和发展过程

【培训重点】

1. 掌握建筑火灾发展的阶段及特点。
2. 掌握建筑火灾发展的特殊现象。
3. 掌握建筑火灾的蔓延方式。
4. 了解建筑火灾的蔓延途径。

一、建筑火灾的发生和发展过程

建筑火灾的发生和发展过程与其他类型火灾一样，都有一定的规律性。通常情况下，都有一个由小到大、由发展到熄灭的过程。最初是发生在室内某个房间或某个部位，然后由此蔓延到相邻的房间或区域，以及整个楼层，最后蔓延到整个建筑物。这里的“室”不仅指民用建筑、工业建筑、农业建筑、文物古建筑等建筑室内的房间，而是泛指所有具有顶棚、墙体和开口结构的受限空间。

1. 建筑火灾发展的阶段

根据建筑室内火灾温度随时间的变化特点，通常将建筑火灾发展过程分为四个阶段，即火灾初起阶段（*OA* 段）、火灾成长发展阶段（*AB* 段）、火灾猛烈燃烧阶段（*BC* 段）和火灾衰减熄灭阶段（*CD* 段），如图 3-3-1 所示。

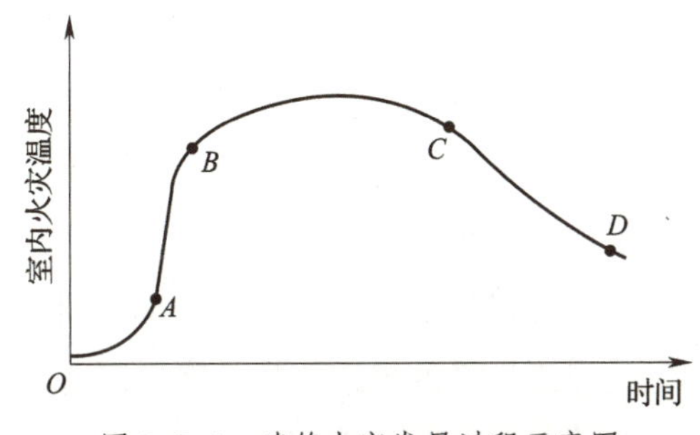

图 3-3-1 建筑火灾发展过程示意图

（1）火灾初起阶段

建筑物发生火灾后，最初阶段只是起火部位及其周围可燃物着火燃烧，这时火灾燃烧好像在敞开的空间里进行一样。在火灾局部燃烧形成之后，可能会出现下列三种情况之一：一是最初着火的可燃物燃尽而终止；二是通风不足，火灾可能自行熄灭，或受到通风供氧条件的支配，以缓慢的燃烧速度继续燃烧；三是存在足够的可燃物，而且具有良好的通风条件，火灾迅速成长发展。火灾初起阶段的特点是：燃烧面积不大，仅限于初始起火点附近；在燃烧区域及附近存在高温，室内平均温度低，室内温差大；火灾发展速度较慢，供氧相对充足，火势不够稳定；火灾持续时间取决于引火源的类型、可燃物性质和分布、通风条件等，其长短差别较大。

由此可见，火灾初起阶段燃烧面积小，用少量的灭火剂或灭火设备就可以把火扑灭，该阶段是灭火的最佳时机，故应争取及早发现，把火灾消灭在起火点。为此，在建筑物内设置火灾自动报警系统和自动灭火系统、配备适量的消防器材是十分必要的。同时，火灾初起阶段也是人员应急疏散的有利时机，火场被困人员若在这一阶段不能及时安全疏散出房间，就有危险了。初起阶段时间持续越长，就有更多的机会发现火灾和灭火，更有利于人员安全疏散撤离。

（2）火灾成长发展阶段

在火灾初起阶段后期，火灾燃烧面积迅速扩大，室内温度不断升高，热对流和热辐射显著增强。当发生火灾的房间温度达到一定值（图 3-3-1 中的 *B* 点）时，聚积在房间内的可燃物分解产生的可燃气体突然起火，整个房间都充满了火焰，房间内所有可燃物表面部分都卷入火灾之中，使火灾转化为一种极为猛烈的燃烧，即产生了轰燃。

轰燃是一般室内火灾最显著的特征和非常重要的现象，是火灾发展的重要转折点，它标志着室内火灾从成长发展阶段（图 3-3-1 中的 *AB* 段）进入猛烈燃烧阶段，即火灾发展到了不可控制的程度。若在轰燃之前火场被困人员仍未从室内逃出，就会有生命危险。

（3）火灾猛烈燃烧阶段

轰燃发生后，室内所有可燃物都在猛烈燃烧，放热速度很快，因而室内温度急剧上升，并出现持续性高温，最高温度可达 800 ～ 1 100℃。这个阶段是火灾最盛期，即火灾进入猛烈燃烧阶段（图 3-3-1 中的 *BC* 段），该阶段特点是：室内可燃物已被全面引燃，且燃烧速度急剧加快，火灾以辐射、对流、传导方式进行扩散蔓延，高温烟火从房间的门、窗等开口处向外大量喷出，使火灾蔓延到建筑物的其他部位，使邻近区域受到火势的威胁。火灾猛烈燃烧阶段的破坏力极强，门窗玻璃破碎，室内高温还对建筑构件产生热作用，使建筑构件的承载能力下降，混凝土和石材墙柱等构件可能产生爆裂，甚至造成建筑物局部或整体倒塌破坏。

针对火灾猛烈燃烧阶段的特点，为了减少人员伤亡和火灾损失，防止火灾向相邻建筑蔓延，在建筑防火中应采取的主要措施是：在建筑物内划分一定的防火分区，设置具有一定耐火性能的防火分隔物，把火灾控制在一定的范围之内，防止火灾大面积蔓延；选用耐火极限较高的建筑构件作为建筑物的承重体系，确保建筑物发生火灾时不倒塌破坏，为火灾时人员疏散、消防救援人员扑灭火灾，以及建筑物灾后修复使用创造条件。

（4）火灾衰减熄灭阶段

经过猛烈燃烧之后，室内可燃物大都被烧尽，随着室内可燃物的挥发物质不断减少，火灾燃烧速度递减，室内温度逐渐下降，燃烧向着自行熄灭的方向发展。一般来说，室内平均温度降到温度最高值的 80% 时，则认为火灾进入衰减熄灭阶段（图 3-3-1 中的 *CD* 段）。该阶段前期，燃烧仍十分猛烈，火灾温度仍很高。火场的余热还能维持一段时间的高温，为 200 ～ 300℃。衰减熄灭阶段温度下降速度是比较慢的，当可燃物全部烧光之后，室内外温度趋于一致，火势即趋于熄灭。

针对火灾衰减熄灭阶段的特点，灭火救援时除防复燃外，还应注意防止建筑构件因较长时间受高温作用和灭火射水的冷却作用而出现裂缝、下沉、倾斜或倒塌破坏，确保消防救援人员的人身安全。

由此可见，建筑火灾在初起阶段容易控制和扑灭，如果发展到猛烈燃烧阶段，不仅需要动用大量的人力和物力进行扑救，而且可能会造成严重的人员伤亡和财产损失。

2. 建筑火灾发展的特殊现象

建筑火灾发展过程中会出现以下两种特殊现象：

（1）轰燃

1）轰燃的定义。某一空间内，所有可燃物的表面全部卷入燃烧的瞬变过程，称为轰燃。

2）轰燃的形成原因。轰燃的出现是燃烧释放的热量在室内逐渐累积与对外散热共同作用、燃烧速率急剧增大的结果。轰燃是一种瞬态过程，其中包含室内温度、燃烧范围、气体浓度等参数的剧烈变化。

3）轰燃的典型征兆。大量火场实践表明，建筑火灾即将发生轰燃之前可能会出现以下征兆：一是室内顶棚的热烟气层开始出现火焰；二是热烟气从门窗口上部喷出，并出现滚燃现象；三是热烟气层突然下降且距离地面很近；四是室内温度突然上升。

4）轰燃的危害性。主要体现在以下方面：一是易加速火势蔓延。轰燃发生后，喷出的火焰是造成建筑物层间及建筑与建筑之间火势蔓延的主要驱动力，不仅直接危害着火房间以上的楼层，而且严重威胁毗邻建筑的安全。二是能导致建筑坍塌。轰燃发生后，建筑的承重结构会受到火势侵袭，使承重能力降低，导致建筑倾斜或倒塌破坏。三是对人员疏散逃生危害大。轰燃发生后，室内氧气的浓度只有3%左右，在缺氧的条件下人会失去活动能力，从而导致来不及逃离火场就中毒窒息致死。四是增加了火灾扑灭难度。轰燃的发生标志着建筑火灾的失控，室内可燃物出现全面燃烧，室温急剧上升，火焰和高温烟气在火风压的作用下从房间的门窗、孔洞等处大量涌出，沿走廊、吊顶迅速向水平方向蔓延扩散。同时由于烟囱效应的作用，火势会通过竖井、共享空间等向上蔓延，形成全面立体燃烧，给消防救援人员扑灭火灾带来很大困难。

（2）回燃

1）回燃的定义。当室内通风不良、燃烧处于缺氧状态时，由于氧气的引入导致热烟气发生的爆炸性或快速的燃烧现象，称为回燃。

2）回燃的形成原因。回燃通常发生在通风不良的室内火灾门窗被打开或者破坏时。在通风不良的室内环境中，长时间燃烧后聚集了大量具有可燃性的不完全燃烧产物和热解产物，它们组成了可燃气相混合物。由于室内通风不良、供氧不足，氧气的浓度低于可燃气相混合物爆炸的临界氧浓度，因此，不会发生爆炸。然而，当房间的门窗被突然打开，或者因火场环境受到破坏，大量空气随之涌入，室内氧气浓度迅速升高，使可燃气相混合物达到爆炸极限范围，从而发生爆炸性或快速的燃烧。

3）回燃的典型征兆。如果身处室外，可能观察到的征兆包括：一是着火房间开口较少，通风不良，蓄积大量烟气；二是着火房间的门或窗户上有油状沉积物；三是门、窗及其把手温度高；四是开口处流出脉动式热烟气；五是有烟气被倒吸入室内的现象。

如果身处室内，或向室内看去，可能观察到的征兆包括：一是室内热烟气层中出现蓝色火焰；二是听到吸气声或呼啸声。

4）回燃的危害性。回燃是建筑火灾过程中发生的具有爆炸性的特殊现象。回燃发生时，室内燃烧气体受热膨胀从开口逸出，在高压冲击波的作用下形成喷出火球。回燃产生的高温高压和喷出火球不仅会对人身安全产生极大威胁，而且会对建筑结构本身造成较强破坏。因此，在灭火救援过程中，如果出现回燃征兆，在未做好充分的灭火和防护准备前，不要轻易打开门窗，以免新鲜空气流入导致回燃的发生。

二、建筑火灾的蔓延方式

建筑火灾蔓延是通过热的传播进行的，传热是火灾中的一个重要因素，它对火灾的引燃、扩大、传播、衰退和熄灭都有影响。在起火的建筑物内，火由起火房间转移到其他房间再蔓延到毗邻建筑的过程，主要是靠可燃构件的直接燃烧、热传导、热辐射和热对流的方式实现的。

1. 热传导

热传导是指物体一端受热，通过物体的分子热运动，把热量从温度较高一端传递到温度较低一端的过程。热传导是固体物质被部分加热时内部的传热形式，是起火的一个重要因素，也是火灾蔓延的重要因素之一。通过金属壁面或沿着金属管道、金属梁传导的热量能够引起与受热金属接触的可燃物起火。通过金属紧固物，如钉子、铁板或螺栓传导的热量能够导致火灾蔓延或使结构构件失效。传热速率与温差以及材料的物理性质有关。温差越大，导热方向的距离越近，传导的热量就越多。火灾现场燃烧区温度越高，传导出的热量就越多。

在起火房间燃烧产生的热量，通过热传导的方式蔓延扩大的火灾，有两个比较明显的特点：一是热量必须经导热性能好的建筑构件或建筑设备，如金属构件、金属设备或薄壁隔墙等的传导，使火灾蔓延到相邻上下层房间；二是蔓延的距离较近，一般只能是相邻的建筑空间。可见，通过热传导蔓延扩大的火灾，其规模是有限的。

2. 热辐射

热辐射是指物体以电磁波形式传递热能的现象。其有以下特点：一是热辐射不需要通过任何介质，不受气流、风速、风向的影响，通过真空也能进行热传播；二是固体、液体、气体都能把热以电磁波的形式辐射出去，也能吸收别的物体辐射出来的热能；三是当有两物体并存时，温度较高的物体将向温度较低的物体辐射热能，直至两物体温度渐趋平衡。

热辐射是起火房间内部燃烧蔓延的主要方式之一，同时也是相邻建筑之间火灾蔓延的主要方式。在火场上，起火建筑能将距离较近的相邻建筑燃烧，这就是热辐射的作用，如图 3–3–2 所示。因此，建筑物之间保持一定的防火间距，主要是考虑预防着火建筑热辐射在一定时间内引燃相邻建筑而设置的间隔距离。

3. 热对流

热对流是指流体各部分之间发生的相对位移，冷热流体相互掺混引起热量传递的现象，如图 3–3–3 所示。根据引起热对流的原因和流动介质不同，热对流分为以下几种：

图 3-3-2 热辐射引燃相邻建筑示意图

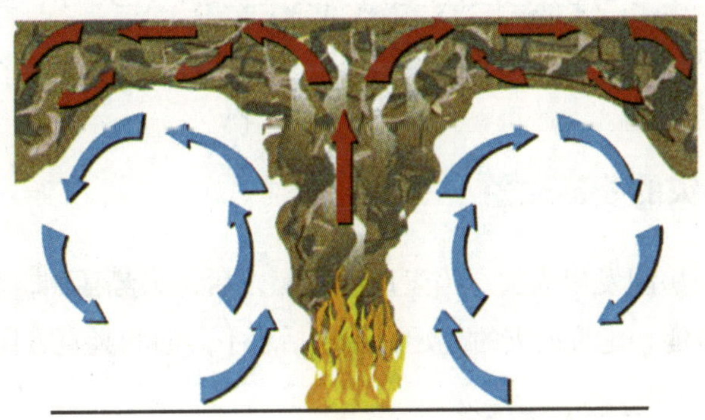

图 3-3-3 热对流示意图

（1）自然对流

自然对流中流体的运动是由自然力所引起的，也就是因流体各部分的密度不同而引起的。如高温设备附近空气受热膨胀向上流动及火灾中高温热烟的上升流动，而冷（新鲜）空气则向相反方向流动。

（2）强制对流

强制对流中流体微团的空间移动是由机械力引起的。如通过鼓风机、压缩机、泵等，使气体、液体产生强制对流。火灾发生时，若通风机械还在运行，就会成为火势蔓延的途径。使用防烟、排烟等强制对流设施，就能抑制烟气扩散和自然对流。地下建筑发生火灾，用强制对流改变风流或烟气流的方向，可有效地控制火势的发展，为最终扑灭火灾创造有利条件。

（3）气体对流

气体对流对火灾发展蔓延有极其重要的影响，燃烧引起了对流，对流助长了燃烧。燃烧越猛烈，它所引起的对流作用越强；对流作用越强，燃烧越猛烈。室内发生火灾时，气体对流的结果是在房间上部、顶棚下面形成一个热气层。由于热气体聚集在房间上部，如果顶棚或者屋顶是可燃结构，就有可能起火燃烧；如果屋顶是钢结构，就有可能在热烟气流的加热作用下强度逐渐减弱甚至垮塌。

热对流是建筑内火灾蔓延的一种主要方式，它可以使火灾区域内的高温燃烧产物与火灾区域外的冷空气发生强烈流动，将火焰、毒气或燃烧产生的有害产物传播到较远处，造成火势扩大。室内火灾初期热气体从起火点向房间上部和建筑物各处流动，这时对流传热起着主要作用。随着房间温度上升达到轰燃，对流将继续，但是辐射作用迅速增大，成为主要传热方式。建筑物发生轰燃后，火灾可能从起火房间烧毁门窗，门窗破坏，形成了良好的通风条件，使燃烧更加剧烈，升温更快，此时，房间内外的压差更大，因而流入走廊、喷出窗外的烟火喷流速度更快，数量更多。烟火进入走廊后，在更大范围内进行热对流，除了在水平方向对流蔓延外，在竖井也是以热对流方式蔓延的。因此，为了防止火势通过热对流发展蔓延，在火场中应设法控制通风口，冷却热气流或把热气流导向没有可燃物或火灾危险较小的方向。

三、建筑火灾的蔓延途径

建筑物内某一房间发生火灾，当发展到轰燃之后，火势猛烈，就会突破该房间的限制向其他空间蔓延。建筑火灾的蔓延途径包括水平方向和竖直方向。

1. 火灾在水平方向的蔓延途径

建筑火灾沿水平方向蔓延的途径主要包括：

（1）通过内墙门蔓延

建筑物内发生火灾，开始时燃烧的房间往往只有一个，而火灾最后蔓延至整个建筑物，其原因大多数是内墙的门没能把火挡住，火烧穿内墙门，窜到走廊，再通过相邻房间开敞的门进入邻间。如果相邻房间的门关得很严，走廊内没有可燃物，火灾蔓延的速度就会大大减慢。内墙门多数为木板门和胶合板门，是房间外壳阻火的薄弱环节，是火灾突破外壳到其他房间的重要途径。因此，内墙门的防火问题非常重要。

（2）通过隔墙蔓延

当房间隔墙采用木板等可燃材料制作时，火就很容易穿过木板缝，窜到隔墙的另一面；当隔墙为板条抹灰墙时，一旦受热，内部首先自燃，直到背火面的抹灰层破裂，火才能够蔓延过去；当隔墙为非燃烧体制作但耐火性能较差时，在火灾高温作用下易被烧坏，失去隔火作用，使火灾蔓延到相邻房间或区域。

（3）通过吊顶蔓延

有不少装设吊顶的建筑，房间与房间、房间与走廊之间的分隔墙只到吊顶底部，吊顶上部仍为连通空间，一旦起火极易在吊顶内部空间蔓延，且难以及时发现，导致灾情扩大。如果没有装设吊顶，隔墙如不砌到结构底部，留有孔洞或连通空间，也会成为火灾蔓延和烟气扩散的途径。

2. 火灾在竖直方向的蔓延途径

建筑火灾沿竖直方向蔓延的途径主要包括：

（1）通过楼梯间蔓延

建筑的楼梯间，若未按防火要求进行分隔处理，则在火灾时犹如烟囱一般，烟火会很快由此向上蔓延。

（2）通过电梯井蔓延

若电梯间未设防烟前室及防火门分隔，发生火灾时则会抽拔烟火，导致火灾沿电梯井迅速向上蔓延。

（3）通过空调系统管道蔓延

建筑通风空调系统未按规定设防火阀，采用可燃材料风管或采用可燃材料做保温层等，都容易造成火灾蔓延。通风空调管道蔓延火灾一般有两种方式：一是通风管道本身起火并向连通的空间（房间、吊顶、内部、机房等）蔓延；二是通风管道把起火房间的烟火送到其他空间，在远离火场的其他空间再喷吐出来。因此，在通风管道穿通防火分区处，一定要设置具有自动关闭功能的防火阀门。

（4）通过其他竖井和孔洞蔓延

由于建筑功能的需要，建筑物内除设置楼梯间、电梯井、通风竖井外，还设有管道井、电缆井、排烟井等各种竖井，这些竖井和开口部位常贯穿整个建筑，若未进行周密完善的防火分隔和封堵，会使井道形成一座座竖向“烟囱”，一旦发生火灾，烟火就会通过竖井和孔洞迅速蔓延到建筑的其他楼层，引起立体燃烧。

（5）通过窗口向上层蔓延

在现代建筑中，当房间起火，室内温度升高达到250℃左右时，窗玻璃就会膨胀、变形，受窗框的限制，玻璃会自行破碎，火焰窜出窗口，向外蔓延。从起火房间窗口喷出的烟气和火焰，往往会沿窗间墙及上层窗口向上窜越，烧毁上层窗户，引燃房间内的可燃物，使火灾蔓延到上部楼层。若建筑物采用带形窗，火灾房间喷出的火焰被吸附在建筑物表面，甚至会卷入上层窗户内部。这样逐层向上蔓延，会使整个建筑物起火。

由此可见，做好防火分隔，设置防火间距，对于阻止火势蔓延和保证人员安全，减少火灾损失，具有举足轻重的作用。

【案例 3–23】2011 年 2 月 3 日 0 时 13 分许，沈阳某大厦发生火灾。火灾烧毁建筑B座幕墙保温系统；A座幕墙保温系统南立面被烧毁，东立面约1/2及西立面约4/5被烧毁；B座地上11层至37层以及A座地上10层至45层的室内装修、家具不同程度被烧毁。B座过火面积9 814 m^2，A座过火面积1 025 m^2，合计过火面积10 839 m^2，直接财产损失9 384万元，火灾未造成人员伤亡。经调查，发生火灾的直接原因是：该大厦A座住宿人员李某等2人当日零时，在大厦B座室外南侧停车场西南角处燃放烟花，引燃了B座11层1109房间南侧室外平台地面塑料草坪，随后引燃铝塑板结合处可燃胶条、泡沫棒、挤塑板，火势迅速蔓延、扩大，致使建筑外窗破碎，引燃室内可燃物，进而形成大面积立体燃烧。发生火灾的间接原因：一是建筑外墙或幕墙使用铝塑板和保温材料的燃烧性能低；二是外保温系统无防火封堵、防护层等防火保护措施；三是A座与B座之间的防火间距不足。

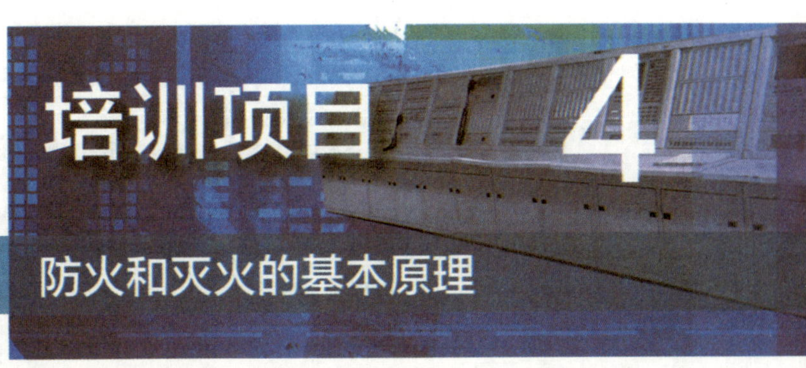

培训项目 4 防火和灭火的基本原理

【培训重点】

1. 了解防火和灭火的基本原理。
2. 熟练掌握防火的基本方法与措施。
3. 熟练掌握灭火的基本方法与措施。

一、防火的基本原理和方法

1. 防火的基本原理

根据燃烧条件理论，防火的基本原理为限制燃烧必要条件和充分条件的形成，即只要防止形成燃烧条件，或避免燃烧条件同时存在并相互结合作用，就可以达到预防火灾的目的。

2. 防火的基本方法与措施

防火的基本方法和措施，见表 3–4–1。

表 3–4–1　防火的基本方法和措施

基本方法	措施举例
控制可燃物	（1）用不燃或难燃材料代替可燃材料 （2）用阻燃剂对可燃材料进行阻燃处理，改变其燃烧性能 （3）限制可燃物质储运量 （4）加强通风以降低可燃气体、蒸气和粉尘等可燃物质在空气中的浓度 （5）将可燃物与化学性质相抵触的其他物品隔离分开保存，并防止“跑、冒、滴、漏”等
隔绝助燃物	（1）充装惰性气体保护生产或储运有爆炸危险物品的容器、设备等 （2）密闭有可燃介质的容器、设备 （3）采用隔绝空气等特殊方法储存某些易燃易爆危险物品 （4）隔离与酸、碱、氧化剂等接触能够燃烧爆炸的可燃物和还原剂
控制和消除引火源	（1）消除和控制明火源 （2）防止撞击火星和控制摩擦生热，设置火星熄灭装置和静电消除装置 （3）防止和控制高温物体 （4）防止日光照射和聚光作用 （5）安装避雷、接地设施，防止雷击 （6）电暖器、炉火等取暖设施与可燃物之间采取防火隔热措施 （7）需要动火施工的区域与使用、营业区之间进行防火分隔
避免相互作用	（1）在建筑之间设置防火间距，建筑物内设置防火分隔设施 （2）在气体管道上安装阻火器、安全液封、水封井等 （3）在压力容器设备上安装防爆膜（片）、安全阀 （4）在能形成爆炸介质的场所，设置泄压门窗、轻质屋盖等

二、灭火的基本原理和方法

1. 灭火的基本原理

根据燃烧条件理论，灭火的基本原理就是破坏已经形成的燃烧条件，即消除助燃物、降低燃烧物温度、中断燃烧链式反应、阻止火势蔓延扩散，不形成新的燃烧条件，从而使火灾熄灭，最大限度地减少火灾的危害。

2. 灭火的基本方法与措施

根据灭火的基本原理，灭火的基本方法主要有冷却灭火法、窒息灭火法、隔离灭火法和化学抑制灭火法四种。火灾时采用哪种灭火方法与措施，应根据燃烧物的性质、燃烧特点和消防器材性能以及火场具体情况等进行选择。

（1）冷却灭火法与措施

冷却灭火法是指将燃烧物的温度降至物质的燃点或闪点以下，使燃烧停止，如图 3–4–1 所示。对于可燃固体，将其冷却到燃点以下，火灾即可被扑灭；对于可燃液体，将其冷却到闪点以下，燃烧反应就会中止。采用冷却法灭火的主要措施有：一是将直流水、开花水、喷雾水直接喷射到燃烧物上；二是向火源附近的未燃烧物不间断地喷水降温；三是对于物体带电燃烧的火灾可喷射二氧化碳灭火剂冷却降温。

图 3–4–1　冷却灭火法灭火

（2）窒息灭火法与措施

窒息灭火法是指通过隔绝空气，消除助燃物，使燃烧区内的可燃物质无法获得足够的氧化剂助燃，从而使燃烧停止，如图 3–4–2 所示。可燃物的燃烧是氧化作用，需要在最低氧浓度以上才能进行，低于最低氧浓度，燃烧不能进行，火灾即被扑灭。一般氧浓度低于 15% 时，就不能维持燃烧。因此，采用窒息法灭火的主要措施有：一是用灭火毯、沙土、水泥、湿棉被等不燃或难燃物覆盖燃烧物；二是向着火的空间灌注非助燃气体，如二氧化碳、氮气、水蒸气等；三是向燃烧对象喷洒干粉、泡沫、二氧化碳等灭火剂覆盖燃烧物；四是封闭起火建筑、设备和孔洞等。

图 3–4–2　窒息灭火法灭火

（3）隔离灭火法与措施

隔离灭火法是指将正在燃烧的物质与火源周边未燃烧的物质进行隔离或移开，中断可燃物的供给，无法形成新的燃烧条件，阻止火势蔓延扩大，使燃烧停止，如

图 3–4–3 所示。采用隔离法灭火的主要措施有：一是将火源周边未着火物质搬移到安全处；二是拆除与火源相连接或毗邻的建（构）筑物；三是迅速关闭流向着火区的可燃液体或可燃气体的管道阀门，切断液体或气体输送来源；四是用沙土等堵截流散的燃烧液体；五是用难燃或不燃物体遮盖受火势威胁的可燃物质等。

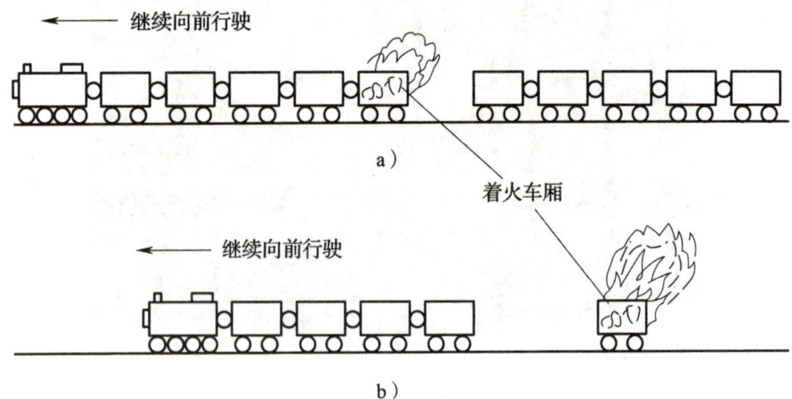

图 3–4–3　隔离灭火法示意图

a）先停车摘掉受火势威胁的车厢　b）再摘掉着火的车厢

（4）化学抑制灭火法与措施

化学抑制灭火法是指使灭火剂参与到燃烧反应过程中，抑制自由基的产生或降低火焰中的自由基浓度，中断燃烧的链式反应，如图 3–4–4 所示。其灭火措施是可往燃烧物上喷射七氟丙烷灭火剂、六氟丙烷灭火剂或干粉灭火剂，中断燃烧链式反应。

图 3–4–4　化学抑制灭火法灭火

培训模块 四

建筑防火基本知识

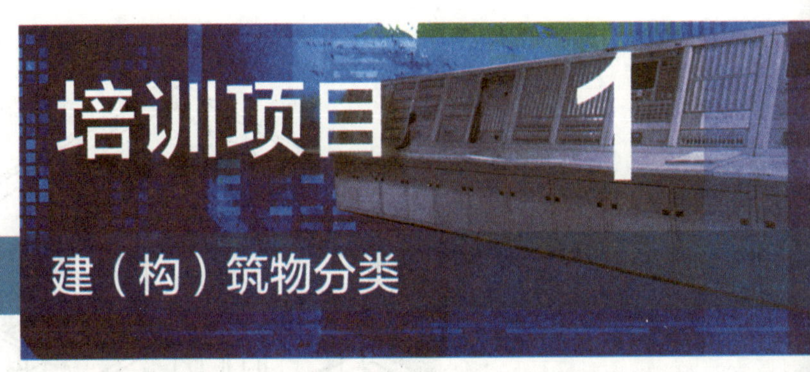

培训项目 1

建（构）筑物分类

【培训重点】

1. 了解建筑的构造。
2. 掌握建筑的分类。

建筑是指建筑物与构筑物的总称。其中，供人们学习、工作、生活，以及从事生产和各种文化、社会活动的房屋称为“建筑物”，如学校、商店、住宅、影剧院等；为了工程技术需要而设置，人们不在其中生产、生活的建筑，则称为“构筑物”，如桥梁、堤坝、水塔、纪念碑等。

一、建筑的构造

建筑一般由基础、墙（柱）、楼板层、地坪、楼梯、屋顶和门窗七大部分组成，如图 4–1–1 所示。

1. 基础

基础是位于建筑最下部的承重构件，承受着建筑的全部荷载，并将这些荷载传递给地基。

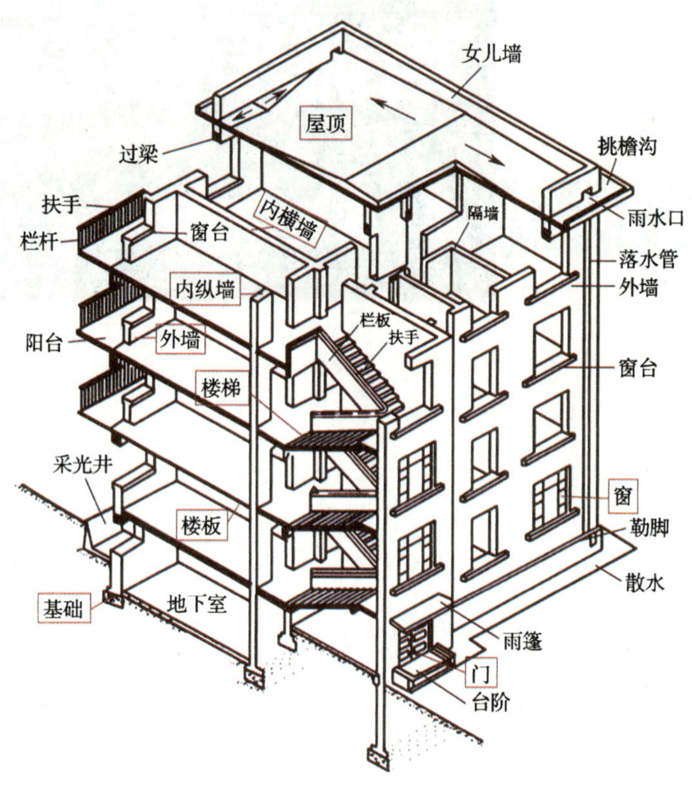

图 4-1-1　建筑的构造

2. 墙（柱）

墙（柱）是建筑的竖向承重构件和围护构件。作为竖向承重构件，墙（柱）承受着建筑由屋顶或楼板层传来的荷载，并将这些荷载再传递给基础。作为围护构件，外墙起着抵御自然界各种因素对室内侵袭的作用，内墙起着分隔房间、创造室内舒适环境的作用。

3. 楼板层

楼板层是楼房建筑中水平方向的承重构件，按房间层高将整幢建筑沿水平方向分为若干部分。楼板层承受着家具、设备和人体的荷载以及本身自重，并将这些荷载传给墙（柱），同时，还对墙身起到水平支撑的作用。

4. 地坪

地坪是底层房间与土层相接触的部分，它承受底层房间内的荷载。

5. 楼梯

楼梯是楼房建筑的垂直交通设施，供人们上下楼层和安全疏散之用。

6. 屋顶

屋顶是建筑顶部的外围护构件和承重构件。

7. 门窗

门和窗均属非承重构件。门主要供人们内外交通和隔离房间之用；窗主要用于采光和通风，同时也起分隔和围护作用。

二、建筑分类

1. 按使用性质分类

（1）民用建筑

民用建筑是指非生产性的住宅建筑和公共建筑。

（2）工业建筑

工业建筑是指供生产用的各类建筑，分厂房和库房两大类。

（3）农业建筑

农业建筑是指农副产业生产与存储建筑，如暖棚、粮仓、禽畜养殖建筑等。

2. 按建筑高度分类

（1）单、多层建筑

单、多层建筑是指建筑高度不大于 27 m 的住宅建筑（包括设置商业服务网点的住宅建筑），建筑高度不大于 24 m（或大于 24 m 的单层）的公共建筑和工业建筑。商业服务网点是指设置在住宅建筑的首层或首层及二层，每个分隔单元建筑面积不大于 300 m^2 的商店、邮政所、储蓄所、理发店等小型营业性用房。

（2）高层建筑

高层建筑是指建筑高度大于 27 m 的住宅建筑和其他建筑高度大于 24 m 的非单层建筑。高层民用建筑根据其建筑高度、使用功能和楼层的建筑面积可分为一类和二类，见表 4–1–1。建筑高度大于 100 m 的建筑称为超高层建筑，我国第一高楼上海中心大厦总建筑高度 632 m，位于上海市陆家嘴金融贸易区，如图 4–1–2 所示。

表 4–1–1　　高层民用建筑分类

名称	高层民用建筑	
	一类	二类
住宅建筑	建筑高度大于 54 m 的住宅建筑（包括设置商业服务网点的住宅建筑）	建筑高度大于 27 m，但不大于 54 m 的住宅建筑（包括设置商业服务网点的住宅建筑）
公共建筑	（1）建筑高度大于 50 m 的公共建筑 （2）建筑高度 24 m 以上部分任一楼层建筑面积大于 1 000 m^2 的商店、展览、电信、邮政、财贸金融建筑和其他多种功能组合的建筑 （3）医疗建筑、重要公共建筑、独立建筑的老年人照料设施 （4）省级及以上的广播电视和防灾指挥调度建筑、网局级和省级电力调度建筑 （5）藏书超过 100 万册的图书馆、书库	除一类高层公共建筑外的其他高层公共建筑

注：表中未列入的建筑，其类别应根据本表类比确定。

图 4–1–2　上海中心大厦

（3）地下室

地下室是指房间地面低于室外设计地面的平均高度大于该房间平均净高 1/2 的建筑，如图 4–1–3 所示。

（4）半地下室

半地下室是指房间地面低于室外设计地面的平均高度大于该房间平均净高的 1/3，且不大于 1/2 的建筑，如图 4–1–4 所示。

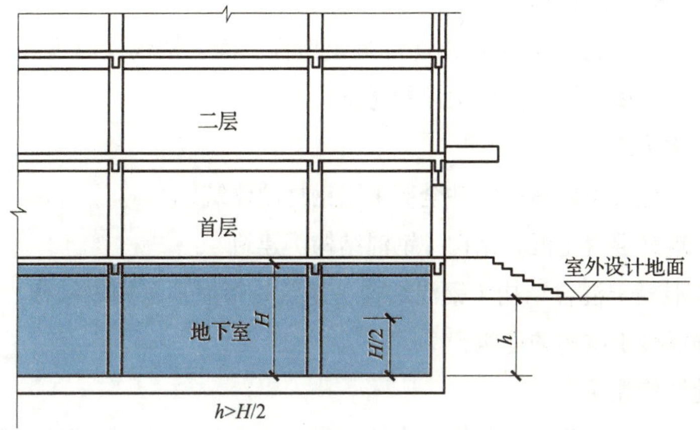

图 4-1-3 地下室剖面示意图

H—地下室净高 h—地下室埋深

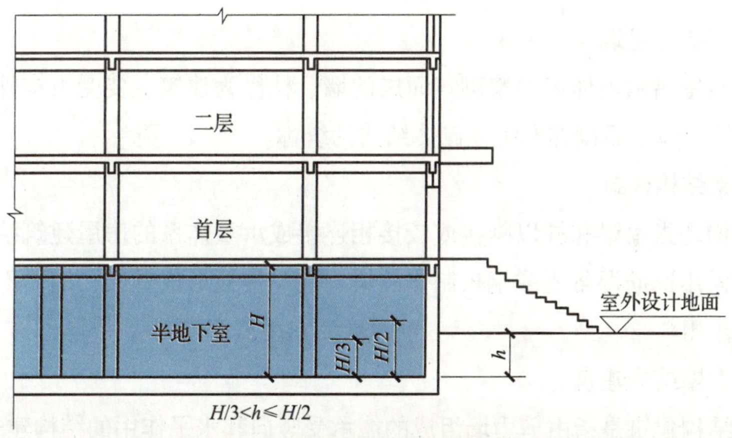

图 4-1-4 半地下室剖面示意图

H—地下室净高 h—地下室埋深

3. 按建筑主要承重结构的材料分类

（1）木结构建筑

木结构建筑是指主要承重构件为木材的建筑。

（2）砖木结构建筑

砖木结构建筑是指主要承重构件用砖石和木材做成的建筑。

（3）砖混结构建筑

砖混结构建筑是指竖向承重构件采用砖墙或砖柱，水平承重构件采用钢筋混凝土楼板、屋面板的建筑。

（4）钢筋混凝土结构建筑

钢筋混凝土结构建筑是指用钢筋混凝土做柱、梁、楼板及屋顶等主要承重构件，砖或其他轻质材料做墙体等围护构件的建筑。

（5）钢结构建筑

钢结构建筑是指主要承重构件全部采用钢材的建筑。

（6）钢与钢筋混凝土混合结构（钢混结构）建筑

钢与钢筋混凝土混合结构（钢混结构）建筑是指屋顶采用钢结构，其他主要承重构件采用钢筋混凝土结构的建筑。

（7）其他结构建筑

其他结构建筑是指除上述各类结构的建筑，如生土建筑、塑料建筑等。

4. 按建筑承重构件的制作方法、传力方式及使用的材料分类

（1）砌体结构建筑

砌体结构是指由块体和砂浆砌筑而成的墙、柱作为建筑主要受力构件的结构，是砖砌体、砌块砌体、石砌体和配筋砌体结构的统称。

（2）框架结构建筑

框架结构是指由梁和柱以刚接或铰接相连接成承重体系的房屋建筑结构。承重部分构件通常采用钢筋混凝土或钢板制作的梁、柱、楼板形成骨架，墙体不承重而只起围护和分隔作用。

（3）剪力墙结构建筑

剪力墙结构建筑是指由剪力墙组成的能承受竖向和水平作用的结构建筑。

（4）框架—剪力墙结构建筑

框架—剪力墙结构建筑是指由框架和剪力墙共同承受竖向和水平作用的结构建筑。

（5）板柱—剪力墙结构建筑

板柱—剪力墙结构建筑是指由无梁楼板和柱组成的板柱框架与剪力墙共同承受竖向和水平作用的结构建筑。

（6）框架—支撑结构建筑

框架—支撑结构建筑是指由框架和支撑共同承受竖向和水平作用的结构建筑。

（7）特种结构建筑

特种结构建筑是指承重构件采用网架、悬索、拱或壳体等形式的建筑。

5. 按建筑的建设年代分类

中国建筑可依据建设年代分为古代建筑、近代建筑和现代建筑。

（1）古代建筑

古代建筑是指从距今六七千年的原始社会开始，直到 1840 年第一次鸦片战争为止建设的建筑，如北京故宫博物院等。

（2）近代建筑

近代建筑是指 1840 年第一次鸦片战争之后至 1949 年中华人民共和国成立期间建设的建筑，如上海外滩的洋行等。

（3）现代建筑

现代建筑是指自 1949 年中华人民共和国成立至今建设的建筑，如各种现代高层、超高层建筑等。

6. 按建筑设计使用年限分类

建筑的使用寿命有赖于结构的牢固程度，其设计使用年限是指设计规定的结构或结构构件不需进行大修即可按其预定目的使用的时间。

结构或结构构件按照《建筑结构可靠性设计统一标准》（GB 50068）规定分为临时性建筑结构、易于替换的结构构件、普通房屋和构筑物、标志性建筑和特别重要的建筑结构。建筑按结构的设计使用年限分类见表 4–1–2。

表 4–1–2　建筑按结构的设计使用年限分类

类别	设计使用年限（年）
临时性建筑	5
易于替换结构构件的建筑	25
普通房屋和构筑物	50
标志性建筑和特别重要的建筑	100

7. 工业建筑按生产和储存物品的火灾危险性分类

（1）生产的火灾危险性根据生产中使用或产生的物质性质及其数量等因素划分为甲、乙、丙、丁、戊类，具体见表 4–1–3。

表 4–1–3　生产的火灾危险性分类

生产的火灾危险性类别	使用或产生下列物质生产的火灾危险性特征
甲	（1）闪点小于 28℃的液体 （2）爆炸下限小于 10% 的气体 （3）常温下能自行分解或在空气中氧化能导致迅速自燃或爆炸的物质 （4）常温下受到水或空气中水蒸气的作用，能产生可燃气体并引起燃烧或爆炸的物质

续表

生产的火灾危险性类别	使用或产生下列物质生产的火灾危险性特征
甲	（5）遇酸、受热、撞击、摩擦、催化以及遇有机物或硫黄等易燃的无机物，极易引起燃烧或爆炸的强氧化剂 （6）受撞击、摩擦或与氧化剂、有机物接触时能引起燃烧或爆炸的物质 （7）在密闭设备内操作温度不小于物质本身自燃点的生产
乙	（1）闪点不小于 28℃，但小于 60℃的液体 （2）爆炸下限不小于 10% 的气体 （3）不属于甲类的氧化剂 （4）不属于甲类的易燃固体 （5）助燃气体 （6）能与空气形成爆炸性混合物的浮游状态的粉尘、纤维、闪点不小于 60℃的液体雾滴
丙	（1）闪点不小于 60℃的液体 （2）可燃固体
丁	（1）对不燃烧物质进行加工，并在高温或熔化状态下经常产生强辐射热、火花或火焰的生产 （2）利用气体、液体、固体作为燃料或将气体、液体进行燃烧作他用的各种生产 （3）常温下使用或加工难燃烧物质的生产
戊	常温下使用或加工不燃烧物质的生产

同一座厂房或厂房的任一防火分区内有不同火灾危险性生产时，厂房或防火分区内的生产火灾危险性类别应按火灾危险性较大的部分确定；当生产过程中使用或产生易燃、可燃物的量较少，不足以构成爆炸或火灾危险时，可按实际情况确定；当符合下述条件之一时，可按火灾危险性较小的部分确定：

1）火灾危险性较大的生产部分占本层或本防火分区建筑面积的比例小于 5% 或丁、戊类厂房内的油漆工段小于 10%，且发生火灾事故时不足以蔓延至其他部位或火灾危险性较大的生产部分采取了有效的防火措施。

2）丁、戊类厂房内的油漆工段，当采用封闭喷漆工艺，封闭喷漆空间内保持负压、油漆工段设置可燃气体探测报警系统或自动抑爆系统，且油漆工段占所在防火分区建筑面积的比例不大于 20%。

（2）储存物品的火灾危险性根据储存物品的性质和储存物品中的可燃物数量等因素划分为甲、乙、丙、丁、戊类，具体见表 4–1–4。

同一座仓库或仓库的任一防火分区内储存不同火灾危险性物品时，仓库或防火分区的火灾危险性应按火灾危险性最大的物品确定。

对于丁、戊类储存物品仓库的火灾危险性，当可燃包装质量大于物品本身质量 1/4 或可燃包装体积大于物品本身体积的 1/2 时，应按丙类确定。

表 4-1-4　　储存物品的火灾危险性分类

储存物品的火灾危险性类别	储存物品的火灾危险性特征
甲	（1）闪点小于 28℃的液体 （2）爆炸下限小于 10% 的气体，受到水或空气中水蒸气的作用能产生爆炸下限小于 10% 气体的固体物质 （3）常温下能自行分解或在空气中氧化能导致迅速自燃或爆炸的物质 （4）常温下受到水或空气中水蒸气的作用，能产生可燃气体并引起燃烧或爆炸的物质 （5）遇酸、受热、撞击、摩擦以及遇有机物或硫黄等易燃的无机物，极易引起燃烧或爆炸的强氧化剂 （6）受撞击、摩擦或与氧化剂、有机物接触时能引起燃烧或爆炸的物质
乙	（1）闪点不小于 28℃，但小于 60℃的液体 （2）爆炸下限不小于 10% 的气体 （3）不属于甲类的氧化剂 （4）不属于甲类的易燃固体 （5）助燃气体 （6）常温下与空气接触能缓慢氧化，积热不散引起自燃的物品
丙	（1）闪点不小于 60℃的液体 （2）可燃固体
丁	难燃烧物品
戊	不燃烧物品

培训项目 2 建筑材料的燃烧性能

【培训重点】

1. 了解建筑材料燃烧性能的含义。
2. 熟练掌握建筑材料及制品的燃烧性能分级方法。
3. 熟练掌握常用建筑材料的燃烧性能等级。

材料是指单一物质或均匀分布的混合物，如金属、石材、木材、混凝土、矿纤、聚合物等。建筑材料是指建筑中所使用的各种材料的总称，其燃烧性能直接关系到建筑的防火安全。

一、建筑材料燃烧性能的含义

建筑材料的燃烧性能是指当材料燃烧或遇火时所发生的一切物理和（或）化学变化。建筑材料的燃烧性能依据在明火或高温作用下，材料表面的着火性和火焰传播性、发烟、炭化、失重以及毒性生化物的产生等特性来衡量，它是评价材料防火性能的一项重要指标。

二、建筑材料燃烧性能分级

依据《建筑材料及制品燃烧性能分级》(GB 8624),我国建筑材料及制品燃烧性能分为 A、B_1、B_2、B_3 四个等级,见表 4-2-1。

表 4-2-1 建筑材料及制品的燃烧性能等级

燃烧性能等级	名称
A	不燃材料(制品)
B_1	难燃材料(制品)
B_2	可燃材料(制品)
B_3	易燃材料(制品)

1. A 级材料

A 级材料是指不燃材料(制品),在空气中遇明火或高温作用下不起火、不微燃、不碳化,如大理石、玻璃、钢材、混凝土石膏板、铝塑板、金属复合板等。

2. B_1 级材料

B_1 级材料是指难燃材料(制品),在空气中遇明火或高温作用下难起火、难微燃、难碳化,如水泥刨花板、矿棉板、难燃木材、难燃胶合板、难燃聚氯乙烯塑料、硬 PVC 塑料地板等。

3. B_2 级材料

B_2 级材料是指普通可燃材料(制品),在空气中遇明火或高温作用下会立即起火或发生微燃,火源移开后继续保持燃烧或微燃,如天然木材、胶合板、人造革、墙布、半硬质 PVC 塑料地板等。

4. B_3 级材料

B_3 级材料是指易燃材料(制品),在空气中很容易被低能量的火源或电焊渣等点燃,火焰传播速度极快。

三、建筑构件的燃烧性能分级

建筑构件的燃烧性能取决于组成建筑构件材料的燃烧性能。根据建筑材料的燃烧性能不同,建筑构件分为不燃性构件、难燃性构件和可燃性构件。

1. 不燃性构件

不燃性构件是指用不燃材料做成的构件，如混凝土柱、混凝土楼板、砖墙、混凝土楼梯等。

2. 难燃性构件

难燃性构件是指用难燃材料做成的构件或用可燃材料做成而用非燃烧性材料做保护层的构件，如水泥刨花复合板隔墙、木龙骨两面钉石膏板隔墙等。

3. 可燃性构件

可燃性构件是指用可燃材料做成的构件，如木柱、木楼板、竹制吊顶等。

培训项目3

建筑构件的耐火极限

【培训重点】

1. 熟练掌握耐火极限的定义。
2. 掌握建筑构件耐火极限的判定依据。
3. 了解影响耐火极限的因素。

建筑构件起火或受热失去稳定性，会使建筑倒塌破坏，造成人员伤亡。为了安全疏散人员、抢救物资和扑救火灾，要求建筑应具有一定的耐火能力。而建筑耐火能力取决于建筑构件的燃烧性能和耐火极限。

一、耐火极限的定义

耐火极限是指在标准耐火试验条件下，建筑构件、配件或结构从受到火的作用时起，至失去承载能力、完整性或隔热性时止所用的时间，用小时（h）表示。耐火极限是衡量建筑构件耐火性能的主要指标，需要通过符合国家标准规定的耐火试验来确定。

二、耐火极限的判定

通常采用建筑构件是否失去耐火稳定性、完整性和隔热性来判断构件是否达到了耐火极限，只要建筑构件出现上述的任一现象，即表明该建筑构件达到了耐火极限。

1. 耐火稳定性

耐火稳定性是指在标准耐火试验条件下，承重建筑构件在一定时间内抵抗坍塌的能力。判定构件在耐火试验期间能够持续保持其承载能力的参数是构件的变形量和变形速率。

2. 耐火完整性

耐火完整性是指在标准耐火试验条件下，当建筑分隔构件一面受火时，在一定时间内防止火焰和烟气穿透或在背火面出现火焰的能力。

构件发生以下任一限定情况即认为丧失完整性：

（1）依据标准耐火试验，棉垫被点燃。

（2）依据标准耐火试验，缝隙探棒可以穿过。

（3）背火面出现火焰且持续时间超过 10 s。

3. 耐火隔热性

耐火隔热性是指在标准耐火试验条件下，当建筑分隔构件一面受火时，在一定时间内防止其背火面温度超过规定值的能力。

构件背火面温升出现以下任一限定情况即认为丧失隔热性：

（1）平均温升超过初始平均温度 140℃。

（2）任一位置的温升超过初始温度 180℃。初始温度应是试验开始时背火面的初始平均温度。

承重构件（如梁、柱、屋架等）不具备隔断火焰和阻隔热传导的功能，所以失去稳定性即达到其耐火极限；承重分隔构件（如承重墙、防火墙、楼板、屋面板等）具有承重和分隔双重功能，所以当构件在试验中失去稳定性或完整性或隔热性时，构件即达到其耐火极限；对于特别规定的建筑构件（如防火门、防火卷帘等），隔热防火门在规定时间内要满足耐火完整性和隔热性，非隔热防火门在规定时间内只要满足耐火完整性即可。

三、影响耐火极限的因素

在火灾中，耐火性能好的建筑构件起到阻止火势蔓延扩大、延长支撑时间的作用，构件的耐火性能直接决定着建筑在火灾中的失稳和倒塌时间，以及控制火灾向相邻防火分区蔓延的时间。影响建筑构件耐火性能的因素较多，主要有以下方面：

1. 材料本身的燃烧性能

材料本身的燃烧性能是构件耐火极限主要的内在影响因素。若组成建筑构件的材料本身是可燃材料，构件就会被引燃并传播蔓延火灾，构件的完整性被破坏，失去隔热能力，逐步丧失承载能力而失去稳定性，构件的耐火极限相对较低。材料的燃烧性能好，构件的耐火极限就低。木质楼板就比钢筋混凝土楼板的耐火极限低。

2. 材料的高温力学性能和导热性能

在高温下力学性能较好和导热性能较差的材料组成的构件，其耐火极限较高；反之，则耐火极限较低。

如相同受力条件的钢筋混凝土柱的耐火极限就比钢柱的耐火极限高得多。与混凝土结构相比，钢结构自重轻、强度高、抗震性能好，便于工业化生产，施工速度快。但钢结构的耐火性能很差，其原因主要有两个方面：一是钢材热传导系数大，火灾下钢结构升温快；二是钢材强度随温度升高而迅速降低。无防火保护的钢结构的耐火时间通常仅为 15 ~ 20 min，故在火灾作用下极易被破坏，往往在起火初期即变形倒塌。

3. 建筑构件的截面尺寸

相同受力条件、相同材料组成的构件，截面尺寸越大，耐火极限就越高。

4. 构件的制作方法

相同材料、相同截面尺寸、不同制作工艺生产的构件，其耐火极限也不同。如预应力钢筋混凝土构件的耐火极限远低于现浇钢筋混凝土构件。

5. 构件间的构造方式

在其他条件一定时，构件间不同的连接方式影响构件的耐火极限，尤其是对节点的处理方式，如焊接、螺钉连接、简支、现浇等方式。相同条件下，现浇钢筋混凝土梁板比简支钢筋混凝土梁板的耐火极限高。

6. 保护层的厚度

构件保护层厚度越大，其耐火极限就越高。为提高钢构件的耐火极限，通常采取涂刷防火涂料或包覆不燃烧材料的方法进行防火保护，增加保护层的厚度可以提高构件的耐火极限。

培训项目 4

建筑的耐火等级

【培训重点】

1. 掌握建筑耐火等级的定义与分级。
2. 了解划分建筑耐火等级的意义。
3. 熟练掌握建筑构件的燃烧性能和耐火极限。

一、建筑耐火等级的定义

建筑耐火等级是指根据建筑中墙、柱、梁、楼板、吊顶等各类构件不同的耐火极限，对建筑物等整体耐火性能进行的等级划分。建筑耐火等级是衡量建筑抵抗火灾能力大小的标准，由建筑构件的燃烧性能和耐火极限中的最低者决定。

影响建筑耐火等级选定的因素主要有建筑的重要性、使用性质、火灾危险性、建筑的高度和面积、火灾荷载的大小等。

二、划分建筑耐火等级的意义

划分建筑耐火等级的目的在于，根据建筑的不同用途提出不同的耐火等级要求，做到既有利于安全，又有利于节约基本建设投资。根据建筑的使用性质合理确定其相应的耐火等级，既可以保证发生火灾时建筑在一定时间内不被破坏，不传播火灾，延缓和阻止火灾的蔓延，为安全疏散和救援提供必要的时间，又可以为消防人员扑灭火灾以及火灾后重新修复使用创造有利条件。

三、建筑耐火等级的划分

我国将建筑的耐火等级划分为以下四级。

1. 一级耐火等级建筑

一级耐火等级建筑是指主要建筑构件全部为不燃烧体且满足相应耐火极限要求的建筑。地下或半地下建筑、一类高层建筑的耐火等级不低于一级，如医疗建筑、重要公共建筑、高度大于 54 m 的住宅等。

2. 二级耐火等级建筑

二级耐火等级建筑是指主要建筑构件除吊顶为难燃烧体，其余构件为不燃烧体，且满足相应耐火极限要求的建筑。单、多层重要公共建筑和二类高层建筑的耐火等级不低于二级，如建筑高度大于 27 m，但不大于 54 m 的住宅。

3. 三级耐火等级建筑

三级耐火等级建筑是指主要构件除吊顶（包括吊顶搁栅）和房间隔墙可采用难燃烧体外，其余构件均为不燃烧体且满足相应耐火极限要求的建筑，如木结构屋顶的砖木结构建筑。

4. 四级耐火等级建筑

四级耐火等级建筑是指主要构件除防火墙采用不燃烧体外，其余构件为难燃烧体和可燃烧体且满足相应耐火极限要求的建筑，如以木柱、木屋架承重的建筑。

四、建筑耐火等级的确定

应根据建筑的重要性、建筑的高度和使用中的火灾危险性来确定建筑耐火等级，具体依据《建筑设计防火规范》（GB 50016）和其他相关规范。

建筑构件的燃烧性能和耐火极限应依据建筑的耐火等级确定。根据《建筑设计防火规范》（GB 50016），不同耐火等级民用建筑相应构件的燃烧性能和耐火极限见表4–4–1，不同耐火等级工业建筑相应构件的燃烧性能和耐火极限见表4–4–2。

表 4–4–1　不同耐火等级民用建筑相应构件的燃烧性能和耐火极限　h

构件名称		耐火等级			
		一级	二级	三级	四级
墙	防火墙	不燃性 3.00	不燃性 3.00	不燃性 3.00	不燃性 3.00
	承重墙	不燃性 3.00	不燃性 2.50	不燃性 2.00	难燃性 0.50
	非承重外墙	不燃性 1.00	不燃性 1.00	不燃性 0.50	可燃性
	楼梯间、前室的墙，电梯井的墙，住宅建筑单元之间的墙和分户墙	不燃性 2.00	不燃性 2.00	不燃性 1.50	难燃性 0.50
	疏散走道两侧的隔墙	不燃性 1.00	不燃性 1.00	不燃性 0.50	难燃性 0.25
	房间隔墙	不燃性 0.75	不燃性 0.50	难燃性 0.50	难燃性 0.25
柱		不燃性 3.00	不燃性 2.50	不燃性 2.00	难燃性 0.50
梁		不燃性 2.00	不燃性 1.50	不燃性 1.00	难燃性 0.50
楼板		不燃性 1.50	不燃性 1.00	不燃性 0.50	可燃性
屋顶承重构件		不燃性 1.50	不燃性 1.00	可燃性 0.50	可燃性
疏散楼梯		不燃性 1.50	不燃性 1.00	不燃性 0.50	可燃性
吊顶（包括吊顶搁栅）		不燃性 0.25	难燃性 0.25	难燃性 0.15	可燃性

注：1. 除另有规定外，以木柱承重且墙体采用不燃材料的建筑，其耐火等级应按四级确定。
2. 住宅建筑构件的耐火极限和燃烧性能可按现行国家标准《住宅建筑规范》（GB 50368）的规定执行。

表 4-4-2　　不同耐火等级工业建筑相应构件的燃烧性能和耐火极限　　h

构件名称		耐火等级			
		一级	二级	三级	四级
墙	防火墙	不燃性 3.00	不燃性 3.00	不燃性 3.00	不燃性 3.00
	承重墙	不燃性 3.00	不燃性 2.50	不燃性 2.00	难燃性 0.50
	楼梯间和前室的墙、电梯井的墙	不燃性 2.00	不燃性 2.00	不燃性 1.50	难燃性 0.50
	疏散走道两侧的隔墙	不燃性 1.00	不燃性 1.00	不燃性 0.50	难燃性 0.25
	非承重外墙房间隔墙	不燃性 0.75	不燃性 0.50	难燃性 0.50	难燃性 0.25
柱		不燃性 3.00	不燃性 2.50	不燃性 2.00	难燃性 0.50
梁		不燃性 2.00	不燃性 1.50	不燃性 1.00	难燃性 0.50
楼板		不燃性 1.50	不燃性 1.00	不燃性 0.75	难燃性 0.50
屋顶承重构件		不燃性 1.50	不燃性 1.00	难燃性 0.50	可燃性
疏散楼梯		不燃性 1.50	不燃性 1.00	不燃性 0.75	可燃性
吊顶（包括吊顶搁栅）		不燃性 0.25	难燃性 0.25	难燃性 0.15	可燃性

注：二级耐火等级建筑内采用不燃材料的吊顶，其耐火极限不限。

培训项目 5 建筑的防火和防烟分区

【培训重点】

1. 掌握建筑防火分区和防烟分区的定义。
2. 了解不同建筑防火分区最大允许建筑面积。
3. 掌握建筑防火分区和防烟分区的划分方法。
4. 掌握防火分隔设施和防烟分隔构件。

建筑某个空间发生火灾后，火势会通过热对流、热辐射和热传导作用向周围区域传播。火灾产生的烟气也会从楼板、墙壁的烧损处和门窗洞口向其他空间蔓延，严重影响人员安全疏散和消防扑救。因此，对规模、面积大或层数多的建筑而言，有效地阻止火势及烟气在建筑的水平及竖直方向蔓延，将火灾限制在一定范围之内，是十分必要的。

一、防火分区

1. 防火分区的定义

防火分区是指在建筑内部采用防火墙、耐火楼板及其他防火分隔设施分隔而成，能在一定时间内防止火灾向同一建筑的其余部分蔓延的局部空间，如图 4-5-1 所示。

在建筑内设置防火分区，可以有效地把火势控制在一定范围内，减少火灾损失，同时为人员安全疏散、消防扑救提供有利条件。

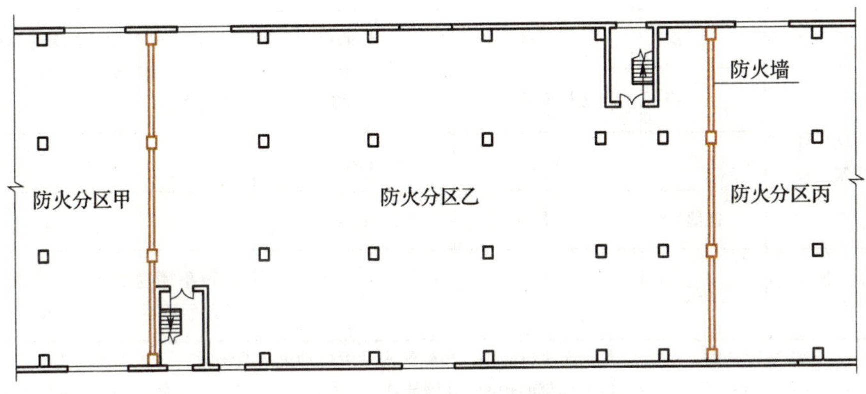

图 4-5-1 防火分区示意图

2. 防火分区的分类

建筑防火分区分水平防火分区和竖向防火分区。

（1）水平防火分区

水平防火分区是指建筑某一楼层内采用具有一定耐火能力的防火分隔物（如防火墙、防火门、防火窗和防火卷帘等），按规定的建筑面积标准分隔的防火单元。由于水平防火分区是按照建筑面积划分的，因此也称为面积防火分区。

水平防火分区可采用防火墙、防火卷帘进行分隔：对于采用防火墙进行分隔的，防火墙上确需开设门、窗、洞口时应为甲级防火门、窗；对于采用防火卷帘进行分隔的，防火卷帘的设置应满足规范要求，其主要用于大型商场、大型超市、大型展馆、厂房、仓库等。

（2）竖向防火分区

竖向防火分区是指采用具有一定耐火能力的楼板和窗间墙将建筑上下层隔开。对于建筑中庭、自动扶梯、楼梯间、管道井、窗槛墙等上下连通的空间，一般采用防火卷帘、防火门、防火封堵等方式对上下楼层进行防火分隔。

3. 防火分区的划分

防火分区的划分不应仅考虑面积大小要求，还应综合考虑建筑的使用性质、火灾危险性及耐火等级、建筑高度、消防扑救能力、建筑投资等因素。《建筑设计防火规范》（GB 50016）及其他相关规范均对建筑的防火分区面积作了明确的规定。民用建筑根据建筑类型、耐火等级、建筑高度或层数规定了防火分区的最大允许建筑面积，见表 4-5-1。

表 4–5–1　　民用建筑允许建筑高度或层数、防火分区最大允许建筑面积

名称	耐火等级	允许建筑高度或层数	防火分区的最大允许建筑面积（m^2）	备注
高层民用建筑	一、二级	按规范确定	1 500	对于体育馆、剧场的观众厅，防火分区的最大允许建筑面积可适当增加
单、多层民用建筑	一、二级	按规范确定	2 500	
	三级	5 层	1 200	—
	四级	2 层	600	—
地下或半地下建筑（室）	一级	—	500	设备用房的防火分区最大允许建筑面积不应大于 1 000 m^2

注：1. 表中规定的防火分区最大允许建筑面积，当建筑内设置自动灭火系统时，可按本表的规定增加 1.0 倍；局部设置时，防火分区的增加面积可按该局部面积的 1.0 倍计算。

2. 裙房与高层建筑主体之间设置防火墙时，裙房的防火分区可按单、多层建筑的要求确定。

厂房根据火灾危险性类别、耐火等级、层数规定了防火分区的最大允许建筑面积，见表 4–5–2。

表 4–5–2　　厂房的层数和每个防火分区的最大允许建筑面积

生产的火灾危险性类别	厂房的耐火等级	最多允许层数	每个防火分区的最大允许建筑面积（m^2）			
			单层厂房	多层厂房	高层厂房	地下或半地下厂房（包括地下或半地下室）
甲	一级 二级	宜采用单层	4 000 3 000	3 000 2 000	— —	— —
乙	一级 二级	不限 6	5 000 4 000	4 000 3 000	2 000 1 500	— —
丙	一级 二级 三级	不限 不限 2	不限 8 000 3 000	6 000 4 000 2 000	3 000 2 000 —	500 500 —
丁	一、二级 三级 四级	不限 3 1	不限 4 000 1 000	不限 2 000 —	4 000 — —	1 000 — —
戊	一、二级 三级 四级	不限 3 1	不限 5 000 1 500	不限 3 000 —	6 000 — —	1 000 — —

注：1. 防火分区之间应采用防火墙分隔。除甲类厂房外的一、二级耐火等级厂房，当其防火分区的建筑面积大于本表规定，且设置防火墙确有困难时，可采用防火卷帘或防火分隔水幕分隔。

2. 厂房内设置自动灭火系统时，每个防火分区的最大允许建筑面积可按表中的规定增加 1.0 倍。当丁、戊类的地上厂房内设置自动灭火系统时，每个防火分区的最大允许建筑面积不限。厂房内局部设置自动灭火系统时，其防火分区的增加面积可按该局部面积的 1.0 倍计算。

仓库根据火灾危险性类别、耐火等级、层数规定了防火分区的最大允许建筑面积，见表 4–5–3。

表 4–5–3　　仓库的层数和每个防火分区的最大允许建筑面积

储存物品的火灾危险性类别		仓库的耐火等级	最多允许层数	每座仓库的最大允许占地面积和每个防火分区的最大允许建筑面积（m²）						
				单层仓库		多层仓库		高层仓库		地下或半地下仓库（包括地下或半地下室）
				每座仓库	防火分区	每座仓库	防火分区	每座仓库	防火分区	防火分区
甲	3、4 项	一级	1	180	60	—	—	—	—	—
甲	1、2、5、6 项	一、二级	1	750	250	—	—	—	—	—
乙	1、3、4 项	一、二级	3	2 000	500	900	300	—	—	—
乙	1、3、4 项	三级	1	500	250	—	—	—	—	—
乙	2、5、6 项	一、二级	5	2 800	700	1 500	500	—	—	—
乙	2、5、6 项	三级	1	900	300	—	—	—	—	—
丙	1 项	一、二级	5	4 000	1 000	2 800	700	—	—	150
丙	1 项	三级	1	1 200	400	—	—	—	—	—
丙	2 项	一、二级	不限	6 000	1 500	4 800	1 200	4 000	1 000	300
丙	2 项	三级	3	2 100	700	1200	400	—	—	—
丁		一、二级	不限	不限	3 000	不限	1 500	4 800	1 200	500
丁		三级	3	3 000	1 000	1 500	500	—	—	—
丁		四级	1	2 100	700	—	—	—	—	—
戊		一、二级	不限	不限	不限	不限	2 000	6 000	1 500	1 000
戊		三级	3	3 000	1 000	2 100	700	—	—	—
戊		四级	1	2 100	700	—	—	—	—	—

注：仓库内设置自动灭火系统时，除冷库的防火分区外，每座仓库的最大允许占地面积和每个防火分区的最大允许建筑面积可按表中的规定增加 1.0 倍。

4. 防火分隔设施

防火分隔设施是指能在一定时间内阻止火势蔓延，能把建筑内部空间分隔成若干较小防火空间的物体。防火分隔设施分为水平分隔设施和竖向分隔设施，包括防火墙、防火隔墙、楼板、防火门、防火卷帘、防火窗、防火阀等。

（1）防火墙

防火墙是防止火灾蔓延至相邻建筑或相邻水平防火分区且耐火极限不低于 3.00 h 的不燃性墙体，是建筑水平防火分区的主要防火分隔物，由不燃烧材料构成。其中，甲、乙类厂房和甲、乙、丙类仓库内的防火墙，其耐火极限不应低于 4.00 h。防火墙上不应开设门、窗、洞口，确需开设时，应设置不可开启或火灾时能自动关闭的甲级防火门、窗。

（2）防火隔墙

防火隔墙是建筑内防止火灾蔓延至相邻区域且耐火极限不低于规定要求的不燃性墙体，是建筑功能区域分隔和设备用房分隔的特殊墙体。如民用建筑内的剧院、电影院、礼堂与其他区域分隔，应采用耐火极限不低于 2.00 h 的防火隔墙；附设在建筑内的消防控制室、灭火设备室、消防水泵房和通风空气调节机房、变配电室等，应采用耐火极限不低于 2.00 h 的防火隔墙；锅炉房、柴油发电机房内设置储油间时，应采用耐火极限不低于 3.00 h 的防火隔墙与储油间分隔。

（3）其他防火分隔设施

其他防火分隔设施包括防火门、防火卷帘、防火窗、防火阀等，相关知识见本教材职业模块六和本职业技能等级教材。

二、防烟分区

1. 防烟分区的定义

防烟分区是指在建筑内部采用挡烟设施分隔而成，能在一定时间内防止火灾烟气向同一防火分区的其余部分蔓延的局部空间，如图 4-5-2 所示。

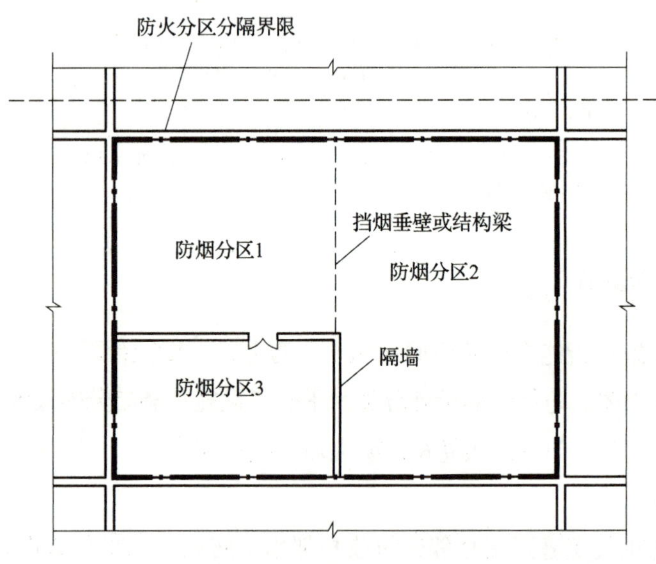

图 4-5-2　防烟分区示意图

2. 防烟分区的划分

设置排烟系统的场所或部位应划分防烟分区，防烟分区不应跨越防火分区。防烟分区面积过大时，烟气水平射流扩散会卷吸大量冷空气而沉降，不利于烟气及时排出；防烟分区面积过小时，储烟能力减弱，烟气易蔓延至相邻防烟分区。

防烟分区的划分应综合考虑建筑类型、建筑面积和高度、顶棚高度、储烟仓形状等因素，《建筑防烟排烟系统技术标准》（GB 51251）给出了公共建筑、工业建筑防烟分区的最大允许面积及其长边最大允许长度，见表 4–5–4。

表 4–5–4 公共建筑、工业建筑防烟分区的最大允许面积及其长边最大允许长度

空间净高 H（m）	最大允许面积（m^2）	长边最大允许长度（m）
$H \leqslant 3.0$	500	24
$3.0 < H \leqslant 6.0$	1 000	36
$H > 6.0$	2 000	60 m；具有自然对流条件时，不应大于 75 m

注：1. 公共建筑、工业建筑中的走道宽度不大于 2.5 m 时，其防烟分区的长边长度不应大于 60 m。

2. 当空间净高度大于 9 m 时，防烟分区之间可不设置挡烟设施。

3. 汽车库防烟分区的划分及其排烟量应符合国家标准《汽车库、修车库、停车场设计防火规范》（GB 50067）的相关规定。

3. 防烟分区的划分构件

划分防烟分区的构件主要有挡烟垂壁、隔墙、防火卷帘、建筑横梁等。其中，隔墙是指只起分隔作用的墙体；挡烟垂壁是指用不燃材料制成，垂直安装在建筑顶棚、横梁或吊顶下，能在火灾时形成一定蓄烟空间的挡烟分隔设施；当建筑横梁的高度超过 50 cm 时，该横梁可作为挡烟设施使用。

【培训重点】

1. 了解建筑总平面布局的一般原则。
2. 掌握防火间距的定义与测量方法。
3. 掌握消防车道的设置要求。
4. 熟练掌握防火间距的设置要求。
5. 熟练掌握建筑平面布置中特殊场所的设置要求。

建筑总平面布局及平面布置应满足城市规划和消防安全的要求。建筑总平面布局和平面布置不仅影响周围环境和人们的生活，而且对建筑自身及相邻建筑的使用功能和安全都有较大的影响。

一、建筑总平面布局

建筑总平面布局应综合考虑建筑的使用性质、生产经营规模、火灾危险性及所处的环境、地形、风向等因素，合理确定建筑之间防火间距、消防车道、消防救援场地和入口、消防水源等。图 4–6–1 所示为某厂区总平面布局示意图。

图 4-6-1 某厂区总平面布局示意图

1. 防火间距

（1）防火间距的定义

防火间距是防止着火建筑的辐射热在一定时间内引燃相邻建筑，且便于消防扑救的间隔距离，如图 4-6-2 所示。合理的防火间距设置，可以防止火灾蔓延，保障灭火救援场地需要，并有利于节约土地资源。

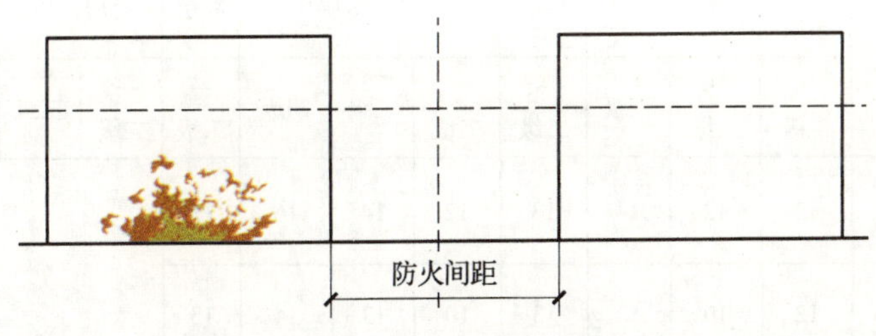

图 4-6-2 防火间距示意图

（2）防火间距的确定

对于不同建筑间的防火间距，《建筑设计防火规范》（GB 50016）、《汽车库、修车库、停车场设计防火规范》（GB 50067）等作出了具体的规定。

1）民用建筑之间的防火间距不应小于相关规范的规定，具体值见表 4-6-1。

2）厂房之间及与乙、丙、丁、戊类仓库、民用建筑的防火间距不应小于相应规范的规定，具体值见表 4-6-2。

表 4-6-1　　民用建筑之间的防火间距　　m

建筑类别		高层民用建筑	裙房和其他民用建筑		
		一、二级	一、二级	三级	四级
高层民用建筑	一、二级	13	9	11	14
裙房和其他民用建筑	一、二级	9	6	7	9
	三级	11	7	8	10
	四级	14	9	10	12

注：1. 相邻两座单、多层建筑，当相邻外墙为不燃性墙体且无外露的可燃性屋檐，每面外墙上无防火保护的门、窗、洞口不正对开设且该门、窗、洞口的面积之和不大于外墙面积的 5% 时，其防火间距可按本表的规定减少 25%。

2. 两座建筑相邻较高一面外墙为防火墙，或高出相邻较低一座一、二级耐火等级建筑的屋面 15 m 及以下范围内的外墙为防火墙时，其防火间距不限。

3. 相邻两座高度相同的一、二级耐火等级建筑中相邻任一侧外墙为防火墙，屋顶的耐火极限不低于 1.00 h 时，其防火间距不限。

4. 相邻两座建筑中较低一座建筑的耐火等级不低于二级，相邻较低一面外墙为防火墙且屋顶无天窗，屋顶的耐火极限不低于 1.00 h 时，其防火间距不应小于 3.5 m；对于高层建筑，不应小于 4 m。

5. 相邻两座建筑中较低一座建筑的耐火等级不低于二级且屋顶无天窗，相邻较高一面外墙高出较低一座建筑的屋面 15 m 及以下范围内的开口部位设置甲级防火门、窗，或设置符合现行国家标准《自动喷水灭火系统设计规范》（GB 50084）规定的防火分隔水幕或《建筑设计防火规范》（GB 50016）规定的防火卷帘时，其防火间距不应小于 3.5 m；对于高层建筑，不应小于 4 m。

6. 相邻建筑通过连廊、天桥或底部的建筑物等连接时，其间距不应小于本表的规定。

7. 耐火等级低于四级的既有建筑，其耐火等级可按四级确定。

表 4-6-2　　厂房之间及与乙、丙、丁、戊类仓库、民用建筑的防火间距　　m

<table>
<tr><td colspan="3" rowspan="3">名称</td><td>甲类厂房</td><td colspan="3">乙类厂房（仓库）</td><td colspan="4">丙、丁、戊类厂房（仓库）</td><td colspan="5">民用建筑</td></tr>
<tr><td>单、多层</td><td colspan="2">单、多层</td><td>高层</td><td colspan="3">单、多层</td><td>高层</td><td colspan="3">裙房，单、多层</td><td colspan="2">高层</td></tr>
<tr><td>一、二级</td><td>一、二级</td><td>三级</td><td>一、二级</td><td>一、二级</td><td>三级</td><td>四级</td><td>一、二级</td><td>一、二级</td><td>三级</td><td>四级</td><td>一类</td><td>二类</td></tr>
<tr><td>甲类厂房</td><td>单、多层</td><td>一、二级</td><td>12</td><td>12</td><td>14</td><td>13</td><td>12</td><td>14</td><td>16</td><td>13</td><td colspan="3" rowspan="4">25</td><td colspan="2" rowspan="4">50</td></tr>
<tr><td rowspan="3">乙类厂房</td><td rowspan="2">单、多层</td><td>一、二级</td><td>12</td><td>10</td><td>12</td><td>13</td><td>10</td><td>12</td><td>14</td><td>13</td></tr>
<tr><td>三级</td><td>14</td><td>12</td><td>14</td><td>15</td><td>12</td><td>14</td><td>16</td><td>15</td></tr>
<tr><td>高层</td><td>一、二级</td><td>13</td><td>13</td><td>15</td><td>13</td><td>13</td><td>15</td><td>17</td><td>13</td></tr>
<tr><td rowspan="4">丙类厂房</td><td rowspan="3">单、多层</td><td>一、二级</td><td>12</td><td>10</td><td>12</td><td>13</td><td>10</td><td>12</td><td>14</td><td>13</td><td>10</td><td>12</td><td>14</td><td>20</td><td>15</td></tr>
<tr><td>三级</td><td>14</td><td>12</td><td>14</td><td>15</td><td>12</td><td>14</td><td>16</td><td>15</td><td>12</td><td>14</td><td>16</td><td rowspan="2">25</td><td rowspan="2">20</td></tr>
<tr><td>四级</td><td>16</td><td>14</td><td>16</td><td>17</td><td>14</td><td>16</td><td>18</td><td>17</td><td>14</td><td>16</td><td>18</td></tr>
<tr><td>高层</td><td>一、二级</td><td>13</td><td>13</td><td>15</td><td>13</td><td>13</td><td>15</td><td>17</td><td>13</td><td>13</td><td>15</td><td>17</td><td>20</td><td>15</td></tr>
</table>

续表

名称			甲类厂房	乙类厂房（仓库）			丙、丁、戊类厂房（仓库）				民用建筑				
			单、多层	单、多层		高层	单、多层			高层	裙房，单、多层			高层	
			一、二级	一、二级	三级	一、二级	一、二级	三级	四级	一、二级	一、二级	三级	四级	一类	二类
丁、戊类厂房	单、多层	一、二级	12	10	12	13	10	12	14	13	10	12	14	15	13
		三级	14	12	14	15	12	14	16	15	12	14	16	18	15
		四级	16	14	16	17	14	16	18	17	14	16	18		
	高层	一、二级	13	13	15	13	13	15	17	13	13	15	17	15	13
室外变、配电站	变压器总油量（t）	≥5，≤10	25	25	25	25	12	15	20	12	15	20	25	20	
		>10，≤50					15	20	25	15	20	25	30	25	
		>50					20	25	30	20	25	30	35	30	

注：1. 乙类厂房与重要公共建筑的防火间距不宜小于 50 m；与明火或散发火花地点的防火间距不宜小于 30 m。单、多层戊类厂房之间及与戊类仓库的防火间距可按本表的规定减少 2 m。为丙、丁、戊类厂房服务而单独设置的生活用房应按民用建筑确定，与所属厂房的防火间距不应小于 6 m。

2. 两座厂房相邻较高一面外墙为防火墙时，或相邻两座高度相同的一、二级耐火等级建筑中相邻任一侧外墙为防火墙且屋顶的耐火极限不低于 1.00 h 时，其防火间距不限，但甲类厂房之间不应小于 4 m。两座丙、丁、戊类厂房相邻两面外墙均为不燃性墙体，当无外露的可燃性屋檐，每面外墙上的门、窗、洞口面积之和各不大于该外墙面积的 5%，且门、窗、洞口不正对开设时，其防火间距可按表中的规定减少 25%。

3. 两座一、二级耐火等级的厂房，当相邻较低一面外墙为防火墙且较低一座厂房的屋顶耐火极限不低于 1.00 h，或相邻较高一面外墙的门、窗等开口部位设置甲级防火门、窗或防火分隔水幕或按《建筑设计防火规范》（GB 50016）的规定设置防火卷帘时，甲、乙类厂房之间的防火间距不应小于 6 m；丙、丁、戊类厂房之间的防火间距不应小于 4 m。

4. 发电厂内的主变压器，其油量可按单台确定。

5. 耐火等级低于四级的既有厂房，其耐火等级可按四级确定。

6. 当丙、丁、戊类厂房与丙、丁、戊类仓库相邻时，应符合以上第 2、3 条的规定。

3）甲类仓库之间及与其他建筑、明火或散发火花地点、铁路、道路等防火间距不应小于表 4–6–3 的规定；乙、丙、丁、戊类仓库之间及与民用建筑的防火间距不应小于相应规范的规定，具体值见表 4–6–4。

（3）防火间距的测量

对防火间距进行实地测量时，沿建筑周围选择相对较近处测量间距。具体方法有：

1）建筑之间的防火间距按相邻建筑外墙的最近水平距离计算，当外墙有凸出的可燃或难燃构件时，从其凸出部分外缘算起。建筑与储罐、堆场的防火间距，为建筑外墙至储罐外壁或堆场中相邻堆垛外缘的最近水平距离。

表 4–6–3　甲类仓库之间及与其他建筑、明火或散发火花地点、铁路、道路等的防火间距　m

名称		甲类仓库（储量，t）			
		甲类储存物品第 3、4 项		甲类储存物品第 1、2、5、6 项	
		≤ 5	>5	≤ 10	>10
高层民用建筑、重要公共建筑		50			
裙房、其他民用建筑、明火或散发火花地点		30	40	25	30
甲类仓库		20	20	20	20
厂房和乙、丙、丁、戊类仓库	一、二级	15	20	12	15
	三级	20	25	15	20
	四级	25	30	20	25
电力系统电压为 35 ~ 500 kV 且每台变压器容量不小于 10 MV · A 的室外变、配电站，工业企业的变压器总油量大于 5 t 的室外降压变电站		30	40	25	30
厂外铁路线中心线		40			
厂内铁路线中心线		30			
厂外道路路边		20			
厂内道路路边	主要	10			
	次要	5			

注：甲类仓库之间的防火间距，当第 3、4 项物品储量不大于 2 t，第 1、2、5、6 项物品储量不大于 5 t 时，不应小于 12 m。甲类仓库与高层仓库的防火间距不应小于 13 m。

表 4–6–4　乙、丙、丁、戊类仓库之间及与民用建筑的防火间距　m

名称			乙类仓库			丙类仓库				丁、戊类仓库			
			单、多层		高层	单、多层			高层	单、多层			高层
			一、二级	三级	一、二级	一、二级	三级	四级	一、二级	一、二级	三级	四级	一、二级
乙、丙、丁、戊类仓库	单、多层	一、二级	10	12	13	10	12	14	13	10	12	14	13
		三级	12	14	15	12	14	16	15	12	14	16	15
		四级	14	16	17	14	16	18	17	14	16	18	17
	高层	一、二级	13	15	13	13	15	17	13	13	15	17	13
民用建筑	裙房，单、多层	一、二级	25			10	12	14	13	10	12	14	13
		三级	25			12	14	16	15	12	14	16	15
		四级	25			14	16	18	17	14	16	18	17
	高层	一类	50			20	25	25	20	15	18	18	15
		二类	50			15	20	20	15	13	15	15	13

注：1. 单层、多层戊类仓库之间的防火间距，可按本表减少 2 m。

2. 两座仓库的相邻外墙均为防火墙时，防火间距可以减小，但丙类不应小于 6 m；丁、戊类不应小于 4 m。两座仓库相邻较高一面外墙为防火墙，或相邻两座高度相同的一、二级耐火等级建筑中相邻任一侧外墙为防火墙且屋顶的耐火极限不低于 1.00 h，且总占地面积不大于现行国家标准《建筑设计防火规范》（GB 50016）一座仓库的最大允许占地面积规定时，其防火间距不限。

3. 除乙类第 6 项物品外的乙类仓库，与民用建筑之间的防火间距不宜小于 25 m，与重要公共建筑的防火间距不应小于 50 m，与铁路、道路等的防火间距不宜小于表 4–6–3 中甲类仓库与铁路、道路等的防火间距。

2）储罐之间的防火间距为相邻两储罐外壁的最近水平距离。储罐与堆场的防火间距为储罐外壁至堆场中相邻堆垛外缘的最近水平距离。

3）堆场之间的防火间距为两堆场中相邻堆垛外缘的最近水平距离。

4）变压器之间的防火间距为相邻变压器外壁的最近水平距离。变压器与建筑、储罐或堆场的防火间距，为变压器外壁至建筑外墙、储罐外壁或相邻堆垛外缘的最近水平距离。

5）建筑、储罐或堆场与道路、铁路的防火间距，为建筑外墙、储罐外壁或相邻堆垛外缘距道路最近一侧路边或铁路中心线的最小水平距离。

（4）防火间距不足时应采取的措施

防火间距由于场地等原因，难以满足国家规范的要求时，可根据建筑的实际情况采取以下措施：

1）改变建筑的生产和使用性质，尽量降低建筑的火灾危险性；改变房屋部分结构的耐火性能，提高建筑的耐火等级。

2）调整生产厂房的部分工艺流程，限制库房内储存物品的数量，提高部分构件的耐火性能和燃烧性能。

3）将建筑的普通外墙改造为防火墙或减小相邻建筑的开口面积。

4）拆除部分耐火等级低、占地面积小、存在价值低且与新建筑相邻的原有陈旧建筑。

5）设置独立的室外防火墙。

2. 消防车道

（1）消防车道的定义

消防车道是指满足消防车通行和作业等要求，在紧急情况下供消防救援队专用，使消防员和消防车等装备能到达或进入建筑的通道。

设置消防车道的目的在于，发生火灾时确保消防车畅通无阻，迅速到达火场，为及时扑灭火灾创造条件。因此，设置无人缴费系统等交通装置的区域不应影响消防车道的正常使用。

（2）消防车道的设置要求

消防车道可分为环形消防车道、穿过建筑的消防车道、尽头式消防车道以及消防水源地消防车道等。消防车道的设置应满足以下要求：

1）车道的净宽度和净空高度均不应小于 4.0 m。

2）转弯半径应满足消防车转弯的要求。

3）消防车道与建筑之间不应设置妨碍消防车操作的树木、架空管线等障碍物。

4）消防车道靠建筑外墙一侧的边缘距离建筑外墙不宜小于 5 m。

5）消防车道的坡度不宜大于 8%。

6）消防车道的路面应能承受重型消防车的压力。

3. 消防救援场地和入口

（1）消防救援场地和入口的作用

消防救援场地和入口主要是指消防车登高操作场地、消防登高面和灭火救援窗。其中，消防车登高操作场地是指满足登高消防车靠近、停留、展开安全作业的场地。对应消防车登高操作场地的建筑外墙，是便于消防员进入建筑内部进行救人和灭火的建筑立面，称为消防登高面。供消防人员快速进入建筑主体且便于识别的灭火救援窗口称为灭火救援窗。

（2）消防救援场地和入口的设置要求

消防车登高操作场地、消防登高面和灭火救援窗是开展灭火救援行动的重要条件，应严格按照《建筑设计防火规范》（GB 50016）的相关规定进行设置。

4. 消防水源

关于消防水源的相关知识见本教材职业模块六及本职业技能等级教材。

二、建筑平面布置

一座建筑在建设时，除了应考虑城市的规划和在城市中的设置位置外，还应根据某些重点部位的火灾危险性、使用性质、人员密集场所人员快捷疏散和消防成功扑救等因素，对建筑内部空间进行合理布置，以防止火灾和烟气在建筑内部蔓延扩大，确保火灾时的人员生命安全，减少财产损失。如图 4–6–3、图 4–6–4 所示为某建筑首层和标准层的平面布置图。

1. 设备用房

建筑内设备用房在建筑使用过程中具有重要作用，消防系统设备用房在建筑发生火灾事故时需继续工作，因此设备用房的平面布置防火尤为重要。设备用房的平面布置的防火要求应符合相应规范的相关要求，具体设置要求见表 4–6–5。

2. 公众聚集场所

歌舞娱乐放映游艺场所、会议厅、多功能厅、剧场、电影院、礼堂等公众聚集场所，其平面布置的防火要求应符合相关规范的要求，具体设置要求见表 4–6–6。

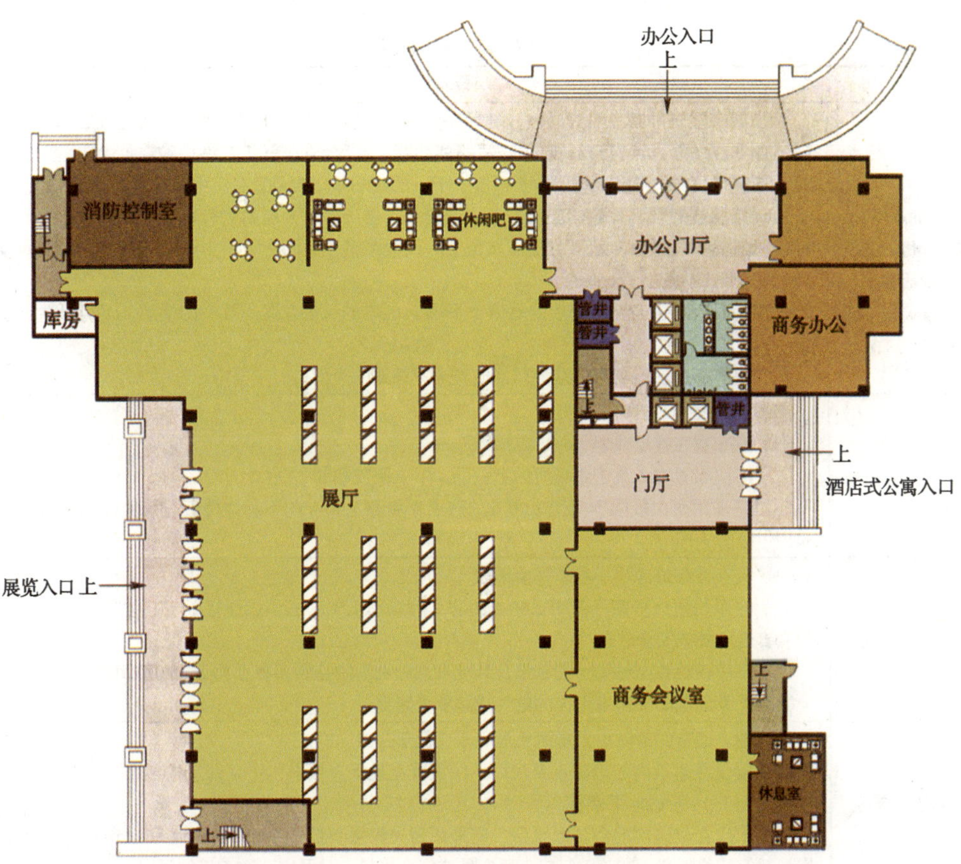

图 4-6-3　某建筑首层平面布置图

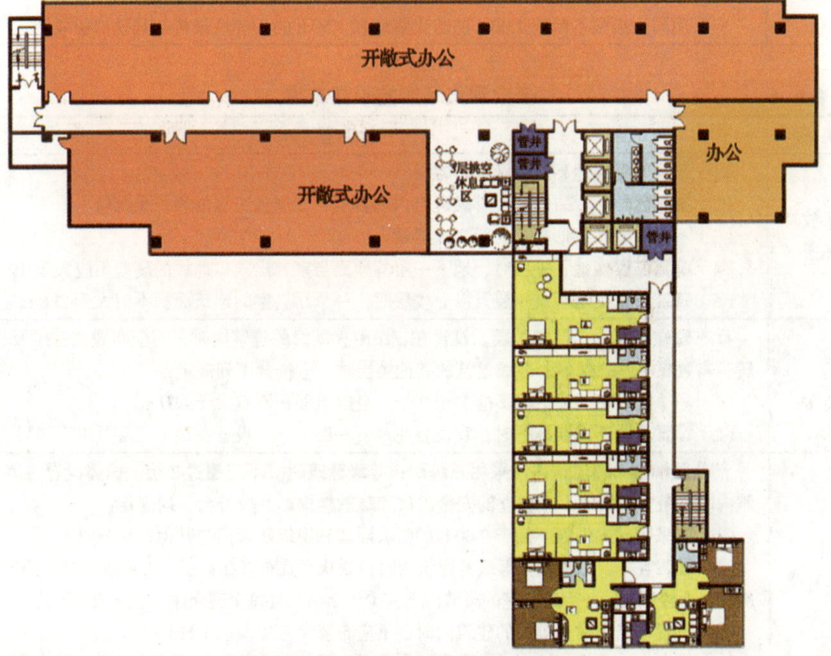

图 4-6-4　某建筑标准层平面布置图

表 4-6-5　设备用房的平面布置

设备用房	设置层数及要求
燃油或燃气锅炉房、油浸变压器室	宜设置在建筑外的专用房间内；确需贴邻民用建筑布置时，应采用防火墙与所贴邻的建筑分隔，且不应贴邻人员密集场所，该专用房间的耐火等级不应低于二级；确需布置在民用建筑内时，不应布置在人员密集场所的上一层、下一层或贴邻。当布置在民用建筑内时，还应满足： （1）燃油或燃气锅炉房、变压器室应设置在首层或地下一层的靠外墙部位，但常（负）压燃油或燃气锅炉可设置在地下二层或屋顶上。设置在屋顶上的常（负）压燃气锅炉，距离通向屋面的安全出口不应小于 6 m 采用相对密度（与空气密度的比值）不小于 0.75 的可燃气体为燃料的锅炉，不得设置在地下或半地下 （2）锅炉房、变压器室的疏散门均应直通室外或安全出口
柴油发电机房	布置在民用建筑内时应满足： （1）宜布置在首层或地下一、二层 （2）不应布置在人员密集场所的上一层、下一层或贴邻 （3）应采用耐火极限不低于 2.00 h 的防火隔墙和 1.50 h 的不燃性楼板与其他部位分隔，门应采用甲级防火门
消防控制室	（1）宜在首层或地下一层靠外墙部位 （2）应采用耐火极限不低于 2.00 h 的防火隔墙和 1.50 h 的不燃性楼板与其他部位分隔，疏散门应直通室外或安全出口 （3）不应设置在电磁场干扰较强及其他可能影响消防控制设备正常工作的房间附近 （4）严禁与消防控制室无关的电气线路和管路穿过
消防水泵房	（1）独立建造的消防水泵房耐火等级不应低于二级 （2）附设在建筑内的消防水泵房，不应设置在地下三层及以下，或室内地面与室外出入口地坪高差大于 10 m 的地下楼层 （3）附设在建筑内的消防水泵房，应采用耐火极限不低于 2.00 h 的隔墙和 1.50 h 的不燃性楼板与其他部位隔开，其疏散门应直通室外或安全出口，且开向疏散走道的门应采用甲级防火门
其他机房	附设在建筑内的消防设备用房，如固定灭火系统的设备室、通风空气调节机房、排烟机房等，应满足： 应采用耐火极限不低于 2.00 h 的防火隔墙和 1.50 h 的不燃性楼板与其他部位隔开

表 4-6-6　公众聚集场所的平面布置

公众聚集场所	平面布置要求
歌舞娱乐放映游艺场所	（1）不应布置在地下二层及以下楼层 （2）宜布置在一、二级耐火等级建筑内的首层、二层或三层的靠外墙部位 （3）不宜布置在袋形走道的两侧或尽端 （4）确需布置在地下一层时，地下一层的地面与室外出入口地坪的高差不应大于 10 m （5）确需布置在地下或四层及以上楼层时，一个厅、室的建筑面积不应大于 200 m^2
会议厅、多功能厅	宜布置在首层、二层或三层。设置在三级耐火等级的建筑内时，不应布置在三层及以上楼层。确需布置在一、二级耐火等级建筑的其他楼层时，应符合下列规定： （1）一个厅、室的疏散门不应少于 2 个，且建筑面积不宜大于 400 m^2 （2）设置在地下或半地下时，宜设置在地下一层，不应设置在地下三层及以下楼层
剧场、电影院、礼堂	宜设置在独立的建筑内；采用三级耐火等级建筑时，不应超过 2 层。确需设置在其他民用建筑内时，至少应设置 1 个独立的安全出口和疏散楼梯，并应符合下列规定： （1）应采用耐火极限不低于 2.00 h 的防火隔墙和甲级防火门与其他区域分隔 （2）设置在一、二级耐火等级的建筑内时，观众厅宜布置在首层、二层或三层；确需布置在四层及以上楼层时，一个厅、室的疏散门不应少于 2 个，且每个观众厅的建筑面积不宜大于 400 m^2 （3）设置在三级耐火等级的建筑内时，不应布置在三层及以上楼层 （4）设置在地下或半地下时，宜设置在地下一层，不应设置在地下三层及以下楼层

3. 老年人建筑及儿童活动场所

老年人及儿童在火灾时难以进行适当的自救和安全逃生，因此宜将老年人建筑及托儿所、幼儿园的儿童用房和儿童游乐厅等儿童活动场所设置在独立的建筑内，并应符合相关规范的要求，具体设置要求见表 4–6–7。

表 4–6–7 老年人建筑及儿童活动场所的平面布置

场所	平面布置要求
老年人建筑	（1）老年人照料设施宜独立设置。独立建造的一、二级耐火等级老年人照料设施的建筑高度不宜大于 32 m，不应大于 54 m；独立建造的三级耐火等级老年人照料设施，不应超过 2 层 （2）当老年人照料设施与其他建筑上、下组合时，老年人照料设施宜设置在建筑的下部 （3）当老年人照料设施中的老年人公共活动用房、康复与医疗用房设置在地下、半地下时，应设置在地下一层，每间用房的建筑面积不应大于 200 m^2 且使用人数不应大于 30 人 （4）老年人照料设施中的老年人公共活动用房、康复与医疗用房设置在地上四层及以上时，每间用房的建筑面积不应大于 200 m^2 且使用人数不应大于 30 人
儿童活动场所	宜设置在独立的建筑内，且不应设置在地下或半地下；当采用一、二级耐火等级的建筑时，不应超过 3 层；采用三级耐火等级的建筑时，不应超过 2 层；采用四级耐火等级的建筑时，应为单层。确需设置在其他民用建筑内时，应符合下列规定： （1）设置在一、二级耐火等级的建筑内时，应布置在首层、二层或三层 （2）设置在三级耐火等级的建筑内时，应布置在首层或二层 （3）设置在四级耐火等级的建筑内时，应布置在首层 （4）设置在高层建筑内时，应设置独立的安全出口和疏散楼梯 （5）设置在单、多层建筑内时，宜设置独立的安全出口和疏散楼梯

4. 医院和疗养院的住院部分

医院和疗养院的住院部分不应设置在地下或半地下。医院和疗养院的住院部分采用三级耐火等级建筑时，不应超过 2 层；采用四级耐火等级建筑时，应为单层；设置在三级耐火等级的建筑内时，应布置在首层或二层；设置在四级耐火等级的建筑内时，应布置在首层。

5. 消防电梯

消防电梯是火灾情况下运送消防器材和消防人员的专用消防设施。

（1）消防电梯的设置场所

建筑高度大于 33 m 的住宅建筑，一类高层公共建筑和建筑高度大于 32 m 的二类高层公共建筑、5 层及以上且总建筑面积大于 3 000 m^2（包括设置在其他建筑内五层及以上楼层）的老年人照料设施，均应设置消防电梯。

（2）消防电梯的设置要求

1）消防电梯应分别设置在不同防火分区内，且每个防火分区不应少于 1 台。地下或半地下建筑（室）相邻两个防火分区可共用 1 台消防电梯。

2）建筑高度大于 32 m 且设置电梯的高层厂房（仓库），每个防火分区内宜设置 1 台消防电梯。

3）电梯从首层至顶层的运行时间不宜大于 60 s，在首层的消防电梯入口处应设置供消防员专用的操作按钮。

4）电梯轿厢的内部设置专用消防对讲电话，装修应采用不燃材料。

6. 直升机停机坪

直升机停机坪是发生火灾时供直升机救援屋顶平台上的避难人员时停靠的设施。建筑高度超过 100 m 且标准层面积超过 2 000 m^2 的旅馆、办公楼、综合楼等公共建筑的屋顶宜设直升机停机坪或供直升机救助的设施。

培训项目 7

安全疏散

【培训重点】

1. 了解安全疏散距离。
2. 掌握避难层、避难走道、下沉式广场的设置要求。
3. 掌握疏散楼梯的类型。
4. 熟练掌握疏散出口和安全出口的定义。

安全疏散是指火灾时人员由危险区域向安全区域撤离的过程。安全疏散是建筑发生火灾后确保人员生命财产安全的有效措施，是建筑防火的一项重要内容。

一、安全疏散指标

1. 安全疏散的相关概念

（1）安全区域

当建筑发生火灾时，凡能够确保避难人员安全的场所都是安全区域。通常，建筑的室外地坪以及类似的空旷场所、封闭楼梯间和防烟楼梯间、建筑屋顶平台、高层建筑中的避难层和避难间可视为安全区域。

（2）允许安全疏散时间

允许安全疏散时间是指建筑发生火灾时，建筑发生失稳破坏或人员遭受火灾烟气影响且达到不可忍受状态的时间。

（3）安全疏散宽度

为了尽快地进行安全疏散，建筑除需要设置足够数量的安全出口外，还应合理设置各安全出口、疏散走道、疏散楼梯的宽度，该宽度又称为安全疏散宽度。

（4）安全疏散距离

安全疏散距离包括房间内最远点到房门的疏散距离和从房门至最近安全出口的直线距离。

2. 疏散宽度指标

（1）高层民用建筑

高层民用建筑的疏散外门、走道和楼梯的各自总宽度，应按通过人数每 100 人不小于 1 m 计算确定。公共建筑内安全出口和疏散门的净宽度不应小于 0.9 m，疏散走道和疏散楼梯的净宽度不应小于 1.1 m。高层住宅建筑疏散走道的净宽度不应小于 1.20 m。

高层公共建筑内楼梯间的首层疏散门、首层疏散外门、疏散走道和疏散楼梯的最小净宽度不应小于相关规范的要求，具体值见表 4–7–1。

表 4–7–1　　高层公共建筑内楼梯间的首层疏散门、首层疏散外门、疏散走道和疏散楼梯的最小净宽度　　m

建筑类别	楼梯间的首层疏散门、首层疏散外门	疏散走道		疏散楼梯
		单面布房	双面布房	
高层医疗建筑	1.30	1.40	1.50	1.30
其他高层公共建筑	1.20	1.30	1.40	1.20

（2）其他民用建筑

除剧场、电影院、礼堂、体育馆外的其他公共建筑的房间疏散门、安全出口、疏散走道和疏散楼梯的各自总宽度，应按相关规范的要求计算确定，具体值见表 4–7–2。

例如，办公建筑的门洞口宽度不应小于 1.00 m，高度不应小于 2.10 m。

当建筑使用人数不多，其安全出口的宽度经计算数值又很小时，为便于人员疏散，首层疏散外门、楼梯和走道应满足最小宽度的要求。

1）建筑内疏散走道和楼梯的净宽度不应小于 1.1 m，安全出口和疏散出口的净宽度不应小于 0.9 m。不超过 6 层的单元式住宅一侧设有栏杆的疏散楼梯，其最小宽度可不小于 1 m。

表 4-7-2 其他公共建筑中房间疏散门、安全出口、疏散走道和疏散楼梯的每百人所需最小疏散净宽度 m/百人

建筑层数		建筑耐火等级		
		一、二级	三级	四级
地上楼层	1 ~ 2层	0.65	0.75	1.00
	3层	0.75	1.00	—
	≥4层	1.00	1.25	—
地下楼层	与地面出入口地面的高差≤10 m	0.75	—	—
	与地面出入口地面的高差 >10 m	1.00	—	—

2）人员密集的公共场所，其疏散门的净宽度不应小于 1.4 m，室外疏散小巷的净宽度不应小于 3.0 m。

同时，《建筑设计防火规范》（GB 50016）也对剧场、电影院、礼堂、体育馆等场所的安全疏散作了具体要求，应严格执行。

3. 疏散距离指标

影响安全疏散距离的因素很多，如建筑的使用性质、人员密集程度、人员本身活动的能力等，因此，应根据建筑的使用性质、规模、火灾危险性等因素，合理设置安全疏散距离，确保人员疏散安全。

以公共建筑为例，公共建筑直通疏散走道的房间疏散门至最近安全出口的直线距离见表 4-7-3。

表 4-7-3 公共建筑直通疏散走道的房间疏散门至最近安全出口的直线距离 m

名称			位于两个安全出口之间的疏散门			位于袋形走道两侧或尽端的疏散门		
			耐火等级			耐火等级		
			一、二级	三级	四级	一、二级	三级	四级
托儿所、幼儿园、老年人照料设施			25	20	15	20	15	10
歌舞娱乐放映游艺场所			25	20	15	9	—	—
医疗建筑	单、多层		35	30	25	20	15	10
	高层	病房部分	24	—	—	12	—	—
		其他部分	30	—	—	15	—	—
教学建筑	单、多层		35	30	25	22	20	10
	高层		30	—	—	15	—	—

续表

名称		位于两个安全出口之间的疏散门			位于袋形走道两侧或尽端的疏散门		
		耐火等级			耐火等级		
		一、二级	三级	四级	一、二级	三级	四级
高层旅馆、展览建筑		30	—	—	15	—	—
其他建筑	单、多层	40	35	25	22	20	15
	高层	40	—	—	20	—	—

注：1. 建筑内开向敞开式外廊的房间疏散门至最近安全出口的直线距离可按本表的规定增加 5 m。

2. 直通疏散走道的房间疏散门至最近敞开楼梯间的直线距离，当房间位于两个楼梯间之间时，应按本表的规定减少 5 m；当房间位于袋形走道两侧或尽端时，应按本表的规定减少 2 m。

3. 建筑内全部设置自动喷水灭火系统时，其安全疏散距离可按本表的规定增加 25%。

公共建筑房间内任一点至房间直通疏散走道的疏散门的直线距离，不应大于表 4–7–3 规定的袋形走道两侧或尽端的疏散门至最近安全出口的直线距离。其中，一、二级耐火等级建筑内疏散门或安全出口不少于 2 个的观众厅、展览厅、多功能厅、餐厅、营业厅等，其室内任一点至最近疏散门或安全出口的直线距离不应大于 30 m；当疏散门不能直通室外地面或疏散楼梯间时，应采用长度不大于 10 m 的疏散走道通至最近的安全出口。当该场所设置自动喷水灭火系统时，室内任一点至最近安全出口的安全疏散距离可增加 25%。

二、安全疏散和避难设施

建筑应根据其建筑高度、规模、使用功能和耐火等级等因素合理设置安全疏散和避难设施。安全疏散和避难设施包括疏散出口、疏散走道、疏散楼梯（间）、疏散指示标志、避难层（间）等。

1. 疏散出口

疏散出口包括疏散门和安全出口。建筑内的疏散门和安全出口应分散布置，并应符合双向疏散的要求。

（1）疏散门

疏散门是直接通向疏散走道的房间门、直接开向疏散楼梯间的门或室外的门，不包括套间内的隔间门或住宅套内的房间门。除另有规定外，公共建筑内各房间疏散门的数量应计算确定且不应少于 2 个，疏散门的净宽度不应小于 0.90 m，每个房间相邻 2 个疏散门最近边缘之间的水平距离不应小于 5 m；民用建筑及厂房的疏散门应采用平开门，向疏散方向开启，不应采用推拉门、卷帘门、吊门、转门和折叠门。

（2）安全出口

安全出口是指供人员安全疏散用的楼梯间和室外楼梯的出入口或直通室内外安全区域的出口。公共建筑内的每个防火分区或一个防火分区的每个楼层，其安全出口数量应经计算确定，且不应少于 2 个，安全出口最近边缘之间的水平距离不应小于 5.0 m，安全出口的净宽度不应小于 1.10 m。

其中，符合下列条件之一的公共建筑，可设置一个安全出口：

1）除托儿所、幼儿园外，建筑面积不大于 200 m^2 且人数不超过 50 人的单层建筑或多层建筑的首层。

2）除医疗建筑，老年人照料设施，托儿所、幼儿园的儿童用房和儿童游乐厅等儿童活动场所，歌舞娱乐放映游艺场所外，符合表 4–7–4 规定的建筑。

表 4–7–4　　公共建筑可设置一个安全出口的条件

耐火等级	最多层数	每层最大建筑面积（m^2）	人数
一、二级	3 层	200	第 2 层和第 3 层的人数之和不超过 50 人
三级	3 层	200	第 2 层和第 3 层的人数之和不超过 25 人
四级	2 层	200	第 2 层人数不超过 15 人

3）一、二级耐火等级公共建筑，当设置不少于 2 部疏散楼梯且顶层局部升高层数不超过 2 层、人数之和不超过 50 人、每层建筑面积不大于 200 m^2 时，该局部高出部位可设置一部与下部主体建筑楼梯间直接连通的疏散楼梯，但至少应另设置一个直通主体建筑上人平屋面的安全出口。

2. 疏散走道

疏散走道是指发生火灾时，建筑内人员从火灾现场逃往安全场所的通道。疏散走道的布置应简明直接，设置尽量避免曲折和袋形走道，并按规定设置疏散指示标志和诱导灯。

厂房内疏散走道的净宽度不宜小于 1.4 m，公共建筑内疏散走道的净宽度不应小于 1.10 m。

3. 疏散楼梯（间）

疏散楼梯（间）是建筑中主要竖向交通设施，是安全疏散的重要通道。

（1）一般要求

1）楼梯间应能天然采光和自然通风，并宜靠外墙设置。

2）楼梯间应在标准层或防火分区的两端布置，便于双向疏散，并应满足安全疏散距离的要求，尽量避免袋形走道。

3）楼梯间内不应有影响疏散的凸出物或其他障碍物。楼梯间及前室不应设置烧水间、可燃材料储藏室、垃圾道，不应设置可燃气体和甲、乙、丙类液体管道。

4）除通向避难层错位的疏散楼梯外，建筑内的疏散楼梯间在各层的平面位置不应改变。

（2）分类

疏散楼梯（间）分为敞开楼梯间、封闭楼梯间、防烟楼梯间和室外疏散楼梯四种形式。

1）敞开楼梯间。敞开楼梯间是指与走廊或大厅都敞开在建筑内的楼梯，又称普通楼梯间，如图 4–7–1 所示。敞开楼梯间由于使用方便、经济，在楼层低、危险性小的建筑中经常被采用。但敞开楼梯间由于缺少围护，安全可靠程度极低，在发生火灾时会成为火灾或烟气向其他楼层蔓延的主要通道，在建筑疏散楼梯使用中进行了严格限制。

2）封闭楼梯间。封闭楼梯间是指在楼梯间入口处设置门，以防止火灾的烟气和热气进入的楼梯间，如图 4–7–2 所示。

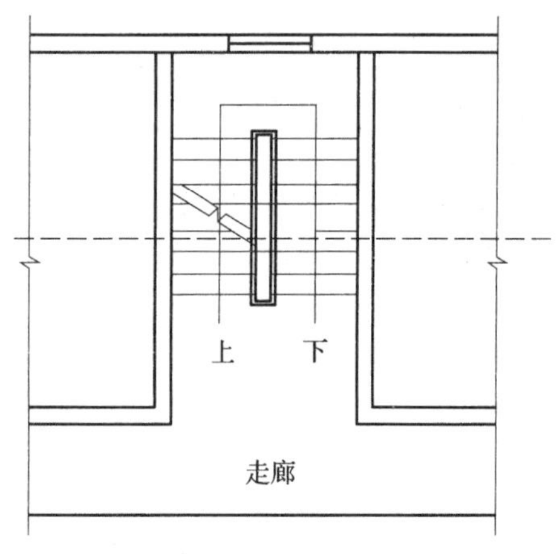

图 4–7–1　敞开楼梯间示意图

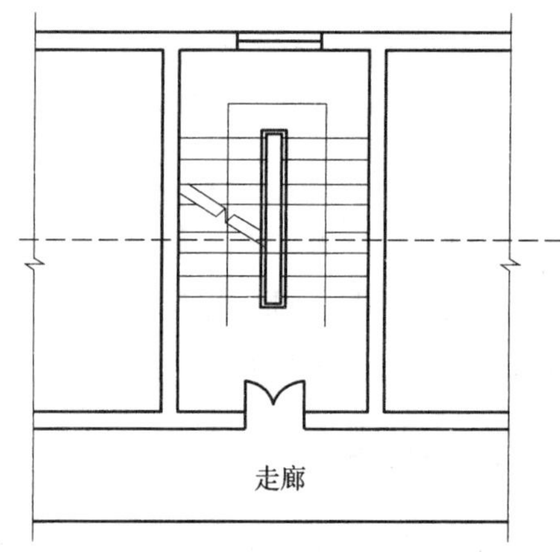

图 4–7–2　封闭楼梯间示意图

封闭楼梯间有墙和门与走道分隔，安全性较高，当楼梯间不能天然采光和自然通风时，应按防烟楼梯间的要求设置。在多层公共建筑中，医疗建筑、旅馆及类似使用功能的建筑，设置歌舞娱乐放映游艺场所的建筑，商店、图书馆、展览建筑、会议中心及类似使用功能的建筑和 6 层及以上的其他建筑，其疏散楼梯均应设置为封闭楼梯间。高层建筑的裙房和建筑高度不超过 32 m 的二类高层建筑，建筑高度大于 21 m 且不大于 33 m 的住宅建筑，高层厂房和甲、乙、丙类多层厂房，其疏散楼梯间也应采用封闭楼梯间。

3）防烟楼梯间。防烟楼梯间是指在楼梯间入口处设置防烟的前室、开敞式阳台或凹廊（统称前室）等设施，且通向前室和楼梯间的门均为防火门，以防止火灾的烟气和热气进入的楼梯间，如图 4–7–3 所示。

由于防烟楼梯间设有两道防火门和防烟设施，安全性高。一类高层建筑及建筑高度大于 32 m 的二类高层建筑，建筑高度大于 33 m 的住宅建筑，建筑高度大于 32 m 且任一层人数超过 10 人的高层厂房，其疏散楼梯均应设置为防烟楼梯间。当建筑地下层数为 3 层及 3 层以上或地下室内地面与室外出入口地坪高差大于 10 m 时，疏散楼梯也应设置为防烟楼梯间。

4）室外疏散楼梯。室外疏散楼梯是指在建筑的外墙上设置的全部敞开的楼梯，如图 4–7–4 所示。室外疏散楼梯由于不在建筑内部，不易受烟火的威胁，防烟效果和经济性都较好，适用于甲、乙、丙类厂房和建筑高度大于 32 m 且任一层人数超过 10 人的厂房，也可以辅助防烟楼梯使用。

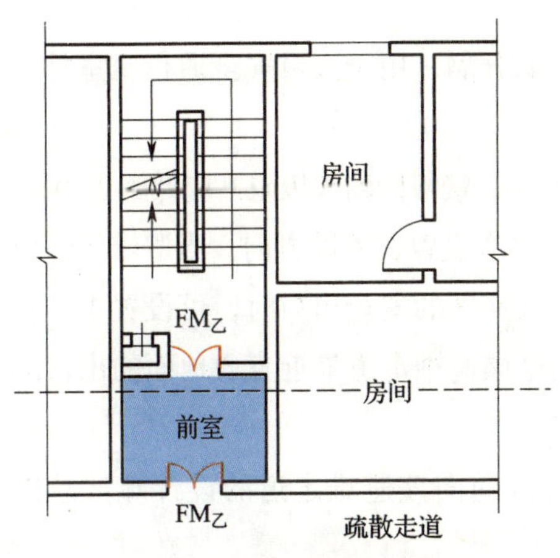

图 4–7–3 防烟楼梯间示意图

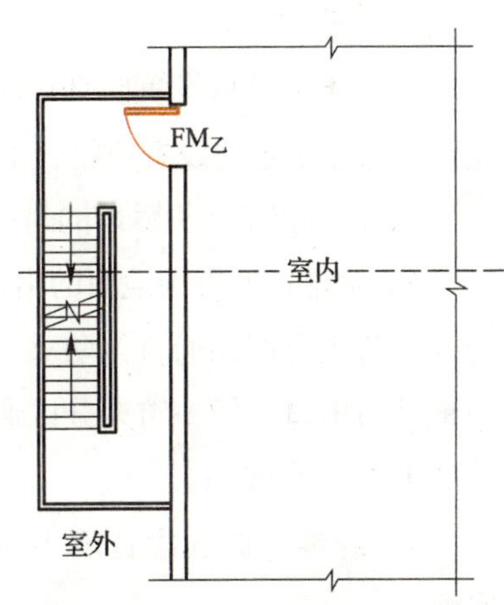

图 4–7–4 室外疏散楼梯示意图

室外疏散楼梯应采用不燃烧材料制作，楼梯的最小净宽不小于 0.9 m，倾斜角度不大于 45°，栏杆扶手的高度不小于 1.1 m；在楼梯周围 2.0 m 内的墙面上不开设其他门、窗、洞口，疏散门应为乙级防火门。

4. 避难层（间）

避难层是建筑高度超过 100 m 的公共建筑和住宅建筑中发生火灾时供人员临时避难使用的楼层，而避难间则是建筑中设置的供火灾时人员临时避难使用的房间。

避难层的设置应满足下列要求：

（1）从首层到第一个避难层之间及两个避难层之间的高度不应大于 50 m。

（2）通向避难层的疏散楼梯应在避难层分隔、同层错位或上下层断开，人员必须经避难层才能上下。

（3）避难层的净面积应能满足设计避难人数避难的要求，宜按 5 人 / m^2 计算。

（4）避难层可与设备层结合布置，但设备管道应集中布置。

（5）避难层应设置消防电梯出口。

（6）避难层应设置消火栓和消防软管卷盘、直接对外的可开启窗口或独立的机械防烟设施、消防专线电话和应急广播。

5. 大型地下或半地下商店建筑的安全疏散

总建筑面积大于 20 000 m^2 的地下或半地下商店，应采用无门、窗、洞口的防火墙和耐火极限不低于 2.00 h 的楼板分隔为多个建筑面积不大于 20 000 m^2 的区域。相邻区域确需局部连通时，应采用下沉式广场等室外开敞空间、防火隔间、避难走道、防烟楼梯间等方式进行连通。

（1）避难走道

避难走道是指设置防烟设施且两侧采用防火墙分隔，用于人员安全通行至室外的走道。避难走道的设置应符合下列规定：

1）避难走道防火隔墙的耐火极限不应低于 3.00 h，楼板的耐火极限不应低于 1.50 h。

2）避难走道直通地面的出口不应少于 2 个，并应设置在不同方向；当避难走道仅与一个防火分区相通且该防火分区至少有 1 个直通室外的安全出口时，可设置 1 个直通地面的出口。任一防火分区通向避难走道的门至该避难走道最近直通地面的出口的距离不应大于 60 m。

3）避难走道的净宽度不应小于任一防火分区通向该避难走道的设计疏散总净宽度。

4）避难走道内部装修材料的燃烧性能应为 A 级。

5）防火分区至避难走道入口处应设置防烟前室，前室的使用面积不应小于 6.0 m^2，开向前室的门应采用甲级防火门，前室开向避难走道的门应采用乙级防火门。

6）避难走道内应设置消火栓、消防应急照明、应急广播和消防专线电话。

（2）防火隔间

防火隔间只能用于相邻两个独立使用场所的人员相互通行，其设置应符合下列规定：

1）防火隔间的建筑面积不应小于 6.0 m^2。

2）防火隔间的门应采用甲级防火门。

3）不同防火分区通向防火隔间的门不应计入安全出口，门的最小间距不应小于 4 m。

4）防火隔间内部装修材料的燃烧性能应为 A 级。

5）不应用于除人员通行外的其他用途。

（3）下沉式广场

下沉式广场是指用于防火分隔的室外开敞空间，其设置应符合下列规定：

1）分隔后的不同区域通向下沉式广场等室外开敞空间的开口最近边缘之间的水平距离不应小于 13 m。室外开敞空间除用于人员疏散外不得用于其他商业或可能导致火灾蔓延的用途，其中用于疏散的净面积不应小于 169 m^2。

2）下沉式广场等室外开敞空间内应设置不少于 1 部直通地面的疏散楼梯。当连接下沉广场的防火分区需利用下沉广场进行疏散时，疏散楼梯的总净宽度不应小于任一防火分区通向室外开敞空间的设计疏散总净宽度。

3）确需设置防风雨篷时，防风雨篷不应完全封闭，四周开口部位应均匀布置，开口的面积不应小于该空间地面面积的 25%，开口高度不应小于 1.0 m；开口设置百叶时，百叶的有效排烟面积可按百叶通风口面积的 60% 计算。

培训项目 8

建筑内外装修防火基本要求

【培训重点】

1. 熟练掌握装修材料的分类和分级。
2. 熟练掌握建筑内部防火基本要求。
3. 掌握建筑保温和外墙装饰防火基本要求。

一、装修材料的分类和分级

装修材料按其使用部位和功能，可划分为顶棚装修材料、墙面装修材料、地面装修材料、隔断装修材料、固定家具、装饰织物、其他装修装饰材料七类。其他装修装饰材料是指楼梯扶手、挂镜线、踢脚板、窗帘盒、暖气罩等。

装修材料按其燃烧性能应划分为四级，并应符合表 4-2-1 的规定。常用建筑内部装修材料燃烧性能等级划分举例见表 4-8-1。

二、建筑内部装修防火基本要求

建筑内部装修设计应尽可能采用不燃材料和难燃材料，避免采用燃烧时产生大量浓烟或有毒气体的材料，同时采取有效的防火措施。

表 4-8-1 常用建筑内部装修材料燃烧性能等级划分举例

材料类别	级别	材料举例
各部位材料	A	花岗石、大理石、水磨石、水泥制品、混凝土制品、石膏板、石灰制品、黏土制品、玻璃、瓷砖、马赛克、钢铁、铝、铜合金等
顶棚材料	B_1	纸面石膏板、纤维石膏板、水泥刨花板、矿棉装饰吸声板、玻璃棉装饰吸声板、珍珠岩装饰吸声板、难燃胶合板、难燃中密度纤维板、岩棉装饰板、难燃木材、铝箔复合材料、难燃酚醛胶合板、铝箔玻璃钢复合材料等
墙面材料	B_1	纸面石膏板、纤维石膏板、水泥刨花板、矿棉板、玻璃棉板、珍珠岩板、难燃胶合板、难燃中密度纤维板、防火塑料装饰板、难燃双面刨花板、多彩涂料、难燃墙纸、难燃墙布、难燃仿花岗岩装饰板、氯氧镁水泥装配式墙板、难燃玻璃钢平板、难燃 PVC 塑料护墙板、阻燃模压木质复合板材、彩色阻燃人造板等
	B_2	各类天然木材、木制人造板、竹材、纸制装饰板、装饰微薄木贴面板、印刷木纹人造板、塑料贴面装饰板、聚酯装饰板、复塑装饰板、塑纤板、胶合板、塑料壁纸、无纺贴墙布、墙布、复合壁纸、天然材料壁纸、人造革等
地面材料	B_1	硬 PVC 塑料地板、水泥刨花板、水泥木丝板、氯丁橡胶地板等
	D_2	半硬质 PVC 塑料地板、PVC 卷材地板、木地板氯纶地毯
装饰织物	B_1	经阻燃处理的各类难燃织物等
	B_2	纯毛装饰布、经阻燃处理的其他织物等
其他装修装饰材料	B_1	难燃聚氯乙烯塑料、难燃酚醛塑料、聚四氟乙烯塑料、难燃脲醛塑料、硅树脂塑料装饰型材、经阻燃处理的各类织物等
	B_2	经阻燃处理的聚乙烯、聚丙烯、聚氨酯、聚苯乙烯、玻璃钢、化纤织物、木制品等

1. 特殊场所装修防火要求

（1）歌舞娱乐放映游艺场所

歌舞厅、卡拉 OK 厅（含具有卡拉 OK 功能的餐厅）、夜总会、录像厅、放映厅、桑拿浴室（除洗浴部分外）、游艺厅（含电子游艺厅）、网吧等歌舞娱乐放映游艺场所屡屡发生重大火灾事故，其中一个重要原因是这类场所装修采用了大量可燃材料。

此类场所设置在一、二级耐火等级建筑的四层及四层以上时，室内装修的顶棚材料应采用 A 级装修材料，其他部位应采用不低于 B_1 级的装修材料；当设置在地下一层时，室内装修的顶棚、地面材料应采用 A 级装修材料，其他部位应采用不低于 B_1 级的装修材料。

（2）共享空间

建筑设有上下层连通的中庭、走马廊、敞开楼梯、自动扶梯时，其连通部位的顶棚、墙面应采用 A 级装修材料，其他部位应采用不低于 B_1 级的装修材料。

（3）无窗房间

地上房间发生火灾时，室内的烟气和毒气不易排出，不利于人员疏散，也不利于消防救援人员对火情的侦查与施救。故地上无窗房间内部装修材料的燃烧性能等级应在原规定的基础上提高一级（A 级除外）。

（4）图书室、资料室、档案室和存放文物的房间

图书、资料、档案等本身为易燃物，一旦发生火灾，火势发展迅速。因此，要求此类场所的顶棚、墙面应采用 A 级装修材料，地面应使用不低于 B_1 级的装修材料。

（5）设备机房

消防水泵房、排烟机房、固定灭火系统钢瓶间、配电室、变压器室、通风和空调等设备机房在建筑中起到主控正常及安全的作用，其内部装修应全部采用 A 级装修材料。

（6）建筑内的厨房

厨房内明火较多，故建筑厨房内顶棚、墙面和地面应采用 A 级装修材料。

（7）使用明火的餐厅和科研实验室

使用明火的餐厅是指设有明火灶具的餐厅、宴会厅、包间等，实验室内往往存放一些易燃易爆试剂、材料等。因此，其内部装修材料的燃烧性能等级应比同类建筑的要求提高一级（A 级除外）。

（8）消防设施、疏散指示标志

建筑内部装修不应擅自减少、改动、拆除、遮挡消防设施、疏散指示标志、安全出口、疏散出口、疏散走道和防火分区、防烟分区等。

2. 单、多层民用建筑装修防火要求

单、多层民用建筑内部各部位装修材料的燃烧性能等级不应低于表 4–8–2 的规定。

表 4–8–2　　单、多层民用建筑内部各部位装修材料的燃烧性能

序号	建筑及场所	建筑规模、性质	装修材料燃烧性能等级							
			顶棚	墙面	地面	隔断	固定家具	装饰织物		其他装修装饰材料
								窗帘	帷幕	
1	候机楼的候机厅、贵宾候机室、售票厅、商店、餐饮场所等	—	A	A	B_1	B_1	B_1	B_1	—	B_1

续表

序号	建筑及场所	建筑规模、性质	装修材料燃烧性能等级							
			顶棚	墙面	地面	隔断	固定家具	装饰织物		其他装修装饰材料
								窗帘	帷幕	
2	汽车站、火车站、轮船客运站的候车（船）室、商店、餐饮场所等	建筑面积 >10 000 m^2	A	A	B_1	B_1	B_1	B_1	—	B_2
		建筑面积≤10 000 m^2	A	B_1	B_1	B_1	B_1	B_1	—	B_2
3	观众厅、会议厅、多功能厅、等候厅等	每个厅建筑面积 >400 m^2	A	A	B_1	B_1	B_1	B_1	B_1	B_1
		每个厅建筑面积≤400 m^2	A	B_1	B_1	B_1	B_2	B_1	B_1	B_2
4	体育馆	>3 000 座位	A	A	B_1	B_1	B_1	B_1	B_1	B_2
		≤3 000 座位	A	B_1	B_1	B_1	B_2	B_2	B_1	B_2
5	商店的营业厅	每层建筑面积 >1 500 m^2 或总建筑面积 >3 000 m^2	A	B_1	B_1	B_1	B_1	B_1	—	B_2
		每层建筑面积≤1 500 m^2 或总建筑面积≤3 000 m^2	A	B_1	B_1	B_1	B_2	B_1	—	—
6	宾馆、饭店的客房及公共活动用房等	设置送回风道（管）的集中空气调节系统	A	B_1	B_1	B_1	B_2	B_2	—	B_2
		其他	B_1	B_1	B_2	B_2	B_2	B_2	—	—
7	养老院、托儿所、幼儿园的居住及活动场所	—	A	A	B_1	B_1	B_2	B_1	—	B_2
8	医院的病房区、诊疗区、手术区	—	A	A	B_1	B_1	B_2	B_1	—	B_2
9	教学场所、教学实验场所	—	A	B_1	B_2	B_2	B_2	B_2	B_2	B_2
10	纪念馆、展览馆、博物馆、图书馆、档案馆、资料馆等公众活动场所	—	A	B_1	B_1	B_1	B_2	B_1	—	B_2
11	存放文物、纪念展览物品、重要图书、档案、资料的场所	—	A	A	B_1	B_1	B_2	B_1	—	B_2
12	歌舞娱乐放映游艺场所	—	A	B_1	B_1	B_1	B_1	B_1	B_1	B_1

续表

序号	建筑及场所	建筑规模、性质	装修材料燃烧性能等级							
			顶棚	墙面	地面	隔断	固定家具	装饰织物		其他装修装饰材料
								窗帘	帷幕	
13	A、B级电子信息系统机房及装有重要机器、仪器的房间	—	A	A	B_1	B_1	B_1	B_1	B_1	B_1
14	餐饮场所	营业面积 >100 m²	A	B_1	B_1	B_1	B_1	B_2	—	B_2
		营业面积≤100 m²	B_1	B_1	B_1	B_2	B_2	B_2	—	B_2
15	办公场所	设置送回风道（管）的集中空气调节系统	A	B_1	B_1	B_1	B_2	B_2	—	B_2
		其他	B_1	B_1	B_2	B_2	B_2	—	—	—
16	其他公共场所	—	B_1	B_1	B_2	B_2	B_2	—	—	—
17	住宅	—	B_1	B_1	B_1	B_1	B_2	B_2	—	B_2

3. 高层民用建筑装修防火要求

高层民用建筑内部各部位装修材料的燃烧性能等级不应低于表 4–8–3 的规定。

表 4–8–3　　高层民用建筑内部各部位装修材料的燃烧性能

序号	建筑及场所	建筑规模、性质	装修材料燃烧性能等级									
			顶棚	墙面	地面	隔断	固定家具	装饰织物				其他装修装饰材料
								窗帘	帷幕	床罩	家具包布	
1	候机楼的候机厅、贵宾候机室、售票厅、商店、餐饮场所等	—	A	A	B_1	B_1	B_1	B_1	—	—	—	B_1
2	汽车站、火车站、轮船客运站的候车（船）室、商店、餐饮场所等	建筑面积 >10 000 m²	A	A	B_1	B_1	B_1	B_1	—	—	—	B_2
		建筑面积≤10 000 m²	A	B_1	B_1	B_1	B_1	B_1	—	—	—	B_2
3	观众厅、会议厅、多功能厅、等候厅等	每个厅建筑面积 >400 m²	A	A	B_1	B_1	B_1	B_1	B_1	—	B_1	B_1
		每个厅建筑面积≤400 m²	A	B_1	B_1	B_1	B_2	B_1	B_1	—	B_1	B_1

续表

序号	建筑及场所	建筑规模、性质	装修材料燃烧性能等级									
			顶棚	墙面	地面	隔断	固定家具	装饰织物				其他装修装饰材料
								窗帘	帷幕	床罩	家具包布	
4	商店的营业厅	每层建筑面积 >1 500 m^2 或总建筑面积 > 3 000 m^2	A	B_1	B_1	B_1	B_1	B_1	B_1	—	B_2	B_1
		每层建筑面积≤1 500 m^2 或总建筑面积≤ 3 000 m^2	A	B_1	B_1	B_1	B_1	B_1	B_2	—	B_2	B_2
5	宾馆、饭店的客房及公共活动用房等	一类建筑	A	B_1	B_1	B_1	B_2	B_1	—	B_1	B_2	B_1
		二类建筑	B_1	B_1	B_1	B_1	B_2	B_2	—	B_2	B_2	B_2
6	养老院、托儿所、幼儿园的居住及活动场所	—	A	A	B_1	B_1	B_2	B_1	—	B_2	B_2	B_1
7	医院的病房区、诊疗区、手术区	—	A	A	B_1	B_1	B_2	B_1	B_1	—	B_2	B_1
8	教学场所、教学实验场所	—	A	B_1	B_2	B_2	B_2	B_1	B_1	—	B_1	B_2
9	纪念馆、展览馆、博物馆、图书馆、档案馆、资料馆等公众活动场所	一类建筑	A	B_1	B_1	B_1	B_2	B_1	B_1	—	B_1	B_1
		二类建筑	A	B_1	B_1	B_1	B_2	B_1	B_2	—	B_2	B_2
10	存放文物、纪念展览物品、重要图书、档案、资料的场所	—	A	A	B_1	B_1	B_2	B_1	—	—	B_1	B_2
11	歌舞娱乐放映游艺场所	—	A	B_1	B_1	B_1	B_1	B_1	B_1	B_1	B_1	B_1
12	A、B级电子信息系统机房及装有重要机器、仪器的房间	—	A	A	B_1	B_1	B_1	B_1	B_1	—	B_1	B_1
13	餐饮场所	—	A	B_1	B_1	B_1	B_2	B_1	—	—	B_1	B_2
14	办公场所	一类建筑	A	B_1	B_1	B_1	B_2	B_1	B_1	—	B_1	B_1
		二类建筑	A	B_1	B_1	B_1	B_2	B_1	B_2	—	B_2	B_2
15	电信楼、财贸金融楼、邮政楼、广播电视楼、电力调度楼、防灾指挥调度楼	一类建筑	A	A	B_1	B_1	B_1	B_1	B_1	—	B_2	B_1
		二类建筑	A	B_1	B_2	B_2	B_2	B_1	B_2	—	B_2	B_2
16	其他公共场所	—	A	B_1	B_1	B_1	B_2	B_2	B_2	B_2	B_2	B_2
17	住宅	—	A	B_1	B_1	B_1	B_2	B_1	—	B_1	B_2	B_1

4. 地下民用建筑装修防火要求

地下民用建筑内部各部位装修材料的燃烧性能等级不应低于表 4–8–4 的规定。

表 4–8–4　　地下民用建筑内部各部位装修材料的燃烧性能

序号	建筑及场所	装修材料燃烧性能等级						
		顶棚	墙面	地面	隔断	固定家具	装饰织物	其他装修装饰材料
1	观众厅、会议厅、多功能厅、等候厅等，商店的营业厅	A	A	A	B_1	B_1	B_1	B_2
2	宾馆、饭店的客房及公共活动用房等	A	B_1	B_1	B_1	B_1	B_1	B_2
3	医院的诊疗区、手术区	A	A	B_1	B_1	B_1	B_1	B_2
4	教学场所、教学实验场所	A	A	B_1	B_2	B_2	B_1	B_2
5	纪念馆、展览馆、博物馆、图书馆、档案馆、资料馆等公众活动场所	A	A	B_1	B_1	B_1	B_1	B_1
6	存放文物、纪念展览物品、重要图书、档案、资料的场所	A	A	A	A	A	B_1	B_1
7	歌舞娱乐放映游艺场所	A	A	B_1	B_1	B_1	B_1	B_1
8	A、B 级电子信息系统机房及装有重要机器、仪器的房间	A	A	B_1	B_1	B_1	B_1	B_1
9	餐饮场所	A	A	A	B_1	B_1	B_1	B_2
10	办公场所	A	B_1	B_1	B_1	B_1	B_2	B_2
11	其他办公场所	A	B_1	B_1	B_2	B_2	B_2	B_2
12	汽车库、修车库	A	A	B_1	A	A	—	—

三、建筑保温和外墙装饰防火基本要求

1. 建筑保温材料的分类

建筑外墙的保温材料可以分为三大类：一是以矿棉和岩棉为代表的无机保温材料，通常被认定为不燃材料；二是以胶粉聚苯颗粒保温浆料为代表的有机—无机复合型保温材料，通常被认定为难燃材料；三是以聚苯乙烯泡沫塑料（包括 EPS 板和 XPS 板）、硬泡沫聚氨酯和改性酚醛树脂为代表的有机保温材料，通常被认定为可燃材料。常见建筑保温材料的导热系数及燃烧性能等级见表 4–8–5。

表 4-8-5　　常见建筑保温材料的导热系数及燃烧性能等级

材料名称	导热系数 [W/（m·K）]	燃烧性能等级	材料名称	导热系数 [W/（m·K）]	燃烧性能等级	材料名称	导热系数 [W/（m·K）]	燃烧性能等级
胶粉聚苯颗粒保温浆料	0.06	B_1	聚氨酯	0.025	B_2	泡沫玻璃	0.066	A
EPS 板	0.041	B_2	岩棉	0.036 ~ 0.041	A	加气混凝土	0.116 ~ 0.212	A
XPS 板	0.030	B_2	矿棉	0.053	A			

2. 建筑外墙内保温防火

对于人员密集场所，用火、燃油、燃气等具有火灾危险的场所以及各类建筑内的疏散楼梯间、避难走道、避难间、避难层等场所或部位，应采用燃烧性能为 A 级的保温材料；对于其他场所，应采用低烟、低毒且燃烧性能不低于 B_1 级的保温材料。

外墙内保温系统应采用不燃材料做防护层，当保温材料的燃烧性能为 B_1 级时，防护层的厚度不应小于 10 mm。

3. 建筑外墙外保温防火

建筑外墙外保温系统的技术要求见表 4-8-6。

表 4-8-6　　建筑外墙外保温系统的技术要求

建筑及场所	保温系统	建筑高度（H）	A 级保温材料	B_1 级保温材料	B_2 级保温材料
人员密集场所	—	—	应采用	不允许	不允许
住宅建筑	与基层墙体、装饰层之间无空腔	H>100 m	应采用	不允许	不允许
		27 m<H≤100 m	宜采用	可采用：（1）每层设置防火隔离带；（2）建筑外墙上门、窗的耐火完整性不应低于 0.50 h	不允许
		H≤27 m	宜采用	可采用，每层设置防火隔离带	可采用：1. 每层设置防火隔离带；2. 建筑外墙上门、窗的耐火完整性不应低于 0.50 h
	有空腔	H>24 m	应采用	不允许	不允许
		H≤24 m	宜采用	可采用，每层设置防火隔离带	不允许

续表

建筑及场所	保温系统	建筑高度（H）	A 级保温材料	B_1 级保温材料	B_2 级保温材料
除住宅建筑和设置在人员密集场所的建筑外的其他建筑	与基层墙体、装饰层之间无空腔	H>50 m	应采用	不允许	不允许
		$24\ m<H\leq 50\ m$	宜采用	可采用：（1）每层设置防火隔离带；（2）建筑外墙上门、窗的耐火完整性不应低于 0.50 h	不允许
		$H\leq 24$ m	宜采用	可采用，每层设置防火隔离带	可采用：（1）每层设置防火隔离带；（2）建筑外墙上门、窗的耐火完整性不应低于 0.50 h
	有空腔	H>24 m	应采用	不允许	不允许
		$H\leq 24$ m	宜采用	可采用，每层设置防火隔离带	不允许

4. 屋面层保温防火

建筑的屋面外保温系统，当屋面板的耐火极限不低于 1.00 h 时，保温材料的燃烧性能不应低于 B_2 级；当屋面板的耐火极限低于 1.00 h 时，保温材料的燃烧性能不应低于 B_1 级。采用 B_1、B_2 级保温材料的保温系统应采用不燃材料作为防护层，防护层的厚度不应小于 10 mm。

当建筑的屋面和外墙外保温系统均采用 B_1、B_2 级保温材料时，屋面与外墙之间应采用宽度不小于 500 mm 的不燃材料设置防火隔离带进行分隔。

5. 建筑外墙装饰防火

建筑外墙的装饰层应采用燃烧性能为 A 级的材料，但建筑高度不大于 50 m 时，可采用 B_1 级材料。

培训模块

电气消防基本知识

培训项目 1
电工学基础知识

【培训重点】

1. 熟练掌握电路的组成、元件、模型及常见电气图形符号。
2. 掌握低压供电方式及负荷等级分类。
3. 了解供配电系统基础知识。
4. 掌握常用电气仪表的功能和使用方法。

电力在生活和生产中发挥着越来越重要的作用，给人们的生活带来了极大的便利，成为主要的能源供给方式之一。与之相随的供用电设备引起的火灾也成为火灾事故之首。因此，电气消防应从弄清电路基础知识开始。

一、电工基础与电路图

1. 电路的概念与组成

电路即电流的通路，它是为了某种需要由不同的电气元件按一定的顺序用导线依次连接而成的。根据电流性质的不同，电路有直流电路和交流电路之分。电路的结构根据所完成的任务不同而不同，简单的电路由几个元件构成，复杂的电路可由成千上万个元件构成。

供配电线路是一种复杂电路，如图 5-1-1a 所示，它的作用是实现电能的传输和转换。图 5-1-1b 所示的手电筒电路则为简单电路，它将电能转换为光能、热能。电路的另一种作用是传递和处理信号，如扩音机，其电路示意图如图 5-1-1c 所示。

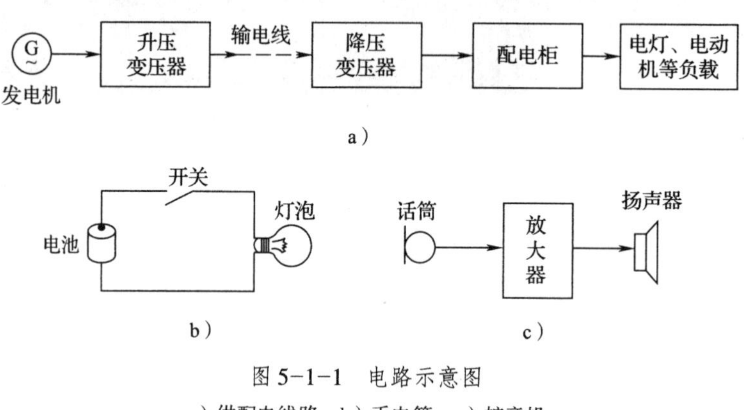

图 5-1-1 电路示意图

a）供配电线路 b）手电筒 c）扩音机

本模块主要讨论实现电能传输和转换的电路。电路的基本组成部分是电源、负载和连接电源与负载的中间环节。

（1）电源

电源是将其他形式的能量（如化学能、机械能等）转换为电能的设备。电源分为直流电源（DC）和交流电源（AC）两大类，在电路图中分别用“-”和“~”表示。常用的直流电源有干电池、蓄电池、直流发电机、整流电源等。常用电源的图形符号与文字符号如图 5-1-2 所示。民用供配电网提供的则是交流电源，由交流发电机产生。按照正弦规律变化的交流电称为正弦交流电，通常称为交流电（见图 5-1-3），应用交流电的电路也叫交流电路。

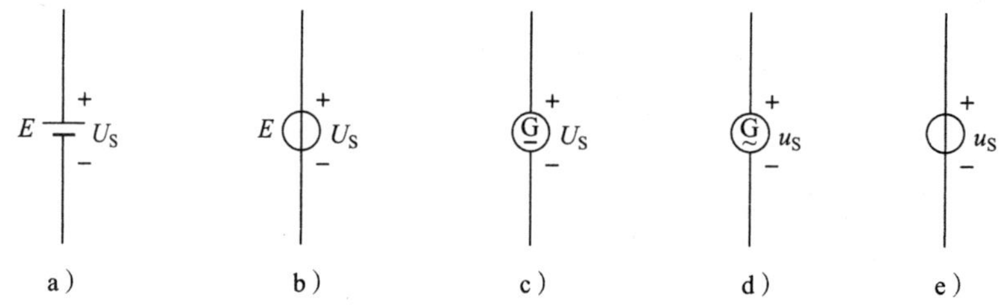

图 5-1-2 常用电源的符号

a）干电池或蓄电池 b）一般直流电源 c）直流发电机 d）交流发电机 e）交流电源

交流电应用极为广泛，常用的电气设备如照明灯具、家用电器等都使用交流电。即使是在某些需要直流电的场合，也是将交流电通过整流设备变换为直流电。交流电基本物理量包括瞬时值、最大值、有效值、平均值、周期、频率等。

1）瞬时值、最大值

①瞬时值。正弦交流电在变化过程中，任一瞬时 t 所对应的交流量的数值称为交流电的瞬时值，用小写字母 e、i、u 等表示，如图 5-1-3 所示的 e_1。

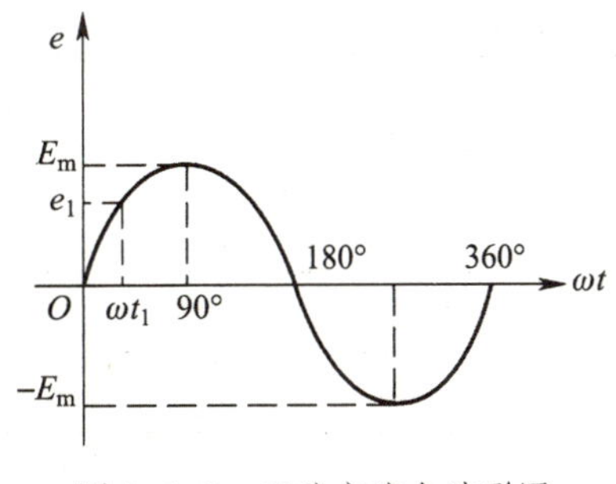

图 5-1-3 正弦交流电波形图

②最大值。正弦交流电变化一个周期中出现的最大瞬时值，称为最大值（也称极大值、峰值、振幅值），用字母 E_m、U_m、I_m 等表示，如图 5-1-3 所示的 E_m。

2）有效值、平均值

①有效值。交流电的大小和方向是实时变化的，通常以热效应等效的直流电大小来表示交流电的大小。例如，使交流电和直流电分别通过阻值相同的两个导体，如果在相同时间内产生的热量相同，那么这个直流电的大小就叫作交流电的有效值。电工仪表测出的交流电数值通常是指有效值，如交流 220 V 生活用电即为有效值。

②平均值。正弦交流电在一个周期内的平均值等于零。通常情况下，平均值是指正弦交流电流或电压在半个周期内的平均值，用字母 E_{av}、U_{av}、I_{av} 等表示。

3）周期、频率。正弦交流电是以正弦波规律变化的，因此把交流电每重复变化一次所需的时间称为周期，单位是秒，用字母 s 表示。交流电在 1 秒内重复的次数称为频率，单位是赫兹，用字母 Hz 表示。

我国电力系统供配电为正弦交流电，额定频率为 50 Hz（称为工频）。

（2）负载

负载是取用电能的设备，能将电能转换为其他形式的能量（如光能、热能、机械能等）。基本的理想电路元件有电阻元件、电感元件、电容元件，它们的图形符号与文字符号如图 5-1-4 所示。

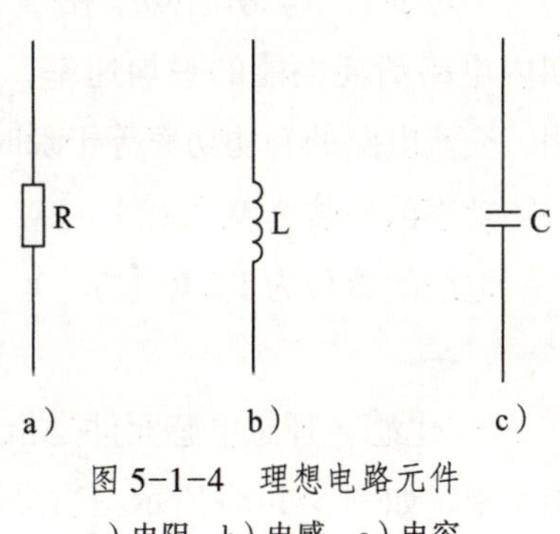

图 5-1-4 理想电路元件

a）电阻 b）电感 c）电容

1）电阻。理想电阻元件是指能够消耗电能的元件，用字母 R 表示。在一定的温度下，其电阻值与材料的长度成正比，与材料的电阻率成正比，与材料的截面积成反比。导电材料的电阻率通常小于 $(1\sim5)\times10^{-7}\,\Omega\cdot m$。常见材料在 20℃时的电阻率，见表 5-1-1。

表 5-1-1　　常见材料电阻率和电阻率平均温度系数

材料名称	电阻率 ρ（20℃）（$\Omega \cdot mm^2/m$）	电阻率平均温度系数 α（0 ~ 100℃）（1/℃）
碳	10	-0.000 5
银	0.016 2	0.003 5
铜	0.017 5	0.004
铝	0.028 5	0.004 2
钨	0.054 8	0.005 2
铂	0.106	0.003 89
低碳钢	0.13	0.005 7
黄铜	0.07	0.002
锰铜	0.42	0.000 005
康铜	0.44	0.000 005
镍铬合金	1.08	0.000 13
铁镍铬合金	1.2	0.000 08
绝缘漆	10^{11} ~ 10^{14}	—
云母	4×10^{17} ~ 4×10^{21}	—
瓷	3×10^{18}	—

对任一种材料，导电是绝对的，绝缘是相对的。导电能力弱的或几乎不导电的材料称为绝缘材料，如橡胶、塑料、陶瓷等。在电气工程中能作为绝缘材料的，其电阻率 ρ 不得低于 $1 \times 10^7 \Omega \cdot m$。

交流电路在任一瞬间，电压瞬时值 u 与电流瞬时值 i 的乘积，称为瞬时功率，用小写字母 p 表示。瞬时功率在一个周期内的平均值，称为平均功率，它表征了一个周期内电路消耗电能的平均速率，也称有功功率，用大写字母 P 表示。经数学推导证明，交流电路的有功功率等于瞬时功率最大值的一半。

功率的单位为 W（瓦）、kW（千瓦）、MW（兆瓦）。

电能的单位为 J（焦［尔］）。在日常生产和生活中，电能常用“度”计量，即：

$$1\text{ 度} = 1\ kW \cdot h = 3.6 \times 10^6\ J$$

2）电感。理想电感元件是指具有储存磁场能量这样一种电磁特性（电感性）的二端元件，如图 5-1-5a 所示。当交流电流通过电感元件时，电磁感应的存在使得电感线圈中自感电动势与电压反相。电感线圈中的电流 I 和自感电动势 E 的相量图如图 5-1-5b 所示。

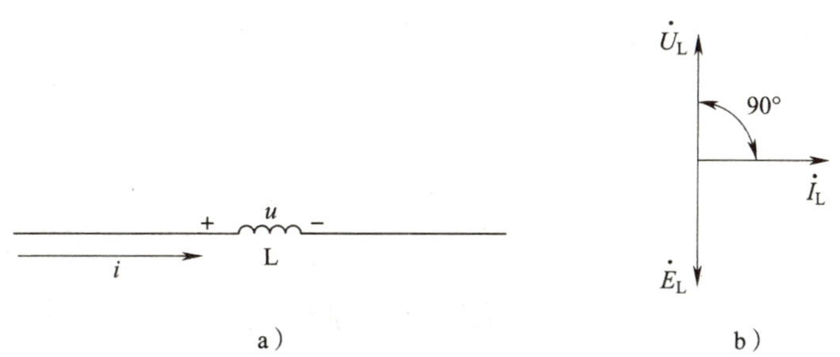

图 5-1-5 电感电路及其电压、电流的相量图

由于电感线圈两端电压与电流相位不同，电感具有阻碍交流电流通过的性质，称为感抗，用字母 X_L 表示，单位是 Ω。电感 L 的单位：H（亨［利］）、mH（毫亨）。电感交流电路的瞬时功率在每个周期内的平均功率为零（即有功功率 $P=0$），但瞬时功率并不等于零，其瞬时功率的最大值称为无功功率，用字母 Q_L 表示，单位是“乏尔”，简称为“乏”，用符号 var 表示。无功功率不是无用的功率，它是具有电感的设备建立磁场、储存磁能必不可少的工作条件。

3）电容。理想电容元件是指具有储存电场能量这样一种电场特性（电容性）的二端元件，如图 5-1-6a 所示。电容器的应用十分广泛，在电力系统中常用它来调整电压、改善功率因数。电容 C 的单位为法拉（F），$1\ F=10^6\ \mu F=10^{12}\ pF$。

电压与电流之间存在着相位差，电容器上的电流超前于电容器两端电压 90°，它们的相量图如图 5-1-6b 所示。电容器上电流变化规律及频率与电压相同。电容也具有阻碍交流电流通过的性质，称为容抗，用字母 X_c 表示，单位是 Ω。容抗与频率成反比，电容器对高频交流电容易形成充放电电流，而对低频交流电不容易形成充放电电流。在电容电路中，瞬时功率在一个周期内的平均值为零，即有功功率 $P=0$。

图 5-1-6 电容电路及其电压、电流的相量图

（3）中间环节

中间环节是连接电源与负载的环节，由导线、开关和实现控制、测量、保护等功能的元件构成。其中，用来传输和分配电能的导线是必不可少的，导线一般用包着绝缘层的铜线或铝线制成。

2. 电路模型与基本定律

（1）电路模型

实际电路是由一些按需要起不同作用的电路元件或器件所组成。为了便于对实际电路进行分析和计算，将元件理想化（或称模型化），即在一定条件下突出其主要的电磁性质，忽略其次要因素，把它近似地看作理想电路元件。由一些理想电路元件所组成的电路，就是实际电路的电路模型。在理想电路元件（通常略去“理想”两字）中主要有电阻元件、电感元件、电容元件和电源元件等。如手电筒电路对应的电路模型，如图 5-1-7 所示。通常电路分析的对象是电路模型，简称电路。在电路图中，各种电路元件用规定的图形符号表示。

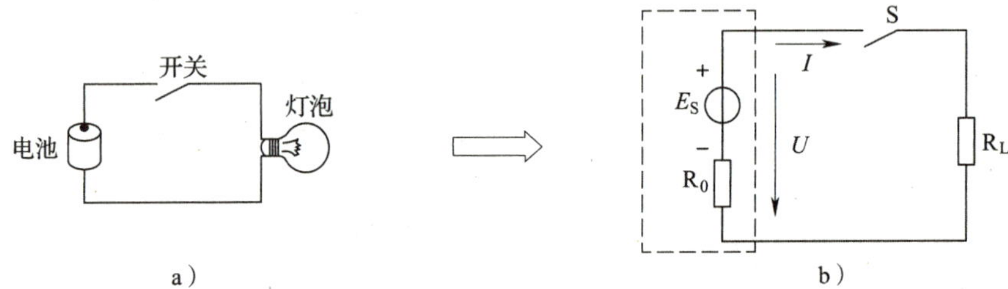

图 5-1-7　手电筒的电路模型

（2）电路参考方向

1）实际方向。电流的实际方向定义为正电荷运动的方向；电压的实际方向定义为高电位指向低电位的方向；电动势的实际方向定义为电源内部电位升高的方向，即从电源“−”极指向“+”极，而电源的端电压是从“+”极指向“−”极，与电动势方向相反。

2）参考方向。在分析、计算复杂电路时，电路中某段支路电流的实际方向很难做出判断。对于交流电路，电流的实际方向还随时间而改变，为了便于分析、计算，引入了参考方向的概念。

电流参考方向的选择是任意的，在电路中以有向线段标注，如图 5-1-8 所示。

图 5-1-8　电压、电流参考方向

元件电压参考极性“+”“−”是任意标注的，电压参考方向由“+”极指向“−”极。在图 5-1-8a 所示电路中，元件电压、电流参考方向一致，称为关联一致；在图 5-1-8b 所示电路中，元件电压、电流参考方向不一致，称为非关联一致。为简化分析，一般把电路中电压、电流参考方向都选得关联一致，且常常只标出元件电流参考方向。

（3）电路结构名词

1）支路。电路中每一条分支称为支路，支路中流过的电流称为支路电流。通常约定支路中必须含有至少一个电路元件，图 5–1–9 所示电路中有三条支路。不含电路元件的支路（仅由导线构成）称为广义支路。

2）节点。三条或三条以上支路的汇交点称为节点。图 5–1–9 所示电路中有两个节点，即 a 点和 b 点。

3）回路。电路中任一闭合路径称为回路，回路是由一条或多条支路组成的。图 5–1–9 所示电路中有三个回路，即Ⅰ、Ⅱ、Ⅲ回路。

4）网孔。网孔是一种特殊回路，在这些回路内不含有其他支路或回路。对于平面电路，网孔一定是独立回路。图 5–1–9 所示电路中有两个网孔，即Ⅰ、Ⅱ回路，它们是独立的回路。

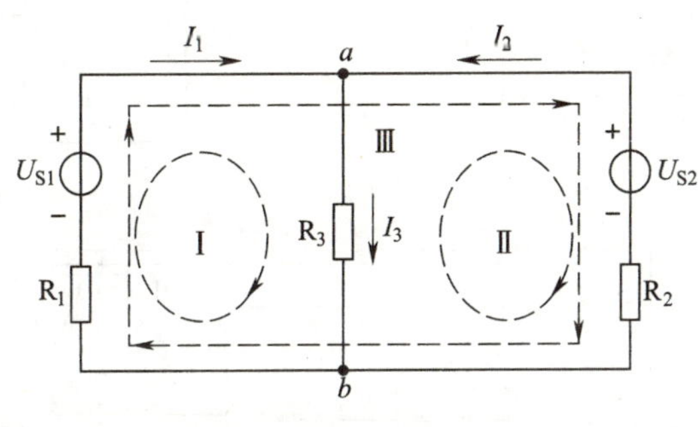

图 5–1–9 电路实例

（4）基尔霍夫定律

分析与计算电路的基本定律，除了欧姆定律外，还有基尔霍夫电流定律和基尔霍夫电压定律。基尔霍夫电流定律应用于节点，基尔霍夫电压定律应用于回路。

1）基尔霍夫电流定律（KCL）。基尔霍夫电流定律用于确定连接在同一节点上各支路间的电流关系：在任一时刻，流入某一节点的电流之和等于从该节点流出的电流之和。在图 5–1–9 所示电路中，对节点 a 有 $I_1+I_2=I_3$。

2）基尔霍夫电压定律（KVL）。基尔霍夫电压定律用于确定回路中各段电压间的关系：在任一时刻，沿任一闭合回路循环一周，回路中各段电压的代数和恒等于零，即对回路有 $\Sigma U=0$。

3. 电气图与常用电气符号

（1）电气图的分类

为了便于电气工程实施过程中各部门之间的沟通与交流，人们常用电气图作为信息载体。常用的电气图包括电气原理图、电气元件布置图、电气安装接线图。

用图形符号、文字符号、项目代号等表示电路各个电气元件之间的关系和工作原理的图称为电气原理图，如图 5-1-10a 所示。根据电气元件的外形，并标出各电气元件的间距尺寸所绘制的图称为电气元件布置图，如图 5-1-10b 所示。根据电路图及电气元件布置图绘制的表示各电气设备、电气元件之间实际接线情况的图称为电气安装接线图，如图 5-1-10c 所示。电气安装接线图主要用于电气设备的安装配线、线路检查、线路维修和故障处理。在图中要标注出外部接线所需的数据。

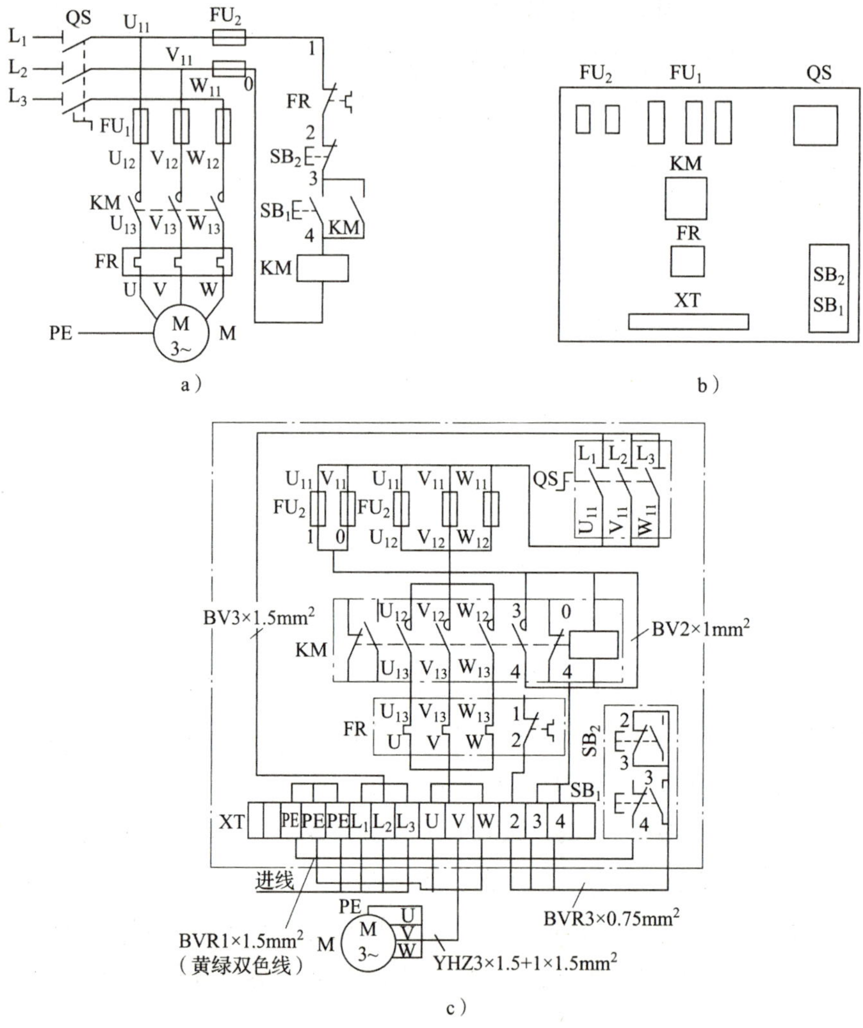

图 5-1-10　三相笼型异步电动机电气控制图

a）电气原理图　b）电气元件布置图　c）电气安装接线图

（2）电气符号

电气图中的符号主要包括文字符号、图形符号和回路标号等。

1）文字符号。电气技术文字符号分为基本文字符号和辅助文字符号两类。基本文字符号主要表示电气设备、装置和元器件的种类名称，分为单字母符号和双字母符号。

①单字母符号。单字母符号用拉丁字母将各种电气设备、装置和元器件分为 23 类，每大类用一个大写字母表示。单字母符号见表 5–1–2。

表 5–1–2　　单字母符号

字母代码	项目种类	举例
A	组件、部件	分离元件放大器、磁放大器、激光器、微波激发器、印制电路板等组件、部件
B	变换器（从非电量到电量或相反）	热电传感器、热电偶、光电池、测功计、晶体换能器、麦克风、扬声器、耳机、自整角机、旋转变压器等
C	电容器	
D	二进制单元、延迟器件、存储器件	数字集成电路和器件、延迟线、双稳态元件、单稳态元件、磁芯存储器、寄存器、磁带记录机、盘式记录机
E	杂项	光器件、热器件等元件
F	保护器件	熔断器、过电压放电器件、避雷器
G	发电机电源	旋转发电机、旋转变频机、电池、振荡器、石英晶体振荡器
H	信号器件	光指示器、声指示器
K	继电器、接触器	
L	电感器或电抗器	感应线圈、线路陷波器、电抗器（并联和串联）
M	电动机	
N	模拟集成电路	运算放大器、模拟 / 数字混合器件
P	测量设备、试验设备	指示、记录、计算、测量设备，信号发生器、时钟
Q	电力电路的开关	断路器、隔离开关
R	电阻器	可变电阻器、电位器、变阻器、分流器、热敏电阻
S	控制电路的开关选择器	控制开关、按钮、限制开关、选择开关、选择器、拨号接触器
T	变压器	电压互感器、电流互感器
U	调制器、变换器	鉴频器、解调器、变频器、编码器、逆变器、变流器、电报译码器
V	电真空器件、半导体器件	电子管、气体放电管、晶体管、晶闸管、二极管
W	传输通道、波导、天线	导线、电缆、母线、波导、波导定向耦合器、偶极天线、抛物面天线
X	端子、插头、插座	插头和插座、测试塞孔、端子板、焊接端子、连接片、电缆封端和接头
Y	电气操作的机械装置	制动器、离合器、气阀
Z	终端设备、混合变压器、滤波器、均衡器、限幅器	电缆平衡网络、压缩扩展器、晶体滤波器、网络

②双字母符号。双字母符号是由一个表示种类的单字母符号与另一个表示同一类电气设备、装置和元器件的不同用途、功能、状态和特征的字母组成。种类字母在前，功能名称字母在后。双字母符号见表 5–1–3。

表 5–1–3　双字母符号

类别	名称	符号	类别	名称	符号
A	电桥	AB	K	瞬时接触继电器	KA
	晶体管放大器	AD		交流继电器	KA
	集成电路放大器	AJ		闭锁接触继电器	KL
	磁放大器	AM		双稳态继电器	KL
	电子管放大器	AV		接触器	KM
	印制电路板	AP		极化继电器	KP
B	压力变换器	BP		延时继电器	KT
	位置变换器	BQ		簧片继电器	KR
	旋转变换器（测速发电机）	BR	L	限流电抗器	LC
	温度变换器	BT		启动电抗器	LS
	速度变换器	BV		滤波电抗器	LF
E	发热器件	EH	M	同步电动机	MS
	照明灯	EL		调速电动机	MA
	空气调节器	EV		笼型电动机	MC
F	具有瞬时动作的限流保护器件	FA	P	电流表	PA
	具有延时动作的限流保护器件	FR		（脉冲）计数器	PC
	具有瞬时和延时动作的限流保护器件	FS		电能表	PJ
				记录仪器	PS
	熔断器	FU		电压表	PV
	限压保护器件	FV		时钟、操作时间表	PT
G	同步发电机、发生器	GS	Q	断路器	QF
	异步发电机	GA		电动机保护开关	QM
	蓄电池	GB		隔离开关	QS
	变频机	GF	R	电位器	RP
H	声光指示器	HA		测量分路表	RS
	光指示器	HL		热敏电阻器	RT
	指示灯	HL		压敏电阻器	RV

续表

类别	名称	符号	类别	名称	符号
S	控制开关	SA	V	控制电路用电源的整流器	VC
	选择开关	SA	X	连接片	XB
	按钮开关	SB		测试插孔	XJ
	压力传感器	SP		插头	XP
	位置传感器	SQ		插座	XS
	转数传感器	SR		端子板	XT
	温度传感器	ST	Y	电磁铁	YA
T	电流互感器	TA		电磁制动器	YB
	电力变压器	TM		电磁离合器	YC
	磁稳压器	TS		电磁吸盘	YH
	电压互感器	TV		电动阀	YM
V	电子管	VE		电磁阀	YV

③辅助文字符号。电气设备、装置和元件的种类名称用基本文字符号表示，而它们的功能、状态和特征用辅助文字符号表示，辅助文字符号基本上是英文词语的缩写。例如，“启动”采用“START”的前两位字母“ST”作为辅助文字符号。另外辅助文字符号也可单独使用，如“N”表示交流电源的中性线，“OFF”表示断开，“DC”表示直流等。电气工程常用辅助文字符号见表 5-1-4。

表 5-1-4　　电气工程常用辅助文字符号

序号	文字符号	名称	序号	文字符号	名称
1	A	电流	10	B BRK	制动
2	A	模拟			
3	AC	交流	11	BK	黑
4	A AUT	自动	12	BL	蓝
			13	BW	向后
5	ACC	加速	14	C	控制
6	ADD	附加	15	CW	顺时针
7	ADJ	可调	16	CCW	逆时针
8	AUX	辅助	17	D	延时（延迟）
9	ASY	异步	18	D	差动

续表

序号	文字符号	名称	序号	文字符号	名称
19	D	数字	47	PE	保护接地
20	D	降	48	PEN	保护接地与中性线共用
21	DC	直流			
22	DEC	减	49	PU	不接地保护
23	E	接地	50	R	记录
24	EM	紧急	51	R	右
25	F	快速	52	R	反
26	FB	反馈	53	RD	红
27	FW	正，向前	54	R RST	复位
28	GN	绿			
29	H	高	55	RES	备用
30	IN	输入	56	RUN	运转
31	INC	增	57	S	信号
32	IND	感应	58	ST	启动
33	L	左	59	S SET	置位，定位
34	L	限制			
35	L	低	60	SAT	饱和
36	LA	闭锁	61	STE	步进
37	M	主	62	STP	停止
38	M	中	63	SYN	同步
39	M	中间线	64	T	温度
40	M MAN	手动	65	T	时间
41	N	中性线	66	TE	无噪声（防干扰）接地
42	OFF	断开	67	V	真空
43	ON	闭合	68	V	速度
44	OUT	输出	69	V	低压
45	P	压力	70	WH	白
46	P	保护	71	YE	黄

2）图形符号。图形符号是用于图样或其他文件，以表示一个设备或概念的图形、标记或字符，由一般符号、符号要素、限定符号等组成。一般符号指简单的代表一类元件的符号，符号要素、限定符号是对某一元件的一个说明，见表 5–1–5。

表 5–1–5　　一般符号、符号要素、限定符号

名称	图例	说明
一般符号	（继电器线圈）	表示某类产品特征的简单符号
符号要素	（过电流继电器线圈）	具有确定意义的简单图形，必须同其他图形（一般符号、限定符号及物理量符号）组合以构成一个完整的设备或概念
限定符号	（有极性电容器）	用来提供附加信息的符号，一般不能单独使用，但一般符号有时也可用作限定符号

为了符合电气设备中不同电路功能的需求，同一类电器会有许多不同品种，如继电器就有中间继电器、时间继电器、电流继电器、电压继电器等许多种，这些继电器在电气图中的一般符号都是相同的。但是为了区分不同功能的继电器，就要在一般符号上标限定符号，限定符号与一般符号共同构成具有某种功能的电器、电气元件或部件，如图 5–1–11 至图 5–1–14 所示。常用电气图形符号见表 5–1–6。

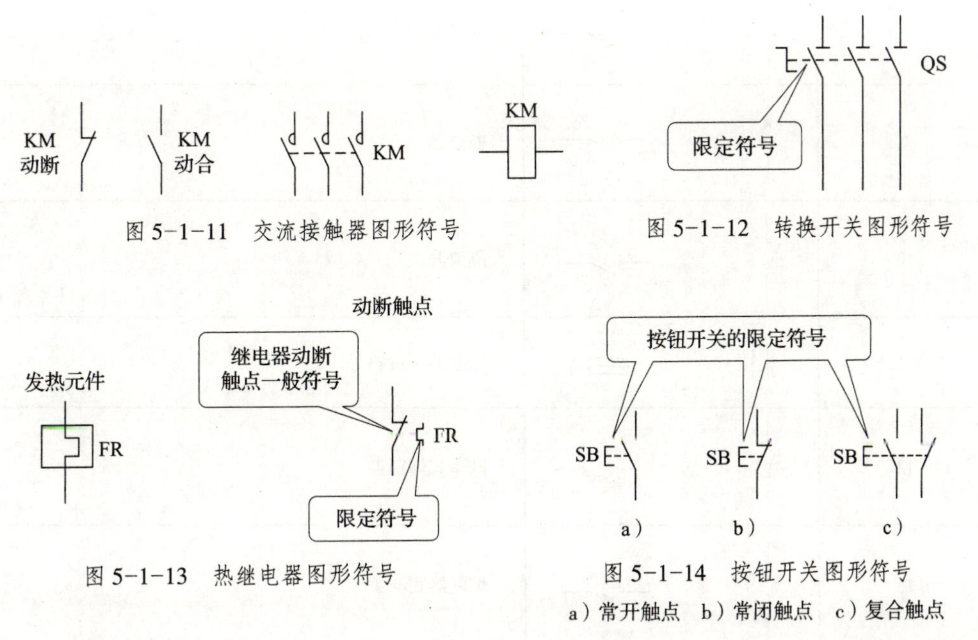

图 5–1–11　交流接触器图形符号

图 5–1–12　转换开关图形符号

图 5–1–13　热继电器图形符号

图 5–1–14　按钮开关图形符号
a）常开触点　b）常闭触点　c）复合触点

表 5-1-6　常用电气图形符号

序号	图形符号	说明
1		开关（机械式）电气图形符号
2		多极开关一般符号单线表示
3		多极开关一般符号多线表示
4		接触器（在非动作位置触点断开）
5		接触器（在非动作位置触点闭合）
6		负荷开关（负荷隔离开关）
7		具有自动释放功能的负荷开关
8		熔断器式断路器
9		断路器
10		隔离开关
11		熔断器一般符号
12		跌落式熔断器
13		熔断器式开关

续表

序号	图形符号	说明
14	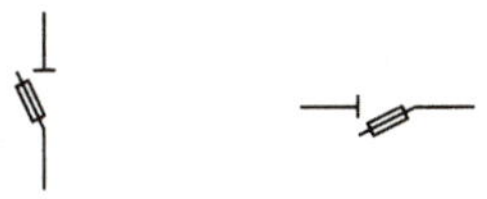	熔断器式隔离开关
15		熔断器式负荷开关
16		当操作器件被吸合时延时闭合的动合触点
17		当操作器件被释放时延时断开的动合触点
18	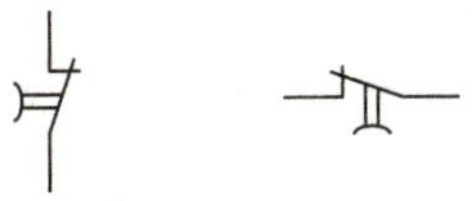	当操作器件被释放时延时闭合的动断触点
19	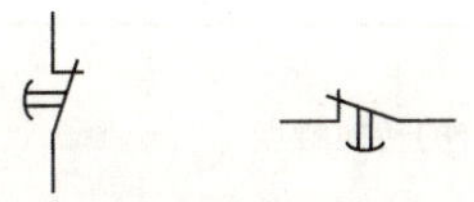	当操作器件被吸合时延时断开的动断触点
20	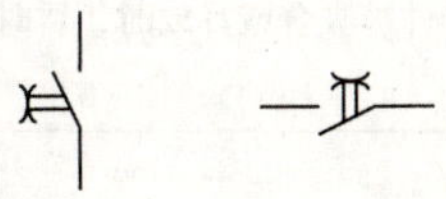	延时动合触点
21	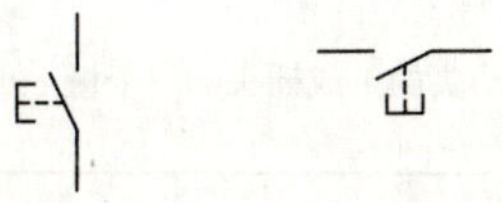	按钮开关（不闭锁）
22	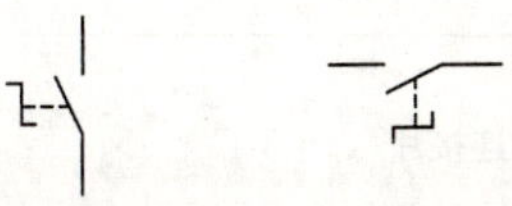	旋钮开关、旋转开关（闭锁）

续表

序号	图形符号	说明
23	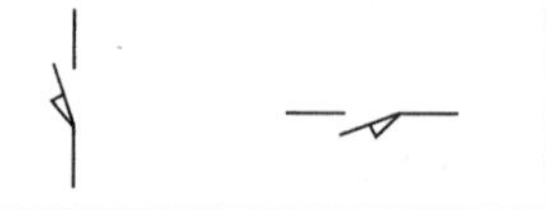	位置开关，动合触点 限制开关，动合触点
24	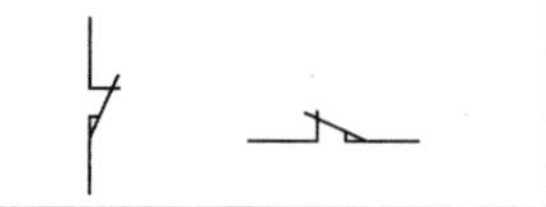	位置开关，动断触点 限制开关，动断触点
25	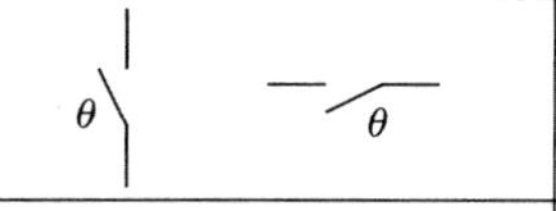 θ θ	热敏开关，动合触点 注：θ 可用动作温度代替
26	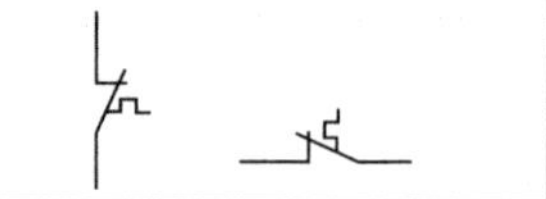	热敏自动开关，动断触点
27	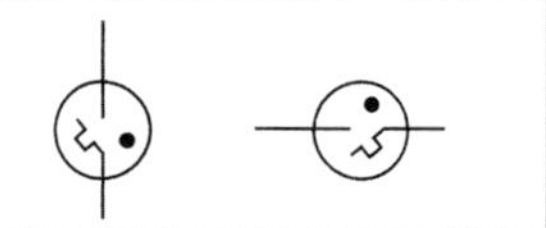	具有热元件的气体放电管
28	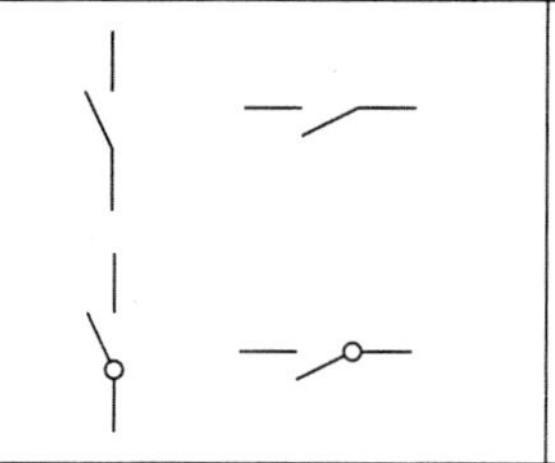	动合（常开）触点 注：本符号也可用作开关一般符号
29	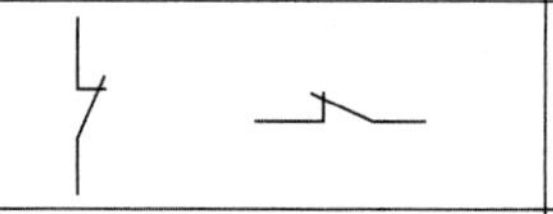	动断（常闭）触点
30	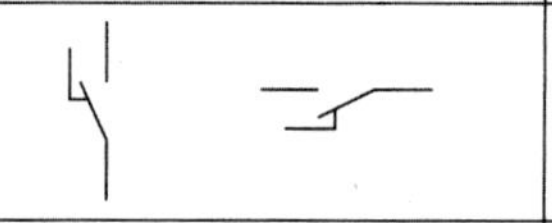	先断后合的转换触点
31	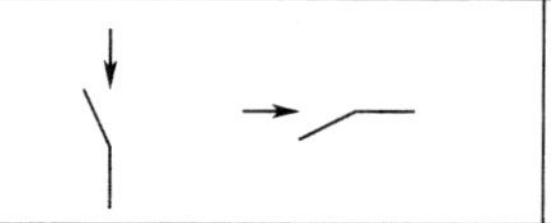	当操作器件被吸合或释放时，暂时闭合的过渡动合触点
32	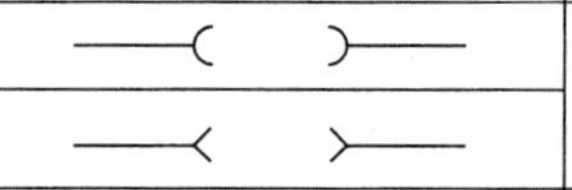	插座（内孔的）或插座的一个极
33	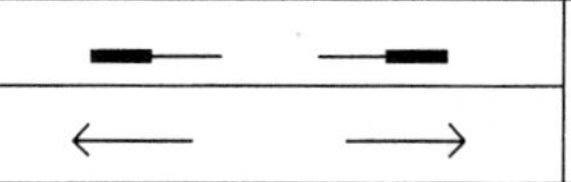	插头（凸头的）或插头的一个极
34	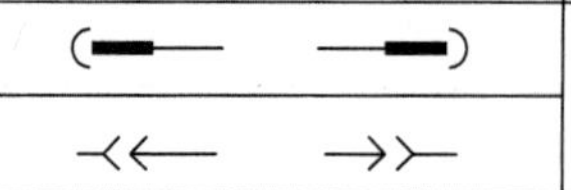	插头和插座（凸头的和内孔的）
35	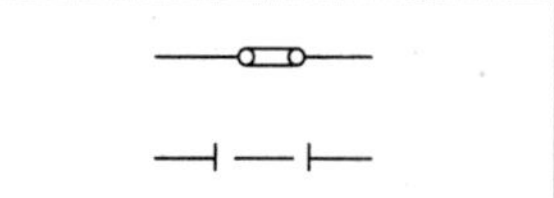	接通的连接片

续表

序号	图形符号	说明
36		换接片
37	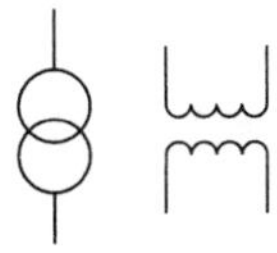	双绕组变压器
38		三绕组变压器
39		自耦变压器
40		电抗器 扼流圈
41		电流互感器 脉冲变压器
42	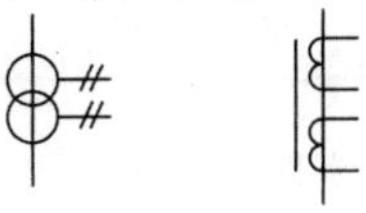	具有两个铁芯和两个二次绕组的电流互感器
43	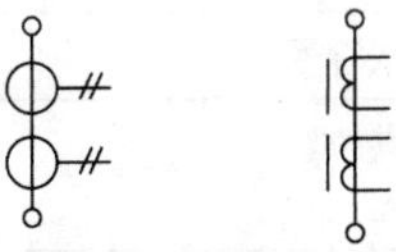	在一个铁芯上具有两个二次绕组的电流互感器
44	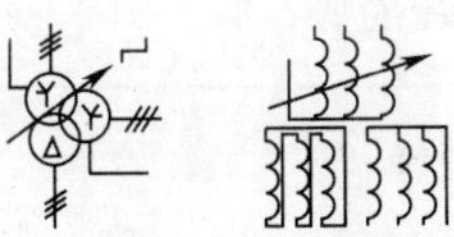	具有有载分接开关的三相三绕组变压器，有中性点引出线的星形—三角形连接
45	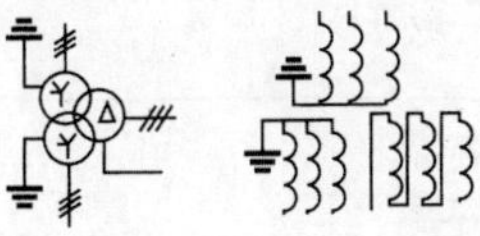	三相三绕组变压器，两个绕组为有中性点引出线的星形，中性点接地，第三绕组为开口三角形连接
46	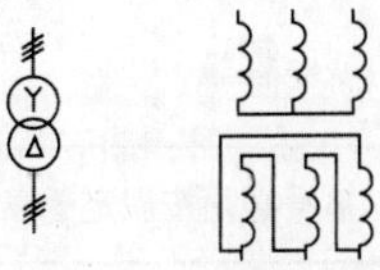	三相变压器 星形—三角形连接
47	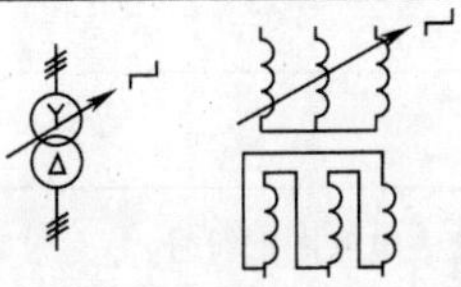	具有有载分接开关的三相变压器 星形—三角形连接

续表

序号	图形符号	说明
48	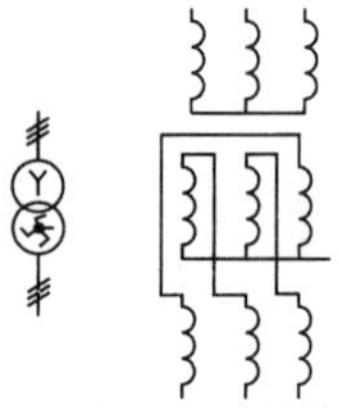	三相变压器 星形—曲折形连接
49	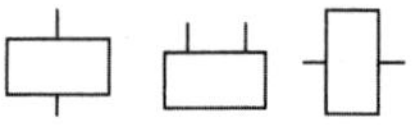	操作器件一般符号
50	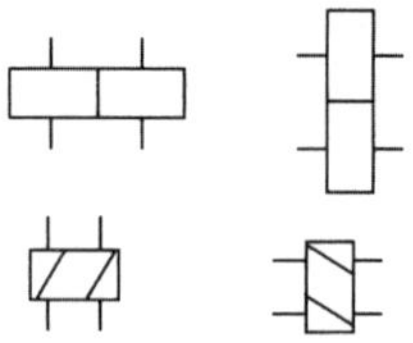	具有两个绕组的操作器件组合表示法
51		热继电器的驱动器件
52	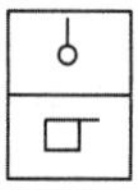	气体继电器
53	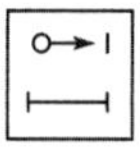	自动重闭合器件
54		电阻器一般符号
55		可变电阻器 可调电阻器
56	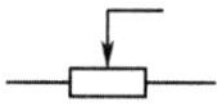	滑动触点电位器
57	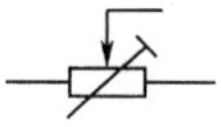	预调电位器
58		电容器一般符号
59		可变电容器 可调电容器
60	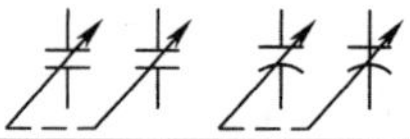	双联可调可变电容器
61	*	指示仪表（星号必须按规定予以代替）
62	V	电压表
63	A	电流表
64	A Isinφ	无功电流表电气图形符号

续表

序号	图形符号	说明
65	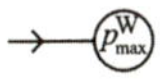 → P_{max}^{W}	最大需量指示器（由一台积算仪表操作的）
66	var	无功功率表
67	$\cos\varphi$	功率因数表
68	Hz	频率表
69	θ	温度计、高温计（θ 可由 t 代替）
70	n	转速表
71	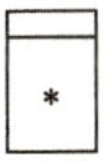 *	积算仪表、电能表（星号必须按规定予以代替）
72	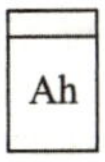 Ah	安培小时计
73	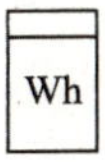 Wh	电能表（瓦特小时表）
74	 varh	无功电能表
75	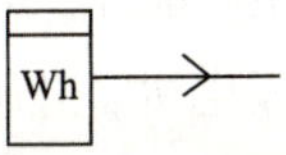 Wh →	带发送器电能表
76	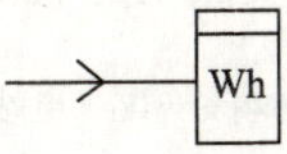 → Wh	由电能表操纵的遥测仪表（转发器）
77	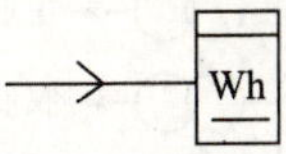 → Wh	由电能表操纵的带有打印器材的遥测仪表（转发器）
78		屏、盘、架一般符号 注：可用文字符号或型号表示设备名称
79		列架一般符号
80	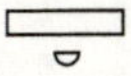	人工交换台、中断台、测量台、业务台等一般符号

3）回路标号。电气设备的电路图中，各导线及连接端子都有统一规定的回路编号和标号，以便于分类查找、施工安装、检测及维修。图 5-1-15 所示为简单电路的回路标号示意图。

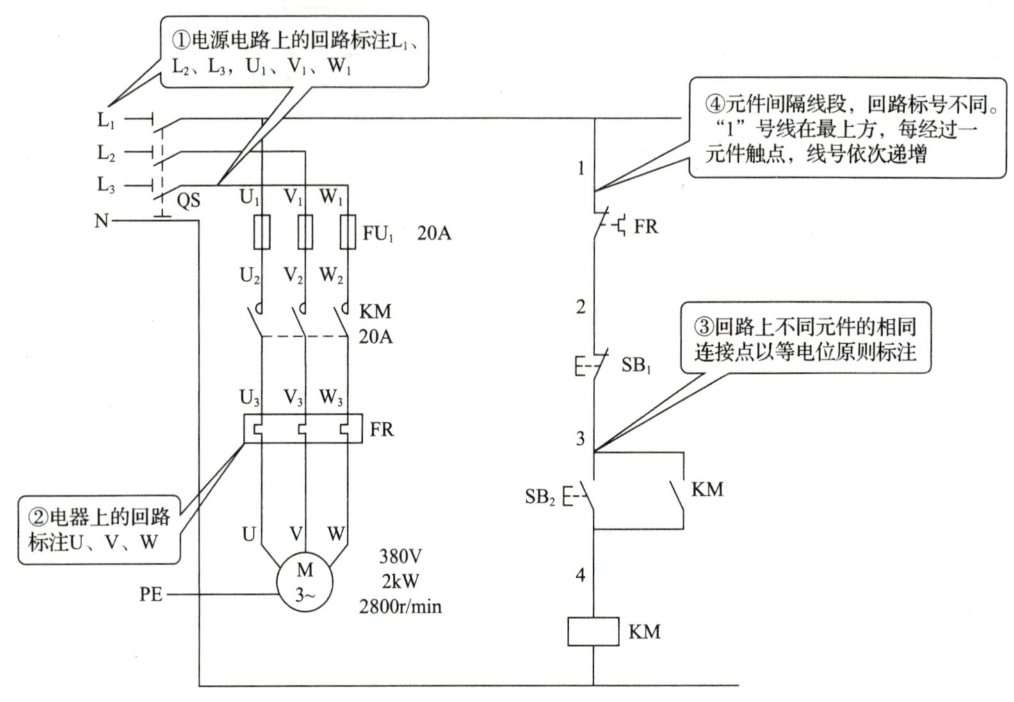

图 5-1-15　简单电路的回路标号示意图

二、供配电系统的组成

供配电系统是由电源系统和输配电系统组成的产生电能并供应和输送给用电设备的系统，如图 5-1-16 所示。具体来说，供配电系统是由发电机、升压变电站、高压输电线路、枢纽 / 区域降压变电站、终端变（配）电站、高压及低压配电线路和用电设备组成。

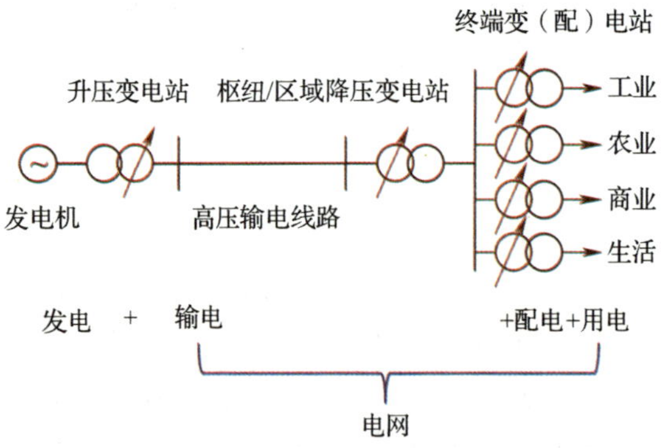

图 5-1-16　供配电系统组成示意图

目前，我国的高压供电线路等级有 3 kV、6 kV、10 kV、35 kV、110 kV、220 kV、330 kV、500 kV、750 kV 和 1 000 kV。电力系统中电压等级可分为低压（1 kV 以下）、

中压（3 ~ 35 kV）、高压（66 ~ 220 kV）、超高压（330 ~ 750 kV）及特高压（交流 1 000 kV 以上，直流 ±800 kV 以上）。

1. 变电站系统的分类

变电站依据其在电力系统中的地位和作用可划分为四类。

（1）系统枢纽变电站

系统枢纽变电站位于电力系统的枢纽点，它的电压是系统最高输电电压，电压等级一般为 220 kV 及以上。

（2）地区一次变电站

地区一次变电站位于地区网络的枢纽点，是与输电主网相连的地区受电端变电站，任务是直接从主网受电，向本供电区域供电。

（3）地区二次变电站

地区二次变电站从地区一次变电站受电，直接向本地区负荷供电，电压等级一般为 35 kV。

（4）终端变电站

终端变电站在输电线路终端，接近负荷点，经降压后直接向用户供电。主要电气设备有降压主变压器和受电、配电设备及装置，包括开关设备、母线、保护电器、测量仪表及其他电气设备等。

2. 低压供配电方式

在低压供配电系统中，三相交流电多采用星形接法、三相四线制供电，三相分别称为 U 相、V 相、W 相，如图 5-1-17 所示。三相四线制是把发电机三个线圈的末端连接在一起，形成一个公共端点（称中性点），用符号“N”表示。从中性点引出的输电线称为中性线。中性线通常与大地相接，并把接地的中性点称为零点，把接地的中性线称为零线。

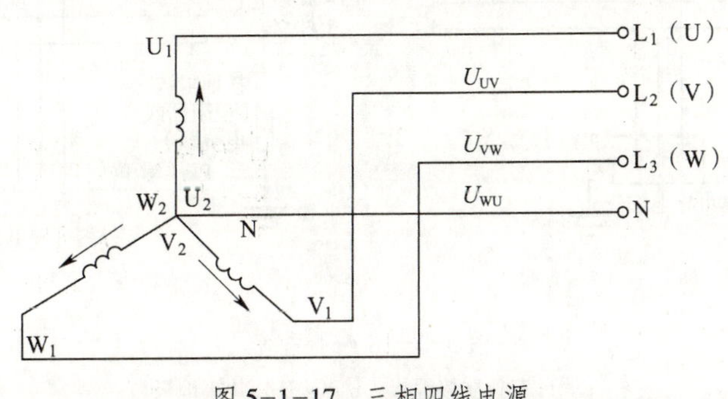

图 5-1-17 三相四线电源

从三个线圈始端（U_1、V_1、W_1）引出的输电线叫作端线或相线，俗称火线。端线与端线之间的电压叫作线电压，如 $U_{UV}=U_{VW}=U_{WU}$。端线与中性线之间的电压叫作相电压，如 $U_U=U_V=U_W$。例如，我国低压供配电系统的三相四线制的线电压为 380 V，相电压为 220 V。线电压是相电压的$\sqrt{3}$ 倍，即 $U_{线}=\sqrt{3}U_{相}$。

中性点和设备端接地的形式的组合构成了低压供配电系统方式。我国《户外严酷条件下的电气设施　第 2 部分：一般防护要求》（GB/T 9089.2）采用了国际电工委员会（IEC）的规定，将低压供配电系统按接地形式分为 TT、TN 和 IT 三种，其中 TN 又分为 TN–C、TN–S 和 TN–C–S。

（1）接地形式文字代号的意义

TN、TT、IT 三种形式均使用两个字母表示三相电力系统和电气装置的外露可导电部分（即设备的外壳、底座等）的对地关系。

1）第一个字母表示电力系统的对地关系。

T 表示一点直接接地（通常为系统中性点）；I 表示不接地（所有带电部分与地隔离，即绝缘），或通过阻抗（电阻器、电抗器）及等值线路接地。

2）第二个字母表示电气装置外露可导电部分的对地关系。

T 表示设备外壳接地，它与系统中的其他任何接地点无直接关系；N 表示负载采用接零保护。

因此，380 V 低压配电网按接地方式可分为五类：TT、TN–C、TN–S、TN–C–S、IT。在同一供电系统中采用了保护接地，就不能同时采用保护接零，即同一电网中只能采用同一种接地系统。

（2）各种接地形式的适用条件

1）IT 系统。电源中性点不接地或通过阻抗（电阻器、电抗器）接地，电气装置外露可导电部分单独直接接地，如图 5–1–18a 所示，或通过保护导体接到电力系统的接地极上，如图 5–1–18b 所示。

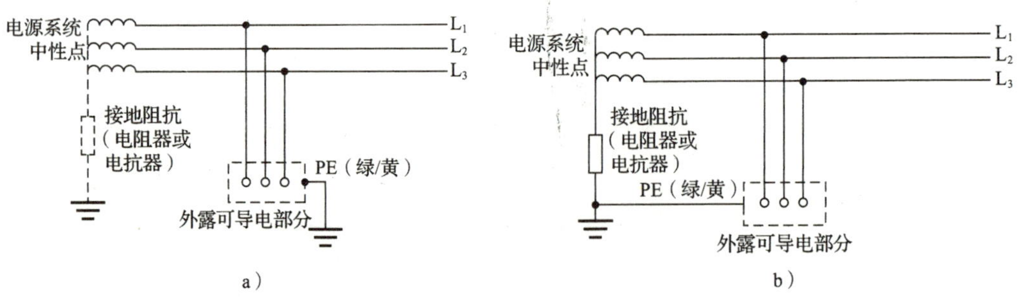

图 5–1–18　IT 系统

a）具有独立接地极　b）具有公共接地极

在电源中性点不接地的配电网中，如果将用电设备的外壳与大地连接起来，可以有效地减小故障时的触电危险性。IT 系统的适用范围如下：

①只适用于小范围供电系统。范围越小，分布电容越小，对地绝缘阻抗越大。且小范围供电，用电设备少，出现两台设备同时碰壳（不同相）的可能性小。

②适用于供电可靠性要求高的场所。一般用于不允许停电的场所，或者是要求严格连续供电的地方，例如电力炼钢厂、大医院的手术室、地下矿井等。

③适用于用电环境很差的场所。如地下矿井内供电条件比较差，电缆易受潮。采用 IT 系统时，即使设备漏电，对地漏电流较小，不会破坏电源电压的平衡，比电源中性点接地的系统更安全。

2）TT 系统。TT 方式中电源中性点直接接地，电气装置的外露可导电部分接到在电气上与电源接地点无关的独立接地极上，如图 5–1–19 所示。

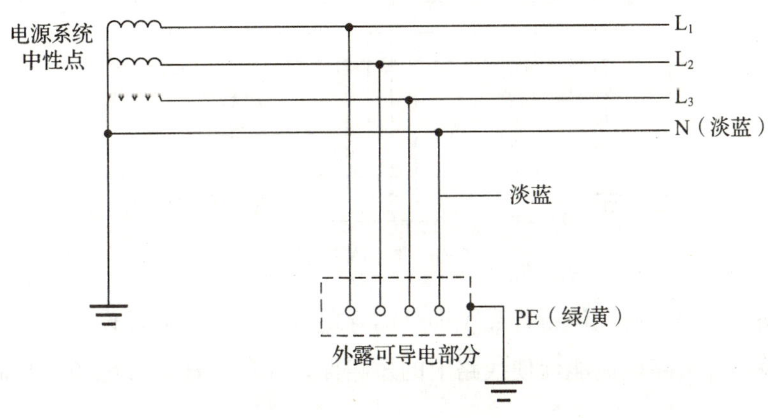

图 5–1–19 TT 系统

当电气设备的金属外壳带电时，由于有接地保护，可以大大减小触电的危险性。但低压断路器（自动开关）不一定能跳闸，造成漏电设备的外壳对地电压高于安全电压。当漏电电流比较小时，即使有熔断器也不一定能熔断，所以还需要漏电保护器作为保护。因此，当采用其他防止间接接触电击的措施确有困难，且土壤电阻率较低时，才可考虑采用 TT 系统。

3）TN 系统。电力系统通常把设备金属外壳与保护零线连接的方式称为保护接零。TN 系统就是电源中性点直接接地，电气设备外壳与中性点相连的保护接零系统。

TN 系统中一旦设备出现外壳带电，实际上就是单相对地短路故障，熔断器的熔丝会熔断，低压断路器的脱扣器会立即动作而跳闸，使故障设备断电，比较安全。此类系统又可分为 TN–S、TN–C、TN–C–S 三种方式。

①TN–S 系统。保护零线（地线）PE 和工作零线 N 在整个系统中是分开的，如图 5–1–20 所示。它是把工作零线 N 和保护零线 PE 严格分开的供电系统。

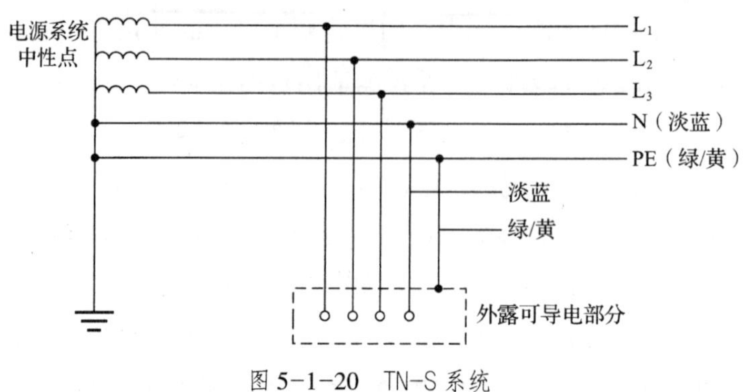

图 5-1-20　TN-S 系统

②TN-C 系统。保护零线 PE 和工作零线 N 在整个系统中是共用的，如图 5-1-21 所示。

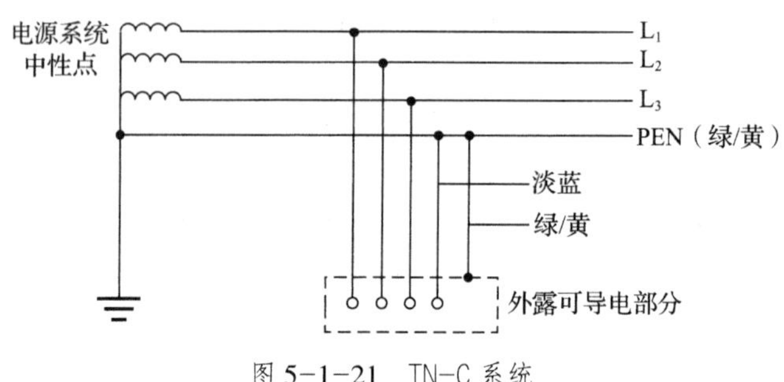

图 5-1-21　TN-C 系统

当某相带电部分碰到设备外壳（即外露导电部分）时，通过设备外壳形成相对零线的单相短路，短路电流能促使线路上的短路保护元件迅速断开电源，从而消除电击危险。

③TN-C-S 系统。零线和保护零线部分共用，部分分开，如图 5-1-22 所示。

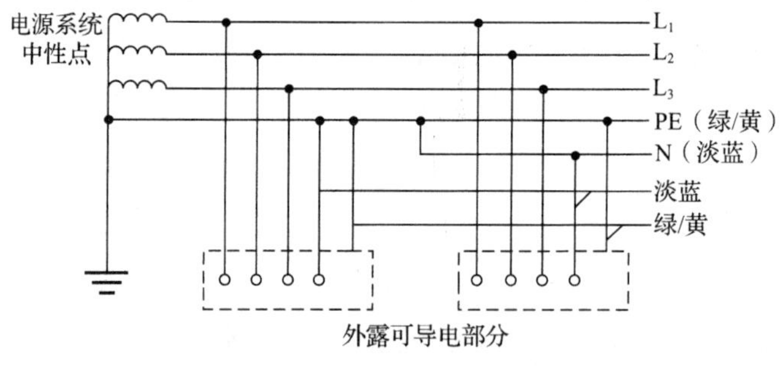

图 5-1-22　TN-C-S 系统

在建筑施工临时供电中，如果前部分是 TN-C 方式供电，而施工规范规定施工现场必须采用 TN-S 方式供电，则可以在系统后部分现场总配电箱分出 N 线，这种系统称为 TN-C-S 供电系统。TN-C-S 系统是在 TN-C 系统上临时变通的方法。在三相负载不平衡、建筑施工工地有专用的电力变压器时，必须采用 TN-S 方式供电系统。

3. 电力负荷等级

要保证建筑电气设备正常工作，就必须保证其供电的可靠性，因此建筑应根据其电力负荷等级选择供配电方式。

在供配电系统中，用电设备被称为电力负荷，其大小以功率或电流表示。根据用电设备重要性及中断供电在政治、经济、人身安全上可能造成的损失或影响程度，电力负荷分为一级负荷、二级负荷和三级负荷。

（1）一级负荷

用电情况符合下列情况之一时，应视为一级负荷：中断供电将造成人身伤害；中断供电将在经济上造成重大损失；中断供电将影响重要用电单位的正常工作。

一级负荷供电系统应由两个电源供电，当一个电源发生故障时，另一个电源不应同时受到破坏。在一级负荷中，对于当中断供电将造成人员伤亡或重大设备损坏或发生中毒、爆炸和火灾等情况的负荷，以及特别重要场所中不允许中断供电的负荷，除由两个电源供电外，还应增设应急电源，并严禁将其他负荷接入应急供电系统。

一级负荷适用场所：建筑高度大于 50 m 的乙、丙类生产厂房和丙类物品库房，一类高层民用建筑，一级大型石油化工厂，大型钢铁联合企业，大型物资仓库等。

（2）二级负荷

中断供电将在经济上造成较大损失，或将影响较重要用电单位的正常工作的负荷为二级负荷。

二级负荷供电系统应尽可能采用两回路供电。在负荷较小或地区供电条件较困难的情况下，允许由一回路 6 kV 及以上专用的架空线路供电。当采用非架空线路供电时，由于电缆的故障恢复时间和故障排查时间长，应采用两根电缆线路供电，且每根电缆线路均应能承受 100% 的二级负荷。

二级负荷适用场所：室外消防用水量大于 35L/s 的可燃材料堆场，可燃气体储罐（区）和甲、乙类液体储罐（区），粮食仓库及粮食筒仓，二类高层民用建筑，座位数超过 1 500 个的电影院、剧场，座位数超过 3 000 个的体育馆，任一楼层建筑面积大于 3 000 m^2 的商店和展览建筑，省（市）级以上的广播电视、电信和财贸金融建筑，室外消防用水量大于 25 L/s 的其他公共建筑。

（3）三级负荷

除一级负荷、二级负荷之外的负荷为三级负荷。

三级负荷用电设备采用单回路电源供电，其配电设备上有明显标志。其配电线路和控制回路的布置应满足防火分区的要求。

三、常用电气仪表的功能与使用

1. 常用电气仪表的分类和工作原理

（1）仪表的分类

1）按照仪表的工作原理，可分为磁电系仪表、电磁系仪表、电动系仪表、整流系仪表、感应系仪表、数字系仪表等。

2）按照仪表的测量内容（即测量对象），可分为电压表、电流表、电能表、功率表、功率因数表等。

3）按照被测电流的性质，可分为直流电表（简称直流表）和交流电表（简称交流表）。除了直流表和交流表以外，还有一种交流直流两用表。

4）按照仪表的安装方式，可分为安装式仪表和便携式仪表。

5）按照仪表的使用方式，可分为垂直安装仪表和水平使用仪表。

（2）仪表的工作原理

仪表的工作原理决定了仪表的性能、适用场合、价格等，是选择仪表的基本依据。工作原理不同的仪表，测量原理和测量机构的结构也不相同。

1）磁电系仪表。通电导体在磁场中会因受力而运动，而且电流越大，受力也越大。利用这样一种电磁现象制造的仪表称为磁电系仪表。

磁电系仪表的突出特点是灵敏度和准确度都很高。然而它只能测量直流量，不能测量交流量。磁电系仪表主要用来制作直流电流表和直流电压表。

2）电磁系仪表。电磁系仪表中，磁场不是由永久磁铁建立的，而是由通电线圈建立的。线圈中的电流越大，产生的磁场也越强，对铁的吸引力也越大。

与磁电系仪表相比，电磁系仪表的准确度和灵敏度都比较差，但它能够测量交流量，而且价格便宜。因此，在对于准确度要求不是很高的情况，电磁系仪表有着广泛的应用。

3）电动系仪表。电动系仪表可以看成是由磁电系仪表演变而来的。

电动系仪表的应用不如前面介绍的两种仪表广泛，如测量电功率的功率表就属于电动系仪表。

4）整流系仪表。磁电系仪表加装整流装置，使得交流电通过整流变成直流电，磁电系仪表也就变成了能够测量交流量的仪表。这种加上了整流装置的磁电系仪表称为整流系仪表。

5）感应系仪表。常见的电能表即为感应系仪表。感应系仪表的工作原理比较复杂，本书不做介绍。

2. 仪表的准确度

仪表的准确度用来说明仪表的准确程度。仪表的准确度越高，测量的误差就越小。通常，仪表的准确度分成七个等级，分别是 0.1 级、0.2 级、0.5 级、1 级、1.5 级、2.5 级、5.0 级。数值越大，测量误差也越大，准确度就越低。一般选用 1 ~ 2.5 级仪表。

3. 常用电气计量仪表

（1）电流表

用于测量电路中电流的仪表称为电流表。电流表表盘上注有符号“A”的字样，电流表有直流和交流的区别。测量直流电流时，用磁电系电流表；测量交流电流时，用电磁系电流表。在消防设施巡检工作中，常接触到的电流测量仪表是交流电流表。根据电流表的展现形式，可以分为指针式电流表和数字式电流表，如图 5–1–23 所示。指针式电流表刻度盘上的最大数值表示它的量程，为充分发挥仪表的准确度，应合理选用仪表的量程。一般被测量电路的数据指示应落在仪表最大量程的 1/2 ~ 2/3 范围内，不能超过仪表的最大量程，否则测量误差较大。

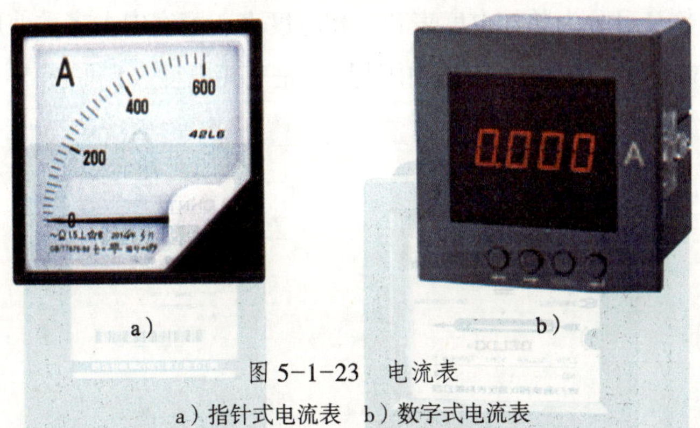

a） b）

图 5–1–23 电流表

a）指针式电流表 b）数字式电流表

测量交流小电流（小于 200 A）时，要将电流表串联接入被测电路。而当要测量几百安培以上的交流大电流时，电流表需要与电流互感器配合实现对被测电路电流的测量，且电流表的量程与互感器二次额定值相符。

（2）电压表

用于测量电路中电压的仪表称为电压表，电压表表盘上注有符号“V”的字样，电压表也有直流和交流的区别。在消防设施巡检工作中，常接触到的电压测量仪表是交流电压表。在测量交流电压时，主要用电磁系和铁磁系测量仪表。根据电压表的展现形式，可以分为指针式电压表和数字式电压表，如图 5–1–24 所示。

a）

b）

图 5-1-24　电压表

a）指针式电压表　b）数字式电压表

指针式电压表量程的选择参照指针式电流表。测量低压交流电相电压（不高于 220 V）时，应选用 0 ~ 200 V 的电压表，测量线电压（380 V）时，应选用 0 ~ 380 V 的电压表。测量时，电压表直接并入被测电路中。测量高电压时，必须使用电压互感器，且电压表的量程与互感器二次额定值相符。

（3）电度表

用来测量电能的仪表称为电度表，又称电能表。电度表根据工作原理不同可分为感应式电度表和电子式电度表，按照电路的不同可分为直流电度表和交流电度表。交流电度表按相线极数又可分为单相电度表和三相电度表，家庭中大多数使用的是单相电度表，如图 5-1-25a 所示，三相交流电路中使用的是三相电度表，如图 5-1-25b 所示。

a）

b）

图 5-1-25　电度表

a）单相电度表　b）三相电度表

电度表除了能计量日常生产、生活用电情况以外，还能辅助排查电气线路故障原因。例如，关闭整个电气回路上的负载后，电度表盘上的数据还在增长，则说明电路存在漏电情况。

4. 常用电气检修仪表

（1）万用表

1）万用表介绍。万用表是一种具有多用途、多量程的测量仪表。万用表从显示方式来分，可分为指针式万用表和数字式万用表，如图 5-1-26 所示。

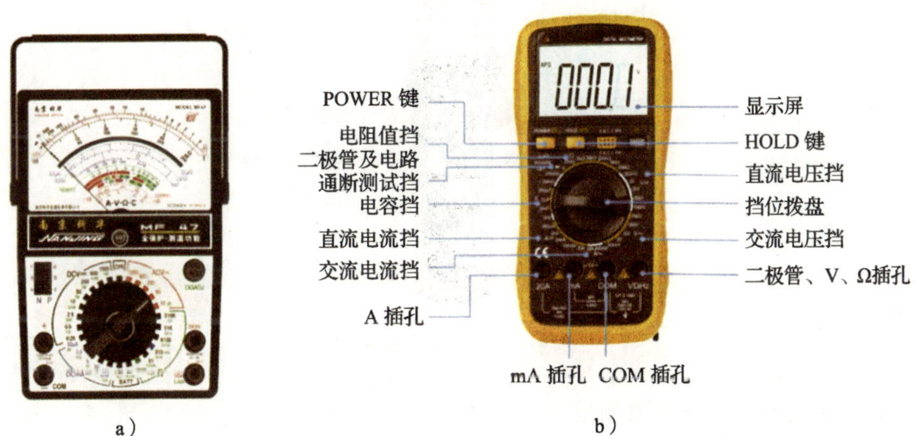

图 5-1-26 万用表

a）指针式万用表 b）数字式万用表

2）万用表电气参数测量

①电流 / 电压测量

a. 明确被测量电路。

b. 将万用表挡位拨盘指向电流 / 电压挡，并选择正确的量程范围。随后正确接入被测电路进行测量，红表笔与电源正极连接，黑表笔与电源负极连接，读取测量数据。

②万用表使用注意事项

a. 接线要正确。万用表配有红色和黑色两种颜色表笔，测量直流电压、电流时，要注意电路的正、负极性，红表笔接正极，黑表笔接负极。

b. 选挡要准确。确认功能开关与量程挡位匹配。若显示屏显示溢出标记“1”，表明量程挡位选小了，应将量程转至数值较大的挡位上。若不能确认被测量参数的范围，量程挡的选择应遵循由大到小的原则。

c. 不能在挡位拨盘指向“Ω”位置时，测量电压值或电流值。

d. 使用万用表时，要注意插孔旁边注明的危险标记数据，该数据表示该插孔输入电压、电流的极限值。使用时如果超过此值，就可能损坏仪表，甚至击伤使用者。

（2）钳形电流表

1）钳形电流表用途和组成。钳形电流表主要用于测量正在运行的电气线路电流。电磁式电流互感器的钳形电流表能测量交流电流，霍尔电流传感器的钳形电流表可以测量交流电流和直流电流。钳形电流表功能介绍如图 5–1–27 所示。

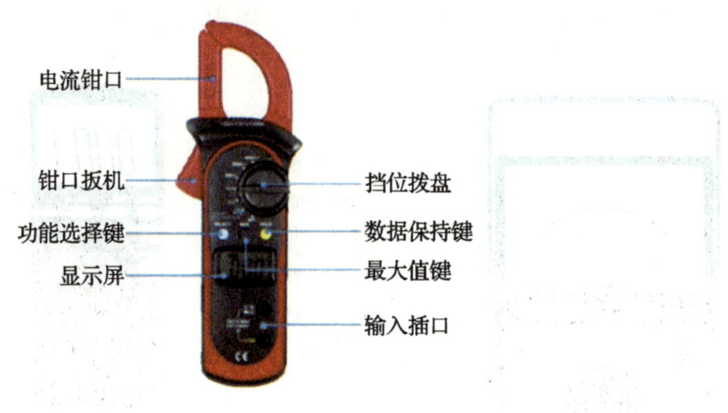

图 5–1–27　钳形电流表

2）钳形电流表电气参数测量

①交流电路电流的测量。首先，明确被测量电路，确认被测电路电流值与钳形电流表量程相匹配。用右手平握钳形电流表，扣动钳口扳机，钳口打开，将被测电缆套入电流钳口中，然后读取显示屏电流数据。测量完毕，关闭钳形电流表电源。

②交流电路漏电流的测量

a. 检测原理。火线与零线穿过钳形电流互感器钳口时，正常工作电路中除了工作电流外没有漏电流通过，此时流过检测互感器的电流大小相等、方向相反、总和为零，钳形电流表显示的电流数据也为零。如钳形电流表显示的电流数据不为零，则说明电路中存在漏电电流，此时的数值即漏电电流的大小。常见的漏电电流检测如图 5–1–28 所示。

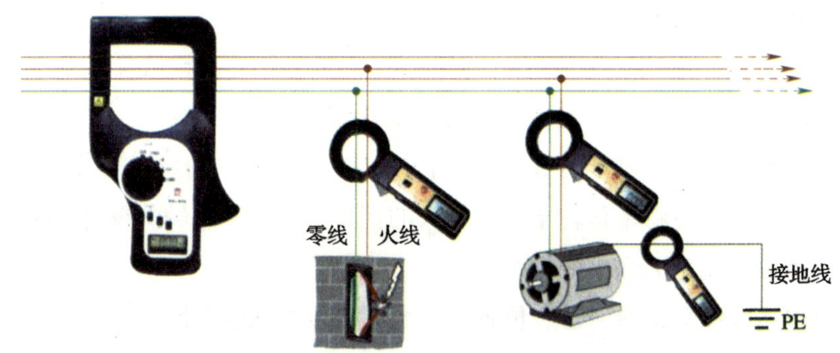

图 5–1–28　漏电电流检测

b. 检测方法。首先确认电路处于正常通电状态，明确被测量电路，并选择钳形电流表的钳接位置。如 AC 220 V 电路，选择单相线和中性线测量位置，对 AC

380 V 电路，选择三相线和中性线测量位置。用右手平握钳形电流表，扣动钳口扳机，将被测电缆套入电流钳口中。然后观察显示屏电流数据，如果数据为零，则表示该电路无漏电电流；如果数据不为零，则表示该电路有漏电电流。数据的大小表示漏电电流的大小，数值越大，表示漏电情况越严重。测量完毕，关闭钳形电流表电源。

3）钳形电流表使用注意事项

①合理选择钳形电流表量程。在不确定量程的情况下，先选择大量程，后选择小量程，或看铭牌值进行估算。如实际测量电流数据大于钳形电流表量程，则会对钳形电流表造成损坏。

②当使用最小量程测量时，如果钳形电流表量程较大，可将被测导线绕几匝，匝数要以钳口中央的匝数为准，则实际量值 = 读数 / 匝数。

③使用钳形电流表时，尽量远离强磁场。

④测量时，应使被测导线处在钳口的中央，并使钳口闭合紧密。

（3）兆欧表

1）兆欧表使用前的检查

①外观检查。兆欧表使用前应做好检查工作，以确保安全操作。兆欧表的结构如图 5-1-29 所示。先检查外观，兆欧表的外观检查主要包括：表的外壳是否完好；接线端子、摇柄、表头等状态是否完好；测试用导线是否完好。使用前，兆欧表指针可停留在任意位置，这并不影响最后的测量结果，如图 5-1-30a 所示。

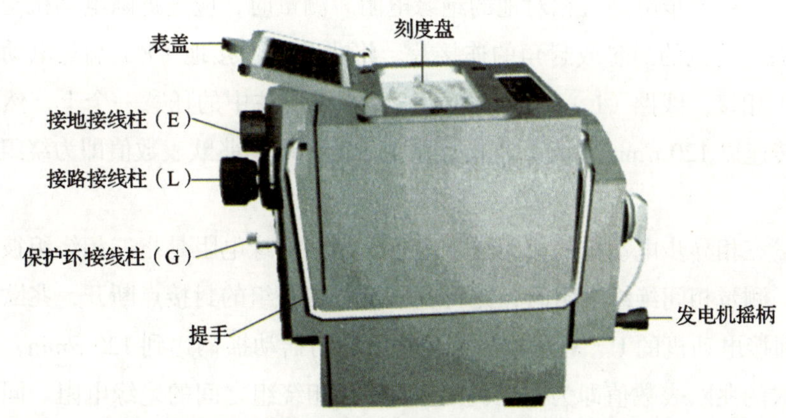

图 5-1-29 兆欧表的结构

②开路试验。将兆欧表平稳放置于绝缘物上，将一条表线接在兆欧表“E”端，另一条接在“L”端。表位放平稳，摇动手柄，使发电机转速达到额定转速 120 r/min，这时指针应指向标尺的“∞”位置（有的兆欧表上有“∞”调节器，可调节使指针指在“∞”位置），如图 5-1-30b 所示。

③短路试验。将“L”“E”两端子短接，由慢到快摇动手柄，指针应指向标尺的“0”刻度线处，如图 5-1-30c 所示。否则，说明兆欧表有故障，需要检修。

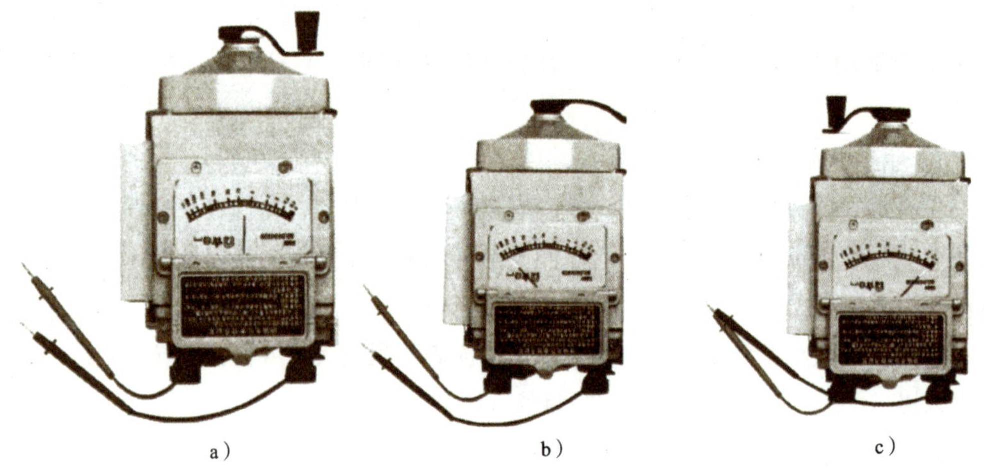

a）　　b）　　c）

图 5-1-30　兆欧表的检查与操作

a）外观检查　b）开路试验　c）短路试验

2）用兆欧表测量三相异步电动机的绝缘电阻

①选用兆欧表。通常，测量额定电压在 500 V 以下的电动机，选择 500 V 兆欧表；测量额定电压为 500 ~ 3 000 V 的电动机，选择 1 000 V 兆欧表；测量额定电压在 3 000 V 以上的电动机，选择 2 500 V 兆欧表；额定电压在 500 V 以下的新电动机在使用前应使用 1 000 V 兆欧表进行测量。

②测量三相异步电动机相对地的绝缘电阻。测量时，应先拆除电动机与电源的连线，不拆除电动机的封星或封角的连接片。将兆欧表上接地（E）端与电动机的接地端（外壳）相接，线路（L）端接在电动机六个接线柱中的任意一个上，然后匀速摇动摇柄，转速以 120 r/min 为宜，待指针稳定，所读取的兆欧表数值即为绕组对地绝缘电阻。

③测量三相异步电动机的相间绝缘电阻。相间绝缘电阻是指三相绕组彼此之间的绝缘电阻。测量相间绝缘电阻时，先将电动机三相绕组的封接点断开，兆欧表的 L 与 E 端子分别接电动机的 U、V 两相绕组，然后均匀摇动摇柄达到 120 r/min，待指针稳定，所读取的兆欧表数值即为电动机的 U、V 两相绕组之间的绝缘电阻。同理可测出其他两相绕组之间的绝缘电阻。

④用兆欧表测量三相异步电动机的绝缘合格的判定标准。额定电压在 500 V 以下的电动机绝缘电阻最低合格值均为 0.5 MΩ。新安装的电动机绝缘电阻合格值不得低于 1 MΩ。测量的电动机绝缘电阻值大于最低合格值，该电动机的绝缘电阻满足运行要求，可以使用。

（4）接地电阻测量仪

ZC-8 型 4 端钮接地电阻测量仪面板如图 5-1-31 所示。

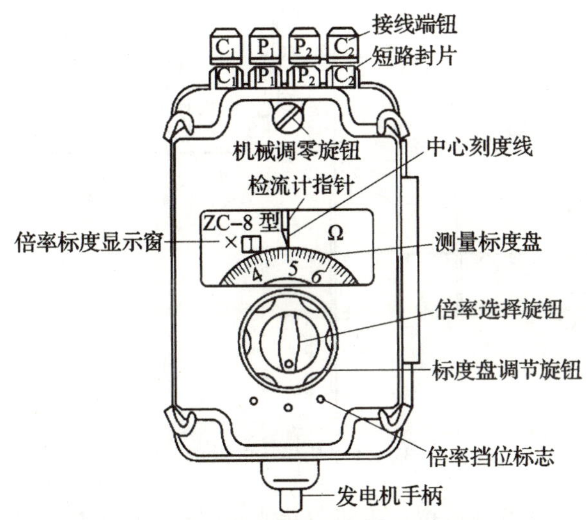

图 5-1-31 ZC-8 型 4 端钮接地电阻测量仪面板

1）接地电阻测量仪使用前做短路试验。仪表的短路试验目的是检查仪表的准确度，方法是将仪表的接线端钮 C_1、P_1、P_2、C_2（或 C、P、E）用裸铜线短接。摇动仪表摇把后，指针向左偏转，此时边摇边调整标度盘旋钮。当指针与中心刻度线重合时，指针应指向标度盘上的“0”刻度线，即指针、中心刻度线和标度盘上“0”刻度线三者成直线。若指针与中心刻度线重合时未指向“0”刻度线，如差一点或过一点则说明仪表本身就不准确，测出的数值也不会准确。

2）用接地电阻测量仪测量接地装置的电阻值

①测量前的准备工作

a. 将被测量的电气设备断电，被测的接地装置应退出使用。

b. 断开接地装置的干线与支线的分接点（断接卡子），如果测量接线处有氧化膜或锈蚀，要用砂纸打磨干净。

c. 在距被测接地体 20 m 和 40 m 处，分别向大地打入两根金属棒作为辅助电极，并保证这两根辅助电极与接地体在一条直线上。

②正确接线。将 3 根测试线（5 m 线、20 m 线、40 m 线）先分别与接地体 E′和两个辅助电极 C′、P′连接好，再按下列要求与表的端钮连接。

a. 3 端钮的接地电阻测量仪，其 E、P、C 端分别与连接接地体 E′（5 m 线）、电位电极 P′（20 m 线）、电流电极 C′（40 m 线）的连接线相接，如图 5-1-32 所示。

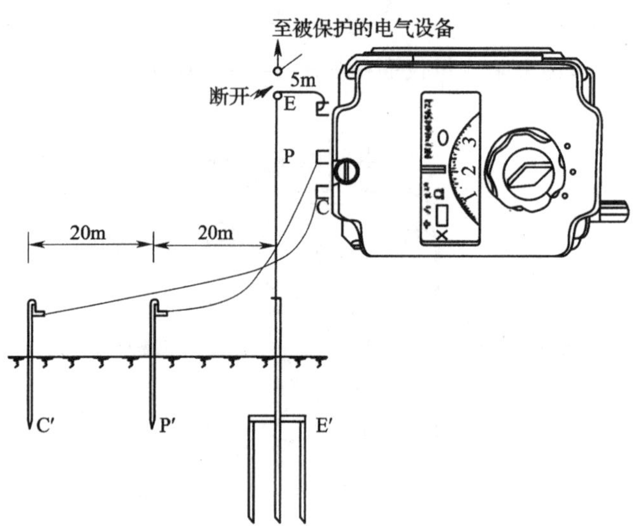

图 5-1-32　3 端钮接地电阻测量仪接线

b. 4 端钮的接地电阻测量仪，先将仪表端 P_1 与 C_1 用短接片短接起来，当作 E 端钮使用，然后将 5 m 测试线一端接在该端子上，另一端接接地体 E′；将 20 m 线接在 P_2 端子上，另一端与电位电极 P′ 连接；将 40 m 线接在 C_2 端子上，另一端与电流电极 C′ 连接，如图 5–1–33 所示。

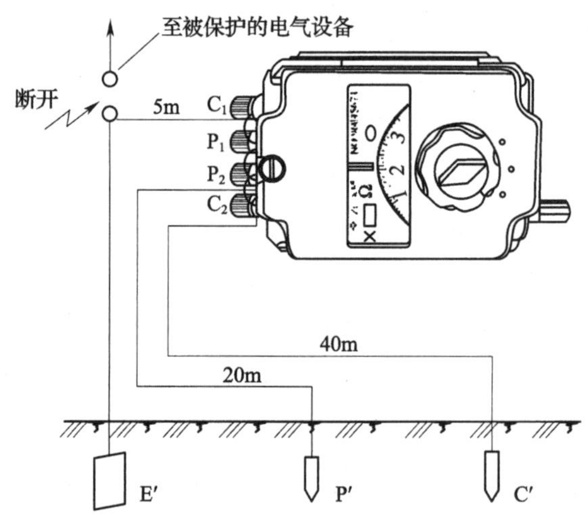

图 5-1-33　4 端钮接地电阻测量仪接线

c. 若测量小于 1 Ω 的接地电阻，先将接地电阻测量仪接线端分别用导线接到被测接地体上，其接线方法如图 5–1–34 所示。

③正确测量。测量步骤如下：

a. 慢慢转动发电机手柄，同时调节接地电阻测量仪标度盘调节旋钮，使检流计的指针指向中心刻度线。如果指针向中心刻度线左侧偏转，应向右旋转标度盘调节旋钮；

如果指针向中心刻度线右侧偏转，应向左旋转标度盘调节旋钮。随着不断调整，检流计的指针应逐渐指向中心刻度线。

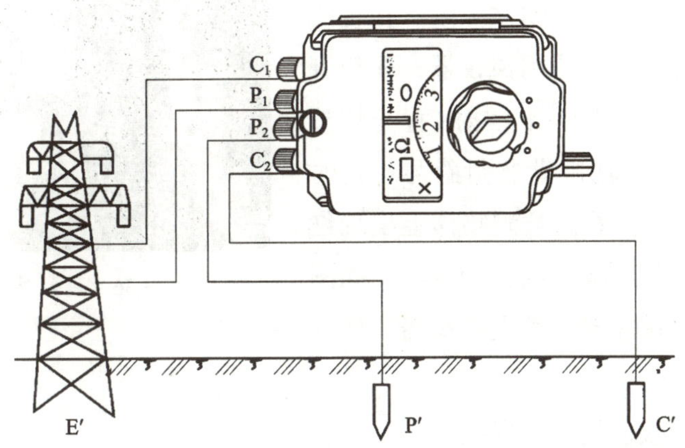

图 5-1-34　4 端钮接地电阻测量仪测量小于 1 Ω 电阻的接线

b. 当检流计指针接近中心刻度线时，应加快转动发电机手柄，使转速达到 120 r/min，并仔细调整标度盘调节旋钮，检流计的指针对准中心刻度线之后停止转动发电机手柄。

c. 若调节仪表刻度盘时，接地电阻测量仪标度盘显示的电阻值小于 1 Ω，应重新选择倍率，并重新调节仪表标度盘调节旋钮，以得到正确的测量结果。

④正确读数。读取数据时，应根据所选择的倍率和标度盘上指示数来共同确定。测量完毕，先拆去接地电阻测量仪的接线，然后将 3 条测试线收回，拔出插入大地的辅助电极，放入工具袋里。将接地电阻测量仪存放于干燥通风、无尘、无腐蚀性气体的场所。

（5）红外测温仪

1）红外测温仪介绍。红外测温原理：一切温度高于绝对零度的物体都在不停地向周围空间发出红外辐射能量。物体的红外辐射能量的大小及其波长分布与它的表面温度有着十分密切的关系。因此，通过对物体自身辐射的红外能量的测量，便能准确地测定它的表面温度。这种通过红外能量聚焦在光电探测仪上并转变为相应的电信号，经过仪器内部算法和校正后得出被测目标的温度值的仪器称为红外测温仪，如图 5-1-35 所示。

图 5-1-35　红外测温仪

红外测温仪主要采用非接触测量的方式，具有测温范围广、测量速度快、准确度高等优点，也存在易受环境影响、对于光亮或者抛光的金属表面测温误差大、不方便测量物体内部温度等缺点。

2）红外测温仪温度参数测量。将红外测温仪镜头正对被测物体，按住开关将进行测量，屏幕上显示的是被测物体温度。在视线不清或者黑暗的环境中使用该仪器，先松开电源开关按钮，然后按一下镭射/背光灯按键，屏幕上将显示镭射/背光灯符号，这时按下开关测量，将会看到被测物体上出现红色小点，表明正在对该区域进行测温，如图5-1-36所示。使用完毕，盖上镜头盖，放入携带箱内保存。

图 5-1-36　用红外测温仪测量温度

3）红外测温仪使用注意事项

①测温范围是测温仪最重要的一个性能指标，每种型号的红外测温仪都有自己特定的测温范围。在选择红外测温仪时，一定要考虑测温范围，既不要过窄，也不要过宽。

②在进行测温时，被测目标面积应充满测温仪视场。如果目标尺寸小于视场，背景辐射能量就会进入测温仪的视场，干扰测温读数，造成误差。

③光学分辨率由红外测温仪到被测物之间的距离 D 与测量光斑直径 S 之比确定。如 $D:S$=12 ：1，表示当测量距离为 12 m 远时，覆盖测量面积为直径 1 米的圆，如果大于 12 m 处存在一个 1 m 直径的物体，测量的物体温度将不准确。如果测温仪由于环境条件限制必须安装在远离目标之处，而又要测量小的目标，就应选择高光学分辨率的测温仪。光学分辨率越高，测温仪的价格也越高。

④红外测温仪所处的环境条件对测量结果有很大影响，如果测温仪突然暴露在环境温差为 20℃或更高的情况下，测量数据将不准确，需要对红外测温仪进行温度平衡后再取其测量的温度值。

⑤当环境温度过高，存在灰尘、烟雾和蒸汽时，可选用厂商提供的保护套、水冷却系统、空气冷却系统、空气吹扫器等附件。这些附件可有效地保护测温仪，实现准确测温。

培训项目 2 电气线路和设备防火常识

【培训重点】

1. 熟练掌握电气火灾的常见原因。
2. 掌握电气线路和电气设备防火防爆的基本要求。
3. 掌握电气设备的火灾危险性及防火措施。
4. 掌握电气防爆区域的分类、防爆途径及设备类型。
5. 了解静电的危害及防护措施。
6. 了解建筑防雷的分类、防雷装置及措施。

电气火灾是和电的发展与广泛应用分不开的，不管是强电领域还是弱电领域都有电气火灾问题。随着工业生产的发展，电气防火问题越来越引起人们的重视。据我国2006年至2015年电气火灾直接原因的分析发现电气线路故障居首位，约占电气火灾总起数的60.12%；电器设备故障约占电气火灾总起数的20.04%；电加热器具烤燃周围可燃物约占电气火灾总起数的5.89%。电气线路故障再细分可分为短路、断路、过载、接触不良、漏电、配电盘故障等。其中短路引起的电气火灾所占比例平均值为59.33%，其所占比例为其他原因的3～4倍。

一、电气火灾的原因

根据近年发生的电气火灾案例分析，电气设备安装、使用不当是引发火灾的主要原因，具体表现为以下几个方面。

1. 过载

过载是指电气设备或导线的功率和电流超过了其额定值。造成过载的原因有以下几个方面：

（1）设计、安装时选型不正确，使电气设备的额定容量小于实际负载容量。

（2）设备或导线随意装接，增加负荷，造成超载运行。

（3）检修、维护不及时，使设备或导线长期处于带病运行状态。

电气设备或导线的绝缘材料大都是可燃材料。属于有机绝缘材料的有油、纸、麻、丝和棉的纺织品、树脂、沥青、漆、塑料、橡胶等。只有少数属于无机材料，如陶瓷、石棉和云母等。过载使导体中的电能转变成热能，当导体和绝缘物局部过热，达到一定温度时，就会引起火灾。我国不乏这样的惨痛教训，如电线电缆上面的木板被过载电流引燃，酿成商店、剧院和其他场所的重大火灾。

2. 短路、电弧和火花

短路是电气设备最严重的一种故障状态，产生短路的主要原因有：

（1）电气设备的选用和安装与使用环境不符，致使其绝缘体在高温、潮湿、酸碱环境条件下受到破坏。

（2）电气设备使用时间过长，超过使用寿命，绝缘老化发脆。

（3）使用维护不当，长期带病运行，扩大了故障范围。

（4）过电压使绝缘击穿。

（5）错误操作或把电源投向故障线路。

短路时，在短路点或导线连接松弛的电气接头处，会产生电弧或火花。电弧温度很高，可达 6 000℃以上，不但可引燃它本身的绝缘材料，还可将它附近的可燃材料、蒸气和粉尘引燃。电弧还可能由于接地装置接触不良或电气设备与接地装置间距过小，过电压使空气击穿引起。切断或接通大电流电路，或大截面熔断器爆断时，也能产生电弧。

3. 接触不良

接触不良主要发生在导线连接处，例如：

（1）电气接头表面污损，接触电阻增加。

（2）电气接头长期运行，产生导电不良的氧化膜未及时清除。

（3）电气接头因振动或由于热的作用，使连接处发生松动。

（4）铜铝连接处，因有约 1.69 V 电位差的存在，潮湿时会发生电解作用，使铝腐蚀，造成接触不良。

接触不良会形成局部过热，造成潜在点火源。

4. 烘烤

电热器具（如电炉、电熨斗等）及照明灯泡在正常通电的状态下，就相当于一个火源或高温热源。当其安装不当或长期通电无人监护管理时，就可能使附近的可燃物受高温辐射而起火。

5. 摩擦

发电机和电动机等旋转型电气设备，轴承润滑不良，产生干摩擦发热，或虽润滑正常，但出现高速旋转时，都会引起火灾。

二、电气线路防火

电气线路是用于传输电能、传递信息和宏观电磁能量转换的载体。电气线路火灾除了由外部的火源或火种直接引燃外，主要是由于自身在运行过程中出现的短路、过载、接触电阻过大以及漏电等故障产生电弧、火花或电线、电缆过热，引燃电线、电缆及其周围的可燃物而引发。

电线电缆防火可通过截面选择和环境匹配选型来实现。下面主要介绍电线电缆的分类、电线电缆的选择、电缆的敷设方式与要求、电气线路的保护措施及电缆防火、阻燃对策。

1. 电线电缆的分类

电线电缆是指用于电力、通信及相关传输用途的材料，由一根或多根相互绝缘的导体和外包绝缘保护层制成，将电力或信息从一处传输到另一处的导线。

通常将芯数少、产品直径小、结构简单的产品称为电线，其中没有绝缘的称为裸电线，其他的称为电缆。电线电缆根据用途主要分为裸线、电磁线、绝缘电缆、电力电缆、通信电缆、光缆，如图 5-2-1 所示。

根据电缆绝缘材料的不同可分为普通电线电缆、阻燃电线电缆、耐火电线电缆。

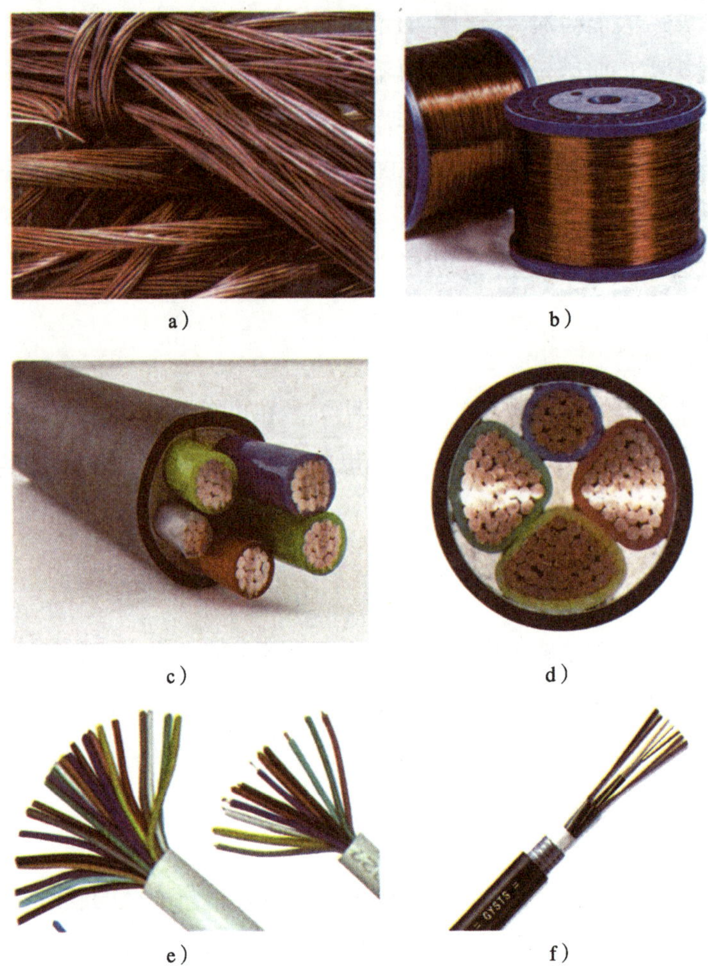

图 5-2-1　电线电缆

a）裸线　b）电磁线　c）绝缘电缆　d）电力电缆　e）通信电缆　f）光缆

2. 电线电缆的选择

（1）电线电缆选择的一般要求

根据使用场所的潮湿、化学腐蚀、高温等环境因素及额定电压要求，选择适宜的电线电缆。同时根据系统的载荷情况，合理地选择导线截面，在经计算所需导线截面基础上留出适当增加负荷的余量，应符合下列要求：

1）按敷设方式、环境条件确定的导体截面，其导体载流量不应小于计算电流。

2）线路电压损失不应超过允许值。

3）导体应满足动稳定与热稳定的要求。

4）导体最小截面应满足机械强度的要求，固定敷设的最小芯线截面积应符合表 5-2-1 的规定。

表 5-2-1　　绝缘导线最小允许截面积

序号	用途及敷设方式	线芯的最小截面积（mm²）		
		铜芯软线	铜线	铝线
1	照明用灯头线： （1）屋内 （2）屋外	 0.4 1.0	 1.0 1.0	 2.5 2.5
2	移动式用电设备： （1）生活用 （2）生产用	 0.75 1.0	 — —	 — —
3	架设在绝缘支持件上的绝缘导线其支持点间距： （1）2 m 及以下，屋内 （2）2 m 及以下，屋外 （3）6 m 及以下 （4）15 m 及以下 （5）25 m 及以下	 — — — — —	 1.0 1.5 2.5 4 6	 2.5 2.5 4 6 10
4	穿管敷设的绝缘导线	1.0	1.0	2.5
5	塑料护套线沿墙明敷设	—	1.0	2.5

（2）电线电缆导体材料的选择

固定敷设的供电线路宜选用铜芯线缆。对铜有腐蚀而对铝腐蚀相对较轻的环境、氨压缩机房等场所应选用铝芯线缆。除了线芯截面积为 6 mm² 及以下的线缆外，下列场所也不应选用铝芯而应选用铜芯线缆：

1）重要电源、重要的操作回路及二次回路、电机的励磁回路等需要确保长期运行、连接可靠的回路。

2）移动设备的线路及振动场所的线路。

3）对铝有腐蚀的环境。

4）高温环境、潮湿环境、爆炸及火灾危险环境。

5）工业及市政工程等。

6）非熟练人员容易接触的线路，如公共建筑与居住建筑。

（3）电线电缆绝缘材料及护套的选择

1）普通电线电缆。普通聚氯乙烯电线电缆适用温度范围为 -15 ~ 60℃，使用场所的环境温度超出该范围时，应采用特种聚氯乙烯电线电缆；普通聚氯乙烯电线电缆在燃烧时会散放有毒烟气，不适用于地下客运设施、地下商业区、高层建筑和重要公共设施等人员密集场所。

交联聚氯乙烯电线电缆不具备阻燃性能，但燃烧时不会产生大量有毒烟气，适用于有清洁要求的工业与民用建筑。

橡皮电线电缆弯曲性能较好，能够在严寒气候下敷设，适用于水平高差大和垂直敷设的场所；橡皮电线电缆适用于移动式电气设备的供电线路。

2）阻燃电线电缆。阻燃电线电缆是指在规定试验条件下被燃烧，撤去火源后，火焰仅能在限定范围内蔓延，残焰和残灼能在限定时间内自行熄灭的电缆。阻燃电线电缆在火灾发生时很快中止工作，其功能在于难燃、阻止火势蔓延及自熄。阻燃电线电缆一般采用的方法就是在护套材料中添加含有卤素的卤化物和金属氧化物，能在燃烧时释放大量的烟雾和卤化氢气体。根据燃烧时的烟气特性可分为一般阻燃电线电缆、低烟低卤阻燃电线电缆、无卤阻燃电线电缆三大类。

电线电缆成束敷设时，应采用阻燃电线电缆。电线在槽盒内敷设时，也宜选择阻燃电线。同一通道中敷设的电缆，应选用同一阻燃等级的电缆。阻燃和非阻燃电缆不宜在同一通道内敷设。

3）耐火电线电缆。耐火指在火焰燃烧情况下能保持一定时间的运行，即保持电路的完整性，该类型电线电缆在火焰中具有一定时间的供电能力。耐火电线电缆在火灾发生时能持续工作（传送电流和信号），其本身延燃与否不在考核之列。我国国家标准将耐火试验分为 A、B 两种级别：A 级火焰温度 950 ~ 1 000℃，持续供火时间 90 min；B 级火焰温度 750 ~ 800℃，持续供火时间 90 min。耐火电线电缆广泛应用于高层建筑、地铁、地下空间、大型电站及重要工矿企业的消防系统、应急照明系统、救生系统、报警及重要的监测回路等。

3. 电缆的敷设方式与要求

（1）敷设方式

常用的电缆敷设方式有电缆隧道、电缆沟、排管、壕沟（直埋）、竖井、桥架、吊架夹层等。

（2）敷设方式选择

工业企业的车间，不易受机械损伤的场所，当不允许开挖电缆沟时，可沿墙或楼板明设；在允许开电缆沟的地方，当电缆数量大于四根时，可敷在电缆沟内；少于三根且不太长，又无腐蚀性液体时，可穿管埋地敷设。

总之，敷设方式要因地制宜，根据电气设备的位置、出线方式、地下水位高低及工艺设备现场布置情况决定。发电厂内外敷设方式可参考表 5-2-2。

表 5-2-2 电缆敷设方式选择

车间名称	底层			转运层	
	6 kV 电缆	380 V 电缆	控制电缆	380 V 电缆	控制电缆
汽机房	隧道、沟 （架空、排管）	隧道、沟 （架空、排管）	隧道 （架空、排管）	架空	架空
锅炉房	隧道 （排管）	隧道 （架空、排管）	隧道 （架空、排管）	架空	架空
厂用配电室	隧道	沟、隧道	隧道、沟	夹层	夹层
屋外高压配电装置	沟、隧道	沟、隧道 （地面槽沟）	沟、隧道 （地面槽沟）		
屋内高压配电装置	沟、隧道	沟、隧道	沟、隧道	架空	架空
输煤系统	沟、隧道	沟、隧道	沟	架空	架空
辅助车间	沟	沟	沟	架空	架空
厂区及厂外	沟、直埋	沟、直埋	沟、直埋		
控制室					夹层

（3）电缆敷设的要求

1）一般要求

①电缆线路路径要短，且尽量避免与其他管线（如管道、铁路、公路和弱电电缆）交叉。敷设时要顾及已有或拟建房屋的位置，不使电缆接近易燃易爆物及其他热源，尽可能不使电缆受到各种损坏（如机械损伤、化学腐蚀、地下流散电流腐蚀、水土锈蚀、蚁鼠害等）。

②不同用途的电缆，如工作电缆与备用电缆、动力与控制电缆等宜分开敷设，并对其进行防火分隔。

③电缆支持点之间的距离、电缆弯曲半径、电缆最高最低点间的高差等不得超过规定数值，以防机械损伤。

④电缆在电缆沟内、隧道内及明敷时，应将麻包外皮层剥去，并刷防腐漆。

⑤交流回路中的单芯电缆应采用无钢铠的或非磁性材料护套的电缆。单芯电缆要防止引起附近金属部件发热。

⑥其他要求可参考有关电气设计手册。

2）对电缆头的要求。电缆线路的端部接头，称为电缆终端头（见图 5-2-2）。将两根电缆连接起来的接头，称为电缆中间接头。油浸纸绝缘电缆两端位差太大时，由于油压的作用，低端将会漏油，电缆铅包甚至会胀裂。为避免此故障的发生，往往要将电缆油路分隔成几段，这种隔断油路的接头，称为电缆中间堵油接头。终端头、中间接头和中间堵油接头统称为电缆头。

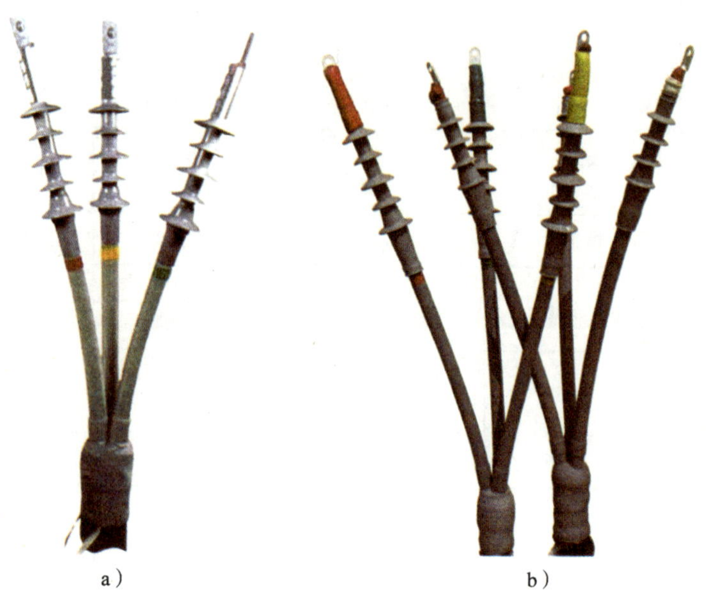

a）　　　　b）

图 5-2-2　电缆终端头

a）户内型　b）户外型

电缆按其型号和使用环境的不同，电缆头的形式也各不相同，一般有户内型和户外型两种。油浸纸绝缘电缆多采用户内型，有预制外壳的环氧树脂终端头、沥青终端头和干包电缆头等；户外型有户外瓷质盒、铸铁盒、环氧树脂终端头等。塑料电缆全部用干包电缆头。

电缆头是影响电缆绝缘性能的关键部位，最容易成为引火源。因此，确保电缆头的施工质量是极为重要的。

电缆头在投入运行前要做耐压试验，测量出的绝缘电阻应与电缆头制作前后没有大的差别，其绝缘电阻值一般在 50 MΩ 以上。要检查电缆头有无漏油、渗油现象，有无积聚灰尘、放电痕迹等。

4. 电气线路的保护措施

为有效预防由于电气线路故障引发的火灾，除了合理地进行电线电缆的选型，还应根据现场的实际情况合理选择线路的敷设方式，并严格按照有关规定规范线路的敷设及连接环节，保证线路的施工质量。此外，低压配电线路还应按照《低压配电设计规范》（GB 50054）及《漏电保护器安装和运行》（GB/T 139552）等相关标准要求设置短路保护、过负载保护和接地故障保护。

（1）短路保护

短路保护装置应保证短路电流在导体和连接件产生的热效应和机械力造成危害之前分断该短路电流，分断能力不应小于保护电器安装的预期短路电流。但在上级已装有所需分断能力的保护电器时，下级保护电路的分断能力允许小于预期短路电流。此时该上下级保护电器的动作特性必须配合，使得通过下级保护电器的能量不超过其能够承受的能量，应在短路电流使导体达到允许的极限温度之前分断该短路电流。

（2）过负载保护

保护电器应在过负载电流引起的导体升温对导体的绝缘、接头、端子或导体周围的物质造成损害之前分断过负载电流。对于突然断电比过负载造成的损失更大的线路，如消防水泵之类的负荷，其过负载保护应作为报警信号，不应作为直接切断电路的触发信号。

过负载保护电器的动作特性应同时满足以下两个条件：

1）线路计算电流小于等于熔断器熔体额定电流，后者应小于等于导体允许持续载流量。

2）保证保护电器可靠动作的电流小于等于 1.45 倍熔断器熔体额定电流。

当保护电器为断路器时，保证保护电器可靠动作的电流为约定时间内的约定动作电流；当保护电器为熔断器时，保证保护电器可靠动作的电流为约定时间内的熔断电流。

（3）接地故障保护

当发生带电导体与外露可导电部分、装置外可导电部分、PE 线、PEN 线、大地等之间的接地故障时，保护电器必须切断该故障电路。接地故障保护电器的选择应根据供配电系统的接地形式、电气设备使用特点及导体截面等确定。

5. 电缆防火、阻燃对策

电缆着火延燃的同时，往往伴生出大量有毒烟雾，因此使扑救困难，导致事故的扩大，损失严重。防止电缆火灾发生与阻燃对策有：

（1）远离热源和火源

缆道尽可能远离热力管道及油管道，其最小允许距离见表 5-2-3。当现场实际距离小于表中数值时，应在接近交叉段前后 1 m 处采取保护措施。可燃气体或可燃液体管沟，不应敷设电缆。若敷设在热力管沟中，应有隔热措施。在具有爆炸和火灾危险的场所（如制氢站、油泵房等）不应架空明敷电缆。对处于充油电气设备（如高压电流、电压互感器）附近的电缆，应埋地、穿管敷设。

表 5-2-3　　电缆与管道最小允许距离　　mm

名称	电力电缆		控制电缆	
	平行	垂直	平行	垂直
热力管道	1 000	500	500	250
一般管道	500	300	500	250

（2）封堵电缆孔洞

对通向控制室电缆夹层的孔洞、沟道、竖井的所有墙孔，楼板处电缆穿孔，和控制柜、箱、表盘下部的电缆孔洞等，都必须用耐火材料严密封堵。绝不能用木板等易燃物品承托或封堵，以防止电缆火灾向非火灾区蔓延。

封堵孔洞常用材料有防火堵料（有机或无机）、防火包和防火网三种。防火包和防火网主要应用在既要求防火又要求通风的地方。即正常时可保持良好通风条件，当有火灾时利用其膨胀作用将孔洞堵死，阻止火灾蔓延。

（3）防火分隔

设置防火墙、阻火夹层及阻火段，将火灾控制在一定电缆区段，以缩小火灾范围。在电缆隧道、电缆沟及托架的下列部位应设置带门的防火墙：不同厂房或车间交界处，进入室内处，不同电压配电装置交界处，不同机组及主变压器的缆道连接处，隧道与主控、集控、网控室连接处。长距离缆道每隔 100 m 处等，均应设置防火墙。在电缆竖井可用阻火夹层分隔，对电缆中间接头处可设阻火段达到防火目的。

电缆隧道内应按机、炉分片设置阻火墙或防火门。对同一隧道内的电缆应视其负荷等级的重要程度，采取不同防火材料（如涂料、槽盒、包带等）予以分开。

（4）防止电缆因故障而自燃

对电缆构筑物要防止积灰、积水，确保电缆头的工艺质量。对集中的电缆头要用耐火板隔开，并对电缆头附近电缆刷防火涂料。高温处选用耐热电缆，对消防用电缆作耐火处理，加强通风，控制隧道温度，明敷电缆不得带麻被层。

（5）设置自动报警与灭火装置

可在电缆夹层、电缆隧道的适当位置设置自动报警与灭火装置。

三、电气设备防火

电气设备狭义上是发电机、变压器、电力线路、断路器等电力设备的统称，而在广义上还应包括电器设备，是对供配电设备和用电设备的统称。这些设备中防火的重点是变压器、断路器、电容器、电动机、照明设施和电加热设备等。

电气设备的火灾从根本上说是由于设备本身的故障所致，因此要预防乃至杜绝电气火灾，就必须对电气故障的原因进行细致深入的研究。在实际工作中必须考虑到发生某种程度的故障的可能性，以及熟知排除故障必须采取的应急措施。

1. 油浸电力变压器防火

电力变压器是根据电磁感应原理，以互感现象为基础，将一定电压的交流电能转变为不同电压交流电能的设备。电力变压器按其在电力系统中输配电力作用的不同可分为升压变压器、降压变压器和配电变压器，按其冷却介质不同又可分为干式变压器和油浸式变压器。油浸式变压器是电力变压器中应用最普遍的一种。

（1）导致变压器火灾的原因

油浸电力变压器内部充有大量绝缘油，同时还有一定数量的可燃物，如果遇到高温、火花和电弧，容易引起火灾和爆炸，从而导致变压器发生火灾。

1）由于变压器产品制造质量不良、检修失当、长期过负荷运行等，使内部线圈绝缘损坏，发生短路，电流剧增，从而使绝缘材料和变压器油过热。

2）线圈间、线圈与分接头间、端部接线处等，由于连接不好，产生接触不良，造成局部接触电阻过大，从而导致局部高温。

3）铁芯绝缘损坏后，涡流加大，温度升高。

4）当变压器冷却油油质劣化后，雷击或操作过电压会使油中产生电弧闪络。油箱漏油后，冷却散热能力下降，变压器会过热。

5）用电设备过负荷、故障短路、外力使瓷瓶损坏。在此情况发生时，如果变压器保护装置设置不当，会引起变压器的过热。

（2）变压器防火措施

1）设计选型时，要注意选用优质产品，并进行严格的检查试验。按照规定“变压器应能承受二次线端的突发短路作用无损坏”，因此平时承受较大内压、切除故障时起灭弧的油箱应特别注意，其强度应与其他部位相同。

2）设置完善的变压器保护装置，按照相应的设计规范，对不同容量等级和使用环境的变压器选用熔断器、过电流继电器的保护装置以及气体（瓦斯继电器）保护、信号温度计的保护等，从而使变压器故障时，能及时发现并切除电源。

3）注意运行、维护工作。定期对绝缘油进行化验分析，做好巡视检查，及时发现异常声音、温度等，并要保持变压器良好的通风条件。变压器不宜过负荷运行，事故过负荷不得超过有关规定值。

2. 断路器防火

断路器是电力系统配电装置中的主要控制元件，正常时用以接通和切断负荷电流，短路时通过保护装置可自动切断短路电流。断路器的类型很多，根据其灭弧介质的不同，主要有油断路器、SF6 断路器和真空断路器。

（1）火灾危险性分析

油断路器在运行中，油箱内的油量必须符合油标规定的要求，若油量过多，空气垫小，切断大电流时，使油箱所受压力升高，可能造成油箱爆炸；若油量过少，会使油气、氢气等从油中析出时路径过短，使其在油中没有得到足够冷却就与油面上部空间的油气混合物接触，有可能将其引燃，产生爆炸、火灾危险。

油断路器潜在的火灾危险性，除油面过高或过低外，还可能是：

1）断路器的断流容量不够，切不断电弧。电弧高温将使绝缘油分解，产生过多的气体，引起爆炸。

2）脱扣弹簧老化或螺杆松动造成压力不足，或触头表面粗糙，导致合闸后接触不良，分闸时电弧不能及时被切断，使油箱内产生过多的气体。

3）油质不洁含有杂质，长期运行老化或受潮，分闸时引起了内部闪络。

多油断路器与少油断路器相比，其缺点是油量多，这不仅使油断路器的体积和质量显著增加，而且增加了爆炸和火灾的危险性。油量多，给检修也带来了困难。因此多油断路器已逐渐被少油断路器、SF6 断路器、真空断路器等所取代。

（2）断路器防火措施

根据大量事故分析，油断路器通常采用的防火措施是：

1）断路器的断流容量必须大于电力系统在其装设处的短路容量。

2）安装前应严格检查，使其符合制造技术条件。

3）经常检修进行操作试验，确保机件灵活好用。定期试验绝缘性能，及时发现和消除缺陷。

4）防止油箱和充油套管渗油、漏油。

5）发现油温过高时应采取措施，取出油样进行化验。如油色变黑、闪点降低、有可燃气体逸出，应换新油。这些现象也同时说明触头有故障，应及时检修。

6）切断故障电流之后，应检查触头是否有烧损现象。

3. 电容器室防火

电容器在变配电所用于功率因数补偿，1 000 V 以上的电容器常安装在专用的电容器室，耐火等级为二级；1 000 V 以下的电容器或电容器数量较少时，可安装在低压配电室或高压配电室中。

电容器是用 1 ~ 3 mm 厚的薄板作为外壳。芯子常用铝箔作极板，两极板之间用电容纸作介质，也有用聚丙烯、聚苯乙烯等塑料薄膜作介质的。芯子装入油箱内，并充以电容器油，起绝缘和散热作用。电容器油的闪点在 130 ~ 140℃。电力电容器如图 5–2–3 所示。

图 5–2–3 电力电容器

电容器运行中常见的故障有渗漏油、鼓肚和喷油等。其防火措施有：

（1）防止过电压。运行电压不超过 1.1 倍的额定电压，运行电流不宜超过 1.3 倍的额定电流。

（2）保持良好的通风条件，室内温度不宜超过 40℃。

（3）加强维护，做到无鼓肚、渗漏油、套管松动和裂损、火花放电等不良现象。

（4）接地线要连接良好。

（5）设置可靠的保护装置。用熔断器保护时，熔断器的额定电流不应大于电容器额定电流的 1.3 倍。

对于供高压开关试验用的电容器堆，由于电容器数量多，总油量大，占地面积和空间大，所以一旦发生火灾，扑救工作困难，造成的损失大。因此，除采取上述措施外，还应设置适于扑灭电气火灾的固定灭火装置。

4. 电动机防火

电动机是工业生产中使用最广泛的设备，其能将电能转化为机械能。电动机根据其旋转和所接交流电源频率的关系可分为同步电动机和异步电动机。工业中使用最多的是异步电动机，尤以交流三相异步电动机应用最为广泛。异步电动机的应用已有近百年的历史，其理论已经很成熟，由于面广量大，使用过程中的安全与防火问题较为突出。

（1）电动机的火灾危险性及其分析

电动机的火灾危险性在于其内部和外部的如制造工艺和操作运行等种种原因所造成的发热。主要有：电源电压波动，频率过低；电动机运行中发生过载、闷车（卡住）、碰壳（定子与转子相碰）；电动机绝缘破坏，产生漏电，甚至发生相间、匝间短路；绕组断线或接触不良；选型和起动方式不当等。

电动机的主要起火部位是绕组、引线、铁芯和轴承。电动机事故的形成乃至起火既有电气方面的原因，也有机械方面的原因，其主要火灾原因有：

1）过载。过载即电动机所带机械负荷大于电动机的额定输出机械功率。电动机的过载原因一般多是选型不当造成所谓“小马拉大车”现象；另外转子与定子互相摩擦（扫膛），也会使机械阻转矩增大。电气方面则有电源电压下降过多，引起输出的电磁转矩剧烈下降，接近或小于负载转矩，或由于负载方面故障使负载转矩突然上升，严重时出现负载转矩大于电动机的最大输出转矩，结果造成“闷车”（电动机带不动负载而停机、停转），有时因转子被卡死（这时理论上阻转矩为无限大）而闷车。

电动机过载后会出现如下现象：

①电动机定子过电流。

②电动机整机或局部过热。

③电动机发出不正常的“嗡嗡”声。

④电动机转速明显下降。

⑤电动机及其所带的负载机械发生不应有的振动。

⑥绕线式电动机电刷火花较大。

2）单相起动和运行

①单相起动。三相交流电动机在起动前因电源一相未接入定子绕组内，起动时又未察觉而投入电源。这实际上是把一个三相交流电源的线电压加到三相Y接（或△接）电动机的两个串联的定子绕组上（Y接绕组中点不与中线相连，若定子为△连接，则根本无法引入中线），断线情况可详见图 5-2-4。

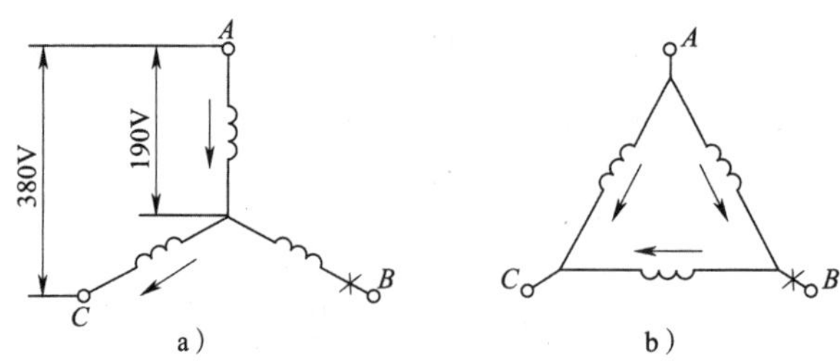

图 5-2-4　三相异步电动机一相断线

a）Y连接的异步电动机绕组一相断线　b）△连接的异步电动机绕组一相断线

此时三相电动机变成了单相电动机。在此情况下电动机不能起动，会振动而发出“嗡嗡”声，时间过长会烧毁电动机绕组，甚至引起火灾。

②单相运行。运行中的三相电动机突然发生一相电源线断开，在失去一相电源情况下电动机仍继续运行，而另外两相（指未断电源的两相）就流过了单相电流，这种运行状态称为单相运行（或称缺相运行）。这时电动机转矩比原来三相运行时的转矩低了许多，电动机转速显著降低，很容易造成过载。另外，由原来的三相电源供给功率改为一相线电压供电，定子线电流必然增加，超过允许值，如长期运行，势必烧毁绕组，甚至引起火灾。

3）电源电压波动。当电源电压增大时，必然导致定子电流增加，可能超过额定电流，使电动机绕组过热。由于铁芯和绕组都严重过热，将使电动机被烧毁。当电源电压降低，转速降低，致使定子电流增大。这时，可能因转矩太小，起动困难。在重载下，尤其是满载运行时，电压过低将引起定子电流增大、功率损耗加大，时间太长会烧毁电动机。当电压进一步降低时则发生闷车，电动机被烧毁。

4）内部绕组短路。电动机的绕组一般是用漆、纱、丝包的铜（或铝）导线绕制而成。这些导线任一处的绝缘如果破坏，就会造成相间、匝间或接地短路。造成上述情况的原因有：电动机长时间或经常处于过载状态；短时间内重复起动，导致绕组长期过热，使导线的绝缘加速老化，绝缘强度降低。在过电流和过电压的冲击下使最薄弱处被击穿而短路。在电动机绝缘嵌线时由于不小心碰伤绝缘，或不慎将硬质金属异物掉入电动机内，运转时金属异物发生碰撞而损坏绕组绝缘，发生短路。

5）其他原因

①接触不良。连接线圈的各个接点或引出线接点如有松动，接触电阻就会增大，通过电流后就会发热，将该接点烧毁，产生火花、电弧，或损坏周围导线绝缘，形成短路，引起火灾。导线线端如接触不良，可能会发生断路，使电动机发生单相运行，烧毁电动机并起火。

②选型不当。电动机选型不当有两个含义。一方面是指容量，如“大马拉小车”或“小马拉大车”都属于容量方面的选型不当。另一方面是指电动机的型式。不同场所要选用不同型式的电动机，以适应生产和安全的需要。如防护式（J 型）用于一般机器上，在灰尘较多、水土飞溅的场所可选用封闭式（JO 型）。

③机械摩擦。电动机是旋转机械，在旋转过程中存在着摩擦。最危险的是轴承摩擦。如果轴承球体被碾碎，电动机轴承被卡住，电动机会因过载而被烧毁。若轴承磨损严重，会出现不同心和气隙不均匀现象，引起扫膛，定子、转子绕组绝缘都将被破坏而发生短路，严重的摩擦会产生火花。

④铁损过大。三相异步电动机的能量损耗有定子铜损和定子铁损。这些损耗都将导致铁芯发热、温度升高。若电动机铁芯硅钢片的质量、规格不符合要求或片间绝缘强度太低，会使涡流损耗增大，电动机温度上升。

（2）电动机的火灾预防措施

选型、安装和运行保护是预防电动机火灾的主要方面，忽视任一方面都可能引起事故，造成火灾损失。

1）正确选择电动机的容量和型式。所选电动机电压应与电源电压相符。另外，电动机的使用条件要符合机械负载的性能要求，包括起动时对起动转矩大小的要求、调速要求、自起动要求等。

2）正确选择电动机的起动方式。电动机起动时起动电流很大，这对绝缘和安全都不利，故应选择正确的起动方式。三相异步电动机分为笼式和绕线式两大类。由于它们的结构性能不同，起动方式也不尽相同。

①笼式电动机起动方式的选择。该型电动机有直接起动与降压起动两种方式。一般规定，异步电动机的功率低于 7.5 kW 时允许直接起动，大于此功率通常选择降压起动。起动方式又可分为：

a. 电阻或电抗降压起动。在起动过程中将电阻和电抗与定子绕组串联，起动电流在电阻及电抗上产生压降，这就降低了定子绕组上的电压降，从而减小了起动电流。

b. 自耦补偿起动。利用自耦变压器降低电动机定子绕组上的电压，以减小起动电流。

c. 星形—三角形（Y—△）起动。起动期间绕组为星形连接，转速稳定后由切换装置改为三角形连接。接成星形起动时的线路电流只有接成三角形直接起动时线路电流的 1/3。

d. 延边三角形起动。在起动时，把电动机定子绕组的一部分接成三角形，一部分接成星形。当起动结束后，把绕组改接成三角形，电动机就进入正常运转状态。

降压起动减小了起动电流，也相应降低了起动转矩，因此只适用于轻载或空载起动。

②绕线式电动机起动方式的选择

a. 转子串接电阻起动。绕线式转子串接电阻起动，可以减小起动电流和增大起动转矩，从而减少起动时间。

b. 转子串接频敏变阻器起动。转子串接频敏电阻器起动绕线式电动机，电阻逐段变化，能使电动机平稳起动。

（3）正确选择电动机的保护方式

不同类型的电动机应采用适合的保护装置，例如中小容量低压感应电动机的保护装置应具有短路保护、堵转保护、过载保护、断相保护、低压保护、漏电保护、绕组温度保护等功能。

1）短路保护。对于中小容量电动机来说，多用熔断器进行短路保护，既简单又可靠。2 000 kW 及以上大容量的高压电动机，普遍采用纵差动保护代替电流速断保护。

2）低压保护。一般由电动机控制回路中的磁力起动器来实现低压保护。自动空气开关、自耦降压补偿器一般也装有失压脱扣装置，主要用于防止电动机在低压下长期运行及在电源恢复供电后的自起动。

3）过载保护。一般采用热继电器或过电流延时继电器来保护，这样可以充分利用电动机的短期过载能力。

4）断相运行保护。反映断相后电流变化的保护装置有热继电器、欠电流继电器、晶体管断相保护电路、负序电流过滤器。

反映电压变化的保护装置有低电压继电器、零序电压保护器、断线电压保护器、负序电压过滤器。

5. 照明灯具的防火

将电能转换为光能，从而提供光通量的设备、器具称为电光源。照明灯具在工作过程中，往往要产生大量的热，致使其玻璃灯泡、灯管、灯座等表面温度较高。灯具发生故障时产生的电火花、电弧，接触不良导致的局部过热，导线和灯具过载或过压产生的导线过热，都可能引起可燃气体、易燃蒸气和粉尘爆炸或可燃物的起火燃烧。因此，照明灯具火灾危险性主要有三类：照明灯具线路故障、照明灯具温度过高以及照明灯具与可燃物距离过小引燃周围可燃物。

灯具的选型应符合国家现行相关标准的有关规定，既要满足使用功能和照明质量的要求，也要满足防火安全的要求。照明灯具的防火设置要求如下。

（1）照明灯具与可燃物之间的安全距离应符合下列规定：

1）普通灯具不应小于 0.3 m。

2）高温灯具（如聚光灯、碘钨灯等）不应小于 0.5 m。

3）影剧院、礼堂用的面光灯、耳光灯不应小于 0.5 m。

4）容量为 100 ~ 500 W的灯具不应小于 0.5 m。

5）容量为 500 ~ 2 000 W的灯具不应小于 0.7 m。

6）容量为 2 000 W以上的灯具不应小于 1.2 m。当安全距离不够时，应采取隔热、散热措施。

（2）超过 60 W 的白炽灯、卤钨灯、荧光高压汞灯等照明灯具（含镇流器）不应直接安装在可燃（装饰）材料或可燃构件上，聚光灯的聚光点不应落在可燃物上。灯饰所用材料的燃烧性能等级不应低于难燃性（B_1 级）等级。

（3）当灯具的高温部位靠近除不燃性（A 级）以外的装修材料时，应采取隔热（如用玻璃丝、石膏板、石棉板等加以隔热防护）、散热（如在灯具上增加散热空隙或加强顶棚内通风降温，与可燃物保持一定距离）等防火保护措施。

（4）聚光灯、回光灯、炭精灯不应安装在可燃基座上，灯头的尾线应用高温线或瓷套管保护，配线接点必须设在金属接线盒内。

（5）对于嵌入顶棚内的灯具，灯头引线应用金属软管保护，其保护长度不宜超过 1 m。嵌入式灯具、贴顶灯具以及光檐（槽灯）照明，当采用卤钨灯以及单灯功率超过 100 W 的白炽灯时，灯具（或灯）引入线应选用 105 ~ 250℃耐高温绝缘电线，或采用瓷管、石棉等非燃材料作隔热保护，再经接线柱与灯具连接（演播室内必须用接线盒引出）。

（6）在有尘埃的场所，应按防尘的保护等级分类选择合适的灯具；产生腐蚀性气体的蓄电池室等场所应采用密闭型灯具；潮湿场所（包括厨房、开水间、洗衣间、卫生间等）应采用防潮灯具；施工场地户外灯具的外壳防护等级不应低于 IP33。

6. 电热器具的防火

电热器具是指将电能转换成热能的电器，如电热炊具、电暖设备以及电吹风等。电热设备的工作温度一般都很高，如果设备加热温度过高或时间过长、靠近可燃物及发生故障、损坏、调温失灵，都有可能造成电气火灾。因此，电热器具的防火设置要求如下：

（1）检查导线和热元件的接线处是否紧固，引出线处是否采用耐高温的绝缘材料予以保护。引出线处的耐高温绝缘保护如图 5-2-5 所示。

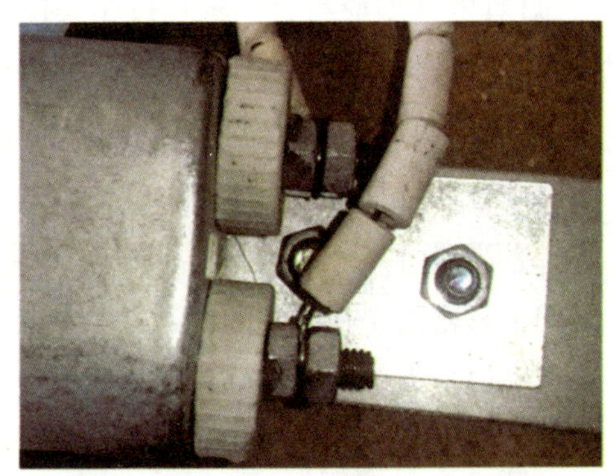

图 5-2-5　引出线耐高温绝缘保护

（2）根据电热器具功率确定电热器具供电方式与设置位置。超过 3 kW 的固定式电热器具应采用单独回路供电，电源线应装设短路、过载及接地故障保护电器，电热器具周围 0.5 m 以内不应放置可燃物。低于 3 kW 的可移动式电热器具应放在不燃材料制作的工作台上，与周围可燃物应保持 0.3 m 以上的距离。

四、电气防爆

爆炸危险环境的电力设备，无论在故障状态下还是正常状态下产生的电火花或电弧，均大大超过易燃易爆物质的引燃温度。因此，此类环境下电气设备的防爆问题，成为预防火灾事故的关键。

1. 爆炸区域类别及区域等级

在一定区域内，如果爆炸性混合物的出现或预期可能出现的数量达到足以要求对电气设备的结构、安装和使用采取预防措施的程度，此区域必须以爆炸性危险区域对待，进行防火防爆设计。根据爆炸性环境易燃易爆物质在生产、储存、输送和使用过程中出现的物理和化学现象的不同，分为爆炸性气体环境危险区域和爆炸性粉尘环境危险区域两类。根据爆炸性混合物出现的频繁程度和持续时间的不同，又将爆炸危险区域分成六个不同危险程度的区。爆炸危险区域类别及其分区见表 5-2-4。

表 5-2-4 爆炸危险区域类别及其分区

类别	分区	
爆炸性气体环境危险区域	0 区	连续出现或长期出现爆炸性气体混合物的环境
	1 区	在正常运行时，可能出现爆炸性气体混合物的环境
	2 区	在正常运行时，不可能出现爆炸性气体混合物的环境，即使出现也仅是短时间存在的爆炸性气体混合物的环境
爆炸性粉尘环境危险区域	20 区	连续出现或长期出现爆炸性粉尘混合物的环境
	21 区	在正常运行时，可能出现爆炸性粉尘混合物的环境
	22 区	在正常运行时，不可能出现爆炸性粉尘混合物的环境，即使出现也仅是短时间存在的爆炸性粉尘混合物的环境

对危险区域等级的划分，应该视爆炸性混合物的产生条件、时间、物理性质及其释放频繁程度等情况来确定。对一个爆炸危险区域，判断其有无爆炸性混合物产生，应根据区域空间的大小、物料的品种与数量、设备情况（如运行情况、操作方法、通风、容器破损和误操作的可能性）、气体浓度测量的准确性，以及物理性质和运行经验等条件综合分析确定。

2. 电气设备的防爆途径

为了消除和控制电气设备产生的火花、电弧和高温危险因素，一般通过以下途径达到电气防爆的目的。

（1）采用隔爆外壳

此方法多用于电机、电器等动力设备的防爆。隔爆设备外壳坚固，当设备内部爆炸时，产生的爆炸压力不会使外壳变形。当火焰从间隙逸出时，也能受到足够的冷却，不足以引燃壳外的爆炸性混合物。把爆炸限制在壳内，这就是隔爆作用。

（2）采用本质安全电路

本质安全电路是在电气系统中采用一定措施，使外露的电火花能量不足以引燃爆炸性混合物。此电路的电压和电流都较小，只适用于测量仪表、遥控和自动控制系统。

（3）采用超前切断电源

基本原理是在设备可能出现故障之前，自行把电源切除，使热源不与爆炸性混合物接触，从而达到防爆目的。

（4）隔离法

其原理是使正常或故障时产生的危险因素，不与爆炸性混合物直接接触，从而达到防爆目的。如采用普通照明灯具间接照明，将产生危险因素的部件密封在壳内或浸在油内，对壳内通风或充以惰性气体形成正压等。

（5）限制正常工作的温度

通过加大导线截面积，降低使用容量，改善散热条件的方法把电气设备正常或故障时的运行温度控制在引燃温度以内。

通常综合采取上述安全措施，采取单一措施往往得不到理想的效果。

3. 防爆电气设备的类型

防爆电气设备的类型很多，按其使用环境的不同分为两类：Ⅰ类为煤矿井下用电气设备；Ⅱ类为工厂用电气设备。

根据电气设备产生火花、电弧和危险温度的特点，为防止其点燃爆炸性混合物而采用的防爆结构分为下列几种类型。

（1）隔爆型

它是一种具有隔爆外壳的电气设备，其外壳能承受内部爆炸性气体混合物的爆炸压力并阻止内部的爆炸向外壳周围爆炸性混合物传播，适用于爆炸危险场所的任何地点。

（2）增安型

在正常运行条件下不会产生电弧、火花，也不会产生足以点燃爆炸性混合物的高温。在结构上采取各种措施来提高安全程度，以避免在正常的过载条件下产生电弧、火花和高温。它没有隔爆外壳，多用于笼型电机等。

（3）本质安全型

这类电气设备按使用场所和安全程度又分为 ia 和 ib 两个等级。即采用 IEC76—3 火花试验装置，在正常工作或规定的故障状态下产生的电火花和热效应均不能点燃规定的爆炸性混合物。

1）ia 等级设备在正常工作、一个故障和两个故障时均不能点燃爆炸性气体混合物。

2）ib 等级设备在正常工作和一个故障时不能点燃爆炸性气体混合物。

（4）正压型

它具有正压外壳，可以保持内部保护气体，即新鲜空气或惰性气体的压力高于周围爆炸性环境的压力，阻止外部混合物进入壳内。

（5）充油型

它是将电气设备全部或部分部件浸在油内，使设备不能点燃油面以上或外壳外的爆炸性混合物，如高压油开关即属此类。

（6）充砂型

在外壳内充填砂粒材料，在一定使用条件下壳内产生的电弧、传播的火焰、外壳壁或砂粒材料表面的过热均不能点燃周围爆炸性混合物。

（7）无火花型

正常运行条件下，不会点燃周围爆炸性混合物，且一般不会发生有点燃作用的故障。这类设备的正常运行不应产生电弧或火花（包括滑动触头）。电气设备的热表面或灼热点也不应超过相应温度组别的最高温度。

（8）特殊型

特殊型指结构不属于上述任何一类，而采取其他特殊防爆措施的电气设备，如填充石英砂型的设备。

国家标准中还包括浇封型和气密型两种结构，防爆结构类型及其对应的标志见表 5-2-5。

实际工作中应根据安全和经济等因素选择合适的防爆结构。

表 5-2-5　　爆炸性环境用电气设备类型及标志

防爆电气设备类型	标志	防爆电气设备类型	标志
隔爆型电气设备	d	充砂型电气设备	q
本质安全型电气设备	i	正压型电气设备	p
增安型电气设备	e	充油型电气设备	o
浇封型电气设备	m	无火花型电气设备	n
气密型电气设备	h	特殊型电气设备	s

五、防静电起火

静电是在宏观范围内暂时失去平衡的相对静止的正电荷和负电荷。静电现象是十分普遍的电现象，特别是生产工艺过程中产生的静电可能引起爆炸及其他危险和危害。静电的产生是同接触电位差和接触面上的双电层直接相关的。

静电的消失有两种主要方式，即中和和泄漏。前者主要是通过空气发生的；后者主要是通过带电体本身及与其相连接的其他物体发生的。

1. 静电的危害

工艺过程中产生的静电可能引起爆炸和火灾，也可能给人以电击，还可能妨碍生产。其中，爆炸或火灾是最大的危害和危险。

静电能量虽然不大，但因其电压很高而容易发生放电，可引燃易燃物质形成的爆炸性混合物（包括爆炸性气体和蒸气），以及爆炸性粉尘。导体放电时，其上电荷全部消失。其静电场储存的能量一次性集中释放，有更大的危险性。

2. 静电防护措施

静电安全防护主要是对爆炸和火灾的防护。

（1）环境危险程度的控制

静电引起爆炸和火灾的条件之一是有爆炸性混合物存在。为了防止静电的危害，可采取以下控制所在环境爆炸和火灾危险性的措施。

1）更换易燃介质。

2）降低爆炸性混合物的浓度。

3）减少氧化剂含量。

（2）工艺控制

工艺控制是从工艺上采取适当的措施，限制和避免静电的产生和积累。

1）材料的选用。在有静电危险的场所，工作人员不应穿着丝绸、人造纤维或其他高绝缘衣料制作的衣服，以免产生静电。

2）限制摩擦速度或流速。降低摩擦速度或流速等工艺参数可限制静电的产生。

3）增强静电消散过程。在产生静电的工艺过程中，总是包含着静电产生和静电消散两个过程。前者主要是分离成电量相等而电性相反的电荷，即产生静电；后者则是带静电物体上的电荷经泄漏或松弛而消散。设法增强静电的消散过程，可消除静电的危害。

4）消除附加静电。

（3）接地和屏蔽

1）导体接地。接地是消除静电危害最常见的方法，它主要是消除导体上的静电。金属导体应直接接地。

2）导电性地面。采用导电性地面，实质上也是一种接地措施。采用导电性地面不但能泄漏设备上的静电，而且有利于泄漏聚集在人体上的静电。

3）绝缘体接地。

4）屏蔽。它是用接地导体（即屏蔽导体）靠近带静电体放置，以增大带静电体对地电容，降低带电体静电电位，从而减小静电放电的危险。

（4）增湿

随着湿度的增加，绝缘体表面上形成薄薄的水膜。它能使绝缘体的表面电阻大大降低，能加速静电的泄漏。但增湿的方法不宜用于消除高温环境里绝缘体上的静电。

（5）静电中和器

静电中和器是能产生电子和离子的装置，主要用来中和非导体上的静电。尽管不一定能把带电体上的静电完全中和掉，但可中和至安全范围以内。静电中和器按照工作原理和结构的不同，大体上可以分为感应式中和器、高压式中和器、放射线式中和器和离子风式中和器。

六、防雷电起火

雷电是一种自然现象，雷击是一种自然灾害。雷击分为直接雷击和感应雷击两种。雷云对地面物体或人畜直接放电的现象叫直接雷击；架空电缆或室外天线被空中带电云放电，形成的强电场的感生电动势冲击家用电器或电子设备的现象叫感应雷击。雷击房屋、电力线路、电力设备等设施时，会产生极高的过电压和极大的过电流。雷电放电时，可能造成设施或设备的毁坏，可能造成火灾或爆炸，致使建筑物破坏、人及牲畜死亡或受伤等。

通常说的雷暴日是指一年内的平均雷暴天数，即年平均雷暴日。雷暴日数越大，说明雷电活动越频繁。

1. 建筑的防雷分类

建筑物按其重要性、生产性质、遭受雷击的可能性和后果的严重性分为三类。

（1）第一类防雷建筑物

凡制造、使用或储存炸药、火药、起爆药、火工品等大量危险物质的建筑物，遇电火花会引起爆炸，从而造成巨大破坏或人身伤亡的建筑物，应划为第一类防雷建筑物。

（2）第二类防雷建筑物

下列建筑物应划为第二类防雷建筑物：

1）国家级重点文物保护的建筑物。

2）国家级的会堂、办公楼、档案馆、大型展览馆、国际机场、大型火车站、国际港口客运站、国宾馆、大型旅游建筑和大型体育场等。

3）国家级计算中心、通信枢纽，以及对国民经济有重要意义的装有大量电子设备的建筑物。

4）制造、使用和储存爆炸危险物质，但电火花不易引起爆炸，或不致造成巨大破坏和人身伤亡的建筑物。

5）有爆炸危险的露天气罐和油罐。

6）年预计雷击次数大于 0.06 次的部、省级办公楼及其他重要的或人员密集的公共建筑物。

7）年预计雷击次数大于 0.3 次的住宅、办公楼等一般性民用建筑物。

（3）第三类防雷建筑物

下列建筑物应划为第三类防雷建筑物：

1）省级重点文物保护的建筑物和省级档案馆。

2）年预计雷击次数大于等于 0.012 次，小于等于 0.06 次的部、省级办公楼及其他重要的或人员密集的公共建筑物。

3）年预计雷击次数大于等于 0.06 次，小于等于 0.3 次的住宅、办公楼等一般性民用建筑物。

4）年预计雷击次数大于等于 0.06 次的一般性工业建筑物。

5）年平均雷暴日 15 天以上地区，高度为 15 m 及以上的烟囱、水塔等孤立高耸的建筑物。年平均雷暴日 15 天及 15 天以下地区，高度为 20 m 及以上的烟囱、水塔等孤立高耸的建筑物。

2. 防雷装置

避雷针、避雷线、避雷网、避雷带、避雷器是经常采用的防雷装置。上述的针、线、网、带都只是接闪器，一套完整的防雷装置包括接闪器、引下线和接地装置等。

3. 防雷技术

根据建筑物和构筑物、电力设备以及其他保护对象的类别和特征，分别对直击雷、雷电感应、雷电侵入波等采取适当的防雷措施。

（1）直击雷防护

第一类防雷建筑物、第二类防雷建筑物和第三类防雷建筑物的易受雷击部位应采取防直击雷的防护措施；可能遭受雷击，且一旦遭受雷击后果比较严重的设施或堆料也应采取防直击雷的防护措施；高压架空电力线路、发电厂和变电站等应采取防直击雷的防护措施。

装设避雷针、避雷线、避雷网、避雷带是直击雷防护的主要措施。避雷针分独立避雷针和附设避雷针。独立避雷针是离开建筑物单独装设的。一般情况下，其接地装置应当单设，接地电阻一般不应超过 10Ω。附设避雷针是装设在建筑物或构筑物屋面上的避雷针。如装设多支附设避雷针，相互之间应连接起来，并与建筑物或构筑物的金属结构连接起来。

（2）雷电感应防护

雷电感应也能产生很高的冲击电压，在电力系统中应与其他过电压一样考虑；在建筑物和构筑物中，应主要考虑由二次放电引起爆炸和火灾的危险。

1）静电感应防护。将建筑物内的金属设备、金属管道、金属构架、钢屋架、钢窗、电缆金属外皮以及凸出层面的放散管、风管等金属物件与防雷电感应的接地装置相连。屋面结构钢筋宜绑扎或焊接成闭合回路。

根据建筑物的不同屋顶，应采取相应的防止静电感应的措施：对于金属屋顶，应将屋顶妥善接地；对于钢筋混凝土屋顶，应将屋面钢筋焊成边长 5 ~ 12 m 的网格，连成通路并予以接地；对于非金属屋顶，宜在屋顶上加装边长 5 ~ 12 m 的金属网格，并予以接地。

防雷电感应接地干线与接地装置的连接不得少于 2 处，距离不得超过 24 m。

2）电磁感应防护。为了防止电磁感应，平行敷设的管道、构架、电缆相距不到 100 mm 时，须用金属线跨接，跨接点之间的距离不应超过 30 m；交叉相距不到

100 mm 时，交叉处也应用金属线跨接。管道接头、弯头、阀门等连接处的过渡电阻大于 0.03 Ω 时，连接处也应用金属线跨接。

（3）雷电侵入波防护

户外天线的馈线邻近避雷针或避雷针引下线时，馈线应穿金属管线或采用屏蔽线，并将金属管或屏蔽接地。如果馈线未穿金属管，又不是屏蔽线，则应在馈线上装设避雷器或放电间隙。

培训模块 

消防设施基本知识

培训项目1 火灾自动报警系统基本知识

【培训重点】

1. 了解火灾自动报警系统的设置场所及部位。
2. 熟练掌握火灾自动报警系统的组成及工作原理。
3. 掌握火灾自动报警系统的类型及适用范围。

一、火灾自动报警系统的定义及作用

火灾自动报警系统是指探测火灾早期特征，发出火灾报警信号，为人员疏散、防止火灾蔓延和启动自动灭火设备提供控制与指示的消防系统。它是一种能够在早期发现和通报火情，并能够向各类消防联动设施发出控制信号，实现预设消防功能而设置在建（构）筑物中的自动消防设施。该系统一般设置在工业与民用建筑内部和其他可对生命和财产造成危害的火灾危险场所，与自动灭火系统、防排烟系统以及消火栓系统等消防设施一起构成完整的建筑消防系统。

火灾自动报警系统包括火灾探测报警系统和消防联动控制系统。火灾探测报警系统的作用是通过探测保护现场的火焰、热量和烟雾等相关参数发出报警信号，显示火灾发生的部位，发出声、光报警信号以通知相关人员进行疏散和实施火灾扑救。消防联动控制系统的作用是控制及监视消防水泵、排烟风机、消防电梯以及防火卷帘等相关消防设备，发生火灾时执行预设的消防功能。

二、火灾自动报警系统设置场所及部位

现行国家标准《建筑设计防火规范》（GB 50016）、《人民防空工程设计防火规范》（GB 50098）、《汽车库、修车库、停车场设计防火规范》（GB 50067）、《飞机库设计防火规范》（GB 50284）、《石油库设计规范》（GB 50074）、《石油化工企业设计防火规范》（GB 50160）、《钢铁冶金企业设计防火规范》（GB 50414）等对火灾自动报警系统设置场所和部位分别做了具体规定。例如，《建筑设计防火规范》（GB 50016）中规定在下列建筑或场所应设置火灾自动报警系统。

（1）任一层建筑面积大于 1 500 m^2 或总建筑面积大于 3 000 m^2 的制鞋、制衣、玩具、电子等类似用途的厂房。

（2）每座占地面积大于 1 000 m^2 的棉、毛、丝、麻、化纤及其制品的仓库，占地面积大于 500 m^2 或总建筑面积大于 1 000 m^2 的卷烟仓库。

（3）任一层建筑面积大于 1 500 m^2 或总建筑面积大于 3 000 m^2 的商店、展览、财贸金融、客运和货运等类似用途的建筑，总建筑面积大于 500 m^2 的地下或半地下商店。

（4）图书或文物的珍藏库，每座藏书超过 50 万册的图书馆，重要的档案馆。

（5）地市级及以上广播电视建筑、邮政建筑、电信建筑，城市或区域性电力、交通和防灾等指挥调度建筑。

（6）特等、甲等剧场，座位数超过 1 500 个的其他等级的剧场或电影院，座位数超过 2 000 个的会堂或礼堂，座位数超过 3 000 个的体育馆。

（7）大、中型幼儿园的儿童用房等场所，老年人照料设施，任一层建筑面积大于 1 500 m^2 或总建筑面积大于 3 000 m^2 的疗养院的病房楼、旅馆建筑和其他儿童活动场所，不少于 200 床位的医院门诊楼、病房楼和手术部等。

（8）歌舞娱乐放映游艺场所。

（9）净高大于 2.6 m 且可燃物较多的技术夹层，净高大于 0.8 m 且有可燃物的闷顶或吊顶内。

（10）电子信息系统的主机房及其控制室、记录介质库，特殊贵重或火灾危险性大的机器、仪表、仪器设备室、贵重物品库房。

（11）二类高层公共建筑内建筑面积大于 50 m^2 的可燃物品库房和建筑面积大于 500 m^2 的营业厅。

（12）其他一类高层公共建筑。

（13）设置机械排烟、防烟系统，雨淋或预作用自动喷水灭火系统，固定消防水炮灭火系统，气体灭火系统等需与火灾自动报警系统联锁动作的场所或部位。

三、火灾自动报警系统的形式、组成及工作原理

火灾自动报警系统的基本形式有区域报警系统、集中报警系统和控制中心报警系统三种类型。

1. 区域报警系统

（1）区域报警系统的定义

由区域火灾报警控制器和火灾探测器组成，功能简单的火灾自动报警系统称为区域报警系统。

（2）区域报警系统的组成及工作原理

区域报警系统主要由火灾探测器、手动火灾报警按钮、火灾声光警报器及区域型火灾报警控制器等组成，其构成如图 6–1–1 所示。触发器件主要有火灾探测器和手动火灾报警按钮，其作用是自动或手动产生火灾报警信号。火灾探测器可对烟雾、温度、火焰辐射、气体浓度等火灾参数进行响应，并自动产生火灾报警信号。手动火灾报警按钮可手动方式产生火灾报警信号。火灾报警控制器的作用是接收、显示和传递火灾报警信号，记录报警的具体部位及时间，监视探测器及系统自身的工作状态，并执行相应辅助控制等任务。火灾报警控制器能发出区别于环境声、光的火灾报警信号，警示人们迅速进行安全疏散和采取火灾扑救措施。仅需要报警，不需要联动自动消防设备的保护对象宜采用区域报警系统。

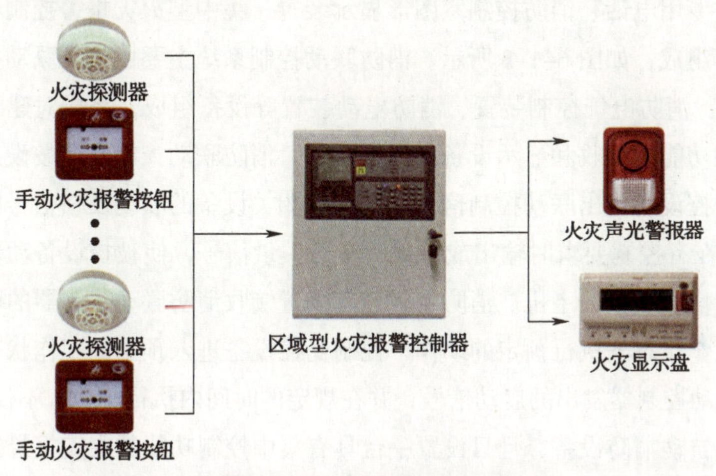

图 6–1–1 区域报警系统示意图

区域报警系统的工作原理为：建筑发生火灾，燃烧产生的烟雾、热量和光辐射等火灾特征参数达到设定的阈值时，安装在保护区域现场的火灾探测器将火灾特征参数转变为电信号，传输至火灾报警控制器，火灾报警控制器在接收到探测器的报警信息后，经报警确认判断，显示报警探测器的具体部位并记录火灾报警时间等信息，启动火灾警报装置，发出火灾警报，向保护区域内的相关人员警示火灾的发生；处于火灾现场的人员，在发现火情后可按下安装在现场的手动火灾报警按钮，手动火灾报警按钮将报警信息传输到火灾报警控制器，火灾报警控制器在接收到此报警信息后，经报警确认判断，显示动作的手动火灾报警按钮的部位并记录报警时间等信息，启动火灾警报装置，发出火灾警报，向保护区域内的相关人员警示火灾的发生。区域报警系统的工作原理如图 6–1–2 所示。

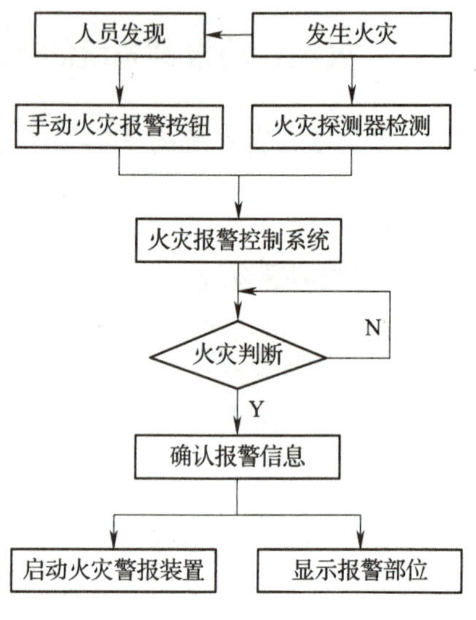

图 6–1–2　区域报警系统工作原理

2. 集中报警系统

（1）集中报警系统的定义

由集中火灾报警控制器、区域火灾报警控制器、区域显示器和火灾探测器等组成，功能较复杂的火灾自动报警系统称为集中报警系统。

（2）集中报警系统的组成及工作原理

集中报警系统主要由火灾探测器、手动火灾报警按钮、火灾声光警报器、消防应急广播、消防专用电话、消防控制室图形显示装置、集中型火灾报警控制器、消防联动控制系统等组成，如图 6–1–3 所示。消防联动控制系统主要由消防联动控制器、输入 / 输出模块、消防电气控制装置、消防电动装置等设备组成，完成对建筑内相关消防设备的控制功能并接收和显示设备的反馈信号。消防联动控制器是按设定的控制逻辑向各相关受控设备发出联动控制信号，并接收相关设备的联动反馈信号的设备。输入 / 输出模块在有控制要求时输出或提供一个开关量信号，使被控设备动作，同时接收设备的反馈信号并报告主机。消防电气控制装置接收消防联动控制器的联动控制信号，在自动工作状态下执行预定的动作，控制受控设备进入预定的工作状态。消防电动装置接收联动控制器发出的启动信号，并在规定的时间内执行驱动。不仅需要报警，同时需要联动自动消防设备，且只设置一台具有集中控制功能的火灾报警控制器和消防联动控制器的保护对象，应采用集中报警系统，并设置一个消防控制室。

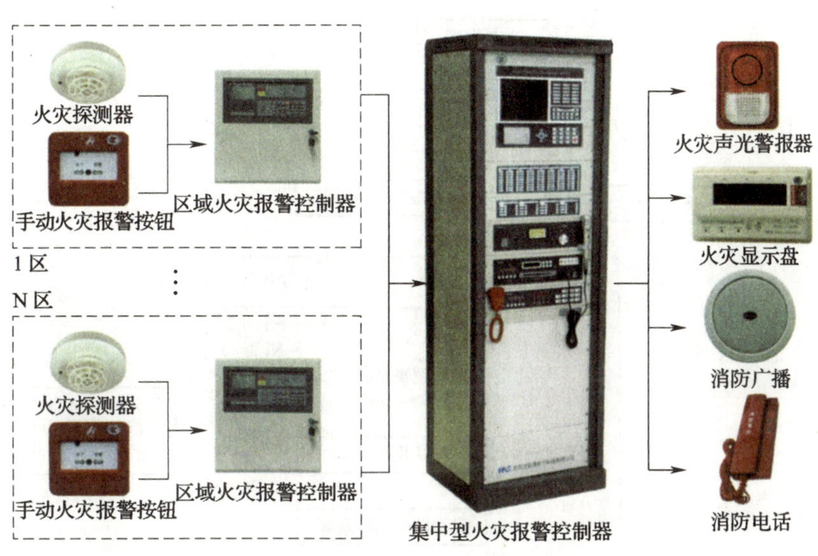

图 6–1–3 集中报警系统示意图

集中报警系统的工作原理为：集中报警系统的火灾报警逻辑与区域报警系统相同，因集中报警系统中有消防联动控制系统，故在系统发生报警后，火灾报警控制器对消防联动控制器下达联动控制指令，消防联动控制器按照预设的逻辑关系对接收到的触发信号进行识别判断，当满足逻辑关系条件时，消防联动控制器按照预设的控制时序启动相应自动消防系统，实现预设的消防功能，与此同时，消防联动控制器接收并显示消防系统动作的反馈信息；消防控制室的消防管理人员也可通过操作消防联动控制器上的手动控制盘直接启动相应的消防系统，从而实现相应消防系统预设的消防功能，消防联动控制器接收并显示消防系统动作的反馈信息。集中报警系统的工作原理如图 6–1–4 所示。

3. 控制中心报警系统

（1）控制中心报警系统的定义

由消防控制室的消防控制设备、集中火灾报警控制器、区域火灾报警控制器和火灾探测器等组成，或由消防控制室的消防控制设备、火灾报警控制器、区域显示器和火灾探测器等组成，功能复杂的火灾自动报警系统称为控制中心报警系统。

（2）控制中心报警系统的组成及工作原理

控制中心报警系统主要由火灾探测器、手动火灾报警按钮、火灾声光警报器、消防应急广播、消防专用电话、消防控制室图形显示装置、控制中心型火灾报警控制器、消防联动控制系统等组成，且包含两个及两个以上集中报警系统，如图 6–1–5 所示。设置两个及两个以上消防控制室的保护对象，或已设置两个及两个以上集中报警系统的保护对象，应采用控制中心报警系统。

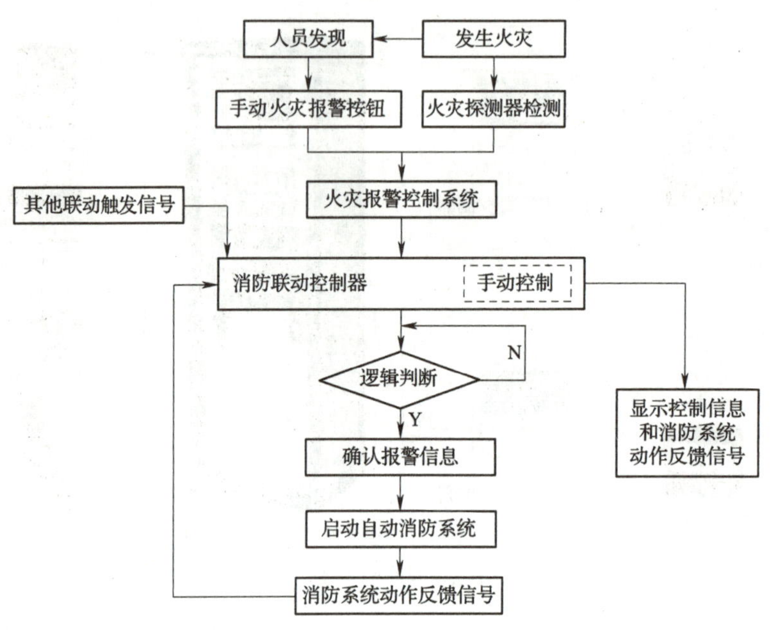

图 6-1-4　集中报警系统工作原理

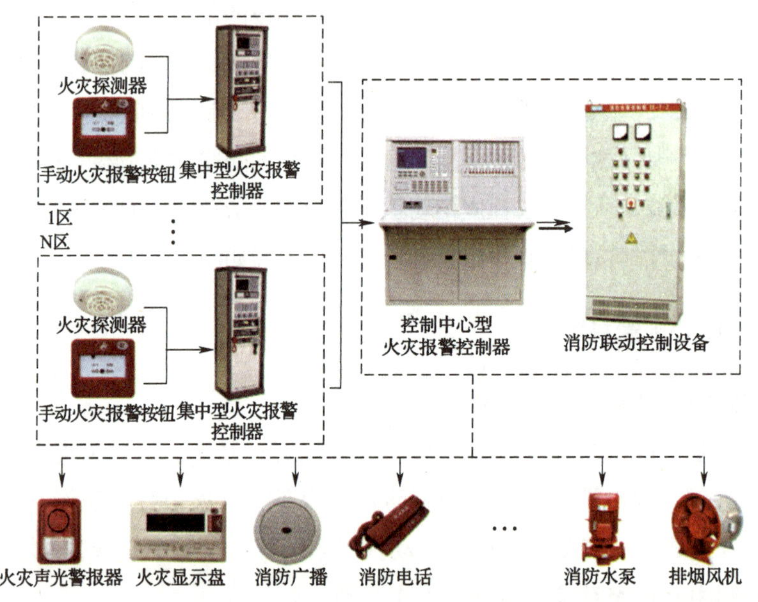

图 6-1-5　控制中心报警系统示意图

控制中心报警系统的工作原理与集中报警系统基本相同。值得注意的是，当有两个及两个以上消防控制室时，应确定一个主消防控制室。主消防控制室应能显示所有火灾报警信号和联动控制状态信号，并应能控制重要的消防设备；各分消防控制室内消防设备之间可互相传输、显示状态信息，但不应互相控制。

培训项目 2 自动灭火系统基本知识

【培训重点】

1. 了解自动灭火系统设置场所及部位。
2. 熟练掌握自动灭火系统的定义、分类及适用范围。
3. 熟练掌握自动灭火系统的组成及工作原理。
4. 掌握自动喷水灭火系统设置场所危险等级的划分。
5. 掌握气体灭火系统防护区的设置要求。

一、自动喷水灭火系统

1. 自动喷水灭火系统的定义及作用

自动喷水灭火系统是由洒水喷头、报警阀组、水流报警装置（水流指示器或压力开关）等组件以及管道、供水设施等组成，能在发生火灾时喷水的自动灭火系统。该系统主要用于扑救建（构）筑物初期火灾，平时处于准工作状态，当设置场所发生火灾时，喷头或报警控制装置探测火灾信号后立即自动启动喷水灭火，具有安全可靠、经济实用、灭火成功率高等优点。

2. 自动喷水灭火系统的设置场所及部位

自动喷水灭火系统是最常见的自动灭火系统。根据《建筑设计防火规范》（GB 50016）的规定，自动喷水灭火系统的设置场所分为厂房、仓库和民用建筑三大类。

（1）厂房或生产部位

除不宜用水保护或灭火的场所外，下列厂房或生产部位应设置自动灭火系统，并宜采用自动喷水灭火系统。

1）不小于 50 000 纱锭的棉纺厂的开包、清花车间，不小于 5 000 锭的麻纺厂的分级、梳麻车间，火柴厂的烤梗、筛选部位。

2）占地面积大于 1 500 m² 或总建筑面积大于 3 000 m² 的单、多层制鞋、制衣、玩具及电子等类似生产的厂房。

3）占地面积大于 1 500 m² 的木器厂房。

4）泡沫塑料厂的预发、成型、切片、压花部位。

5）高层乙、丙类厂房。

6）建筑面积大于 500 m² 的地下或半地下丙类厂房。

（2）仓库

除不宜用水保护或灭火的仓库外，下列仓库应设置自动灭火系统，并宜采用自动喷水灭火系统。

1）每座占地面积大于 1 000 m² 的棉、毛、丝、麻、化纤、毛皮及其制品的仓库。需要注意的是，单层占地面积不大于 2 000 m² 的棉花库房，可不设置自动喷水灭火系统。

2）每座占地面积大于 600 m² 的火柴仓库。

3）邮政建筑内建筑面积大于 500 m² 的空邮袋库。

4）可燃、难燃物品的高架仓库和高层仓库。

5）设计温度高于 0℃的高架冷库，设计温度高于 0℃且每个防火分区建筑面积大于 1 500 m² 的非高架冷库。

6）总建筑面积大于 500 m² 的可燃物品地下仓库。

7）每座占地面积大于 1 500 m² 或总建筑面积大于 3 000 m² 的其他单层或多层丙类物品仓库。

（3）高层民用建筑或场所

除不宜用水保护或灭火的场所外，下列高层民用建筑或场所应设置自动灭火系统，并宜采用自动喷水灭火系统。

1）一类高层公共建筑（除游泳池、溜冰场外）及其地下、半地下室。

2）二类高层公共建筑及其地下、半地下室的公共活动用房、走道、办公室和旅馆的客房、可燃物品库房、自动扶梯底部。

3）高层民用建筑内的歌舞娱乐放映游艺场所。

4）建筑高度大于 100 m 的住宅建筑。

（4）单、多层民用建筑或场所

除不适用水保护或灭火的场所外，下列单、多层民用建筑或场所应设置自动灭火系统，并宜采用自动喷水灭火系统。

1）特等、甲等剧场，超过 1 500 个座位的其他等级的剧场，超过 2 000 个座位的会堂或礼堂，超过 3 000 个座位的体育馆，超过 5 000 人的体育场的室内人员休息室与器材间等。

2）任一层建筑面积大于 1 500 m² 或总建筑面积大于 3 000 m² 的展览、商店、餐饮和旅馆建筑以及医院中同样建筑规模的病房楼、门诊楼和手术部。

3）设置送回风道（管）的集中空气调节系统且总建筑面积大于 3 000 m² 的办公建筑等。

4）藏书量超过 50 万册的图书馆。

5）大、中型幼儿园，老年人照料设施。

6）总建筑面积大于 500 m² 的地下或半地下商店。

7）设置在地下或半地下或地上四层及以上楼层的歌舞娱乐放映游艺场所（除游泳场所外），设置在首层、二层和三层且任一层建筑面积大于 300 m² 的地上歌舞娱乐放映游艺场所（除游泳场所外）。

（5）雨淋系统的设置场所和部位

下列建筑或部位应设置雨淋自动喷水灭火系统。

1）火柴厂的氯酸钾压碾厂房，建筑面积大于 100 m² 且生产或使用硝化棉、喷漆棉、火胶棉、赛璐珞胶片、硝化纤维的厂房。

2）乒乓球厂的轧坯、切片、磨球、分球检验部位。

3）建筑面积大于 60 m² 或储存量大于 2 t 的硝化棉、喷漆棉、火胶棉、赛璐珞胶片、硝化纤维的仓库。

4）日装瓶数量大于 3 000 瓶的液化石油气储配站的灌瓶间、实瓶库。

5）特等、甲等剧场，超过 1 500 个座位的其他等级剧场和超过 2 000 个座位的会堂或礼堂的舞台葡萄架下部。

6）建筑面积不小于 400 m² 的演播室，建筑面积不小于 500 m² 的电影摄影棚。

（6）水幕系统的设置场所和部位

下列部位宜设置水幕系统。

1）特等、甲等剧场，超过 1 500 个座位的其他等级的剧场，超过 2 000 个座位的会堂或礼堂和高层民用建筑内超过800个座位的剧场或礼堂的舞台口及上述场所内与舞台相连的侧台、后台的洞口。

2）应设置防火墙等防火分隔物而无法设置的局部开口部位。

3）需要防护冷却的防火卷帘或防火幕的上部。

3. 自动喷水灭火系统设置场所危险等级的划分

根据火灾荷载、室内空间条件、人员密集程度、采用自动喷水灭火系统扑救初期火灾的难易程度，以及疏散及外部增援条件等因素，将自动喷水灭火系统的设置场所危险等级划分为以下四类八级。

（1）轻危险级

一般是指可燃物品较少、火灾放热速率较低、外部增援和人员疏散较容易的场所，如住宅、幼儿园、老年人建筑，建筑高度为24 m及以下的旅馆、办公楼，仅在走道设置闭式系统的建筑等。

（2）中危险级

一般是指内部可燃物数量、火灾放热速率中等，火灾初期不会引起剧烈燃烧的场所。大部分民用建筑和工业厂房划归中危险级。根据此类场所种类多、范围广的特点，其又分为中危险Ⅰ级和中危险Ⅱ级。

1）中危险Ⅰ级

①高层民用建筑。旅馆、办公楼、综合楼、邮政楼、金融电信楼、指挥调度楼、广播电视楼（塔）等。

②公共建筑（含单、多、高层）。医院、疗养院；图书馆（书库除外）、档案馆、展览馆（厅）；影剧院、音乐厅和礼堂（舞台除外）及其他娱乐场所；火车站、机场及码头的建筑；总建筑面积小于5 000 m² 的商场，总建筑面积小于1 000 m² 的地下商场等。

③文化遗产建筑。木结构古建筑、国家文物保护单位等。

④工业建筑。食品、家用电器、玻璃制品等工厂的备料与生产车间等；冷藏库、钢屋架等构件建筑。

2）中危险Ⅱ级

①民用建筑。书库，舞台（葡萄架除外），汽车停车场（库），总建筑面积5 000 m² 及以上的商场，总建筑面积1 000 m² 及以上的地下商场，净空高度不超过8 m、物品高度不超过3.5 m的超级市场等。

②工业建筑。棉毛麻丝及化纤的纺织、织物及制品，木材木器及胶合板，谷物加工，烟草及制品，饮用酒（啤酒除外），皮革及制品，造纸及纸制品，制药等工厂的备料与生产车间等。

（3）严重危险级

一般是指火灾危险性大，且可燃物品数量多，火灾发生时容易引起猛烈燃烧并可能迅速蔓延的场所。严重危险级可细分为严重危险Ⅰ级和严重危险Ⅱ级。严重危险Ⅰ级一般是指印刷厂、酒精制品、可燃液体制品等工厂的备料及生产车间，净空高度超过 8 m、物品高度超过 3.5 m 的超级市场等。严重危险Ⅱ级一般是指易燃液体喷雾操作区域，固体易燃物品、可燃的气溶胶制品、溶剂清洗、喷涂油漆、沥青制品等工厂的备料及生产车间，摄影棚、舞台葡萄架下部等。

（4）仓库火灾危险级

根据仓库储存物品及其包装材料的火灾危险性，将仓库火灾危险等级划分为Ⅰ、Ⅱ、Ⅲ级。仓库火灾危险Ⅰ级一般是指储存食品、烟酒以及用木箱、纸箱包装的不燃或难燃物品的场所。仓库火灾危险Ⅱ级一般是指储存木材、纸、皮革、谷物及制品、棉毛麻丝化纤及制品、家用电器、电缆、B 组塑料与橡胶及其制品、钢塑混合材料制品等物品和用各种塑料瓶、盒包装的不燃物品及各类物品混杂储存的场所。仓库火灾危险Ⅲ级一般是指储存 A 组塑料与橡胶及其制品、沥青制品等物品的场所。

4. 自动喷水灭火系统的分类、含义与适用范围

自动喷水灭火系统的分类、含义与适用范围见表 6–2–1。

表 6–2–1　　自动喷水灭火系统的分类、含义与适用范围

类别	类型名称	含义及特点	适用范围
闭式系统	湿式系统	准工作状态时配水管道内充满用于启动系统的有压水，火灾发生时喷头受热开放后即能喷水灭火，系统响应速度较快	环境温度不低于 4℃且不高于 70℃的场所
	干式系统	准工作状态时配水管道内充满用于启动系统的有压气体，火灾发生时喷头受热开放，配水管道排气充水后喷水灭火，系统响应速度比湿式系统慢	环境温度低于 4℃或高于 70℃的场所，但不适用于可能发生蔓延速度较快火灾的场所
	预作用系统	准工作状态时配水管道内不充水，发生火灾时由火灾自动报警系统、充气管道上的压力开关联锁控制预作用装置和启动消防水泵向配水管道供水，喷头受热开放后喷水灭火。该系统综合了湿式系统和干式系统的优点，可有效避免因喷头误动作而造成的水渍损失	（1）系统处于准工作状态时严禁误喷的场所 （2）系统处于准工作状态时严禁管道充水的场所 （3）用于替代干式系统的场所
	重复启闭预作用系统	该系统与常规预作用系统的不同之处，在于扑灭火灾后能自动关闭报警阀、停止喷水、发生复燃时又能再次开启报警阀恢复喷水	灭火后必须及时停止喷水，要求减少不必要水渍损失的场所

续表

类别	类型名称	含义及特点	适用范围
开式系统	雨淋系统	发生火灾时由火灾自动报警系统或传动管控制，自动开启雨淋报警阀组和启动消防水泵，与该雨淋报警阀连接的所有开式喷头同时喷水灭火	（1）火灾的水平蔓延速度快、闭式洒水喷头的开放不能及时使喷水有效覆盖着火区域的场所 （2）室内净空高度超过闭式系统最大允许净空高度，且必须迅速扑救初期火灾的场所 （3）严重危险级Ⅱ级的场所
	水幕系统	该系统不具备直接灭火的能力，主要用于发生火灾时通过密集喷洒形成水墙或水帘，达到阻隔火蔓延及热扩散的目的，或直接喷洒到被保护对象上，达到冷却、降温的目的	（1）设置防火卷帘或防火幕等简易防火分隔物的上部 （2）不能用防火墙分隔的开口部位（如舞台口） （3）相邻建筑物之间的防火间距不能满足要求时，建筑物外墙上的门、窗、洞口处 （4）石油化工企业中的防火分区或生产装置设备之间 （5）其他需要进行水幕保护或防火隔断的部位

5. 自动喷水灭火系统的组成与工作原理

（1）湿式系统

湿式系统主要由闭式喷头、湿式报警阀组、水流指示器、末端试水装置、管道和供水设施等组成，如图 6–2–1 所示。

湿式系统的工作原理为：湿式系统在准工作状态时，由消防水箱或稳压泵、气压给水设备等稳压设施维持管道内充水的压力；发生火灾时，火源周围环境温度上升，闭式喷头受热后开启喷水，水流指示器动作并反馈信号至消防控制中心报警控制器，指示起火区域，湿式报警阀系统侧（沿供水方向，报警阀后为系统侧，下同）压力下降，造成湿式报警阀水源侧（沿供水方向，报警阀前为水源侧，下同）压力大于系统侧压力，湿式报警阀被自动打开，消防水箱出水管上的流量开关、消防水泵出水管上的压力开关或报警阀组的压力开关动作并输出启动消防水泵信号，完成系统的启动；系统启动后，由消防水泵向开放的喷头供水，开放的喷头将供水按不低于设计规定的喷水强度均匀喷洒，实施灭火。湿式系统的工作原理如图 6–2–2 所示。

（2）干式系统

干式系统主要由闭式喷头、干式报警阀组、充气设备、末端试水装置、管道及供水设施等组成，如图 6–2–3 所示。

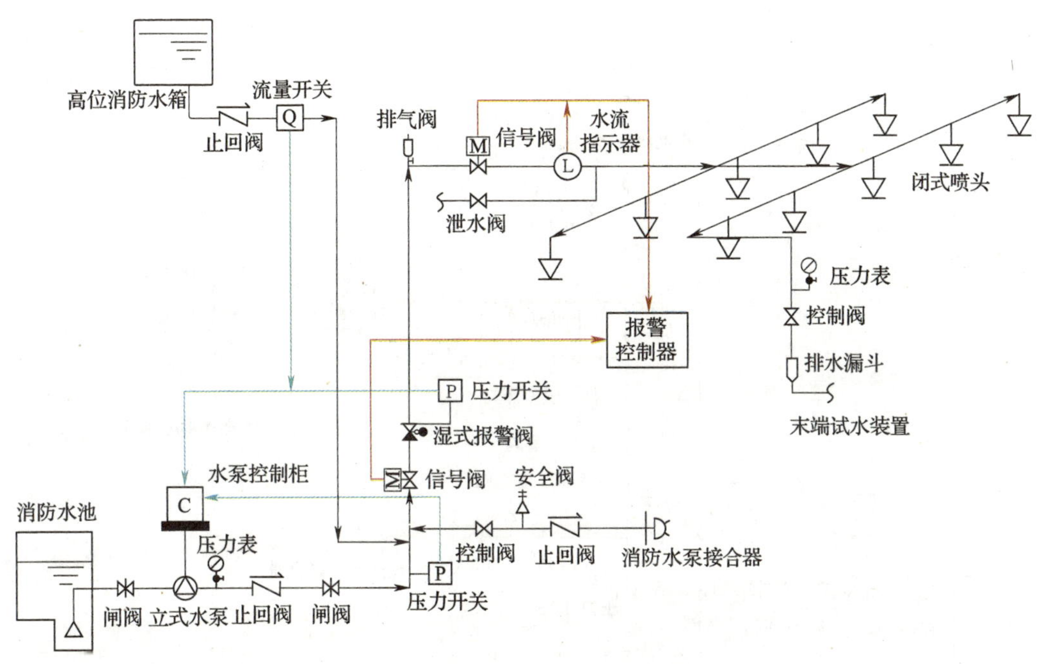

图 6-2-1 湿式系统组成示意图

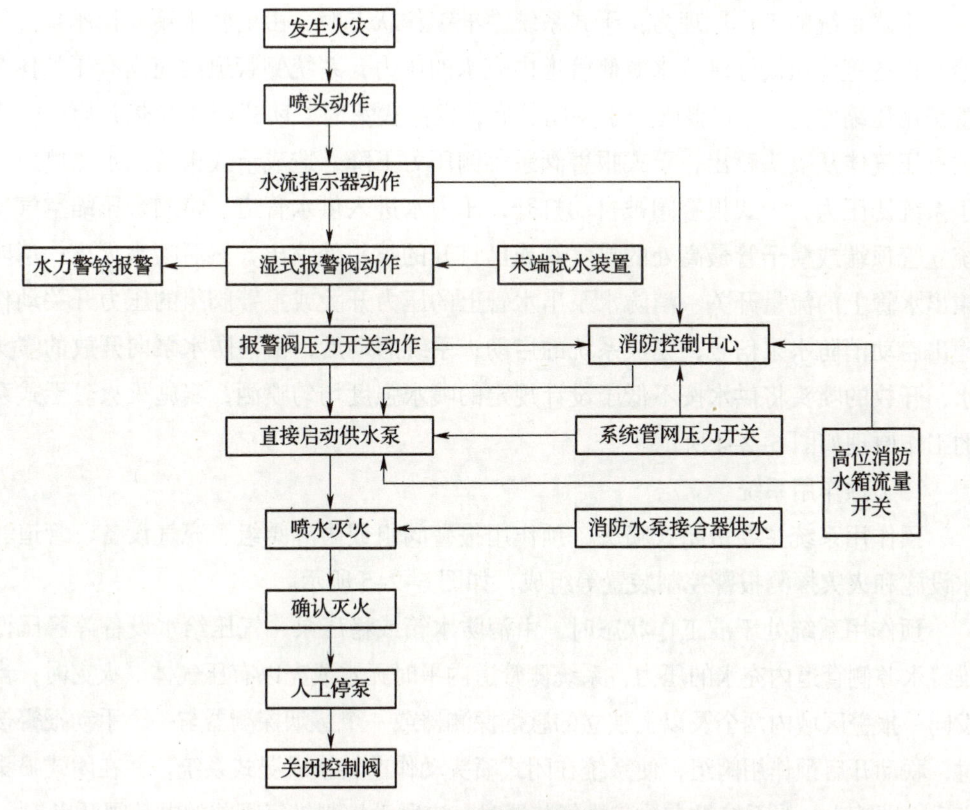

图 6-2-2 湿式系统工作原理

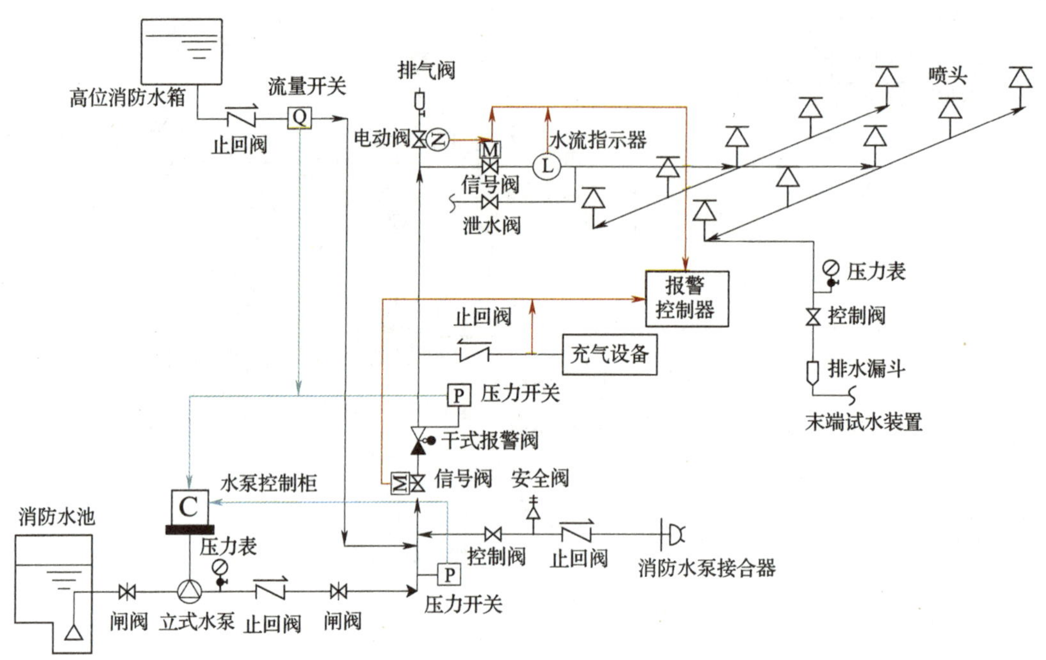

图 6-2-3 干式系统组成示意图

干式系统的工作原理为：干式系统在准工作状态时，由消防水箱或稳压泵、气压给水设备等稳压设施维持水源侧管道内充水的压力，系统侧管道内充满有压气体（通常采用压缩空气），报警阀处于关闭状态；发生火灾时，闭式喷头受热开启，管道中的有压气体从喷头喷出，干式报警阀系统侧压力下降，造成干式报警阀水源侧压力大于系统侧压力，干式报警阀被自动打开，压力水进入供水管道，将剩余压缩空气从系统立管顶端或横干管最高处的排气阀或已打开的喷头处喷出，然后喷水灭火；消防水箱出水管上的流量开关、消防水泵出水管上的压力开关或报警阀组的压力开关动作并输出启动消防水泵信号，完成系统的启动；系统启动后，由消防水泵向开放的喷头供水，开放的喷头将供水按不低于设计规定的喷水强度均匀喷洒，实施灭火。干式系统的工作原理如图 6-2-4 所示。

（3）预作用系统

预作用系统主要由闭式喷头、预作用报警阀组或雨淋阀组、充气设备、管道、供水设施和火灾探测报警控制装置等组成，如图 6-2-5 所示。

预作用系统处于准工作状态时，由消防水箱或稳压泵、气压给水设备等稳压设施维持水源侧管道内充水的压力，系统侧管道内平时无水或充以有压气体。火灾时，当触发同一报警区域内两个及以上独立的感烟探测器或一个感烟探测器与一个手动报警按钮时，联动开启预作用阀组，使系统在闭式喷头动作前转换成湿式系统，并在闭式喷头开启后立即喷水。当系统设有快速排气装置时，应联动控制排气阀前的电动阀开启。

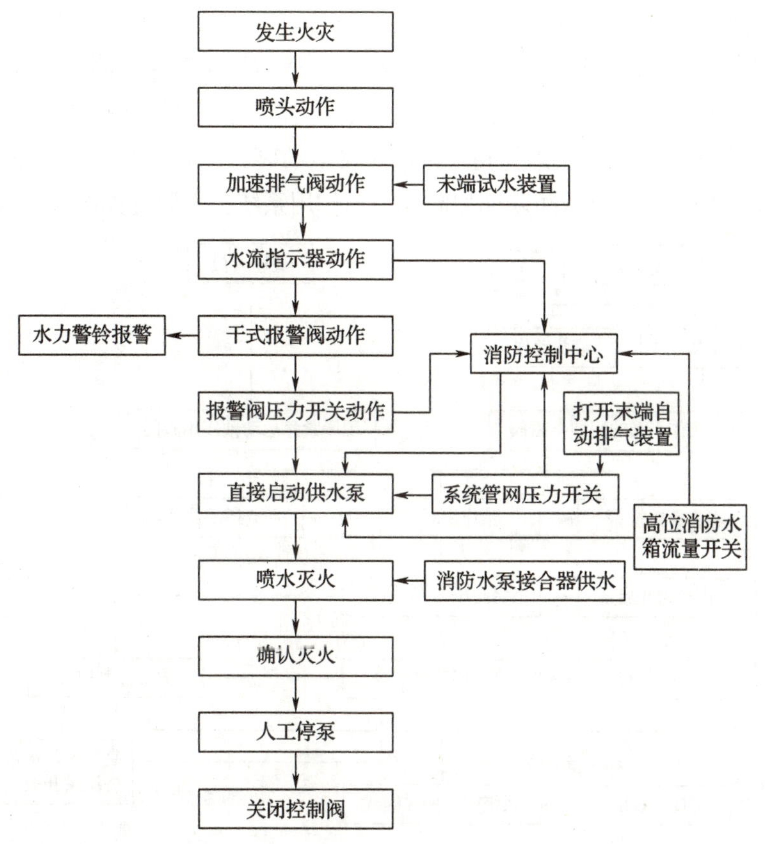

图 6-2-4 干式系统工作原理

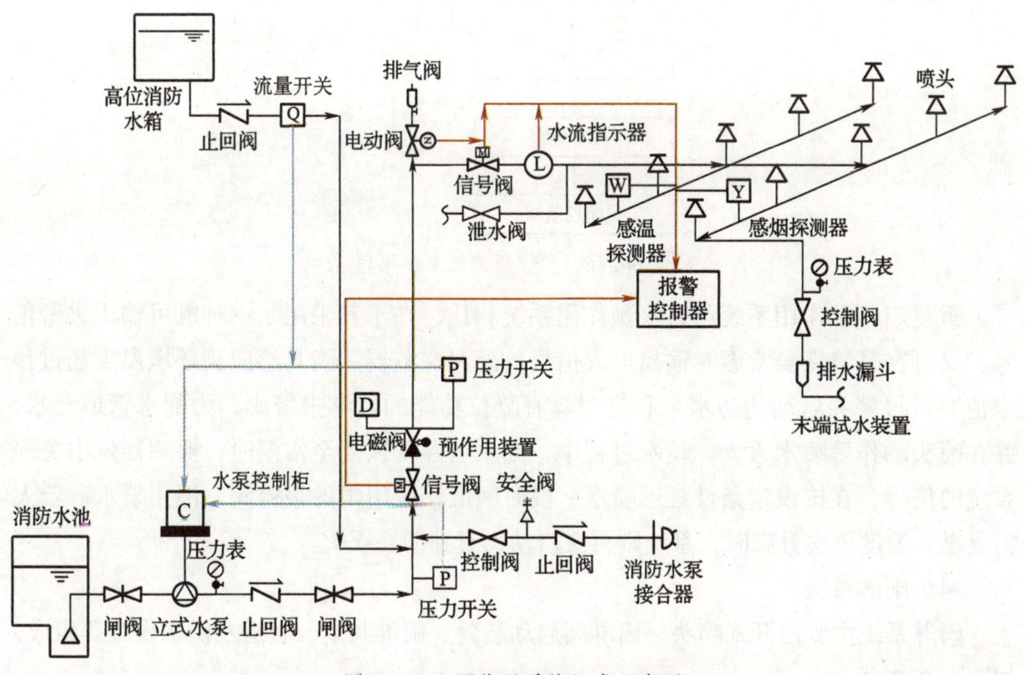

图 6-2-5 预作用系统组成示意图

火灾发生时，若火灾探测系统不能发出报警信号启动预作用阀使配水管道充水，也能够因喷头在高温作用下自行开启，使配水管道内气压迅速下降，引起压力开关报警并启动预作用阀组供水灭火。预作用系统的配水管道应设快速排气阀，以便火灾时配水管快速排气后充水。在排气阀入口前应设电动阀，该阀平时常闭，系统充水时开启，其动作信号应反馈至消防联动控制器。预作用系统工作原理如图 6–2–6 所示。

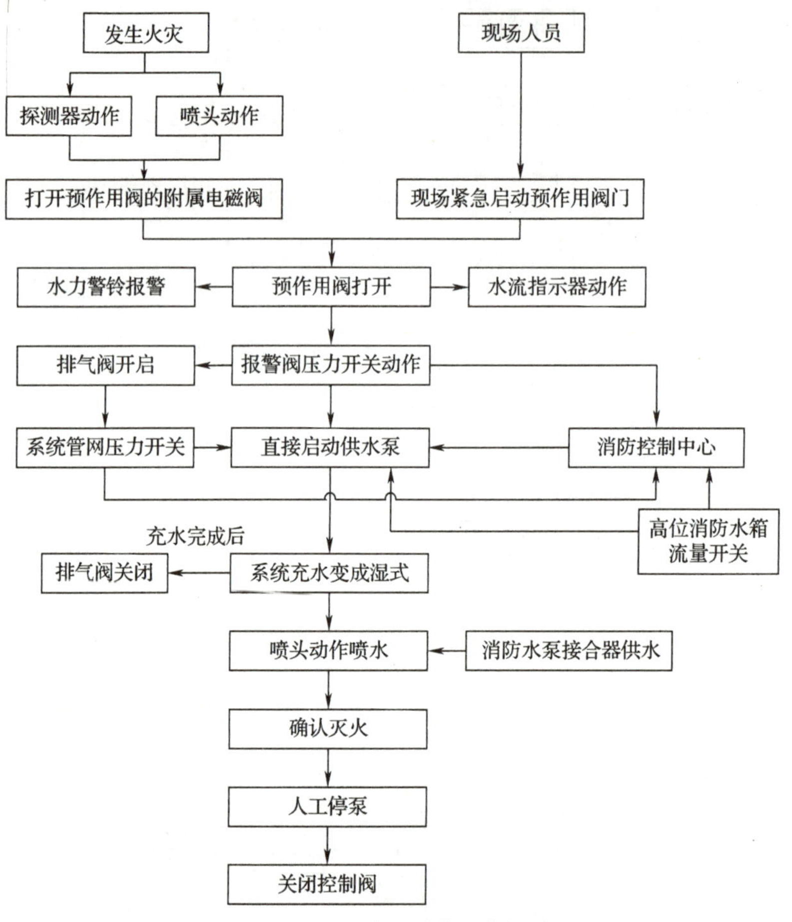

图 6–2–6　预作用系统工作原理

重复启闭预作用系统与常规预作用系统相比，在于其采用了一种既可输出火警信号，又可在环境恢复常温时输出灭火信号的感温探测器。当其感应到环境温度超过预定值时，报警并启动消防水泵和打开具有复位功能的雨淋报警阀，为配水管道充水，并在喷头动作后喷水灭火。喷水过程中，当火场温度恢复至常温时，探测器发出关停系统的信号，在按设定条件延迟喷水一段时间后，关闭雨淋报警阀，停止喷水。若火灾复燃、温度再次升高时，系统则再次启动，直到彻底灭火。

（4）雨淋系统

雨淋系统主要由开式喷头、雨淋阀启动装置、雨淋阀组、管道及供水设施等组成，如图 6–2–7 所示。

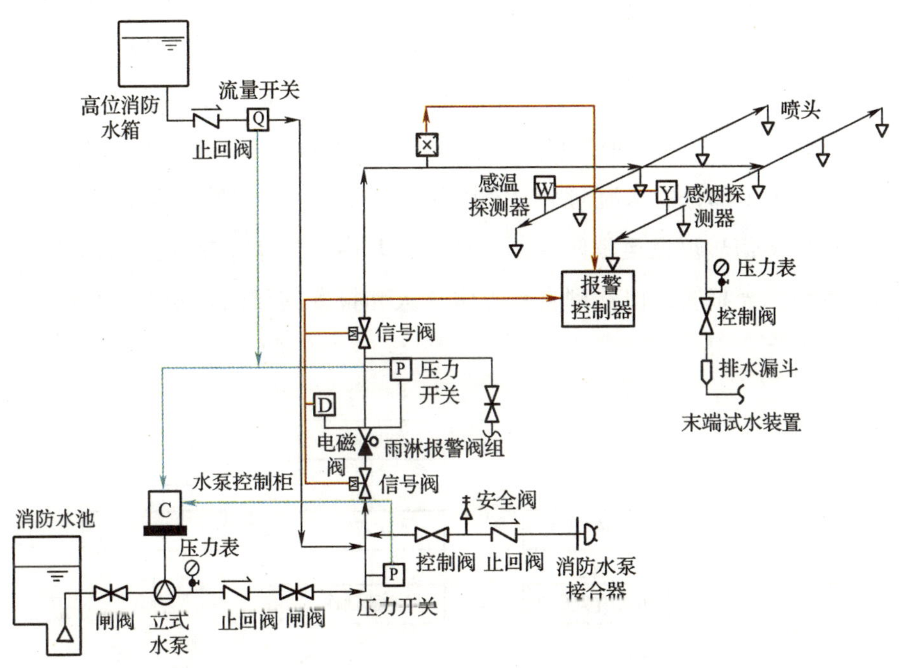

a）

b）

图 6-2-7　雨淋系统组成示意图

a）电动启动雨淋系统的组成　b）充液传动管启动雨淋系统的组成

雨淋系统处于准工作状态时，由消防水箱或稳压泵、气压给水设备等稳压设施维持水源侧管道内充水的压力。当保护区域内发生火情时，火灾自动报警系统联动开启电磁阀泄压或传动管上的洒水喷头动作泄压，使控制腔内压力迅速降低，供水侧与控制腔内压力形成压差，阀瓣组件瞬间开启，供水侧的水流入系统侧管网上的洒水喷头供水灭火，其中少部分的水流向水力警铃及压力开关，水力警铃发出连续的报警声，压力开关动作将信号反馈至消防控制中心，同时启动供水泵持续给水，消防控制中心联动控制声、光报警，以达到自动喷水灭火和报警的目的。雨淋系统的工作原理如图 6–2–8 所示。

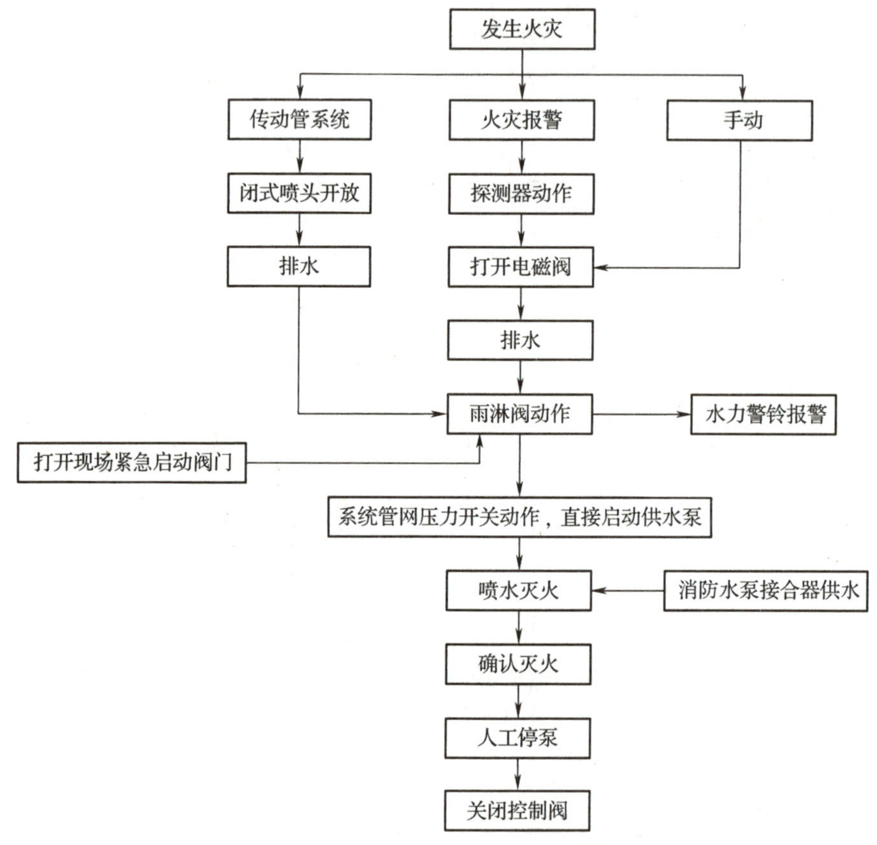

图 6–2–8　雨淋系统工作原理

（5）水幕系统

水幕系统是自动喷水灭火系统中唯一的一种不以灭火为主要目的的系统。水幕系统由开式喷头或水幕喷头、雨淋报警阀组或感温雨淋报警阀等组成，分为防火分隔水幕和防护冷却水幕两种，其工作原理与雨淋系统基本相同，在此不做赘述。

二、气体灭火系统

1. 气体灭火系统的定义及作用

气体灭火系统是以气体为主要灭火介质的灭火系统，通过这些气体在整个防护区内或保护对象周围的局部区域建立起灭火浓度实现灭火。由于其特有的性能特点，气体灭火系统主要用于保护某些特定场合，是建筑物内安装的灭火设施中的一种重要形式。目前，在民用建筑的灭火系统中，气体灭火系统的使用仅次于水灭火系统，在通信机房、变配电室、电子信息机房、档案资料室、博物馆、图书馆等不宜用水扑救的场所得到了广泛的应用。

2. 气体灭火系统设置场所及部位

现行《建筑设计防火规范》（GB 50016）、《人民防空工程设计防火规范》（GB 50098）、《信息系统机房设计规范》（GB 50174）、《综合医院建筑设计规范》（GB 51039）、《有色金属工程设计防火规范》（GB 50630）等对气体灭火系统的设置场所和部位分别做了具体规定。例如，《建筑设计防火规范》（GB 50016）规定下列场所应设置自动灭火系统，并宜采用气体灭火系统。

（1）国家、省级或人口超过 100 万的城市广播电视发射塔内的微波机房、分米波机房、米波机房、变配电室和不间断电源（UPS）室。

（2）国际电信局、大区中心、省中心和 1 万路以上的地区中心内的长途程控交换机房、控制室和信令转接点室。

（3）2 万线以上的市话汇接局和 6 万门以上的市话端局内的程控交换机房、控制室和信令转接点室。

（4）中央及省级公安、防灾和网局级及以上的电力等调度指挥中心内的通信机房和控制室。

（5）A、B 级电子信息系统机房内的主机房和基本工作间的已记录磁（纸）介质库。

（6）中央和省级广播电视中心内建筑面积不小于 120 m^2 的音像制品库房。

（7）国家、省级或藏书量超过 100 万册的图书馆内的特藏库，中央和省级档案馆内的珍藏库和非纸质档案库，大、中型博物馆内的珍品库房，一级纸绢质文物的陈列室。

（8）其他特殊重要设备室。

3. 气体灭火系统的分类与适用范围

气体灭火系统按照使用的灭火剂不同，分为二氧化碳灭火系统、七氟丙烷灭火系统、惰性气体灭火系统和热气溶胶灭火系统。按装配形式的不同，气体灭火系统分为管网灭火系统和预制灭火系统（亦称无管网灭火装置）。按应用方式的不同，气体灭火系统分为全淹没气体灭火系统和局部应用气体灭火系统。按结构特点的不同，气体灭火系统分为单元独立灭火系统和组合分配灭火系统。按加压方式的不同，气体灭火系统分为自压式、内储压式和外储压式气体灭火系统。

（1）二氧化碳灭火系统

1）定义及特点。二氧化碳灭火系统是指在发生火灾时向保护对象释放二氧化碳灭火剂，用以减少空间中氧含量使燃烧达不到所必要的氧浓度的灭火系统。二氧化碳灭火剂是一种惰性气体，对燃烧具有良好的窒息作用，喷射出的液态和固态二氧化碳在汽化过程中要吸热，具有一定的冷却作用。二氧化碳灭火系统有高压系统（指灭火剂在常温下储存的系统）和低压系统（指将灭火剂在 -20 ～ -18℃低温下储存的系统）两种应用形式，如图 6-2-9 所示。

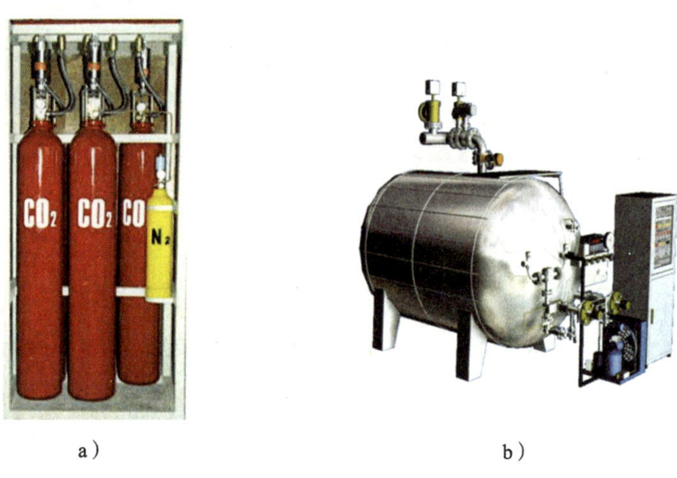

a）　　b）

图 6-2-9　二氧化碳灭火系统

a）高压二氧化碳灭火系统　b）低压二氧化碳灭火系统

2）适用范围。二氧化碳灭火系统适用于扑救灭火前可切断气源的气体火灾，液体火灾或石蜡、沥青等可熔化的固体火灾，固体表面火灾及棉毛、织物、纸张等部分固体深位火灾，电气火灾。二氧化碳灭火系统不适用于扑救硝化纤维、火药等含氧化剂的化学制品火灾，钾、钠、镁、钛、锆等活泼金属火灾，氰化钾、氰化钠等金属氰化物火灾。

（2）七氟丙烷灭火系统

1）定义及特点。七氟丙烷灭火系统是以七氟丙烷作为灭火介质的灭火系统，如图 6-2-10 所示。七氟丙烷灭火剂具有灭火能力强、全球温室效应潜能值小、臭氧层损耗能力为零、不会破坏大气环境、灭火后无残留物等特点。

2）适用范围。七氟丙烷灭火系统可用于扑救电气火灾，液体火灾或可熔化的固体火灾，固体表面火灾，灭火前应能切断气源的气体火灾。七氟丙烷灭火系统不得用于扑救硝化纤维、硝酸钠等含氧化剂的化学制品及混合物火灾，钾、钠、镁、钛、锆、铀等活泼金属火灾，氢化钾、氢化钠等金属氢化物火灾，过氧化氢、联胺等能自行分解的化学物质火灾。

（3）惰性气体灭火系统

1）定义及特点。惰性气体灭火系统是以惰性气体作为灭火介质的灭火系统。惰性气体灭火剂主要包括 IG—01、IG—100、IG—55 和 IG—541。其中 IG—01 由 100% 的氩气（Ar）组成，IG—100 由 100% 的氮气（N_2）组成，IG—55 是一种氮气、氩气组成的混合气体（其中含 50% 的 N_2、50% 的 Ar），IG—541 是一种氮气、氩气、CO_2 气体组成的混合气体（其中含 52% 的 N_2、40% 的 Ar、8% 的 CO_2）。由于惰性气体纯粹来自自然界，是一种无毒、无色、无味、惰性及不导电的纯“绿色”压缩气体，故惰性气体灭火系统又称为洁净气体灭火系统。惰性气体灭火系统如图 6–2–11 所示。

图 6–2–10 七氟丙烷灭火系统

图 6–2–11 惰性气体灭火系统

2）适用范围。惰性气体灭火系统适用于扑救 A 类（表面火）、B 类、C 类及电气火灾，可用于保护经常有人的场所。

（4）热气溶胶灭火系统

1）定义及特点。热气溶胶灭火系统是以由固体化学混合物（热气溶胶发生剂）经燃烧反应生成具有灭火性质的气溶胶作为灭火介质的灭火系统。由于热气溶胶中 60% 以上是由氮气等气体组成，其中含有的固体微粒平均粒径极小（小于 1 μm），并具有气体的特性（不易降落、可以绕过障碍物等），故在工程应用上把热气溶胶当作气体灭火剂使用。按气溶胶发生剂的主化学组分可分为 S 型热气溶胶、K 型热气溶胶和其他型热气溶胶。热气溶胶灭火系统如图 6–2–12 所示。

2）适用范围。热气溶胶预制灭火系统不应设置在人员密集场所、有爆炸危险性的场所及有超净要求的场所，K 型及其他型热气溶胶预制灭火系统不得用于电子计算机房、通信机房等场所。

（5）管网灭火系统

1）定义及特点。管网灭火系统是指按一定的应用条件进行设计计算，将灭火剂从储存装置经由干管、支管输送至喷放组件实施喷放的灭火系统，如图 6–2–13 所示。

图 6–2–12　热气溶胶灭火系统

图 6–2–13　管网灭火系统

2）适用范围。管网灭火系统需设单独储瓶间，气体喷放需通过放在保护区内的管网系统进行，适用于计算机房、档案馆、贵重物品仓库、电信中心等较大空间的保护区。

（6）预制灭火系统

1）定义及特点。预制灭火系统是指按一定的应用条件，将灭火剂储存装置和喷放组件等预先设计、组装成套且具有联动控制功能的灭火系统。该系统又分为柜式预制灭火系统和悬挂式预制灭火系统两种类型，如图 6–2–14 所示。

2）适用范围。预制灭火系统不设储瓶间，储气瓶及整个装置均设置在保护区内，安装灵活方便，外形美观且轻便可移动，适用于较小的、无特殊要求的防护区。

a）

b）

图 6–2–14　预制灭火系统示意图

a）柜式预制灭火系统　b）悬挂式预制灭火系统

（7）全淹没气体灭火系统

1）定义及特点。全淹没气体灭火系统是指在规定的时间内，向防护区喷射设计规定用量的气体灭火剂，并使其均匀地充满整个防护区的气体灭火系统。全淹没气体灭火系统的喷头均匀布置在保护房间的顶部，喷射的灭火剂能在封闭空间内迅速形成浓度比较均匀的灭火剂气体与空气的混合气体，并在灭火必需的“浸渍”时间内维持灭火浓度，即通过灭火剂气体将封闭空间淹没实施灭火，如图 6–2–15 所示。

2）适用范围。全淹没气体灭火系统适用于扑救液体火灾，灭火前能切断气源的气体火灾，电气火灾，固体表面火灾。全淹没气体灭火系统不适用于扑救可燃固体物质的深位火灾，硝酸钠、硝化纤维等氧化剂或氧化剂的化学制品火灾，能自行分解的化学物质火灾，氢化钠、氢化钾等金属氢化物火灾，钠、钾、镁等活泼金属火灾。

（8）局部应用气体灭火系统

1）定义及特点。局部应用气体灭火系统是指在规定时间内向保护对象以设计喷射率直接喷射灭火剂，并持续一定时间的灭火系统。局部应用气体灭火系统的喷头均匀布置在保护对象的周围，将灭火剂直接而集中地喷射到燃烧着的物体上，并在燃烧物周围局部范围内形成灭火浓度实施灭火，如图 6–2–16 所示。

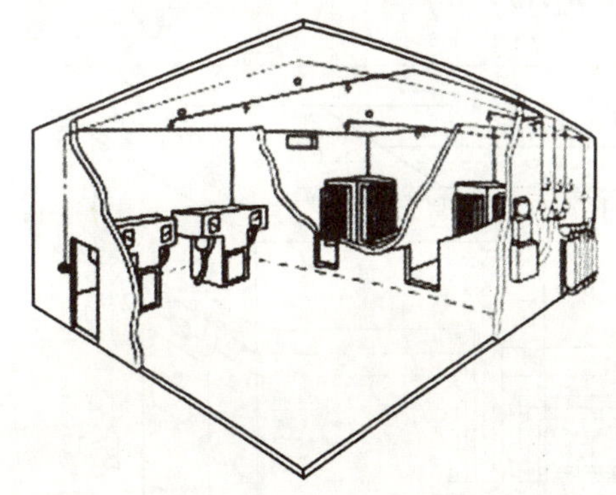

图 6–2–15 全淹没气体灭火系统示意图

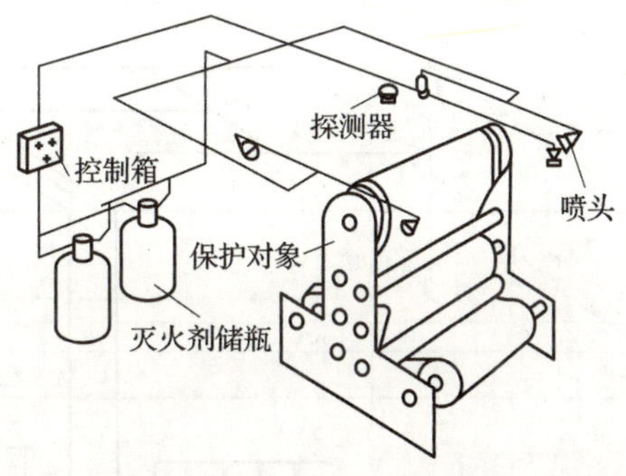

图 6–2–16 局部应用气体灭火系统示意图

2）适用范围。局部应用气体灭火系统适用于扑救在灭火过程中不能封闭，或是能够封闭但不符合全淹没灭火系统要求的表面火灾，如非封闭的自动生产线、货物传送带、移动性产品加工间、轧机、喷漆棚、注油变压器、浸油罐和蒸汽泄放口等。

（9）单元独立灭火系统

1）定义及特点。单元独立灭火系统是指用一套灭火剂储存装置保护一个防护区或保护对象的灭火系统，如图 6–2–17 所示。

2）适用范围。单元独立灭火系统不设选择阀，对于需设置气体灭火系统的每个防护区或保护对象分别单独设置灭火剂储存装置。单元独立灭火系统适用于防护区在位置上是单独的，离其他防护区较远不便于组合，或是防火区存在同时着火的可能性的情况。

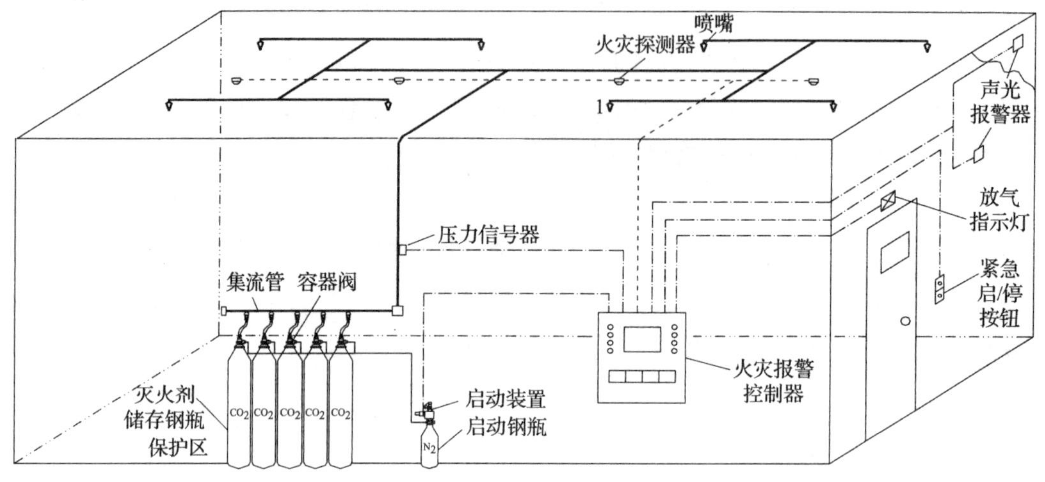

图 6-2-17 单元独立灭火系统示意图

（10）组合分配灭火系统

1）定义及特点。组合分配灭火系统是指用一套灭火剂储存装置保护两个及两个以上防护区或保护对象的灭火系统，如图 6-2-18 所示。

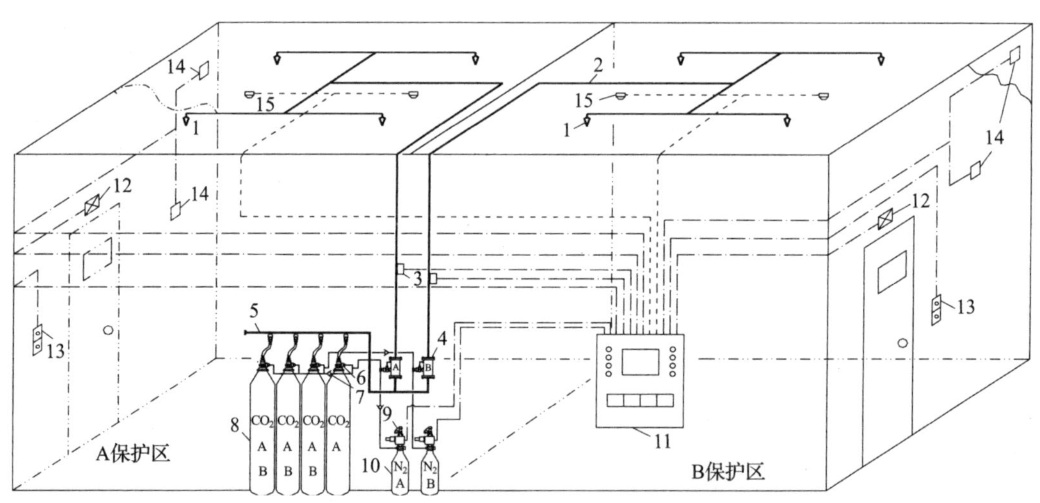

图 6-2-18 组合分配灭火系统示意图

1—喷嘴 2—管道 3—压力信号器 4—选择阀 5—集流管 6—容器阀 7—单向阀 8—储存容器 9—启动装置 10—氮气瓶 11—火灾报警控制器 12—放气指示灯 13—紧急启停按钮 14—声光报警器 15—火灾探测器

2）适用范围。组合分配灭火系统通过选择阀的控制，实现灭火剂的定向释放，具有减少灭火剂储量、节约建造成本、减少空间占用以及便于维护管理等优点。组合分配灭火系统适用于多个不会同时着火的相邻防护区或保护对象。

（11）自压式气体灭火系统

1）定义及特点。自压式气体灭火系统是指灭火剂瓶组中的灭火剂依靠自身压力进行输送的灭火系统。

2）适用范围。自压式气体灭火系统适用于三氟甲烷灭火系统、IG—541 灭火系统、IG—100 灭火系统、IG—55 灭火系统、IG—01 灭火系统、二氧化碳灭火系统等。

（12）内储压式气体灭火系统

1）定义及特点。内储压式气体灭火系统是指灭火剂在瓶组内用驱动气体进行加压储存，系统动作时灭火剂靠瓶组内的充压气体进行输送的灭火系统。

2）适用范围。内储压式气体灭火系统适用于七氟丙烷灭火系统、六氟丙烷灭火系统、卤代烷 1211 灭火系统、卤代烷 1301 灭火系统等。

（13）外储压式气体灭火系统

1）定义及特点。外储压式气体灭火系统是指系统动作时气体灭火剂由专设的充压气体瓶组按设计压力对其进行充压的灭火系统。

2）适用范围。外储压式气体灭火系统适用于管道较长、灭火剂输送距离较远的场所。

4. 气体灭火系统的组成与工作原理

（1）管网气体灭火系统的组成与工作原理

管网气体灭火系统一般由灭火剂储存容器、驱动气体储存容器、容器阀、单向阀、选择阀、驱动装置、集流管、连接管、喷嘴、信号反馈装置、安全泄放装置、控制盘、检漏装置、管路管件及吊钩支架等部件组成，如图 6-2-18 所示。

管网气体灭火系统有自动控制、手动控制和机构应急操作三种启动方式。以组合分配系统为例，其工作原理如下：

1）自动控制。自动控制是指从火灾探测报警到关闭联动设备和释放灭火剂均由系统自动完成，不需人工干预的操作与控制方式。采用自动控制时，将灭火控制器（盘）控制方式置于“自动”位置，灭火系统处于自动控制状态。当某防护区发生火情，感烟火灾探测器、其他类型火灾探测器或手动火灾报警按钮发出首个联动触发信号后，灭火控制器（或火灾报警控制器）立即启动设置在该防护区的火灾声光警报器发出声、光报警信号；在接收到同一防护区域内与首次报警的火灾探测器或手动火灾报警按钮相邻的感温火灾探测器、火焰探测器或手动火灾报警按钮的第二个联动触发信号后，灭火控制器发出联动指令，关闭 / 停止联动设备（防护区域的送 / 排风机及送 / 排风阀门，通风和空气调节系统，防火阀门，防护区域的门、窗等），经过设定的延时时间（不大于 30 s）后发出灭火指令，打开与该防护区相应的电磁阀释放启动气体，启动气体通过启动管路打开相应的选择阀和灭火剂储存容器瓶头阀释放灭火剂，各瓶组的灭火剂经连接管汇集到集流管，通过选择阀到达安装在防护区内的喷嘴进行喷放灭火，同时安装在管路上的信号反馈装置动作，信号传送到控制器，由灭火控制器启动防护区外指示气体喷洒的火灾声光警报器。气体灭火系统自动控制工作原理如图 6–2–19 所示。

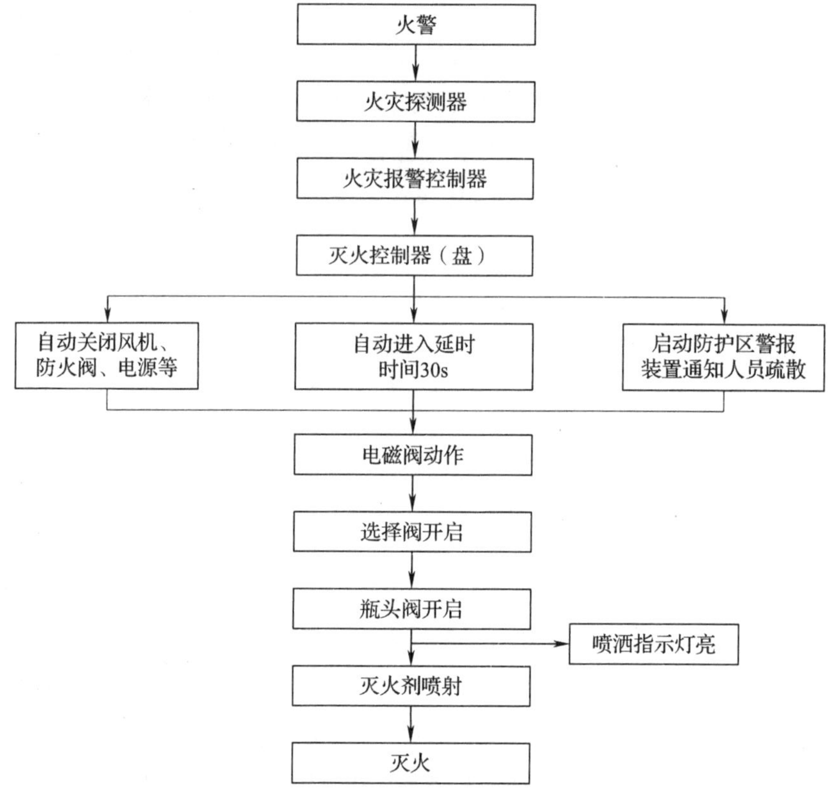

图 6–2–19　气体灭火系统自动控制工作原理

对于平时无人工作的防护区可设置为无延迟的喷射，在接收到满足联动逻辑关系的首个联动触发信号后即执行除启动气体灭火装置外的联动控制，在接收到第二个联动触发信号后启动气体灭火装置。

2）手动控制。手动控制是指人员发现起火或接到火灾自动报警信号并经确认后启动手动控制按钮，通过灭火控制器操作联动设备和释放灭火剂的操作与控制方式。采用手动控制时，将灭火控制器（盘）控制方式置于“手动”位置，灭火系统处于手动控制状态。当某防护区发生火情，在接收到报警信号后，灭火控制器（或火灾报警控制器）立即启动设置在该防护区的火灾声光警报器发出声、光报警信号，经现场人员确认后，通过按下灭火控制器（盘）上的“启动”按钮或设置在防护区附近墙面上的“紧急启动 / 停止”按钮上的启动键，发出联动指令，关闭 / 停止联动设备，经过设定的延时时间（不大于 30 s）后发出灭火指令，打开与该防护区相应的电磁阀释放启动气体，启动气体通过启动管路打开相应的选择阀和灭火剂储存容器瓶头阀释放灭火剂，各瓶组的灭火剂经连接管汇集到集流管，通过选择阀到达安装在防护区内的喷嘴进行喷放灭火，同时安装在管路上的信号反馈装置动作，信号传送到控制器，由灭火控制器启动防护区外指示气体喷洒的火灾声光警报器。气体灭火系统手动控制工作原理如图 6–2–20 所示。

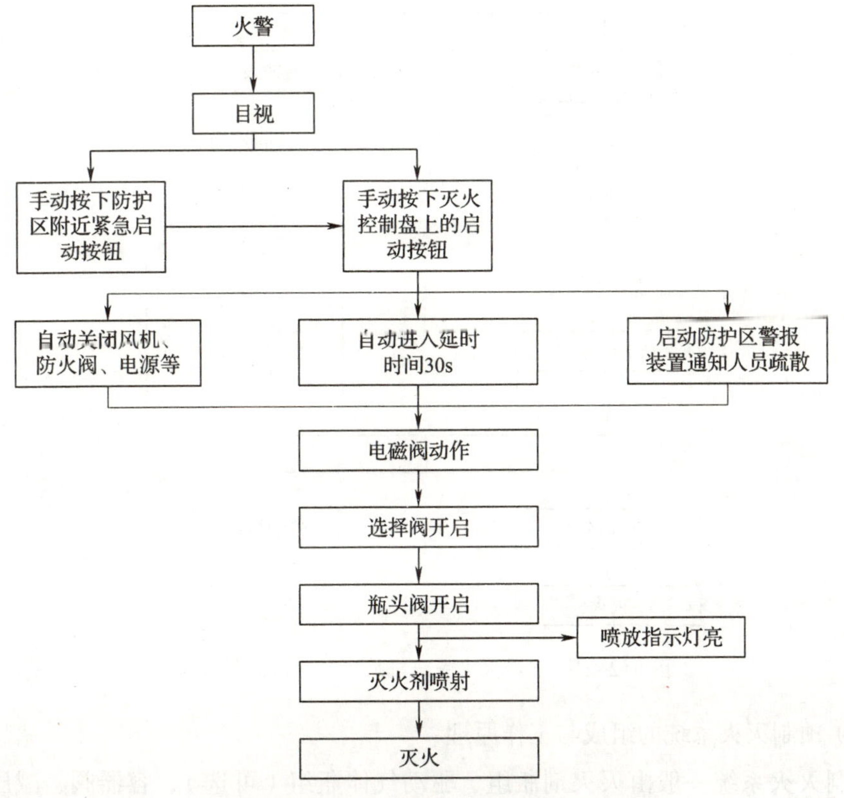

图 6–2–20 气体灭火系统手动控制工作原理

灭火控制器（盘）具有手动优先的功能，即便系统处于自动控制状态，手动控制仍然有效。在延时时间内，如果发现不需要启动灭火系统，可通过按下停止按钮阻止灭火控制器（盘）灭火指令的发出。

3）机械应急操作。机械应急操作是指系统在自动与手动操作均失灵时，人员利用系统所设的机械式启动机构释放灭火剂的操作与控制方式，在操作实施前必须关闭相应的联动设备。当某防护区发生火情且灭火控制器不能有效地发出灭火指令时，应立即通知有关人员迅速撤离现场，关闭联动设备，然后拔除对应该防护区的启动气体钢瓶电磁瓶头阀上的止动簧片，压下圆头把手打开电磁阀释放启动气体，由启动气体打开相应的选择阀、瓶头阀释放灭火剂实施灭火。气体灭火系统机械应急启动工作原理如图 6–2–21 所示。如果遇上启动气体钢瓶电磁瓶头阀维修或启动气体充换，应立即按图中虚线框内注明的程序操作：先打开与该防护区对应的选择阀，然后再打开对应的灭火剂储存容器瓶头阀释放灭火剂实施灭火。

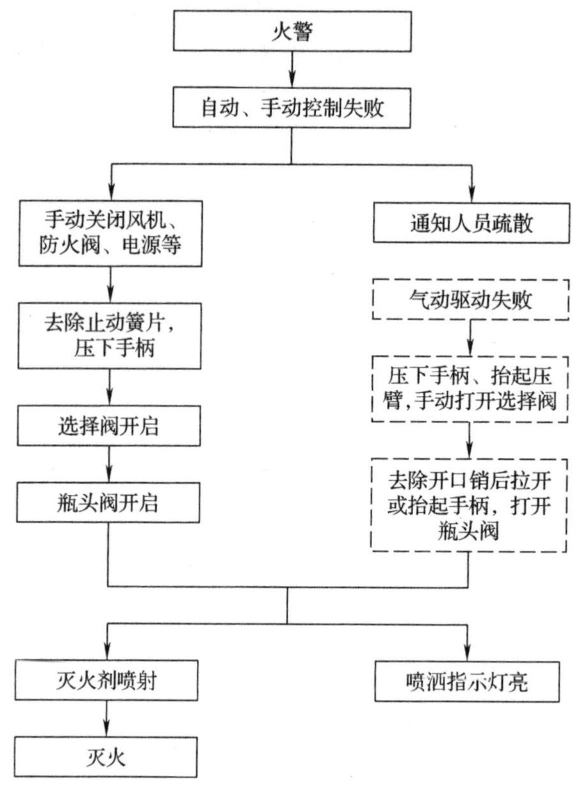

图 6–2–21　气体灭火系统机械应急启动工作原理

（2）预制灭火系统的组成与工作原理

预制灭火系统一般由灭火剂瓶组、驱动气体瓶组（可选）、容器阀、减压装置、驱动装置、集流管（只限多瓶组）、连接管、喷嘴、信号反馈装置、安全泄放装置、控制盘、检漏装置、管路管件、柜体等部件组成，如图 6–2–22 所示。

预制灭火系统具有自动和手动两种控制方式，其工作原理和控制逻辑基本同管网灭火系统，如图 6–2–23 所示。需要指出的是，柜式无管网气体灭火装置直接设置在防护区内，装置内不含选择阀，在系统启动时，启动气体直接打开灭火剂储存容器瓶头阀释放灭火剂进行灭火。

5. 气体灭火系统防护区的设置要求

气体灭火系统是依靠在防护区内或保护对象周围建立一定的灭火剂浓度来实现灭火的，因此，对防护区有着较高的要求。

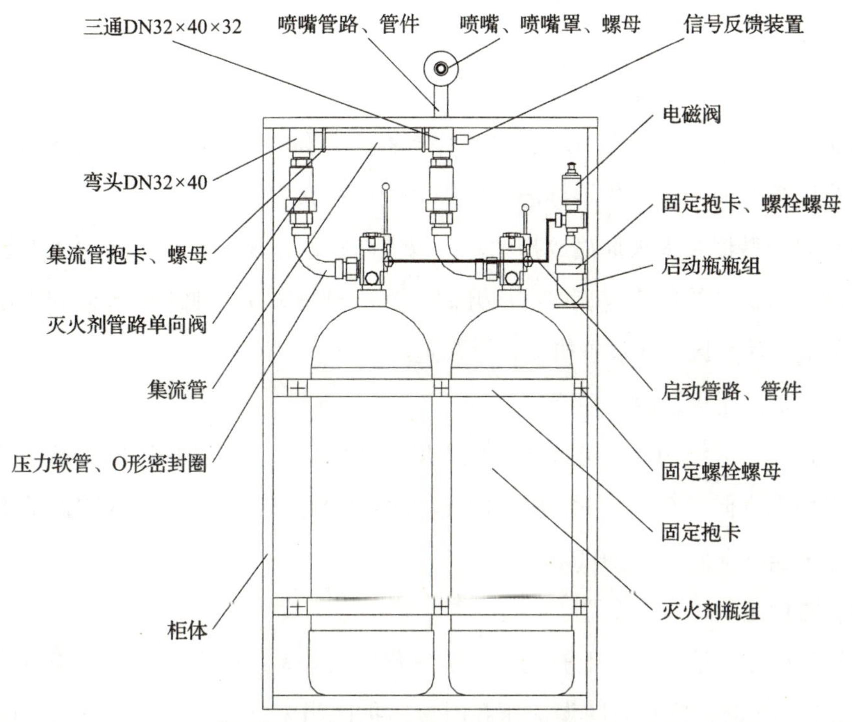

图 6-2-22 预制灭火系统组成示意图

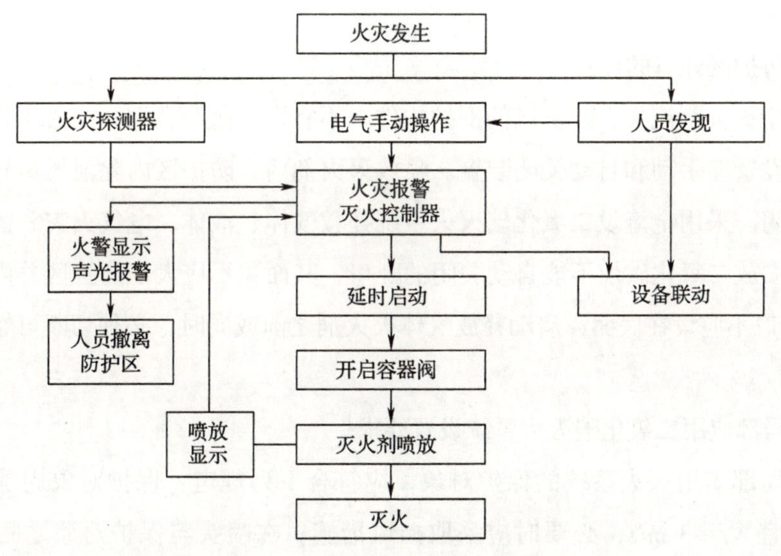

图 6-2-23 柜式无管网气体灭火装置工作原理

（1）防护区的划分

防护区宜以单个封闭空间划分，同一区间的吊顶层和地板下需同时保护时，可合为一个防护区；采用管网灭火系统时，一个防护区面积不宜大于 800 m^2，且容积不宜大于 3 600 m^3；采用预制灭火系统时，一个防护区面积不宜大于 500 m^2，且容积不宜大于 1 600 m^3。

（2）防护区的安全设置

防护区应有保证人员在 30 s 内疏散完毕的通道和出口；防护区内的疏散通道及出口，应设应急照明与疏散指示标志；防护区内应设火灾声报警器；防护区入口处应设火灾声、光报警器和灭火剂喷放指示灯，以及防护区采用的相应气体灭火系统的永久性标志牌；防护区的门应向疏散方向开启，并能自行关闭；地下防护区和无窗或设固定窗扇的地上防护区，应设置机械排风装置。

（3）防护区耐火及耐压性能

为防止防护区结构因火灾或内部压力增加而损坏，要求防护区围护结构及门窗的耐火极限均不宜低于 0.5 h，吊顶的耐火极限不宜低于 0.25 h，防护区围护结构承受内压的允许压强不宜低于 1 200 Pa。

（4）防护区泄压口的设置

防护区应设置泄压口，七氟丙烷、二氧化碳灭火系统的泄压口应位于防护区净高的 2/3 以上；当防护区设有防爆泄压孔时或防护区门窗缝隙未设密封条的，可不单独设置泄压口；防护区设置的泄压口，宜设在外墙上；泄压口面积按相应气体灭火系统设计规定计算。

（5）防护区开口的设置

为防止灭火剂流失，防护区的围护构件上不宜设置敞开孔洞；当必须设置敞开孔洞时，应设置能手动和自动关闭装置。喷放灭火剂前，防护区内除泄压口外的开口应能自行关闭。采用全淹没二氧化碳灭火系统扑救气体、液体、电气火灾和固体表面火灾时，在喷放二氧化碳前不能自动关闭的开口，其面积不应大于防护区总内表面积的 3%，且开口不应设在底面；启动释放气体灭火剂之前或同时，必须切断可燃、助燃气体的气源。

（6）局部应用二氧化碳灭火系统设置要求

采用局部应用灭火系统的保护对象，应符合下列规定：保护对象周围的空气流动速度不宜大于 3 m/s，必要时应采取挡风措施；在喷头与保护对象之间，喷头喷射角范围内不应有遮挡物；当保护对象为可燃液体时，液面至容器缘口的距离不得小于 150 mm。

（7）防护区温度

防护区的最低环境温度不应低于 -10℃。

三、其他自动灭火系统

1. 泡沫灭火系统

（1）泡沫灭火系统的定义及作用

泡沫灭火系统是指将泡沫灭火剂与水按一定比例混合，经泡沫产生装置产生灭火泡沫的灭火系统。该系统主要通过隔氧窒息作用、辐射热阻隔作用和吸热冷却作用实现灭火，具有安全可靠、经济实用、灭火效率高、无毒性的特点，从 20 世纪初开始应用至今，目前已在石油化工企业、油库、地下工程、汽车库、各类仓库、煤矿、大型飞机库、船舶等场所得到广泛应用，是扑灭甲、乙、丙类液体火灾和某些固体火灾的一种主要灭火设施。

（2）泡沫灭火系统的设置场所及部位

现行《建筑设计防火规范》（GB 50016）、《石油库设计规范》（GB 50074）、《汽车库、修车库、停车场设计防火规范》（GB 50067）等对泡沫灭火系统的设置场所分别做了具体规定。例如，《建筑设计防火规范》（GB 50016）中规定甲、乙、丙类液体储罐的灭火系统设置应符合以下要求。

1）单罐容量大于 1 000 m^3 的固定顶罐应设置固定式泡沫灭火系统；罐壁高度小于 7 m 或容量不大于 200 m^3 的储罐，可采用移动式泡沫灭火系统；其他储罐宜采用半固定式泡沫灭火系统。

2）石油库、石油化工、石油天然气工程中甲、乙、丙类液体储罐的灭火系统设置，应符合现行国家标准《石油库设计规范》（GB 50074）等标准的规定。

（3）泡沫灭火系统的类型及特点

泡沫灭火系统可按照喷射方式、结构形式、发泡倍数、系统形式等进行分类，见表 6–2–2。

表 6–2–2　　泡沫灭火系统分类及特点

类别	类型名称	含义及特点
按喷射方式分	液上喷射系统	是泡沫从液面上喷入被保护储罐内的灭火系统。与液下喷射灭火系统相比，该系统具有泡沫不易受油污染，可以使用廉价的普通蛋白泡沫等优点，有固定式、半固定式、移动式三种应用形式
	液下喷射系统	是泡沫从液面下喷入被保护储罐内的灭火系统。泡沫在注入液体燃烧层下部之后，上升至液体表面并扩散开，形成一个泡沫层。液下用的泡沫液必须是氟蛋白泡沫灭火液或是水成膜泡沫液。该系统通常有固定式和半固定式两种应用形式
	半液下喷射系统	是泡沫从储罐底部注入，并通过软管浮升到液体燃料表面进行灭火的泡沫灭火系统

续表

类别	类型名称	含义及特点
按结构形式分	固定式系统	是由固定的泡沫消防水泵或泡沫混合液泵、泡沫比例混合器（装置）、泡沫产生器（或喷头）和管道等组成的灭火系统。固定式泡沫灭火系统适用于独立的甲、乙、丙类液体储罐区和机动消防设施不足的企业附属甲、乙、丙类液体储罐区。多数设计为手动控制系统，也有靠火灾报警及联动控制系统自动启动消防泵及相关阀门，向储罐区排放泡沫实施灭火
	半固定式系统	是由固定的泡沫产生器与部分连接管道，泡沫消防车或机动消防泵，用水带连接组成的灭火系统。半固定式泡沫灭火系统适用于机动消防设施较强的企业附属甲、乙、丙类液体储罐区
	移动式系统	是由消防车、机动消防泵或有压水源，泡沫比例混合器，泡沫枪、泡沫炮或移动式泡沫产生器，用水带等连接组成的灭火系统
按发泡倍数分	低倍数泡沫灭火系统	低倍数泡沫灭火系统是指发泡倍数小于 20 的泡沫灭火系统。该系统是甲、乙、丙类液体储罐及石油化工装置区等场所的首选灭火系统
	中倍数泡沫灭火系统	中倍数泡沫灭火系统是指发泡倍数为 21 ~ 200 的泡沫灭火系统。中倍数泡沫灭火系统在实际工程中应用较少，且多用作辅助灭火设施
	高倍数泡沫灭火系统	高倍数泡沫灭火系统是指发泡倍数为 201 ~ 1 000 的泡沫灭火系统
按系统形式分	全淹没系统	是由固定式泡沫产生器将中倍数或高倍数泡沫喷放到封闭或被围挡的防护区内，并在规定的时间内达到一定泡沫淹没深度的灭火系统
	局部应用系统	是由固定式泡沫产生器直接或通过导泡筒将中倍数或高倍数泡沫喷放到火灾部位的灭火系统
	移动式泡沫灭火系统	移动式泡沫灭火系统是车载式或便携式系统。移动式高倍数灭火系统可作为固定系统的辅助设施，也可作为独立系统用于某些场所。移动式中倍数泡沫灭火系统适用于发生火灾部位难以接近的较小火灾场所、流淌面积不超过 100 m^2 的液体流淌火灾场所
	泡沫—水喷淋系统	是由喷头、报警阀组、水流报警装置（水流指示器或压力开关）等组件，以及管道、泡沫液与水供给设施组成，并能在发生火灾时按预定时间与供给强度向防护区依次喷洒泡沫与水的自动灭火系统。可分为泡沫—水雨淋、闭式泡沫—水喷淋、泡沫—水预作用、泡沫—水干式、泡沫—水湿式系统等
	泡沫喷雾系统	采用泡沫喷雾喷头，在发生火灾时按预定时间与供给强度向被保护设备或防火区喷洒泡沫
	压缩空气泡沫灭火系统	压缩空气泡沫灭火系统是一种新型的泡沫灭火系统，是在密闭管路中将水、泡沫液和压缩空气按照设定的混合比、气液比混合生成均质压缩空气泡沫的灭火系统。与传统的泡沫灭火系统的主要区别在于混合方式不同，传统系统是通过泡沫产生器吸气发泡，或通过泡沫比例混合器将泡沫混合液输送到喷头，产生的泡沫的质量不易控制；压缩空气泡沫灭火系统是通过混合装置主动将压缩空气按设定值与泡沫混合液混合，产生的压缩空气泡沫的质量得到有效控制。

（4）泡沫灭火系统的适用范围

不同类型泡沫灭火系统的适用范围见表 6–2–3。

表 6-2-3　　泡沫灭火系统的适用范围

系统类型		适用范围
低倍数	固定	适用于独立的甲、乙、丙类液体储罐区和机动消防设施不足的企业附属甲、乙、丙类液体储罐区
	半固定	适用于机动消防设施较强的企业附属甲、乙、丙类液体储罐区
	移动	适用于总储量不大于 500 m^3，单罐储量不大于 200 m^3，且罐高不大于 7 m 的地上非水溶性甲、乙、丙类液体立式储罐；总储量小于 200 m^3，单罐储量不大于 100 m^3，且罐高不大于 5 m 的地上水溶性甲、乙、丙类液体立式储罐；卧式储罐区；甲、乙、丙类液体装卸区易泄漏的场所
高倍数	全淹没式	封闭空间场所；设有阻止泡沫流失的固定围墙或其他围挡设施的场所
	局部应用式	四周不完全封闭的 A 类火灾与 B 类火灾场所；天然气液化站与接收站的集液池或储罐围堰区
	移动式	发生火灾的部位难以确定或人员难以接近的火灾场所；流淌 B 类火灾场所；发生火灾时需要排烟、降温或排除有害气体的封闭空间
中倍数	全淹没式	小型封闭空间；设有阻止泡沫流失的固定围墙或其他围挡设施的场所
	局部应用式	四周不完全封闭的 A 类可燃物火灾场所；限定位置的流淌 B 类火灾场所；固定位置面积不大于 100 m^2 的流淌 B 类火灾场所
	移动式	发生火灾的部位难以确定或人员难以接近的较小火灾场所；流淌 B 类火灾场所；不大于 100 m^2 的流淌 B 类火灾场所
泡沫—水喷淋		具有非水溶性液体泄漏火灾危险的室内场所；存放量不超过 25 L/m^2 或超过 25 L/m^2 但有缓冲物的水溶性液体室内场所
泡沫喷雾系统		独立变电站的油浸电力变压器；面积不大于 200 m^2 的非水溶性液体室内场所

（5）泡沫灭火系统的组成及工作原理

1）固定式液上喷射泡沫灭火系统。该系统由固定的泡沫混合液泵、单向阀、闸阀、泡沫比例混合器、胶囊式泡沫液储罐、泡沫混合液管线、泡沫产生器以及水源和动力源组成，如图 6-2-24 所示。

油罐起火后，自动或手动启动水泵，打开进水管控制阀，使部分压力水进入囊式泡沫液罐，待罐内压力升至规定值时，打开出液管上控制阀门输出泡沫液，泡沫液与水经泡沫比例混合器混合形成泡沫混合液，混合液流经泡沫产生器时，与泡沫产生器吸入的空气混合形成低倍数空气泡沫，经罐内泡沫产生器弧板反射导流，沿罐内壁流下，覆盖燃烧液面实施灭火。

2）固定式液下喷射泡沫灭火系统。该系统由泡沫混合液泵、泡沫比例混合器、高背压泡沫产生器、泡沫喷射口、泡沫混合液管线、闸阀、单向阀、囊式泡沫液储罐以及水源和动力源组成，如图 6-2-25 所示。

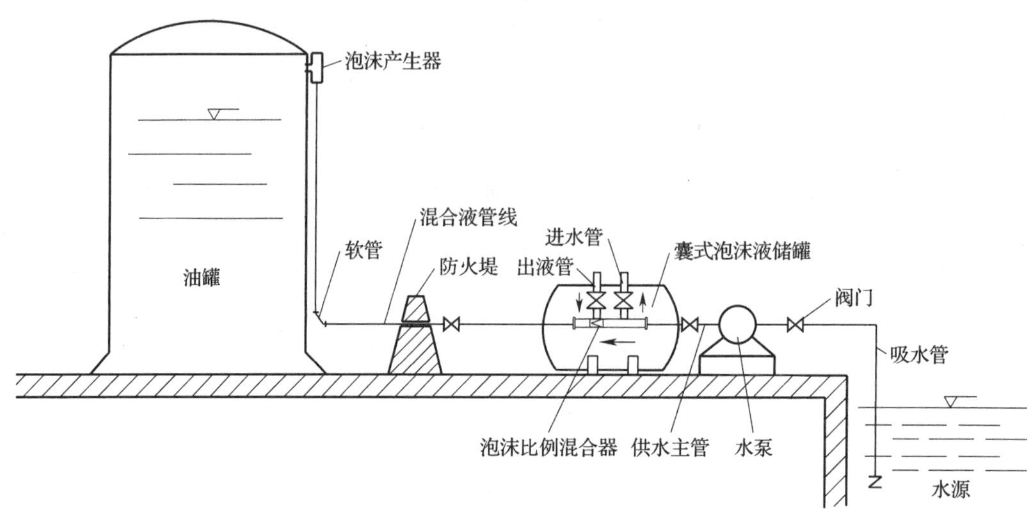

图 6-2-24　固定式液上喷射泡沫灭火系统组成示意图

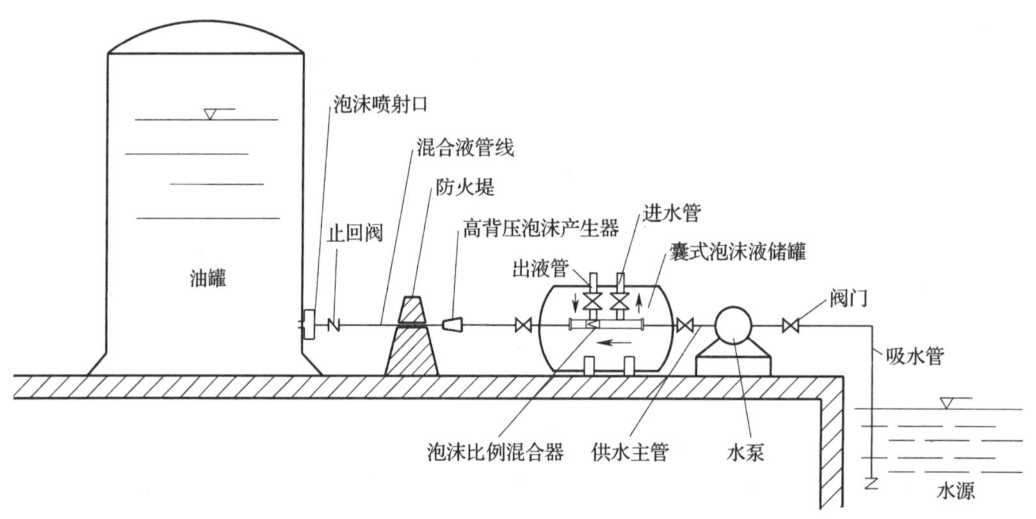

图 6-2-25　固定式液下喷射泡沫灭火系统组成示意图

油罐起火后，自动或手动启动水泵，打开进水管控制阀，使部分压力水进入囊式泡沫液罐，待罐内压力升至规定值时，打开出液管上控制阀门输出泡沫液，泡沫液与水经泡沫比例混合器混合形成泡沫混合液，混合液经管道输至高背压泡沫产生器，与吸入的空气混合后形成低倍数空气泡沫，泡沫经止回阀、管路、泡沫喷射口进入储罐底部油层，再依靠自身浮力上升至燃烧液体表面并将液面覆盖。

3）半固定式液上喷射泡沫灭火系统。该系统由水源、消防水池或室外消火栓、泡沫消防车、水带、水带接口、泡沫混合液管线和空气泡沫产生器等组成，如图 6-2-26、图 6-2-27 所示。

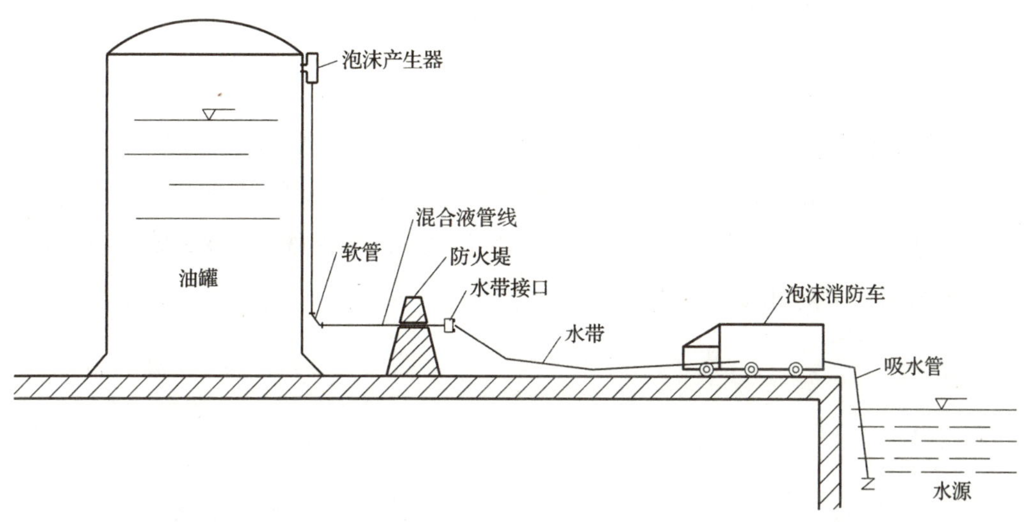

图 6-2-26 不带泡沫储存装置的半固定式液上喷射泡沫灭火系统组成示意图

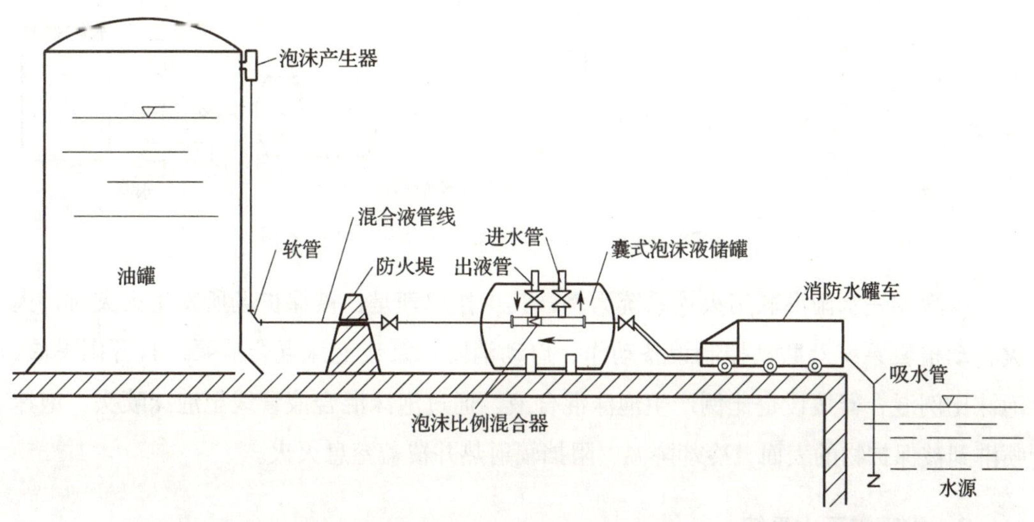

图 6-2-27 带泡沫储存装置的半固定式液上喷射泡沫灭火系统组成示意图

不带泡沫储存装置的半固定式液上喷射泡沫灭火系统的工作原理是：泡沫消防车驶抵起火油罐后，用水带连接泡沫混合液管路接口与消防车，用吸水管连接消防车泵吸水口与水源，启动消防车泵，自动配比后泡沫混合液经水带、泡沫混合液管路进入空气泡沫产生器，与泡沫产生器吸入的空气混合，形成低倍数空气泡沫，再经罐内泡沫产生器弧板反射导流，沿罐内壁流下，覆盖燃烧液面进行灭火。

带泡沫储存装置的半固定式液上喷射泡沫灭火系统的工作原理是：消防水罐车提供的压力水流经囊式泡沫液储罐、泡沫比例混合器后，与泡沫液混合形成泡沫混合液，混合液与泡沫产生器吸入的空气混合产生低倍数空气泡沫，再经罐内泡沫产生器弧板反射导流，沿罐内壁流下，覆盖燃烧液面进行灭火。采用这种系统是因为保护对象所需的泡沫灭火剂较为特殊，且消防部队很少储备。

4）泡沫—水喷淋灭火系统。该系统由固定消防水泵、泡沫比例混合器、泡沫液储罐、报警阀组、过滤装置、泡沫混合液管线、吸气型或非吸气型泡沫喷头（或闭式喷头）、水源、动力源、阀门、火灾自动报警装置和联动控制设备等组成。泡沫—水雨淋联用灭火系统的组成如图 6-2-28 所示，泡沫—水喷淋联用灭火系统的组成如图 6-2-29 所示，实物如图 6-2-30 所示。

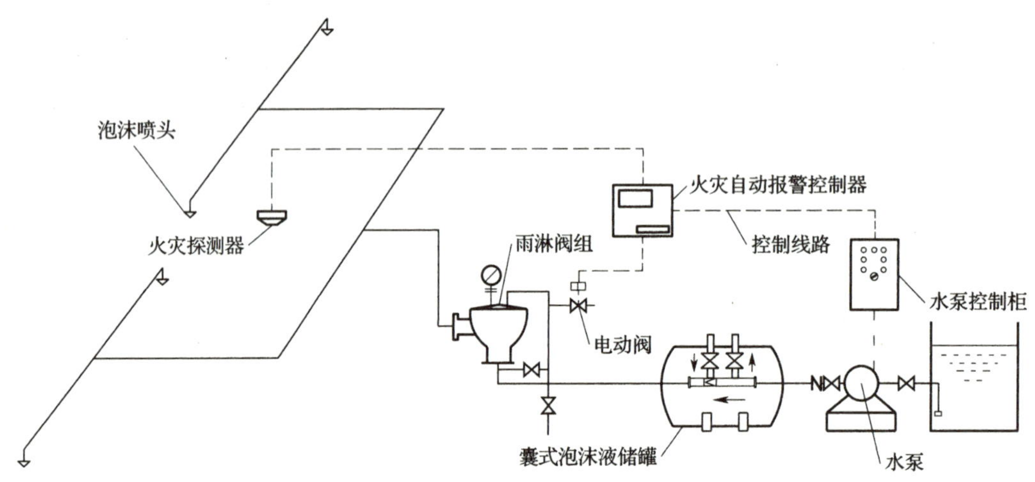

图 6-2-28　泡沫—水雨淋联用灭火系统组成示意图

以泡沫—水雨淋联用灭火系统为例，其工作原理是：被保护场所发生火灾时，火灾自动报警系统及联动控制设备动作，启动消防水泵或泡沫混合液泵，打开雨淋阀，泡沫比例混合器按设定比例产生泡沫混合液，通过泡沫混合液管线至泡沫喷头，泡沫喷淋到被保护物的表面，冷却降温、阻挡辐射热并覆盖窒息灭火。

2. 水喷雾灭火系统

（1）水喷雾灭火系统的定义及作用

水喷雾灭火系统是由水源、供水设备、管道、雨淋报警阀（或电动控制阀、气动控制阀）、过滤器和水雾喷头等组成，向保护对象喷射水雾进行灭火或防护冷却的系统。系统中的水雾喷头在较高的水压力作用下，将水流分离成 0.2 ~ 2 mm 甚至更小的细小水雾滴，通过表面冷却、窒息、稀释、冲击乳化和覆盖等作用实现灭火。与自动喷水灭火系统相比，其用水量为后者的 70% ~ 90%，具有较好的节水性。

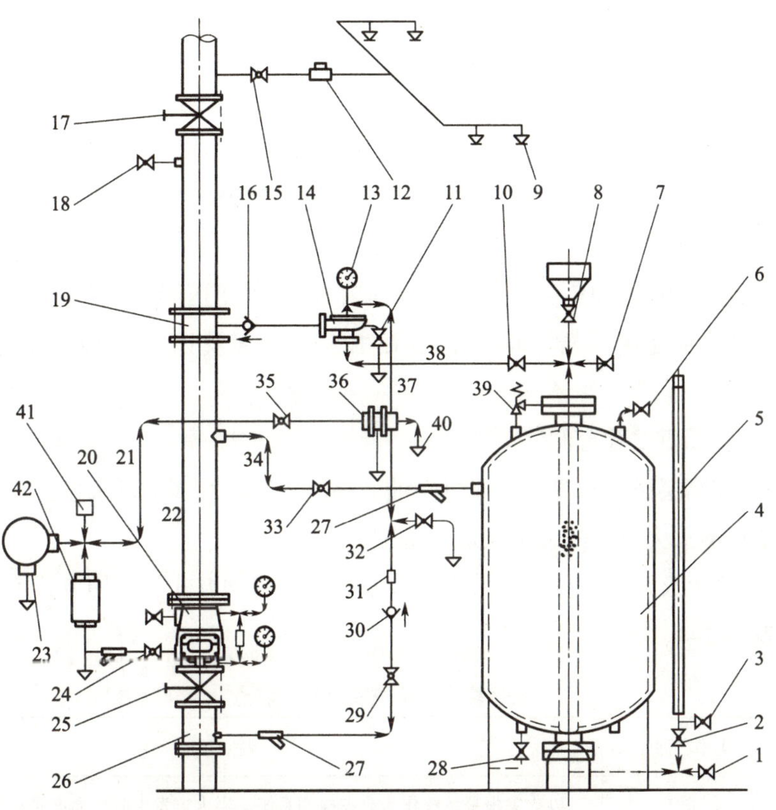

图 6-2-29 泡沫—水喷淋联用灭火系统组成示意图

1—充液 / 排液阀 2—液位截止阀 3—液位排液阀 4—泡沫液储罐 5—液位管 6—罐内排气阀 7—囊内排气阀 8—充液 / 排气阀 9—闭式洒水喷头 10—泡沫液截止阀 11—排液阀 12—水流指示器 13—压力表 14—泡沫液控制阀 15—区域阀 16、30—单向阀 17—检修闸阀 18—泡沫液测试阀 19—泡沫比例混合器 20—湿式报警阀 21—报警泄压管路 22—主管路 23—水力警铃 24—报警截止阀 25—供水控制阀 26—供水管 27—过滤器 28—充水 / 排水阀 29—控制管路进水阀 31—节流接头 32—手动泄压阀 33—泡沫罐供水阀 34—泡沫罐供水管路 35—压力泄放阀的供水阀 36—压力泄放阀 37—控制管路 38—泡沫液供给管路 39—安全阀 40—压力泄放阀泄放口 41—压力开关 42—延迟器

图 6-2-30 泡沫—水喷淋联用灭火系统实物图

（2）水喷雾灭火系统设置场所

现行国家标准《建筑设计防火规范》（GB 50016）、《钢铁冶金企业设计防火规范》（GB 50414）等对水喷雾灭火系统的设置场所及部位分别做了具体规定。例如，《建筑设计防火规范》（GB 50016）规定下列场所应设置自动灭火系统，并宜采用水喷雾灭火系统。

1）单台容量在 40 MV · A 及以上的厂矿企业油浸变压器，单台容量在 90 MV · A 及以上的电厂油浸变压器，单台容量在 125 MV · A 及以上的独立变电站油浸变压器。

2）飞机发动机试验台的试车部位。

3）设置在高层民用建筑内，充可燃油的高压电容器和多油开关室。

（3）水喷雾灭火系统的分类及适用范围

1）水喷雾灭火系统的分类及特点。该系统根据启动方式、应用方式不同分为不同类别，见表 6-2-4。

表 6-2-4　　水喷雾灭火系统的分类及特点

类别	类型名称	特点
按启动方式分	电动启动水喷雾灭火系统	以火灾报警系统作为火灾探测系统。当火灾发生时，火灾探测器将火警信号发送到火灾报警控制器，由火灾报警控制器控制打开雨淋阀，同时启动水泵，喷水灭火。为了减少系统的响应时间，雨淋阀前的管道上应是充满水的状态
	传动管启动水喷雾灭火系统	以传动管作为火灾探测系统。传动管内充满压缩空气或压力水，当传动管上的闭式喷头受火灾高温影响动作后，传动管内的压力迅速下降，雨淋阀在压差作用下打开，同时，传动管的火灾报警信号通过压力开关传到火灾报警控制器上，报警控制器启动水泵，通过雨淋阀、管网将水送到水雾喷头，水雾喷头开始喷水灭火。传动管启动水喷雾灭火系统比较适合于防爆场所，或者不适合安装普通火灾探测系统的场所
按应用方式分	固定式水喷雾灭火系统	由火灾自动报警系统、报警控制阀、供水水源、固定管道、水雾喷头等组成
	自动喷水—水喷雾混合配置系统	是在自动喷水系统的配水干管或配水管道上连接局部的水喷雾系统
	泡沫—水喷雾联用系统	在水喷雾灭火系统的雨淋阀前连接泡沫储罐和泡沫比例混合器，再与火灾报警控制系统、雨淋阀、水雾喷头组成一个完整的系统，在火灾发生时，先喷泡沫灭火，再喷水雾冷却或灭火

2）水喷雾灭火系统的适用范围。该系统可用于扑救固体物质火灾、丙类液体火灾、饮料酒火灾和电气火灾，并可用于可燃气体和甲、乙、丙类液体的生产、储存装置或装卸设施的防护冷却。水喷雾系统不得用于扑救遇水能发生化学反应造成燃烧、爆炸的火灾，以及水雾会对保护对象造成明显损害的火灾。

固定式水喷雾灭火系统，一般设置在建筑内燃油、燃气的锅炉房，可燃油油浸电力变压器室，充可燃油的高压电容器和多油开关室，自备发电机房，飞机发动机试验台的试车部位，单台容量在 40 MV·A 及以上的厂矿企业可燃油油浸电力变压器，单台容量在 90 MV·A 及以上可燃油油浸电厂电力变压器，单台容量在 125 MV·A 及以上的独立变电所可燃油油浸电力变压器。

自动喷水—水喷雾混合配置系统适用于用水量比较少、保护对象比较单一的室内场所，如建筑室内燃油、燃气锅炉房等。对于设置有自动喷水灭火系统的建筑，为了降低工程造价，可以自动喷水灭火系统的配水干管或配水管作为建筑内局部场所应用的自动喷水—水喷雾混合配置系统的供水管。

泡沫—水喷雾联用系统适用于采用泡沫灭火比采用水灭火效果更好的某些对象，或者灭火后需要进行冷却、防止火灾复燃的场所。如某些水溶性液体火灾，采用喷水和喷泡沫均可达到控火的目的：单独喷水时，虽控火效果比较好，但灭火时间长，造成的火灾及水渍损失较大；而单纯喷泡沫时，系统的运行维护费用又较高。又如金属构件周围发生的火灾，采用泡沫灭火后，仍需进一步防护冷却，防止泡沫灭火后因金属构件温度较高而导致火灾复燃。对于类似场合，可采用泡沫—水喷雾联用系统。目前，泡沫—水喷雾联用系统主要用于公路交通隧道。

（4）水喷雾灭火系统的组成及工作原理

水喷雾灭火系统由水源、供水设备及管网、过滤器、雨淋阀组、配水管网及水雾喷头等组成，并配套设置火灾探测报警及联动控制系统或传动管系统，火灾时可向保护对象喷射水雾灭火或进行防护冷却。根据启动方式不同，水喷雾灭火系统可分为电动启动水喷雾灭火系统和传动管启动水喷雾灭火系统，系统组成分别如图 6–2–31、图 6–2–32 所示。当火灾探测器发现火灾后，系统自动或手动打开雨淋报警阀组，同时发出火灾报警信号给报警控制器，并启动消防水泵，水通过供水管网到达水雾喷头，水雾喷头喷水灭火。

3. 细水雾灭火系统

（1）细水雾灭火系统的定义及作用

细水雾灭火系统是由水源（储水池、储水箱、储水瓶）、供水装置（泵组推动或瓶组推动）、系统管网、控水阀组、细水雾喷头、火灾自动报警及联动控制系统等组成，能自动和人工启动并喷放细水雾进行灭火或控火的固定灭火系统。与水喷雾灭火系统相比，其雾滴直径更小，通过细水雾的冷却、窒息、稀释、隔离、浸润等作用，使燃烧不能维持而实现灭火，其中冷却和窒息起决定性作用。此类系统具有节能环保、电气绝缘和有效消除火场烟雾等特性，其灭火用水量为水喷雾灭火系统的 20% 以下。

在档案库、图书库、计算机房、通信机房，变压器、发电机等电气设备及加工制造、燃油燃气锅炉等机械设备间可使用细水雾替代气体灭火系统。

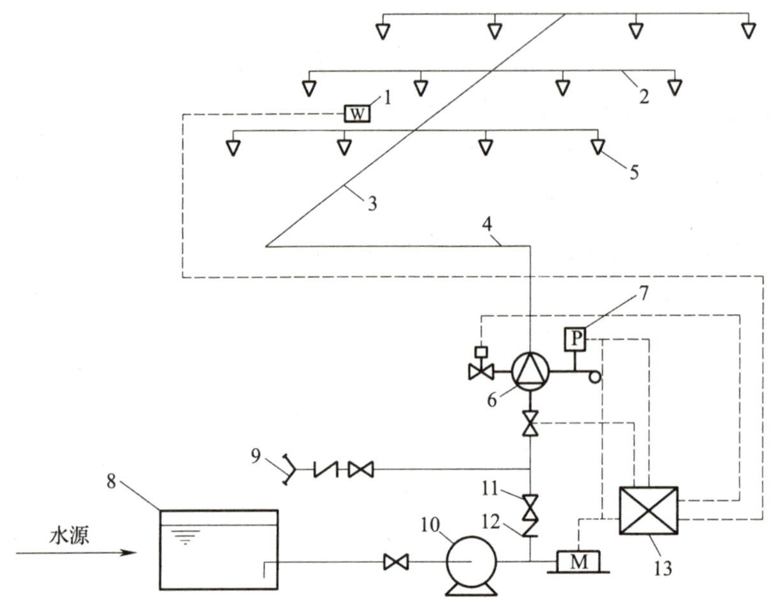

图 6-2-31　电动启动水喷雾灭火系统组成示意图

1—感温探测器　2—配水支管　3—配水管　4—配水干管　5—开式喷头　6—雨淋报警阀　7—压力开关　8—消防水池　9—水泵接合器　10—水泵　11—闸阀　12—止回阀　13—报警控制器　P—压力表　M—驱动电动机

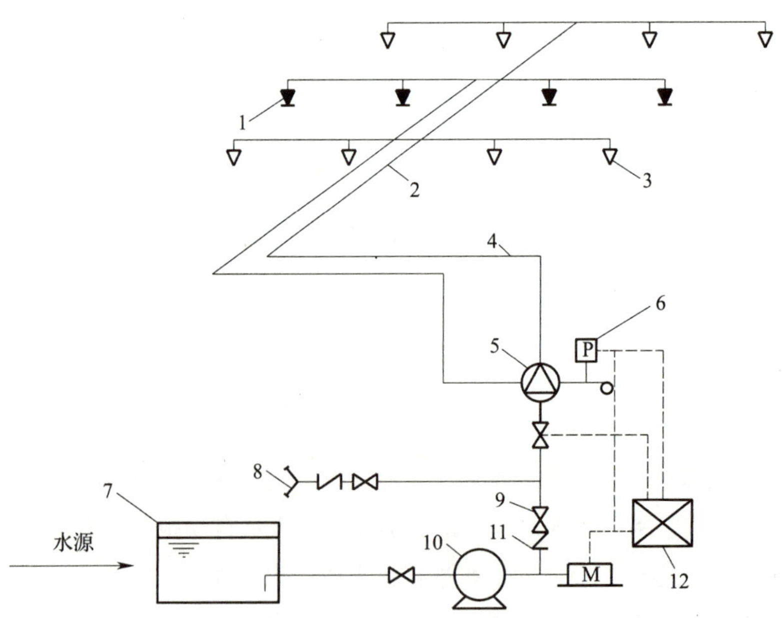

图 6-2-32　传动管启动水喷雾灭火系统组成示意图

1—闭式喷头　2—配水管　3—开式喷头　4—配水干管　5—雨淋报警阀　6—压力开关　7—消防水池　8—水泵接合器　9—闸阀　10—水泵　11—止回阀　12—报警控制器　P—压力表　M—驱动电动机

（2）细水雾灭火系统设置场所

现行国家标准《建筑设计防火规范》（GB 50016）、《钢铁冶金企业设计防火标准》（GB 50414）等有关标准对细水雾灭火系统的设置场所做出了具体规定，设置时应依据国家有关标准执行。

（3）细水雾灭火系统的分类及适用范围

1）细水雾灭火系统的分类。细水雾灭火系统按照工作压力、应用方式、动作方式、雾化介质和供水方式不同，分类见表 6–2–5。

表 6–2–5　　细水雾灭火系统的分类

类别	类型名称	含义
按工作压力分	低压系统	系统额定工作压力小于 1.20 MPa 的细水雾灭火系统
	中压系统	系统额定工作压力大于或等于 1.20 MPa 且小于 3.5 MPa 的细水雾灭火系统
	高压系统	系统额定工作压力大于或等于 3.5 MPa 的细水雾灭火系统
按应用方式分	全淹没式系统	向整个防护区内喷放细水雾，并持续一定时间，保护其内部所有保护对象的系统应用方式，适用于扑救相对封闭空间内的火灾
	局部应用式系统	向保护对象直接喷放细水雾，并持续一定时间，保护空间内某具体保护对象的系统应用方式，适于扑救大空间内具体保护对象的火灾
按动作方式分	开式系统	采用开式细水雾喷头的细水雾灭火系统。系统由火灾自动报警系统控制，火灾时自动开启分区控制阀和启动供水泵向喷头供水，包括全淹没和局部两种应用方式
	闭式系统	采用闭式细水雾喷头的细水雾灭火系统，又可分为湿式、干式和预作用三种形式
按雾化介质分	单流体系统	使用单个管道向每个喷头供给灭火介质的细水雾灭火系统
	双流体系统	水和雾化介质分管供给并在喷头处混合的细水雾灭火系统
按供水方式分	泵组式系统	采用泵组（或稳压装置）作为供水装置，适用于高、中和低压系统
	瓶组式系统	采用储水容器储水、储气容器进行加压供水，适用于中、高压系统
	瓶组与泵组结合式系统	既采用泵组又采用瓶组作为供水装置，适用于高、中和低压系统

2）细水雾灭火系统的适用范围。细水雾灭火系统适用于可燃固体火灾、可燃液体火灾及电气火灾，不适用于可燃固体深位火灾。同时，该系统不能直接应用于能与水发生剧烈反应或产生大量有害物质的活泼金属及其化合物火灾，包括：活泼金属，如锂、钠、钾、镁、钛、锆、铀、钚等；金属醇盐，如甲醇钠等；金属氨基化合物，如氨基钠等；碳化物，如碳化钙；卤化物、氢化物、硫化物等。除此之外，该系统也不能直接应用于可燃气体火灾，包括液化天然气等低温液化气体的场合。

（4）细水雾灭火系统的组成及工作原理

1）开式细水雾灭火系统的组成及工作原理。开式细水雾灭火系统主要由水源、供水装置（泵组）、分区控制阀组、开式喷头、管网及火灾自动报警联动设备等组成，如图 6-2-33 所示。火灾发生后，报警控制器收到两个独立的火灾报警信号后，自动启动系统控制阀组和消防水泵，向系统管网供水，水雾喷头喷出细水雾，实施灭火。

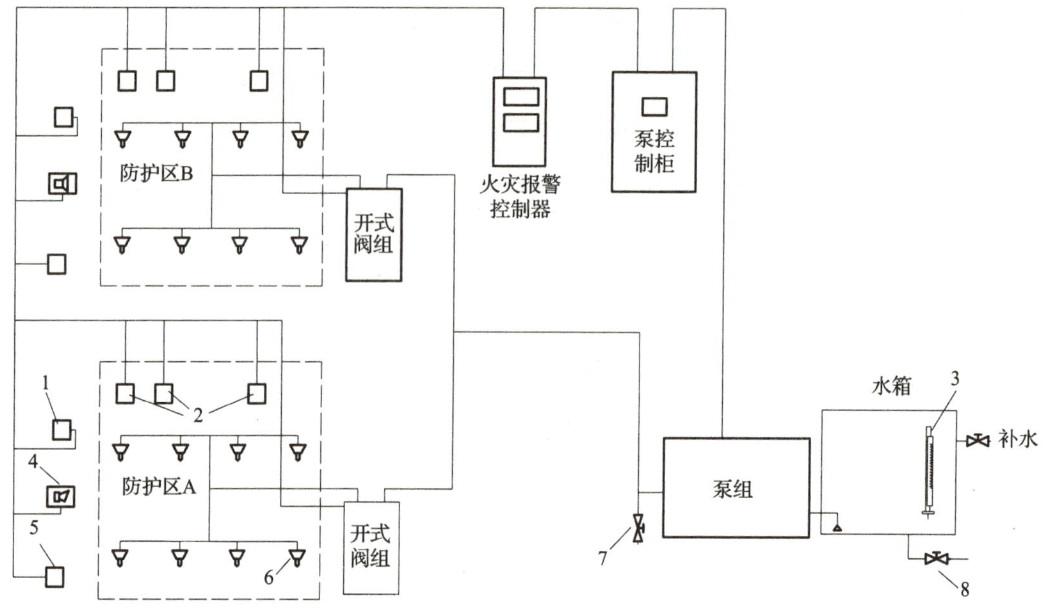

图 6-2-33　开式细水雾灭火系统组成示意图

1、2—火灾探测器　3—液位计　4—声光报警器　5—喷洒指示　6—开式细水雾喷头　7—泄水阀　8—排污阀

2）闭式湿式细水雾灭火系统的组成及工作原理。闭式湿式细水雾灭火系统主要由水源、供水装置（泵组）、分区控制阀组、闭式喷头、管网等组成，如图 6-2-34 所示。闭式细水雾灭火系统的工作原理与闭式自动喷水灭火系统相同。

4. 固定消防炮灭火系统

（1）固定消防炮灭火系统的定义及作用

固定消防炮灭火系统是指由固定消防炮和相应配置的系统组件组成的固定灭火系统。该系统可以远程控制并自动搜索火源、对准着火点、自动喷洒水或其他灭火剂进行灭火，可与火灾自动报警系统联动，既可手动控制，也可实现自动操作，适用于扑救大空间内的早期火灾。消防炮水量集中，流速快、冲量大，水流可以直接接触燃烧物而作用到火焰根部，将火焰剥离燃烧物使燃烧中止，能有效扑救高大空间内蔓延较快或火灾荷载大的火灾。对于设置自动喷水灭火系统不能有效发挥早期响应和灭火作用的场所，采用与火灾探测器联动的固定消防炮或自动跟踪定位射流灭火系统比快速响应喷头更能及时扑救早期火灾。

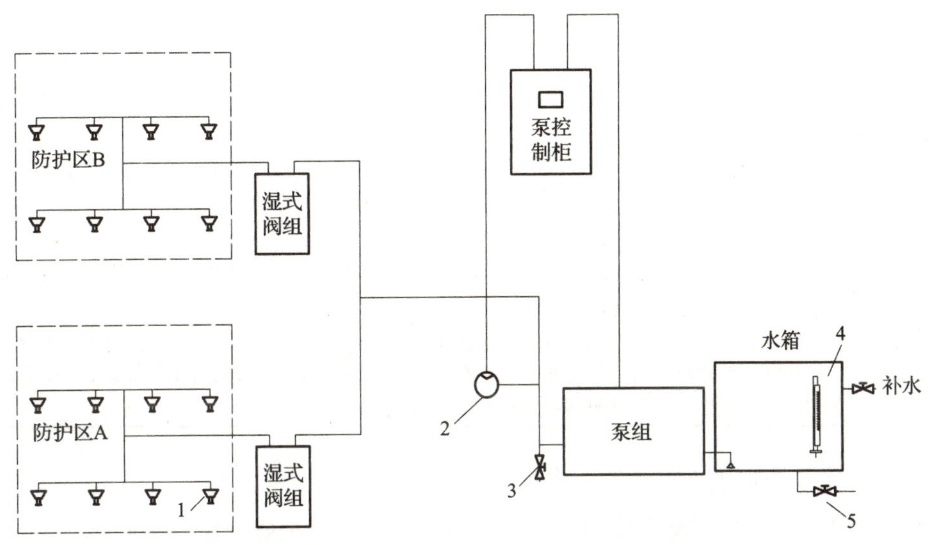

图 6-2-34 闭式湿式细水雾灭火系统组成示意图

1—闭式细水雾喷头 2—流量开关 3—泄水阀 4—液位计 5—排污阀

（2）固定消防炮灭火系统设置场所

现行国家标准《建筑设计防火规范》（GB 50016）规定，难以设置自动喷水灭火系统的展览厅、观众厅等人员密集的场所和丙类生产车间、库房等高大空间场所，宜采用固定消防炮等灭火系统；现行国家标准《飞机库设计防火规范》（GB 50284）规定，Ⅱ类飞机库飞机停放和维修区内应设置远控泡沫炮灭火系统；现行国家标准《石油天然气工程设计防火规范》（GB 50183）规定，三级天然气净化厂生产装置区的高大塔架及其设备群宜设置固定水炮，三级天然气凝液装置区有条件时可设固定泡沫炮保护。

（3）固定消防炮灭火系统的分类及适用范围

固定消防炮灭火系统可按喷射介质、安装形式和控制方式等进行分类。固定消防炮灭火系统的分类及适用范围见表 6-2-6 。

表 6-2-6　固定消防炮灭火系统的分类及适用范围

类别		含义及适用范围
按喷射介质分	水炮系统	喷射水灭火剂的固定消防炮系统。适用于固体可燃物火灾
	泡沫炮系统	喷射泡沫灭火剂的固定消防炮系统。适用于甲、乙、丙类液体火灾，固体可燃物火灾
	干粉炮系统	喷射干粉灭火剂的固定消防炮系统。适用于液化石油气、天然气等可燃气体火灾
按安装形式分	固定式消防炮系统	由永久固定消防炮和相应配置的系统组件组成，当防护区发生火灾时，开启消防水泵及管路阀门，灭火介质通过固定消防炮喷嘴射向火源，起到迅速扑灭或抑制火灾的作用
	移动炮系统	以移动式消防炮为核心，是一种能够迅速接近火源、实施就近灭火的系统

续表

类别		含义及适用范围
按控制方式分	远控消防炮系统	远控消防炮系统是指可以远距离控制消防炮向保护对象喷射灭火剂灭火的固定消防炮灭火系统。远控消防炮灭火系统能够实现远距离有线或无线控制，具有安全性高、操作简便和投资相对少等优点，适用于有爆炸危险性、产生强辐射热、灭火人员难以及时接近的场所
	手动消防炮系统	是只能在现场手动操作消防炮的固定消防炮灭火系统。该系统具有结构简单、操作简便、投资少等优点，适用于辐射热不大、人员便于靠近的场所
	智能型消防炮系统	是能够在无人工干预的情况下自动发现火灾并开展灭火作业的消防炮灭火系统，主要有寻的式和扫射式两种类型，适用于需要及时有效探测、扑灭及控制火灾的大空间场所

（4）固定消防炮灭火系统的组成及工作原理

1）水炮系统的组成及工作原理。水炮系统由水源、消防泵组、消防水炮、管路、阀门、动力源和控制装置等组成，如图 6–2–35 所示。当火灾发生时，火灾探测设备探测到火警信号，并将信号传送到消防控制中心，控制主机接收火灾报警信号后，发出控制指令，调整消防炮俯仰角对准着火点，开启电磁阀，启动水泵向系统供水，水炮喷水灭火。

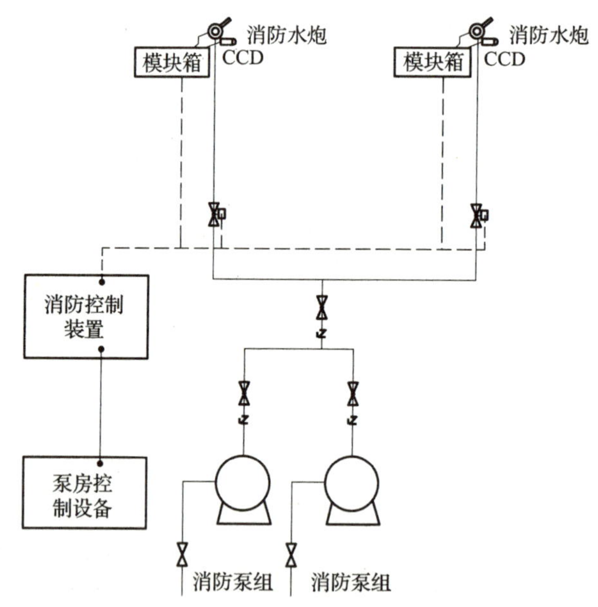

图 6–2–35　消防水炮系统组成示意图

2）泡沫炮系统的组成及工作原理。泡沫炮系统由水源、泡沫液储罐、消防泵组、泡沫比例混合装置、管道、阀门、泡沫炮、动力源和控制装置等组成，如图 6–2–36 所示。火灾发生时，开启消防泵组及管路阀门，消防压力水流经泡沫混合装置时按照一定比例与泡沫原液混合，形成泡沫混合液，在消防炮喷嘴处，泡沫混合液高速射流喷出。泡沫混合液射流在消防炮喷嘴处以及在空中卷吸入空气，与空气混合、发泡形成泡沫，泡沫被投射到火源，覆盖在燃烧物表面形成泡沫层，起到隔氧窒息、辐射热阻隔、吸热冷却的作用，迅速扑灭或抑制火灾。

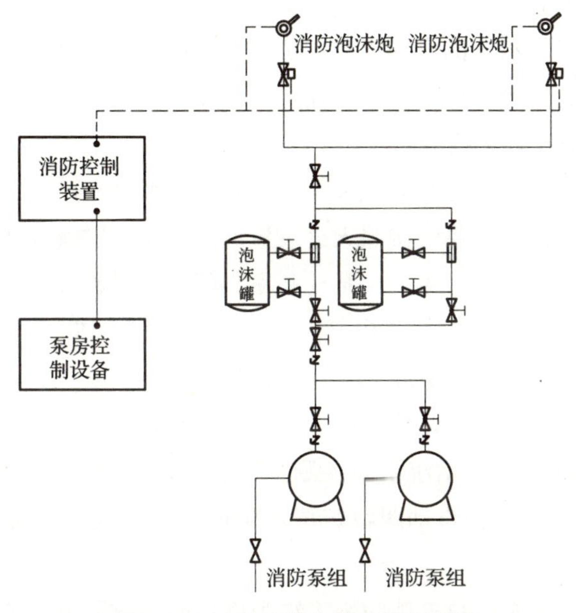

图 6-2-36　泡沫炮系统组成示意图

3）干粉炮系统的组成及工作原理。干粉炮系统由干粉罐、氮气瓶组、管道、阀门、干粉炮、动力源和控制装置等组成，如图 6-2-37 所示。火灾发生时，开启氮气瓶组，其内的高压氮气经过减压阀减压后进入干粉储罐，其中部分氮气被送入储罐顶部与干粉灭火剂混合，另一部分氮气被送入储罐底部对干粉灭火剂进行松散。随着系统压力的建立，混合有高压气体的干粉灭火剂积聚在干粉炮阀门处。当管路压力达到一定值时，开启干粉炮阀门，固气两相态的干粉灭火剂通过干粉消防炮高速射向火源，切割火焰、破坏燃烧链，从而迅速扑灭和抑制火灾。

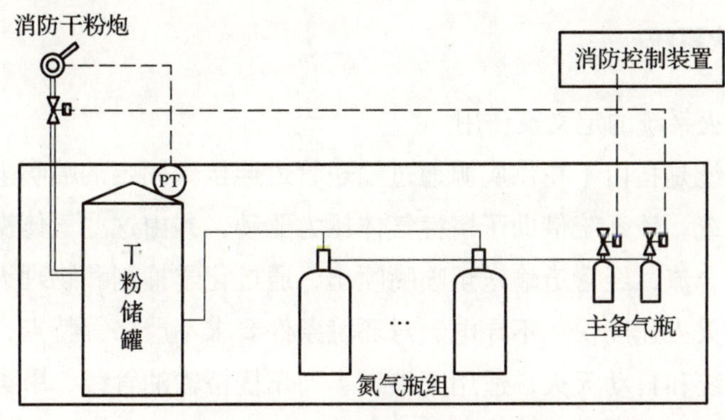

图 6-2-37　干粉炮系统组成示意图

5. 自动跟踪定位射流灭火系统

（1）自动跟踪定位射流灭火系统的定义及作用

自动跟踪定位射流灭火系统是指利用红外线、数字图像或其他火灾探测组件对火、温度等的探测进行早期火灾的自动跟踪定位，并运用自动控制方式来实现灭火的各种室内外固定射流灭火系统。该系统全天候实时监测保护场所，对现场的火灾信号进行采集和分析，在消防行业中的应用极为广泛。

（2）自动跟踪定位射流灭火系统的类型及设置场所

自动跟踪定位射流灭火系统按照灭火装置流量大小及射流方式不同，分为自动消防炮灭火系统、喷射型自动射流灭火系统和喷洒型自动射流灭火系统三种类型。自动跟踪定位射流灭火系统广泛应用于电影院、仓库、厂房、体育馆、大礼堂、候机厅、会展中心、停车场等高大空间场所。

（3）自动跟踪定位射流灭火系统的组成及工作原理

自动跟踪定位射流灭火系统由带探测组件及自动控制部分的灭火装置和消防供液部分组成。灭火装置分为自动跟踪定位消防炮灭火装置和自动跟踪定位射流灭火装置。

以图像型火灾探测定位自动消防炮系统为例，该系统采用图像方式对早期火灾的火焰和烟气进行探测，实现火灾可视化报警，利用图像中心点匹配法对火源进行跟踪定位并自动灭火。系统由设置在保护现场的双波段图像型火灾探测器、光截面感烟火灾探测器、自动消防炮灭火装置、现场控制盘，设置在消防控制室的控制主机、监控设备，以及管路和供水设施、自动控制阀（电动阀）、水流指示器、模拟末端试水装置、消防水泵接合器等组成，如图 6–2–38 所示。当火灾发生时，探测装置捕获相关信息并对信息进行处理，如果发现火源，则对火源进行自动跟踪定位，准备定点（或定区域）射流（或喷洒）灭火，同时发出声光警报和联动控制命令，自动启动消防水泵，开启相应的控制阀门，对应的灭火装置射流灭火。

6. 干粉灭火系统

（1）干粉灭火系统的定义及作用

干粉灭火系统是指由干粉供应源通过输送管道连接到固定的喷嘴上，通过喷嘴喷放干粉的灭火系统。该系统借助于惰性气体压力驱动，并由这些气体携带干粉灭火剂形成气粉两相混合流，经管道输送至喷嘴喷出，通过化学抑制和物理灭火共同作用来实施灭火，具有灭火速度快、不导电、对环境条件要求不严格等特点，能自动探测火灾、自动启动系统和自动灭火，适用于港口、列车栈桥输油管线、甲类可燃液体生产线、石化生产线、天然气储罐、储油罐、汽轮机组及淬火油槽和大型变压器等场合。

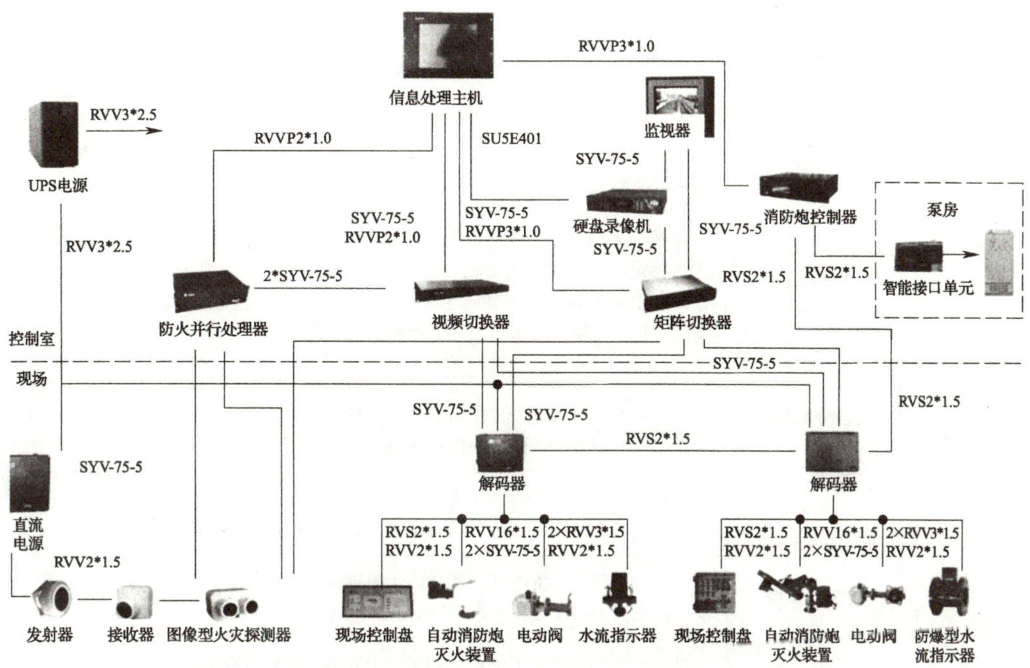

图 6-2-38 采用图像型火灾探测定位的自动消防炮系统组成示意图

（2）干粉灭火系统设置场所

现行国家标准《石油化工企业设计防火规范》（GB 50160）和《石油天然气工程设计防火规范》（GB 50183）规定，石油化工企业内烷基铝类催化剂配制区宜设置局部喷射式 D 类干粉灭火系统，火车、汽车装卸液化石油气栈台宜设置干粉灭火设施。

（3）干粉灭火系统的分类及适用范围

1）干粉灭火系统的分类及特点。按灭火方式、设计情况、系统保护情况、驱动气体储存方式等进行分类，干粉灭火系统的类型及特点见表 6-2-7。

表 6-2-7　干粉灭火系统的类型及特点

类别	类型名称	含义及特点
按灭火方式分	全淹没系统	是通过在规定的时间内向防护区喷射一定浓度的干粉，并使其均匀地充满整个防护区，建立起灭火浓度来实施灭火的系统形式。该系统的特点是对防护区提供整体保护，适用于较小的封闭空间、火灾燃烧表面不宜确定且不会复燃的场合，如油泵房等
	局部应用系统	是通过喷嘴直接向火焰或燃烧表面喷射干粉灭火剂实施灭火的系统形式。当不宜在整个房间建立灭火浓度或仅保护某一局部范围、某一设备、室外火灾危险场所等时，可选择局部应用干粉灭火系统，如用于保护甲、乙、丙类液体的敞顶罐或槽，不怕粉末污染的电气设备以及其他场所等
	手持软管系统	是具有固定的干粉供给源，并配备有一条或数条输送干粉灭火剂的软管及喷枪，火灾时通过人来操作实施灭火的系统形式

续表

类别	类型名称	含义及特点
按设计情况分	设计型系统	是一种根据保护对象的具体情况，通过设计计算确定的系统形式。该系统中的所有参数都需经设计确定，并按要求选择各部件设备型号。一般较大的保护场所或有特殊要求的场所宜采用设计型系统
	预制型系统	是按一定的应用条件，将灭火剂储存装置和喷嘴等部件预先组装起来的成套灭火装置。系统的规格是通过对保护对象做灭火试验后预先设计好的，即所有设计参数都已确定，使用时只需选型，不必进行复杂的设计计算。当保护对象不大且场所无特殊要求时，可选择预制型系统
按系统保护情况分	组合分配系统	是用一套灭火剂储存装置保护两个及两个以上防护区或保护对象的灭火系统。当一个区域有几个保护对象且每个保护对象发生火灾后又不会蔓延时，可选用组合分配系统，即用一套系统同时保护多个保护对象
	单元独立系统	是用一套灭火剂储存装置保护一个防护区或保护对象的灭火系统。当火灾的蔓延情况不能预测时，每个保护对象应单独设置一套系统保护
按驱动气体储存方式分	储气式系统	是将驱动气体（氮气或二氧化碳）单独储存在储气瓶中，灭火使用时再将驱动气体充入干粉储罐，进而携带驱动干粉喷射实施灭火
	储压式系统	是驱动气体与干粉灭火剂同储于一个容器，灭火时直接启动干粉储罐。这种系统结构比储气系统简单，出于系统安全性和稳定性方面的考虑，要求驱动气体不能泄漏
	燃气式系统	驱动气体不采用压缩气体，而是在火灾时点燃燃气发生器内的固体燃料，通过燃烧生成的燃气压力来驱动干粉喷射实施灭火

2）干粉灭火系统的适用范围。干粉灭火系统适用于扑救灭火前可切断气源的气体火灾，易燃、可燃液体和可熔化固体火灾，可燃固体表面火灾，带电设备等火灾。干粉灭火系统不得用于扑救硝化纤维、炸药等无空气仍能迅速氧化的化学物质与强氧化剂物质火灾，钠、钾、镁、钛、锆等活泼金属及其氢化物火灾。

（4）干粉灭火系统的组成及工作原理

干粉灭火系统在组成上与气体灭火系统类似，由干粉储存装置、输送管道、喷头等组成，如图 6-2-39、图 6-2-40 所示。其中干粉储存装置内设有启动气体瓶组、驱动气体瓶组、减压装置、干粉储存容器、阀驱动装置、信号反馈装置、安全防护装置、压力报警及控制装置等。为确保系统工作的可靠性，必要时系统还需设置选择阀、检漏装置和称重装置等。

保护对象着火，温度上升至规定值后，火灾探测器发出火灾信号到控制器，然后由控制器打开相应警报装置（如声光及警铃）。当启动机构接收到控制器的启动信号后将启动瓶打开，启动瓶内的氮气通过管道将高压驱动气体瓶组的瓶头阀打开，瓶中的高压驱动气体进入集气管，经过高压阀进入减压阀，减压至规定压力后，通过进气阀进入干粉储罐内，搅动罐中干粉灭火剂，使罐中干粉灭火剂疏松形成便于流动的气粉混合物。当干粉罐内的压力升到规定压力数值时，定压动作机构开始动作，打开干粉罐出口球阀。干粉灭火剂则经过总阀门、选择阀、输粉管和喷嘴喷向着火对象，或者经喷枪射到着火对象的表面，进行灭火。

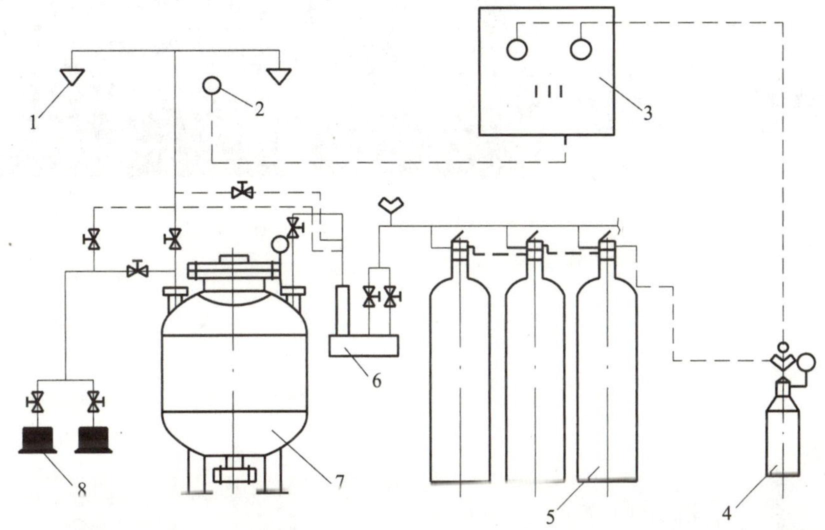

图 6-2-39 干粉灭火系统组成示意图

1—喷嘴 2—火灾探测器 3—控制装置 4—启动气体瓶组 5—驱动气体瓶组
6—减压器 7—干粉储存容器 8—干粉枪及卷盘

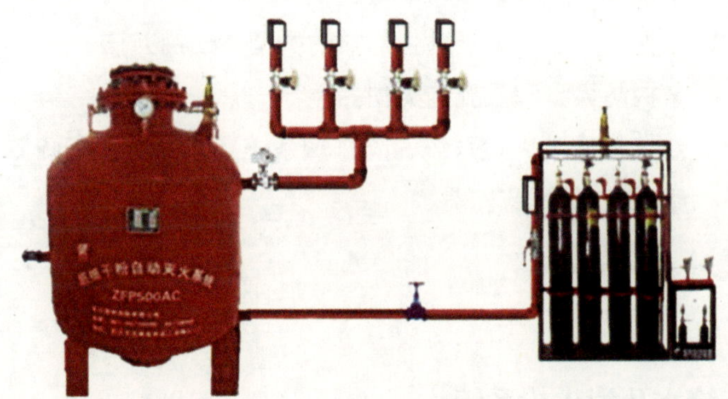

图 6-2-40 储气瓶型干粉灭火系统示意图

培训项目 3 其他消防设施基本知识

【培训重点】

1. 掌握消火栓系统、防排烟系统、应急照明和疏散指示系统、灭火器、建筑避难器材等设施的设置场所及部位。
2. 了解消防电梯的组成及工作原理。
3. 掌握灭火器、建筑逃生器材的类型及使用方法。
4. 掌握防火分隔设施的类型。
5. 熟练掌握消火栓系统、防排烟系统、应急照明和疏散指示系统的组成及工作原理。

一、消防给水及消火栓系统

1. 消防给水

（1）消防水源

1）消防水源的定义。消防水源是指向水灭火设施、车载或手抬等移动消防水泵、固定消防水泵等提供消防用水的水源，是灭火成功的基本保证。

2）消防水源的类型。消防水源有市政给水、消防水池、天然水源三类。雨水清水池、中水清水池、水景和游泳池可作为备用消防水源，当消防水源设置出现困难必须把雨水清水池、中水清水池、水景和游泳池作为消防水源时，应有保证在任何情况下均能满足消防给水系统所需的水量和水质的技术措施。

①市政给水。市政给水管网遍布城市各个角落，可通过进户管为建筑物提供消防用水，也可通过在其上设置的室外消火栓为火场提供灭火用水。因此，市政给水管网是主要的消防水源。当市政给水管网能连续供水时，消防给水系统可采用市政给水管网直接供水。

②消防水池。消防水池是人工建造的供固定或移动消防水泵吸水的储水设施，是建筑消防中十分重要的水源。符合下列规定之一时，应设置消防水池：一是当生产、生活用水量达到最大时，市政给水管网或入户引入管不能满足室内、室外消防给水设计流量；二是当采用一路消防供水或只有一条入户引入管，且室外消火栓设计流量大于 20 L/s 或建筑高度大于 50 m 时；三是市政消防给水设计流量小于建筑室内外消防给水设计流量。

③天然水源。由地理条件自然形成的，可供灭火时取水的水源，称为天然水源，如江河、海洋、湖泊、池塘、溪沟等。天然水源的设计枯水流量保证率应根据城乡规模和工业项目的重要性、火灾危险性和经济合理性等因素综合确定，宜为 90% ~ 97%，但村镇室外消防给水水源的设计枯水流量保证率可根据当地水源情况适当降低。

（2）消防给水基础设施

消防给水基础设施包括消防水泵、消防水泵接合器、高位水箱、稳压设备等，这些基础设施是消防水系统灭火的基本保证。

1）消防水泵。消防水泵是在消防给水系统（包括消火栓系统、自动喷水灭火系统等）中用于保证系统供水压力和水量的给水泵，如消火栓泵、喷淋泵、消防传输泵等。消防水泵是消防给水系统的心脏，其工作状况的好坏直接影响着灭火的成效。

①消防水泵的类型。消防水泵的类型很多，按出口压力等级可分为低压消防泵、中压消防泵、中低压消防泵、高压消防泵和高低压消防泵，按用途可分为供水消防泵、稳压消防泵、供泡沫液消防泵，按辅助特征可分为普通消防泵、深井消防泵和潜水消防泵，按动力源形式可分为柴油机消防泵组、电动机消防泵组、燃气轮机消防泵组和汽油机消防泵组，按用途可分为供水消防泵组、稳压消防泵组和手抬机动消防泵组。

②消防水泵的组成及工作原理。消防给水系统中使用的水泵多为离心泵。离心泵主要由蜗壳形的泵壳、泵轴、叶轮、吸水管、压水管和底阀等组成，如图 6-3-1 所示。其工作原理是利用叶轮旋转而使水产生离心力来工作的。启动前须使泵壳和吸水

管内注满水。当启动电动机后，泵轴带动叶轮和水高速旋转，水在离心力的作用下甩向叶轮外缘，经蜗形泵壳的流道流入水泵的压水管路；与此同时，水泵叶轮中心处形成负压，水在大气压力的作用下被吸进泵壳内。叶轮不停地转动，使得水在叶轮的作用下不断流入与流出，达到输送水的目的。

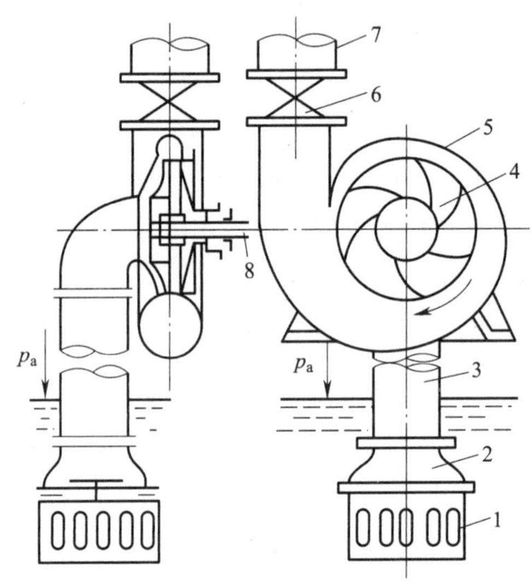

图 6–3–1　离心泵组成示意图

1—滤网　2—底阀　3—吸水管　4—叶轮　5—泵壳　6—调节阀　7—出水管　8—泵轴

③消防水泵的性能参数及特性曲线。消防水泵主要性能参数包括流量（Q）、扬程（H）、轴功率（N）、效率（η）和转速（n）等。流量是指单位时间内所输送液体的体积；扬程是指对单位重量液体所做的功，也就是单位重量液体通过水泵后其能量的增值；轴功率是原动机输送给水泵的功率；效率是指水泵的有效功率与轴功率的比值；转速是指单位时间内水泵叶轮转动次数。

水泵的流量、扬程、轴功率、效率等性能参数之间存在着一定的关系，通常经过水泵实验获得各参数间的关系曲线，这种曲线就称为水泵的性能曲线。不同型号的水泵性能并不相同，图 6–3–2 所示为某型号水泵的性能曲线。图中三条曲线分别为：流量—扬程（Q—H）曲线、流量—轴功率（Q—N）曲线、流量—效率（Q—η）曲线。从图中可以看出，流量与扬程、轴功率、效率等是一一对应的关系，确定了其中一个值，其余值也都相应地确定下来。流量—扬程曲线是一条不规则的曲线，一般的规律是扬程随流量的增大而减小。流量—轴功率曲线反映出离心泵的轴功率随着流量增大而逐渐增加。当流量为零时轴功率最小，所以水泵启动一般采用“关闸启动”，以减小电动机的启动电流，待水泵正常运转后再开启闸阀。流量—效率曲线反映出每台水泵都有一个高效段，一般应使水泵在高效段运行。但消防水泵不经常运行，因此可以允许其在高效段外运行。

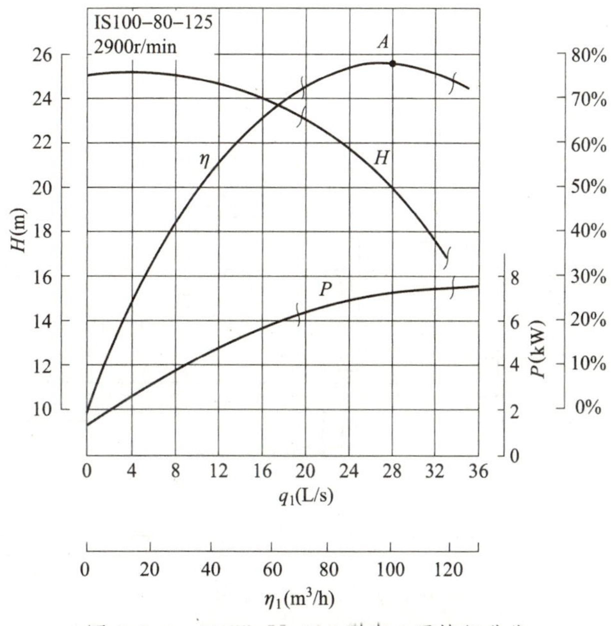

图 6–3–2 IS100–80–125 型离心泵特征曲线

④消防水泵的并联和串联。在消防给水过程中，常常需要多台水泵共同工作，即通过水泵的串联或并联向消防给水管网供水。消防泵的并联是通过两台或两台以上的消防泵同时向消防给水系统供水，如图 6–3–3 所示。消防泵并联的目的主要在于增加流量，在流量叠加时，系统的总流量会有所下降，并非单纯地几台消防泵流量的叠加。消防泵的串联是将一台泵的出水口与另一台泵的吸水管直接连接且两台泵同时运行，如图 6–3–4 所示。消防泵的串联在流量不变时可增加扬程，故当单台消防泵的扬程不能满足最不利点处的水压要求时，系统可采用串联消防给水系统。

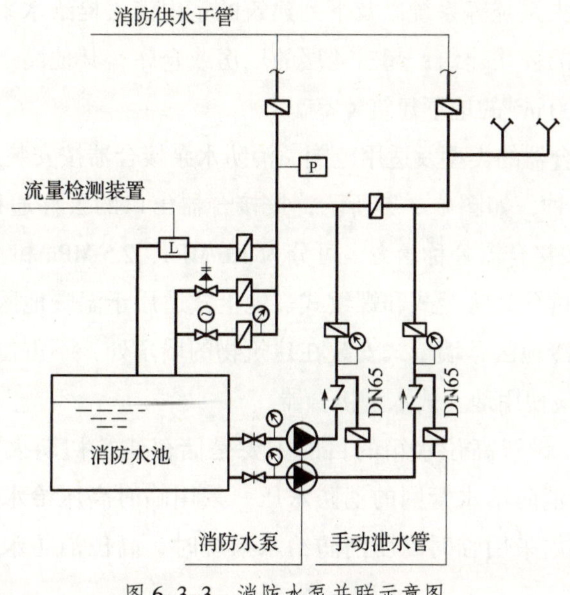

图 6–3–3 消防水泵并联示意图

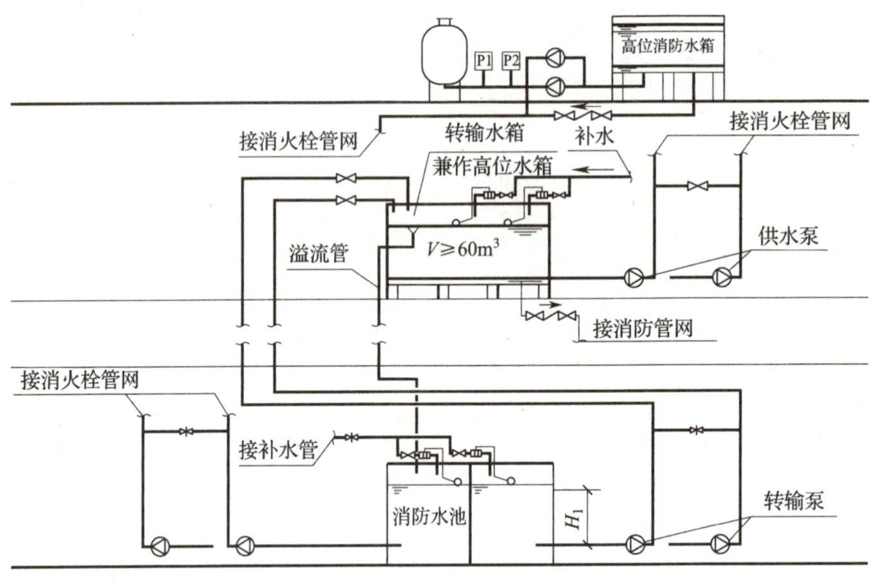

图 6-3-4　消防水泵串联示意图

2）消防水泵接合器。消防水泵接合器是供消防车向消防给水管网输送消防用水的预留接口。

①消防水泵接合器的组成及作用。消防水泵接合器一般由本体、消防接口、安全阀、水流止回和水流截断装置等组成，其作用是在发生火灾的情况下，当建筑物内消防水泵发生故障或室内消防用水不足时，利用消防车或机动泵等通过水泵接合器向室内消防给水管网输送消防用水。

②消防水泵接合器设置场所。自动喷水灭火系统、水喷雾灭火系统、泡沫灭火系统和固定消防炮灭火系统等系统以及下列建筑的室内消火栓给水系统应设置消防水泵接合器：超过 5 层的公共建筑；超过 4 层的厂房或仓库；其他高层建筑；超过 2 层或建筑面积大于 10 000 m² 的地下建筑（室）。

③消防水泵接合器的类型及适用范围。消防水泵接合器按安装形式可分为地上式、地下式和墙壁式三种，如图 6-3-5 所示；按接合器出口的公称通径，可分为 100 mm 和 150 mm 两种；按接合器公称压力，可分为 1.6 MPa、2.5 MPa 和 4.0 MPa 等多种；按接合器连接方式，可分为法兰式和螺纹式。地上式适用于温暖地区；地下式（应有明显标志）适用于寒冷地区；墙壁式安装在建筑物的墙角处，不占位置，使用方便，但设置不明显。一般应使用地上式水泵接合器。

3）高位水箱。设置高位水箱的目的主要是储存建筑初期火灾所需的消防用水量，保证初期火灾消防给水管网的消防水压。采用临时高压给水系统的建筑物，应设置高位水箱。室内采用临时高压消防给水系统时，高位消防水箱的设置应符合下列规定。

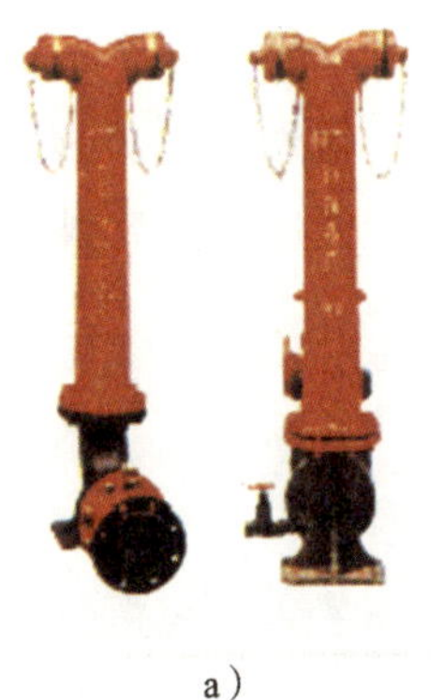

a）

b）

c）

图 6-3-5 消防水泵接合器
a）地上式 b）地下式 c）墙壁式

①高层民用建筑、总建筑面积大于 10 000 m^2 且层数超过 2 层的公共建筑和其他重要建筑，必须设置高位消防水箱。

②其他建筑应设置高位消防水箱，但当设置高位消防水箱确有困难，且采用安全可靠的消防给水形式时，可不设高位消防水箱，但应设稳压泵。

③当市政供水管网的供水能力在满足生产、生活最大小时用水量后，仍能满足初期火灾所需的消防流量和压力时，市政直接供水可替代高位消防水箱。

4）稳压设备。稳压设备是临时高压消防给水系统中的一种技术保障措施。对于采用临时高压消防给水系统的高层或多层建筑，当消防水箱设置高度不能满足系统最不利点处灭火设备所需的水压要求时，应设置稳压设备。

2. 室外消火栓系统

（1）室外消火栓系统的定义及作用

室外消火栓系统是指由供水设施、室外消火栓、配水管网和阀门等组成的系统。不同压力的室外消火栓其作用各不相同。低压室外消火栓的作用是为消防车等消防设备提供消防用水，或通过消防车和水泵接合器为室内灭火设施提供消防用水；高压室外消火栓经常保持足够的压力和消防用水量，火灾发生时，现场的火灾扑救人员可直接连接水带与水枪出水灭火。

（2）室外消火栓系统设置场所及部位

现行国家标准《建筑设计防火规范》（GB 50016）、《人民防空工程设计防火规范》（GB 50098）、《汽车库、修车库、停车场设计防火规范》（GB 50067）、《地铁设计防火标准》（GB 51298）、《石油库设计规范》（GB 50074）、《石油化工企业设计防火规范》（GB 50160）、《钢铁冶金企业设计防火规范》（GB 50414）等对室外消火栓系统的设置场所及部位分别做了具体规定，设置时应符合国家相关标准的规定。例如《建筑设计防火规范》（GB 50016）规定：城镇（包括居住区、商业区、开发区、工业区等）应沿可通行消防车的街道设置市政消火栓系统；民用建筑、厂房、仓库、储罐（区）和堆场周围应设置室外消火栓系统；用于消防救援和消防车停靠的屋面上，应设置室外消火栓系统。

（3）室外消火栓系统的类型及特点

室外消防给水系统的类型及特点见表 6–3–1。

表 6–3–1　室外消防给水系统的类型及特点

分类方式	类型名称	特点
按水压分	高压消防给水系统	是消火栓管网内能始终保持满足水灭火设施所需的工作压力和流量，火灾时无须消防水泵直接加压的供水系统
	临时高压消防给水系统	是平时不能满足水灭火设施所需的工作压力和流量，火灾时通过自动或手动启动消防水泵以满足水灭火设施所需的工作压力和流量的供水系统
	低压消防给水系统	是管网的最低压力大于 0.1 MPa，能满足消防车、手抬移动消防水泵等取水所需的工作压力和流量的供水系统
按用途分	独立消防给水系统	是仅向消火栓系统供水的独立的给水系统
	生活、消防合用给水系统	是生活给水管网与消防给水管网合用的给水系统
	生产、消防合用给水系统	是生产给水管网与消防给水管网合用的给水系统
	生活、生产、消防合用给水系统	是生活、生产和消防合用的给水系统
按管网形式分	环状管网消防给水系统	消防给水管网构成闭合环形，可多向供水
	枝状管网消防给水系统	消防给水管网似树枝状，仅能单向供水

（4）室外消火栓系统的组成

不同类型的室外消火栓系统的组成不尽相同，以临时高压室外消火栓系统为例，其系统由消防水源、消防给水设备、室外消防给水管网、室外消火栓以及相应的配件、附件等组成，如图 6–3–6 所示。

3. 室内消火栓系统

（1）室内消火栓系统的定义及作用

室内消火栓系统是指由供水设施、室内消火栓、配水管网和阀门等组成的系统。室内消火栓系统是建筑物应用最广泛的一种消防设施，当建筑内发生火灾时，该系统既可供火灾现场人员就近利用水喉、水枪扑救初起火灾，又可供消防救援人员扑救建筑大火。

（2）室内消火栓系统设置场所及部位

现行国家标准《建筑设计防火规范》（GB 50016）、《人民防空工程设计防火规范》

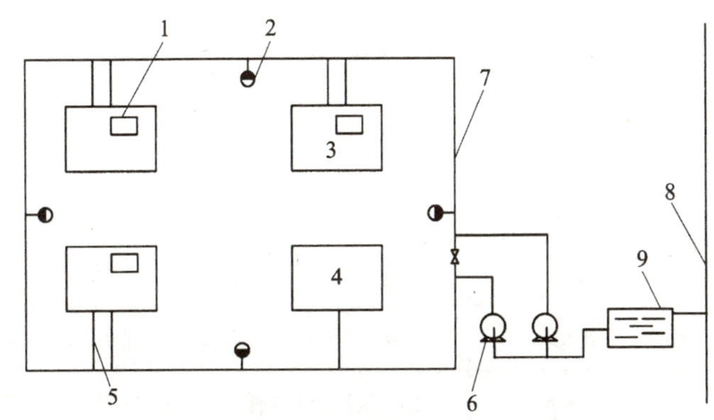

图 6-3-6 临时高压室外消火栓系统的组成

1—高位消防水箱 2—室外消火栓 3—高层建筑 4—多层建筑 5—消防引入管 6—消防水泵 7—室外消防环网 8—市政管网 9—消防水池

（GB 50098）、《汽车库、修车库、停车场设计防火规范》（GB 50067）、《地铁设计防火标准》（GB 51298）、《石油库设计规范》（GB 50074）、《石油化工企业设计防火规范》（GB 50160）、《钢铁冶金企业设计防火规范》（GB 50414）等对室外消火栓系统的设置场所及部位分别做了具体规定，设置时应符合国家相关标准的规定。例如《建筑设计防火规范》（GB 50016）规定，下列建筑或场所应设置室内消火栓系统。

1）建筑占地面积大于 300 m² 的厂房和仓库。

2）高层公共建筑和建筑高度大于 21 m 的住宅建筑。

3）体积大于 5 000 m³ 的车站、码头、机场的候车（船、机）建筑、展览建筑、商店建筑、旅馆建筑、医疗建筑、老年人照料设施和图书馆建筑等单、多层建筑。

4）特等、甲等剧场，超过 800 个座位的其他等级的剧场和电影院等以及超过 1 200 个座位的礼堂、体育馆等单、多层建筑。

5）建筑高度大于 15 m 或体积大于 10 000 m³ 的办公建筑、教学建筑和其他单、多层民用建筑。

（3）室内消火栓系统的类型及特点

室内消防给水系统的类型及特点见表 6-3-2。

表 6-3-2 室内消防给水系统的类型及特点

分类方式	类型名称	特点
按水压分	高压消防给水系统	能始终保持满足水灭火设施所需的工作压力和流量，火灾时无须消防水泵直接加压的供水系统
	临时高压消防给水系统	平时不能满足水灭火设施所需的工作压力和流量，火灾时能自动启动消防水泵以满足水灭火设施所需的工作压力和流量的供水系统

续表

分类方式	类型名称	特点
按给水范围分	独立消防给水系统	在一幢建筑内消防给水系统自成体系，可独立工作
	区域（集中）消防给水系统	两幢及两幢以上的建筑合用消防给水系统
按用途分	独立消防给水系统	仅向消火栓系统供水的独立给水系统
	生活、消防合用给水系统	生活给水管网与消防给水管网合用的给水系统
	生产、消防合用给水系统	生产给水管网与消防给水管网合用的给水系统
	生活、生产、消防合用给水系统	生活、生产和消防合用的给水系统
按管网状态分	湿式消火栓系统	平时配水管网内充满水的消火栓系统
	干式消火栓系统	平时配水管网内不充水，火灾时向配水管网充水的消火栓系统

（4）室内消火栓系统的组成及工作原理

不同类型的室内消火栓给水系统的组成不尽相同，以临时高压室内消火栓为例，该系统由室外消防给水管网、消防水池、消防水泵、消防水箱、稳压设备、水泵接合器、室内消火栓设备、报警控制设备和系统附件等组成，如图 6–3–7 所示。

室内消火栓系统的工作原理与系统的给水方式有关，在临时高压消防给水系统中，系统设有消防泵和消防水箱，消火栓箱内的按钮直接启动消火栓泵，并向消防控制中心报警。当火灾发生后，现场人员可打开消火栓箱，将水带与消火栓栓口连接，打开消火栓阀门，按下消火栓箱内的启动按钮，消火栓即可投入使用。在供水初期，由于消火栓泵启动需要一定时间，其初期供水由消防水箱来完成。消火栓泵还可由消防泵现场、消防控制中心启动，消火栓泵一旦启动后不得自动停泵，其停泵只能由现场手动控制。常高压室内消火栓系统在使用时无须启泵，可直接使用。

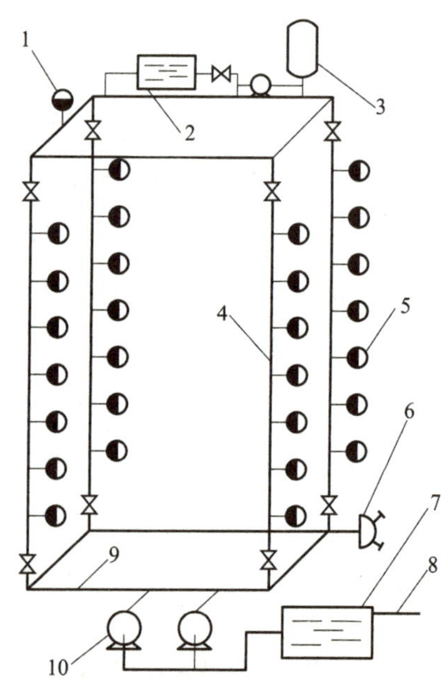

图 6–3–7　室内消火栓系统的组成

1—屋顶消火栓　2—消防水箱　3—气压罐　4—消防竖管　5—室内消火栓　6—水泵接合器　7—消防水池　8—进户管　9—水平干网　10—消防水泵

二、防烟与排烟系统

1. 防烟与排烟系统的定义及作用

防烟与排烟系统是建筑物内设置的防烟系统和排烟系统的总称。

（1）防烟系统的定义及作用

防烟系统是指通过采用自然通风方式，防止火灾烟气在楼梯间、前室、避难层（间）等空间内积聚，或通过采用机械加压送风方式阻止火灾烟气侵入楼梯间、前室、避难层（间）等空间的系统。该系统可以阻止烟气侵入，控制烟气蔓延，为安全疏散创造有利条件，保证人员安全疏散。

（2）排烟系统的定义及作用

排烟系统是指采用自然排烟或机械排烟的方式，将房间、走道等空间的火灾烟气排至建筑物外的系统。该系统可在建筑中某部位起火时排除大量烟气和热量，起到控制烟气和火势蔓延的作用。

2. 防烟与排烟系统的设置场所及部位

现行国家标准《建筑设计防火规范》（GB 50016）、《人民防空工程设计防火规范》（GB 50098）、《汽车库、修车库、停车场设计防火规范》（GB 50067）、《地铁设计防火标准》（GB 51298）、《石油库设计规范》（GB 50074）、《石油化工企业设计防火规范》（GB 50160）、《钢铁冶金企业设计防火规范》（GB 50414）等对防烟与排烟系统的设置场所及部位分别做了具体规定，设置时应符合国家相关标准的规定。例如《建筑设计防火规范》（GB 50016）规定，下列建筑或场所应设置防烟与排烟系统。

（1）防烟系统设置场所和部位

建筑的下列场所或部位应设置防烟设施：

1）防烟楼梯间及其前室。

2）消防电梯间前室或合用前室。

3）避难走道的前室、避难层（间）。

（2）排烟系统设置场所和部位

1）厂房或仓库的下列场所或部位应设置排烟设施：

①人员或可燃物较多的丙类生产场所，丙类厂房内建筑面积大于 300 m² 且经常有人停留或可燃物较多的地上房间。

②建筑面积大于 5 000 m² 的丁类生产车间。

③占地面积大于 1 000 m² 的丙类仓库。

④高度大于 32 m 的高层厂房（仓库）内长度大于 20 m 的疏散走道，其他厂房（仓库）内长度大于 40 m 的疏散走道。

2）民用建筑的下列场所或部位应设置排烟设施：

①设置在一、二、三层且房间建筑面积大于 100 m² 的歌舞娱乐放映游艺场所，设置在四层及以上楼层、地下或半地下的歌舞娱乐放映游艺场所。

②中庭。

③公共建筑内建筑面积大于 100 m² 且经常有人停留的地上房间。

④公共建筑内建筑面积大于 300 m² 且可燃物较多的地上房间。

⑤建筑内长度大于 20 m 的疏散走道。

3）地下或半地下建筑（室）、地上建筑内的无窗房间，当总建筑面积大于 200 m² 或一个房间建筑面积大于 50 m²，且经常有人停留或可燃物较多时，应设置排烟设施。

3. 防烟与排烟系统的类型及特点

防烟与排烟系统的类型及特点见表 6–3–3。

表 6–3–3　　防烟与排烟系统的类型及特点

分类方式	类型名称	特点
防烟系统	自然通风	利用建筑物本身的采光通风开口基本起到防止烟气进一步进入安全区域的作用
	机械加压送风	利用送风机对非着火区域加压送风，使其保持一定的正压，防止烟气侵入
排烟系统	自然排烟	利用火灾产生的热烟气的浮力和外部风力作用，通过建筑物的对外开口把烟气排至室外
	机械排烟	利用排烟机把着火区域中所产生的烟气通过排烟口排至室外

4. 防烟与排烟系统的组成及工作原理

采用自然通风方式的防烟系统和自然排烟系统主要由建筑物本身的对外开口组成，结构较为简单。这里主要介绍机械加压送风防烟系统和机械排烟系统的组成和工作原理。

（1）机械加压送风防烟系统的组成及工作原理

机械加压送风防烟系统主要由送风口、送风管道、送风机和风机控制设备等组成，如图 6-3-8 所示。

该系统的工作原理是在疏散通道等需要防烟的部位送入足够的新鲜空气，使其维持高于建筑物其他部位的压力，从而把着火区域所产生的烟气堵截于防烟部位之外。建筑发生火灾时，机械加压送风系统打开，向楼梯间、前室、避难层（间）等区域加注有压新鲜空气，使楼梯间、前室、避难层（间）等区域内形成正压，楼层间形成“防烟楼梯间压力 > 前室压力 > 走道压力 > 房间压力”的递减压力分布。当非加压区域和加压区域之间的门关闭时，由于门两侧具有一定的压力差，加压区域内保持一定的正压值以阻止烟气通过门缝渗漏；当门打开时，加压区域在门洞处向非加压区域给予并维持一定的风速值以阻挡烟气通过门洞注入加压区域，如图 6-3-9 所示。

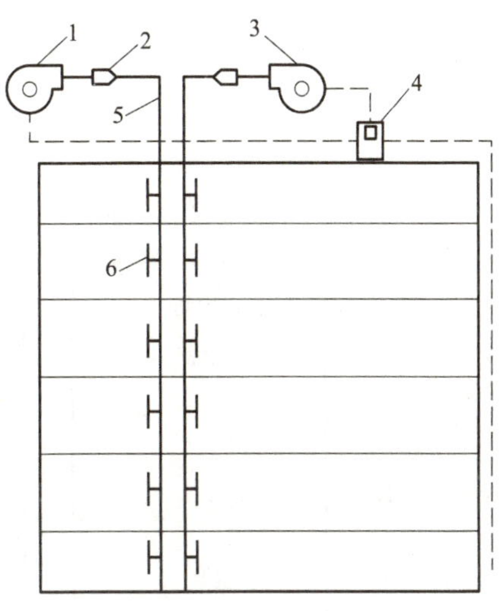

图 6-3-8　机械加压送风防烟系统组成示意图
1、3—加压送风机　2—止回阀　4—风机控制设备
5—送风管道　6—送风口

当火灾发生时，起火部位所在防火分区内的两只独立火灾探测器的报警信号或一只火灾探测器与一只手动火灾报警按钮的报警信号被发送至火灾报警控制器，火灾报警控制器对这两个信号进行识别并确认火灾，再以这两个信号的“与”逻辑作为开启送风口和启动加压送风机的联动触发信号，消防联动控制器在接收到满足逻辑关系的联动触发信号后，联动开启该防火分区内着火层及相邻上下两层前室及合用前室的常闭送风口，同时开启该防火分区楼梯间的全部加压送风机。

（2）机械排烟系统的组成及工作原理

机械排烟系统由挡烟垂壁、排烟口、防火排烟阀、排烟风道、排烟风机、排烟出口及系统控制器等组成，如图 6-3-10 所示。

该系统的工作原理是通过排烟风机运转所产生的气体流动和压力差，在排烟口处形成局部负压将烟气吸入，并利用排烟管道将烟气排出。当火灾发生时，起火部位所在防火分区内的两只独立火灾探测器的报警信号作为开启排烟口、排烟窗或排烟阀的触发信号，同时停止该防烟分区的空气调节系统。当排烟口、排烟窗或排烟阀开启时，其开启动作信号作为排烟风机启动的联动触发信号，消防联动控制器在接收到排烟口、排烟窗或排烟阀开启信号后，联动启动排烟风机，如图 6-3-11 所示。

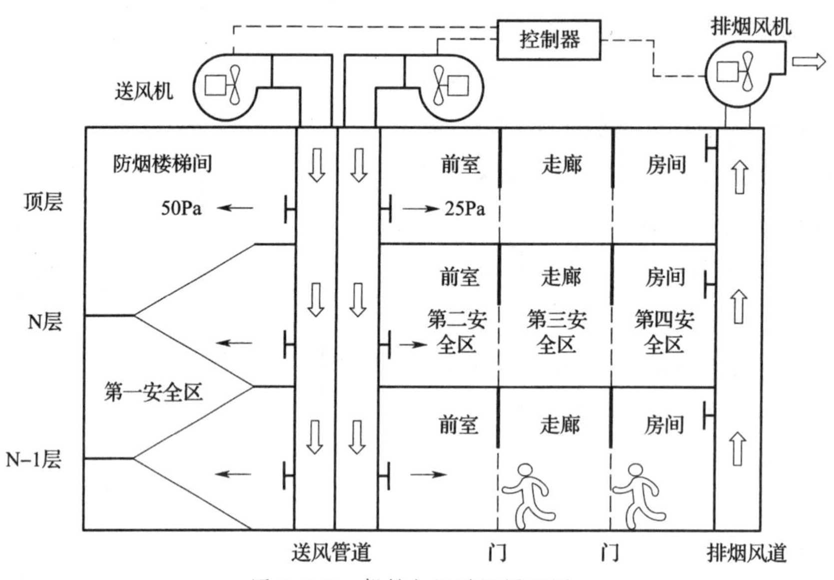

图 6-3-9　机械加压送风原理图

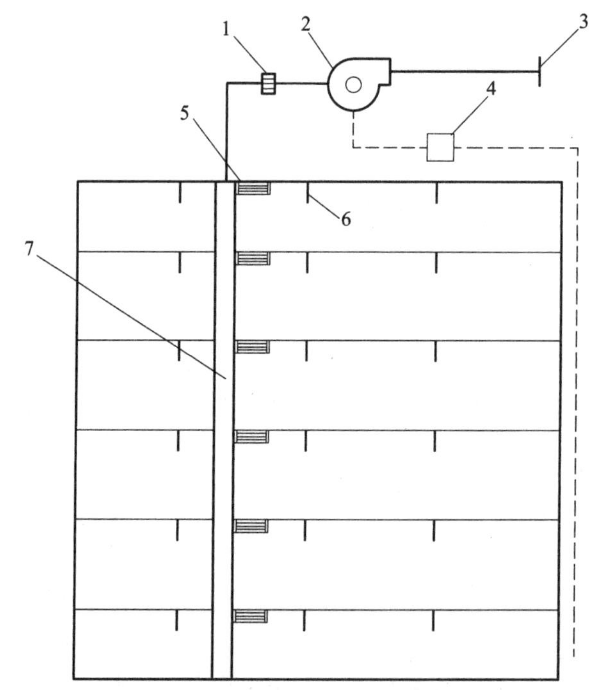

图 6-3-10　机械排烟系统组成示意图

1—防火排烟阀　2—排烟风机　3—排烟出口　4—控制器　5—排烟口　6—挡烟垂壁　7—排烟风道

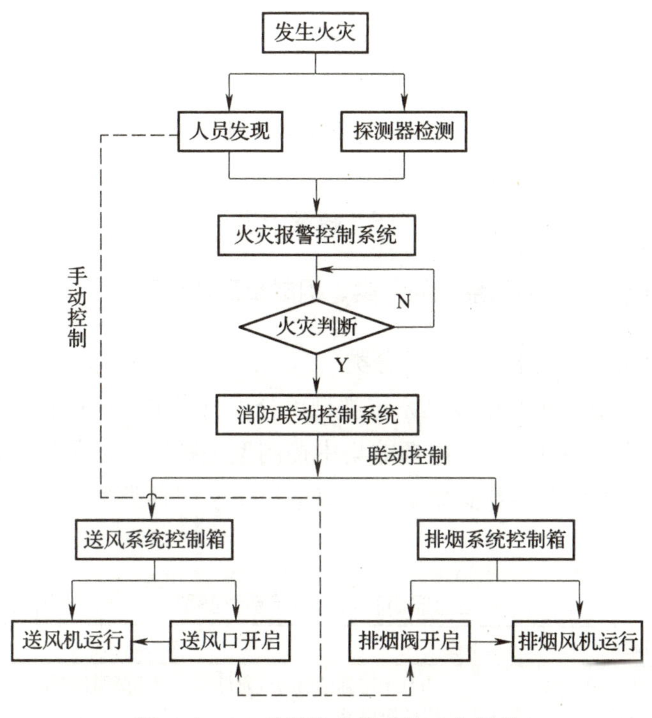

图 6-3-11 机械防排烟系统工作原理

三、应急照明和疏散指示系统

1. 应急照明和疏散指示系统的定义及作用

消防应急照明和疏散指示系统是指在发生火灾时，为人员疏散和消防作业提供应急照明和疏散指示的建筑消防系统，由各类消防应急灯具及相关装置组成。该系统的主要功能是在火灾等紧急情况下，为人员安全疏散和灭火救援行动提供必要的照度条件及正确的疏散指示信息。它是建筑中不可缺少的重要消防设施。

2. 应急照明和疏散指示系统设置场所及部位

现行国家标准《建筑设计防火规范》(GB 50016)、《人民防空工程设计防火规范》(GB 50098)、《汽车库、修车库、停车场设计防火规范》(GB 50067)、《地铁设计防火标准》(GB 51298)、《石油化工企业设计防火规范》(GB 50160)、《钢铁冶金企业设计防火规范》(GB 50414)等对应急照明和疏散指示系统设置场所及部位分别做了具体规定，设置时应符合国家相关标准的规定。例如《建筑设计防火规范》(GB 50016)规定，除建筑高度小于 27 m 的住宅建筑外，民用建筑、厂房和丙类仓库的下列部位应设置疏散照明。

(1)封闭楼梯间、防烟楼梯间及其前室、消防电梯间的前室或合用前室、避难走道、避难层(间)。

（2）观众厅、展览厅、多功能厅和建筑面积大于 200 m² 的营业厅、餐厅、演播室等人员密集场所。

（3）建筑面积大于 100 m² 的地下或半地下公共活动场所。

（4）公共建筑内的疏散走道。

（5）人员密集的厂房内的生产场所及疏散走道。

3. 应急照明和疏散指示系统的分类、组成及工作原理

（1）应急照明和疏散指示系统的分类

应急照明和疏散指示系统按其系统类型可分为自带电源集中控制型（系统内可包括子母型消防应急灯具）、自带电源非集中控制型（系统内可包括子母型消防应急灯具）、集中电源集中控制型和集中电源非集中控制型四种类型，不同类型的主要组件见表 6-3-4。

表 6-3-4　应急照明和疏散指示系统类型

系统分类	系统组成
自带电源集中控制型（系统内可包括子母型消防应急灯具）	由自带电源型消防应急灯具、应急照明控制器、应急照明配电箱及相关附件等组成
自带电源非集中控制型（系统内可包括子母型消防应急灯具）	由自带电源型消防应急灯具、应急照明配电箱及相关附件等组成
集中电源集中控制型	由集中控制型消防应急灯具、应急照明控制器、应急照明集中电源、应急照明分配电装置及相关附件组成
集中电源非集中控制型	由集中电源型消防应急灯具、应急照明集中电源、应急照明分配电装置及相关附件等组成

（2）应急照明和疏散指示系统的组成

消防应急照明和疏散指示系统主要由消防应急照明灯具、消防应急标志灯具、应急照明配电箱、应急照明集中电源、应急照明控制器等组成，如图 6-3-12 所示。

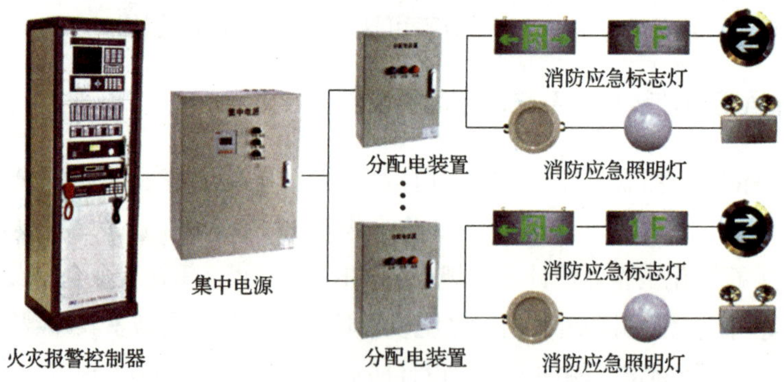

图 6-3-12　应急照明和疏散指示系统的组成

（3）应急照明和疏散指示系统的工作原理

集中控制型系统的主要特点是所有消防应急灯具的工作状态都受应急照明集中控

制器控制。发生火灾时，火灾报警控制器或消防联动控制器向应急照明集中控制器发出相关信号，应急照明集中控制器按照预设程序控制各消防应急灯具的工作状态。

集中电源非集中控制型系统在发生火灾时，消防联动控制器联动控制集中电源和应急照明分配电装置的工作状态，进而控制各路消防应急灯具的工作状态。

自带电源非集中控制型系统在发生火灾时，消防联动控制器联动控制应急照明配电箱的工作状态，进而控制各路消防应急灯具的工作状态。

四、灭火器

1. 灭火器的定义及作用

灭火器是一种能在其内部压力作用下将所装的灭火剂喷出以扑救火灾，并可手提或推拉移动的灭火器具。灭火器是扑救初起火灾的重要消防器材，轻便灵活，稍经训练即可掌握其操作使用方法，可手提或推拉至着火点附近及时灭火，确属消防实战灭火过程中较理想的第一线灭火装备。

2. 灭火器的设置场所及部位

《建筑设计防火规范》（GB 50016）规定，高层住宅建筑的公共部位和公共建筑内应设置灭火器，其他住宅建筑的公共部位宜设置灭火器；厂房、仓库、储罐（区）和堆场应设置灭火器。

3. 灭火器的类型及选型

（1）灭火器的类型

灭火器按结构形式不同，分为手提式和推车式等，如图 6–3–13、图 6–3–14 所示；按所充装灭火剂的不同，可分为水基型、干粉型、二氧化碳型和洁净气体型灭火器等；按驱动灭火剂的形式，可分为贮气瓶式和贮压式灭火器等。灭火器的分类及特点见表 6–3–5。

图 6–3–13　手提式灭火器

图 6–3–14　推车式灭火器

表 6-3-5　　灭火器的类型及特点

分类方法	类别	特点
按使用方法分	手提式灭火器	手提式灭火器是指能够在其内部压力作用下将所装的灭火剂喷出以扑救火灾，并可手提移动的灭火器具
	推车式灭火器	推车式灭火器是指装有轮子可由一人推（或拉）至火场，且能在其内部压力作用下将所装的灭火剂喷出，以扑救火灾的灭火器具
按充装的灭火剂分	水基型灭火器	水型包括清洁水或带添加剂（如湿润剂、增稠剂、阻燃剂或发泡剂等）的水。常用的水基型灭火器有清水灭火器、水基型泡沫灭火器和水基型水雾灭火器三种
	干粉型灭火器	干粉型灭火器内充装的灭火剂是干粉，根据充装的干粉灭火剂的不同，可分为碳酸氢钠干粉（即 BC 类干粉）灭火器、磷酸铵盐干粉（即 ABC 类干粉）灭火器和灭金属火专用干粉（即 D 类干粉）灭火器
	二氧化碳灭火器	二氧化碳灭火器内部充装有液态二氧化碳，利用气压将二氧化碳喷出实施灭火
	洁净气体灭火器	洁净气体灭火器内部充装六氟丙烷、三氟甲烷等灭火剂，利用气压将灭火剂喷出实施灭火
按驱动灭火剂的形式分	贮气瓶式灭火器	贮气瓶式灭火器是指灭火剂由灭火器的贮气瓶释放的压缩气体或液化气体的压力驱动的灭火器。该类灭火器的特点是动力气体与灭火剂分开储存，动力气体储存在专用的小钢瓶内，有外置与内置两种形式，使用时将高压气体放出至灭火剂储瓶内，作驱动灭火剂的动力气体
	贮压式灭火器	贮压式灭火器是指灭火剂由储存于灭火器同一容器内的压缩气体或灭火剂蒸气压力驱动的灭火器。该类灭火器的特点是动力气体与灭火剂储存在同一个容器内，依靠这些气体压力驱动将灭火剂喷出

（2）灭火器选型

在选择灭火器时应考虑灭火器配置场所的火灾种类、灭火器配置场所的最低基准、灭火器配置的最大保护半径、灭火器的灭火效能和通用性、灭火剂对保护物品的污损程度、灭火器设置点的环境温度以及使用灭火器人员的体能等因素，综合考虑配置适合该场所的灭火器具。

1）灭火器的火灾适应类型。在选择灭火器时，灭火器的类型一定要与保护场所的火灾种类相适应，否则灭火器不仅有可能灭不了火，而且还有可能引起灭火剂对燃烧的逆化学反应，甚至会发生爆炸伤人事故。例如，A 类火灾场所不能配置 BC 类干粉（碳酸氢钠干粉）灭火器；对碱金属（如钾、钠等）火灾，不能用水基型灭火器去灭火。因此，在确定了保护场所的火灾种类后，要考虑火灾类别是否与所配置的灭火器类型相适应。表 6-3-6 列举了各种火灾所适应的灭火器类型。

表 6-3-6 火灾种类与灭火器类型对应表

火灾种类	灭火器类型
A 类火灾	水基型（水雾、泡沫）灭火器、ABC 干粉灭火器
B 类火灾	水基型（水雾、泡沫）灭火器、ABC 干粉灭火器、BC 干粉灭火器、洁净气体灭火器
C 类火灾	水基型（水雾、泡沫）灭火器、ABC 干粉灭火器、BC 干粉灭火器、洁净气体灭火器、二氧化碳灭火器
E 类火灾	ABC 干粉灭火器、BC 干粉灭火器、洁净气体灭火器、二氧化碳灭火器
F 类火灾	水基型（水雾、泡沫）灭火器、BC 干粉灭火器

2）灭火器的灭火效能和通用性。在选择灭火器时，应考虑灭火器的灭火效能和通用性。虽然有几种类型的灭火器均适用于扑灭同一种类的火灾，但值得注意的是，它们在灭火有效程度方面可能存在明显的差异。例如，一具 7 kg 的二氧化碳灭火器的灭火级别为 55B，而一具 4 kg 的磷酸铵盐干粉灭火器的灭火级别也为 55B。相比而言，在相同灭火级别的情况下，磷酸铵盐干粉灭火器质量低于二氧化碳火火器，且适用于 A 类火灾，灭火效能和通用性优于二氧化碳灭火器。

3）灭火剂对被保护物品的污损程度。在选择灭火器时，应考虑其对被保护物品的污损程度，保护贵重物资与设备免受污渍损失。例如，在计算机机房内，若使用干粉灭火器进行灭火，其灭火后所残留的粉末状覆盖物对电子元器件会产生一定的腐蚀作用，且难以清洁；而选用气体灭火器灭火，则可避免对电子设备的污损和腐蚀。

4）灭火器的适用环境温度。在选择灭火器时，应考虑环境温度的影响。环境温度对灭火器的喷射性能和安全性能都有着较大的影响，如环境温度过低，灭火器的喷射性能就会降低；环境温度过高，灭火器内部压力则会剧增，有爆炸伤人的危险。例如水基型、泡沫型灭火器就不能在低于 4℃的环境中使用，过低的环境温度会导致这些灭火器出现灭火剂冻结而不能喷射。各类灭火器的适用温度范围见表 6-3-7。

表 6-3-7 灭火器的使用温度范围

灭火器类型		使用温度范围（℃）
水基型灭火器		4 ～ 55
干粉型灭火器	贮气瓶式	-10 ～ 55
	贮压式	-20 ～ 55
二氧化碳型灭火器		-10 ～ 55
洁净气体灭火器		-20 ~ 55

5）灭火剂的相容性。在选择灭火器时，当同一灭火器配置场所存在不同火灾种类时，应选用通用型灭火器；在同一灭火器配置场所，当选用两种或两种以上类型灭火器时，应采用灭火剂相容的灭火器。因为不相容的灭火剂之间可能会相互作用，产生泡沫消失等不利现象，致使灭火器灭火效力明显降低。灭火剂不相容的情况见表 6–3–8。

表 6–3–8　　不相容的灭火剂举例

灭火剂类型	不相容的灭火剂	
干粉与干粉	磷酸铵盐	碳酸氢钠、碳酸氢钾
干粉与泡沫	碳酸氢钠、碳酸氢钾	蛋白泡沫
泡沫与泡沫	蛋白泡沫、氟蛋白泡沫	水成膜泡沫

6）使用灭火器人员的体能。在选择灭火器时，应考虑使用者的体能状况。灭火器是靠人来操作的，要为某建筑场所配置适用的灭火器，也应对该场所中人员的体能，包括年龄、性别、体质和身手敏捷程度等进行分析，然后正确地选择灭火器的类型、规格和布置形式。例如，在办公室、会议室、卧室、客房，以及学校、幼儿园、养老院的教室、活动室等民用建筑场所内，以中、小规格的手提式灭火器为主；而在工业建筑场所的大车间和古建筑场所的大殿内，则可考虑选用大、中规格的手提式灭火器或推车式灭火器。

4. 灭火器主要技术性能

（1）灭火器的喷射性能

喷射性能是指对灭火器喷射灭火剂的技术要求，包括有效喷射时间、喷射滞后时间、有效喷射距离和喷射剩余率。

1）有效喷射时间。是指灭火器在最大开启状态下，自灭火剂从喷嘴喷出，到灭火剂喷射结束的时间。不同的灭火器，对有效喷射时间的要求也不同，但必须满足在最高使用温度条件下不得低于 6 s。

2）喷射滞后时间。是指自灭火器开启后到喷嘴开始喷射灭火剂的时间。喷射滞后时间反映了灭火器动作速度的快慢，技术上一般要求在灭火器的使用温度范围内，其喷射滞后时间不大于 5 s，间歇喷射的滞后时间不大于 3 s。

3）有效喷射距离。是指灭火器有效喷射灭火的距离，是从灭火器喷嘴顶端起，到喷出的灭火剂最集中处中心的水平距离。不同的灭火器有不同的有效喷射距离要求。

4）喷射剩余率。是指额定充装状态下的灭火器，在喷射到内部压力与外部环境压力相等时（也就是不再有灭火剂从灭火器喷嘴喷出时），内部剩余灭火剂量相对于额定充装量的百分比。一般要求是在（20±5）℃时不大于10%，在灭火器的使用温度范围内不大于15%。

（2）灭火器的灭火能力

灭火器的灭火能力是通过试验来测定的。对于同一灭火剂类型的灭火器而言，灭火能力强弱由其充装量决定，衡量标准是灭火级别。充装量大的灭火器灭火能力强，灭火级别大。

灭A类火的能力是按照标准的试验方法，由灭火器能够扑灭的最大木条堆垛火灾来确定其灭火级别；灭B类火的能力是按照标准的试验方法，由灭火器能够扑灭的最大油盘火来确定其灭火级别。

在灭火器的灭火级别中，前面的系数代表的是灭火器灭火能力的强弱，系数大的灭火能力强；后面的字母代表的是所能扑救的火灾类别。各类灭火器的灭火级别详见表6-3-9、表6-3-10。

表6-3-9　手提式灭火器的类型、规格和灭火级别

<table>
<tr><th rowspan="2">灭火器类型</th><th colspan="2">灭火剂充装量（规格）</th><th rowspan="2">灭火器类型规格代码（型号）</th><th colspan="2">灭火级别</th></tr>
<tr><th>L</th><th>kg</th><th>A类</th><th>B类</th></tr>
<tr><td rowspan="6">水型</td><td rowspan="2">3</td><td rowspan="2">—</td><td>MS/Q3</td><td rowspan="2">1A</td><td>—</td></tr>
<tr><td>MS/T3</td><td>55B</td></tr>
<tr><td rowspan="2">6</td><td rowspan="2">—</td><td>MS/Q6</td><td rowspan="2">1A</td><td>—</td></tr>
<tr><td>MS/T6</td><td>55B</td></tr>
<tr><td rowspan="2">9</td><td rowspan="2">—</td><td>MS/Q9</td><td rowspan="2">2A</td><td>—</td></tr>
<tr><td>MS/T9</td><td>89B</td></tr>
<tr><td rowspan="4">泡沫</td><td>3</td><td>—</td><td>MP3、MP/AR3</td><td>1A</td><td>55B</td></tr>
<tr><td>4</td><td>—</td><td>MP4、MP/AR4</td><td>1A</td><td>55B</td></tr>
<tr><td>6</td><td>—</td><td>MP6、MP/AR6</td><td>1A</td><td>55B</td></tr>
<tr><td>9</td><td>—</td><td>MP9、MP/AR9</td><td>2A</td><td>89B</td></tr>
<tr><td rowspan="2">干粉（碳酸氢钠）</td><td>—</td><td>1</td><td>MF1</td><td>—</td><td>21B</td></tr>
<tr><td>—</td><td>2</td><td>MF2</td><td>—</td><td>21B</td></tr>
</table>

续表

灭火器类型	灭火剂充装量（规格）		灭火器类型规格代码（型号）	灭火级别	
	L	kg		A类	B类
干粉（碳酸氢钠）	—	3	MF3	—	34B
	—	4	MF4	—	55B
	—	5	MF5	—	89B
	—	6	MF6	—	89B
	—	8	MF8	—	144B
	—	10	MF10	—	144B
干粉（磷酸铵盐）	—	1	MF/ABC1	1A	21B
	—	2	MF/ABC2	1A	21B
	—	3	MF/ABC3	2A	34B
	—	4	MF/ABC4	2A	55B
	—	5	MF/ABC5	3A	89B
	—	6	MF/ABC6	3A	89B
	—	8	MF/ABC8	4A	144B
	—	10	MF/ABC10	6A	144B
二氧化碳	—	2	MT2	—	21B
	—	3	MT3	—	21B
	—	5	MT5	—	34B
	—	7	MT7	—	55B

表 6-3-10　推车式灭火器的类型、规格和灭火级别

灭火器类型	灭火剂充装量（规格）		灭火器类型规格代码（型号）	灭火级别	
	L	kg		A类	B类
水型	20		MST20	4A	—
	45		MST40	4A	—

续表

灭火器类型	灭火剂充装量（规格）		灭火器类型规格代码（型号）	灭火级别	
	L	kg		A 类	B 类
水型	60		MST60	4A	—
	125		MST125	6A	—
泡沫	20		MPT20、MPT/AR20	4A	113B
	45		MPT40、MPT/AR40	4A	144B
	60		MPT60、MPT/AR60	4A	233B
	125		MPT125 MPT/AR125	6A	297B
干粉（碳酸氢钠）	—	20	MFT20	—	183B
	—	50	MFT50	—	297B
	—	100	MFT100	—	297B
	—	125	MFT125	—	297B
干粉（磷酸铵盐）	—	20	MFT/ABC20	6A	183B
	—	50	MFT/ABC50	8A	297B
	—	100	MFT/ABC100	10A	297B
	—	125	MFT/ABC125	10A	297B
二氧化碳	—	10	MTT10	—	55B
	—	20	MTT20	—	70B
	—	30	MTT30	—	113B
	—	50	MTT50	—	183B

5. 灭火器配置的最低基准

《建筑灭火器配置设计规范》（GB 50140）对建筑的火灾危险性等级进行了具体划分，不同危险等级场所对灭火器的最低配置基准有不同的要求。在选择灭火器时，要依据保护场所的危险等级和火灾种类等因素确定灭火器的保护距离和配置基准。A 类火灾场所灭火器的最低配置基准应符合表 6-3-11 的规定；B、C 类火灾场所灭火器的最低配置基准应符合表 6–3–12 的规定；D 类火灾场所的灭火器最低配置基准，应根据金属的种类、物态及其特性等研究确定；E 类火灾场所的灭火器最低配置基准不应低于该场所内 A 类（或 B 类）火灾的规定。

表 6–3–11　　A 类火灾场所灭火器的最低配置基准

危险等级	单具灭火器最小配置灭火级别	单位灭火级别最大保护面积（m^2/A）
严重危险级	3A	50
中危险级	2A	75
轻危险级	1A	100

表 6–3–12　　B、C 类火灾场所灭火器的最低配置基准

危险等级	单具灭火器最小配置灭火级别	单位灭火级别最大保护面积（m^2/B）
严重危险级	89B	0.5
中危险级	55B	1.0
轻危险级	21B	1.5

五、防火分隔设施

1. 防火分隔设施的作用

建筑物防火分区的划分是通过防火分隔设施来实现的，防火分隔设施可以在一定时间把火势控制在一定空间内，具有阻止火势蔓延和扩大的作用。

2. 防火分隔设施的种类

防火分隔设施可分为固定式和可开启关闭式两种。固定式防火分隔设施包括普通砖墙、楼板、防火墙等，可开启关闭式防火分隔设施包括防火门、防火卷帘、防火窗、防火阀、排烟防火阀、排烟阀等。

（1）防火门

1）防火门的定义及作用。防火门是指由门框、门扇及五金配件等组成，具有一定耐火性能的门组件。门组件中还可以包括门框上面的亮窗、门扇中的视窗以及各种防火密封件等辅助材料。防火门是一种设置在防火分区间、疏散楼梯间、垂直竖井等部位，具有一定耐火性的活动式防火分隔物。建筑物发生火灾时，防火门能有效地把火势控制在一定范围内，同时为人员安全疏散、火灾扑救提供有利条件。

2）防火门的类型。按耐火极限不同，分为甲级防火门、乙级防火门和丙级防火门三类，耐火极限分别不低于 1.5 h、1.0 h 和 0.5 h；按制造材料不同，分为木质防火门、钢质防火门、钢木质防火门和其他材质防火门；按开闭形式不同，分为常闭式防火门（见图 6–3–15）和常开式防火门（见图 6–3–16）。

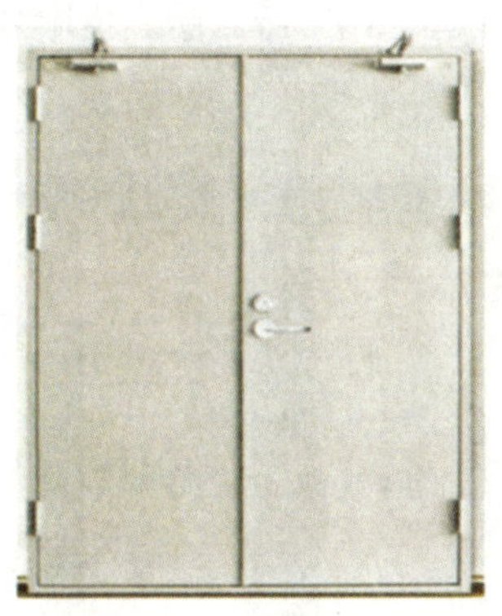

图 6–3–15　常闭式防火门

图 6–3–16　常开式防火门

（2）防火卷帘

1）防火卷帘的定义及作用。防火卷帘是指由卷轴、导轨、座板、门楣、箱体、可折叠或卷绕的帘面及卷门机、控制器等部件组成，具有一定耐火性能的卷帘门组件。防火卷帘主要应用于工业和民用建筑防火分区中起防火分隔作用，相当于防火墙。防火卷帘平时卷放在自动扶梯周围、中庭周围或疏散通道等部位的上部转轴箱内，所在防火分区发生火灾时，可联动控制下降，也可手动控制下降，从而有效地阻止火势蔓延和扩大，达到防火分隔的目的。

2）防火卷帘的类型。防火卷帘按材质不同，分为钢制防火卷帘（见图 6–3–17a）、无机纤维复合防火卷帘（见图 6–3–17b）和特级防火卷帘。钢制防火卷帘和无机纤维复合防火卷帘只需满足耐火完整性要求，而特级防火卷帘应满足耐火完整性、隔热性和防烟性能的要求。

a）

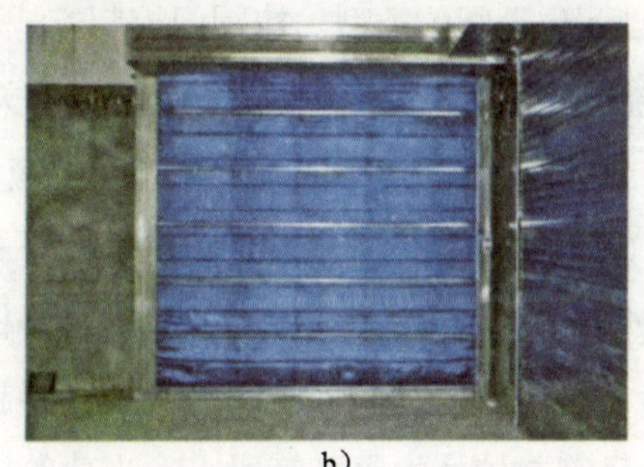

b）

图 6–3–17　防火卷帘

a）钢质防火卷帘　b）无机纤维复合防火卷帘

（3）防火窗

1）防火窗的定义及作用。防火窗是指由窗框、窗扇及五金配件等部件组成，具有一定耐火性能的窗组件，其作用是隔离和阻止火势蔓延。

2）防火窗的类型。防火窗按安装形式不同，分为可开启式（见图 6–3–18a）和固定式（见图 6–3–18b）两种；按耐火极限不同，分为甲、乙、丙三级，耐火极限分别不低于 1.5 h、1.0 h 和 0.5 h。

a）

b）

图 6–3–18 防火窗
a）可开启式防火窗 b）固定式防火窗

3）防火窗的设置部位。防火窗一般设置在防火间距不足部位的建筑外墙上的开口处或屋顶天窗部位，建筑内的防火墙或防火隔墙上需要进行观察和监控活动等的开口部位，需要防止火灾竖向蔓延的外墙开口部位。

（4）防火阀

1）防火阀的定义及作用。防火阀是指由阀体、叶片、执行机构和温感器等部件组成，安装在通风、空气调节系统的送、回风管道上，平时呈开启状态，火灾时当管道内烟气温度达到 70℃时关闭，并在一定时间内能满足漏烟量和耐火完整性要求，起隔烟阻火作用的阀门，如图 6–3–19 所示。

2）防火阀的类型。按阀门控制方式不同，分为温感器控制自动关闭型防火阀、手动控制关闭或开启型防火阀和电动控制关闭或开启型防火阀三种类型。

3）防火阀的设置部位。下列部位应设置防火阀。

①通风、空气调节系统的风管在下列部位应设置公称动作温度为 70℃的防火阀：穿越防火分区处；穿越通风、空气调节机房的房间隔墙和楼板处；穿越重要或火灾危险性大的场所的房间隔墙和楼板处；穿越防火分隔处的变形缝两侧；竖向风管与每层水平风管交接处的水平管段上。当建筑内每个防火分区的通风、空气调节系统均独立设置时，水平风管与竖向总管的交接处可不设置防火阀。

②公共建筑的浴室、卫生间和厨房的竖向排风管，应采取防止回流措施并宜在支管上设置公称动作温度为70℃的防火阀。

③公共建筑内厨房的排油烟管道宜按防火分区设置，且在与竖向排风管连接的支管处应设置公称动作温度为150℃的防火阀。

（5）排烟防火阀

排烟防火阀是指由阀体、叶片、执行机构和温感器等部件组成，安装在机械排烟系统的管道上，平时呈开启状态，火灾时当排烟管道内烟气温度达到280℃时关闭，并在一定时间内能满足漏烟量和耐火完整性要求，起隔烟阻火作用的阀门，如图6-3-20所示。

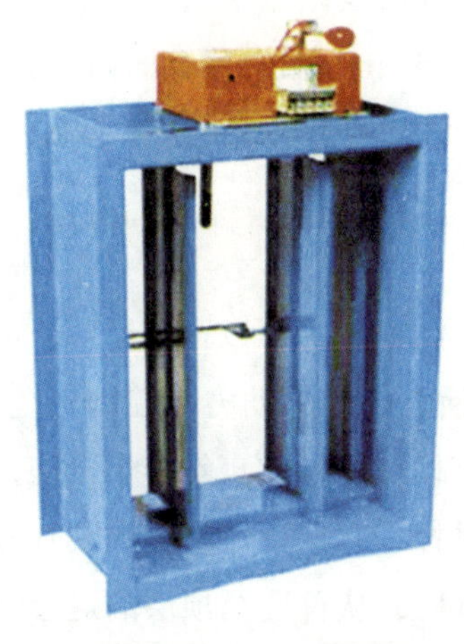

图6-3-19　防火阀

图6-3-20　排烟防火阀

（6）排烟阀

排烟阀是指由阀体、叶片、执行机构等部件组成，安装在机械排烟系统各支管端部（烟气吸入口处），平时呈关闭状态并满足漏风量要求，火灾或需要排烟时可手动和电动启闭，起排烟作用的阀门。

六、消防电梯

1. 消防电梯的定义及作用

消防电梯是指设置在建筑的耐火封闭结构内，具有前室、备用电源以及其他防火保护、控制和信号等功能，在正常情况下可为普通乘客使用，在建筑发生火灾时能专供消防员使用的电梯。它是高层建筑和地下建筑发生火灾后，供消防人员实施火灾扑救、疏散重要物资和抢救被困人员的专用消防设备。对于高层建筑，消防电梯能节省消防员的体力，使消防员能快速接近着火区域，提高战斗力和灭火效果。根据在正常情况下对消防员的测试结果，消防员从楼梯攀登的有利登高高度一般不大于 23 m，否则，人体的体力消耗很大，影响后续的救援或灭火战斗。对于地下建筑，由于排烟、通风条件差，消防员通过楼梯进入地下的困难较大，设置消防电梯，有利于满足灭火作战和火场救援的需要。

2. 消防电梯的设置场所

现行国家标准《建筑设计防火规范》（GB 50016）规定，建筑高度大于 33 m 的住宅建筑，一类高层公共建筑和建筑高度大于 32 m 的二类高层公共建筑，5 层及以上且总建筑面积大于 3 000 m^2（包括设置在其他建筑内 5 层及以上楼层）的老年人照料设施，设置消防电梯的建筑的地下或半地下室，埋深大于 10 m 且总建筑面积大于 3 000 m^2 的其他地下或半地下建筑应设置消防电梯。

3. 消防电梯的工作原理

消防电梯都设有备用电源，当切断生活和生产用电时仍可以正常运行。电梯轿厢内部采用不燃材料装修，并设置专用消防对讲电话。电梯的动力与控制电缆、导线、控制面板均采取相关防水措施。电梯前室内均设有机械防烟或自然排烟设施，火灾时可阻止烟气进入或将产生的大量烟雾在前室附近排掉，以保证消防员顺利扑救火灾和抢救人员。电梯能每层停靠，其载重量不小于 800 kg，从首层至顶层的运行时间通常不大于 60 s。在首层的消防电梯入口处均设置供消防员使用的操作按钮，便于在建筑发生火灾时控制消防电梯的运行。

消防电梯在设置时常与客（或货）用电梯合用，当发生火灾时，受消防控制中心联动指令或首层消防员专用操作按钮控制进入消防状态。消防员到达首层的消防电梯前室（或合用前室）后，首先用随身携带的手斧或其他硬物将保护消防电梯开关的玻璃片击碎，然后将消防电梯开关置于接通位置。电梯进入消防状态后，如果电梯在运行中，就会自动降到首层，并自动将门打开，如果电梯原来已经停在首层，则自动打开，消防员进入消防电梯轿厢内后，选择相应楼层到达。

七、建筑火灾逃生避难器材

1. 建筑火灾逃生避难器材的定义及作用

建筑火灾逃生避难器材是在发生建筑火灾的情况下，遇险人员逃离火场时所使用的辅助逃生器材，它是对建筑物内应急疏散通道的必要补充。常见的建筑火灾逃生避难器材有逃生缓降器、逃生梯、应急逃生器、逃生绳、过滤式消防自救呼吸器等。当发生火灾，相关疏散设施因火势、烟雾蔓延而无法使用时，可借助建筑火灾逃生避难器材进行逃生，从而避免或减少人员伤亡。

2. 建筑火灾逃生避难器材的分类

建筑火灾逃生避难器材按器材结构可分为绳索类、滑道类、梯类和呼吸器类，按器材工作方式可分为单人逃生类和多人逃生类。建筑火灾逃生避难器材的分类见表6–3–13。

表 6–3–13　　建筑火灾逃生避难器材的分类

分类方式	类型	名称
按器材结构分类	绳索类	逃生缓降器、应急逃生器、逃生绳
	滑道类	逃生滑道
	梯类	固定式逃生梯、悬挂式逃生梯
	呼吸器类	过滤式消防自救呼吸器、化学氧消防自救呼吸器
按器材工作方式分类	单人逃生类	逃生缓降器、应急逃生器、逃生绳、悬挂式逃生梯、过滤式消防自救呼吸器、化学氧消防自救呼吸器等
	多人逃生类	逃生滑道、固定式逃生梯等

3. 逃生避难器材适用场所和适用楼层

（1）逃生避难器材适用场所

绳索类、滑道类或梯类等逃生避难器材适用于人员密集的公共建筑的2层及2层以上楼层。呼吸器类逃生避难器材适用于人员密集的公共建筑的2层及2层以上楼层和地下公共建筑。

（2）逃生避难器材适用楼层（高度）

逃生滑道、固定式逃生梯应配备在不高于60 m的楼层内，逃生缓降器应配备在不高于30 m的楼层内，悬挂式逃生梯、应急逃生器应配备在不高于15 m的楼层内，逃生绳应配备在不高于6 m的楼层内。地上建筑可配备过滤式消防自救呼吸器或化学氧消防自救呼吸器，高于30 m的楼层内应配备防护时间不少于20 min的自救呼吸器。地下建筑应配备化学氧消防自救呼吸器。

4. 逃生避难器材设置场所及部位

依据国家标准《建筑火灾逃生避难器材》（GB 21976）规定，逃生避难器材的设置应符合下列要求。

（1）逃生缓降器、逃生梯、逃生滑道、应急逃生器、逃生绳应安装在建筑物袋形走道尽头或室内的窗边、阳台凹廊以及公共走道、屋顶平台等处，室外安装应有防雨、防晒措施。

（2）逃生缓降器、逃生梯、应急逃生器、逃生绳供人员逃生的开口高度应在 1.5 m 以上，宽度应在 0.5 m 以上，开口下沿距所在楼层地面高度应在 1 m 以上。

（3）自救呼吸器应放置在室内显眼且便于取用的位置。

5. 逃生避难器材的组成及工作原理

（1）逃生缓降器

逃生缓降器是由挂钩（或吊环）、吊带、绳索及速度控制器等组成，靠使用者自重从一定的高度，以一定的速度安全降至地面，并能往复使用的安全救生装置，如图 6-3-21 所示。逃生缓降器可以用安装器具固定在建筑物的窗口、阳台、屋顶外沿等处使用。

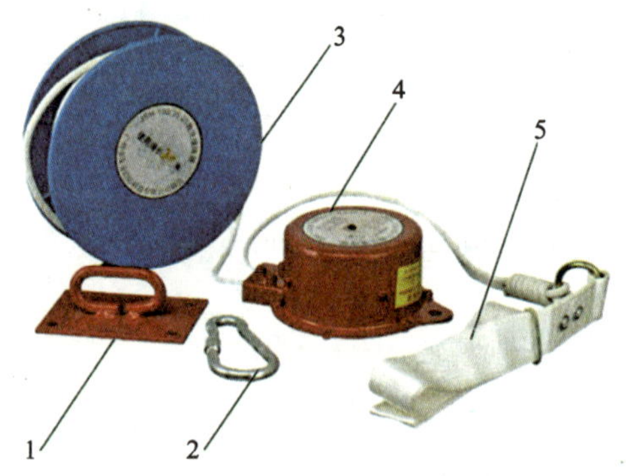

图 6-3-21 逃生缓降器的组成

1—墙面固定栓 2—安全钩 3—绳索卷盘 4—调速器 5—安全带

（2）逃生绳

逃生绳是一种可供火场人员紧急滑降逃生的绳索工具，如图 6-3-22 所示。依据我国现行标准《建筑火灾逃生避难器材 第 6 部分：逃生绳》（GB 21976.6）的要求，逃生绳应为绳芯外紧裹绳皮的包芯绳结构，绳索的一端应为绳环结构并连有安全钩，安全钩应由金属材料制成并设有防止误开启的保险装置，另一端可选配安全带。逃生绳直径不得小于 8 mm，最小破断强度应不小于 10 kN。如果受到火势直接威胁必须立即脱离时，可以利用绳子拴在室内的牢固连接点且可以承重的地方，将人吊下或慢慢自行滑下，下落时可戴手套，如无手套，应该用衣服、毛巾等代替，以防绳索将手勒伤。

图 6-3-22 逃生绳

（3）逃生滑道

逃生滑道是一种使用者依靠自重以一定的速度下滑逃生的柔性滑道，如图 6-3-23 所示。逃生滑道由入口金属框架、金属连接件、滑道主体等构成。滑道主体应由外层防护层、中间阻尼层和内层导滑层三层材料组合制成，也可由外层防护层、内层阻尼导滑复合层两层材料组合制成。滑道出口端通常设置保护垫或其他缓冲装置。逃生滑道采用滑道内壁的特殊材料对人体进行摩擦限速从而实现缓降目的，常见的限速方式有橡胶圈全程限速、橡胶环分段限速和高分子弹性纤维包裹全程限速。救生滑道使用简单，逃生者可通过调整自身躯体姿势来控制下滑速度，以达到安全下落，脱离险境。

（4）悬挂式逃生梯

悬挂式逃生梯主要由钢制梯钩、边索、踏板和撑脚等组成，是一种可悬挂在建筑物外墙上供使用者自行攀爬逃生的软梯，如图 6-3-24 所示。梯钩是使悬挂梯紧固在建筑物上的金属构件。边索由钢丝绳、钢质链条或阻燃型纤维编织带等制成。踏板是具有防滑功能条纹的圆管或方管。撑脚的作用是使悬挂式逃生梯能与墙体保持一定距离。悬挂式逃生梯平时可卷藏在包装袋内，当发生火灾需要逃生时，可手动将其展开悬挂在建筑墙壁、窗口等部位供逃生者使用。

图 6-3-23 弹性布料式柔性滑道

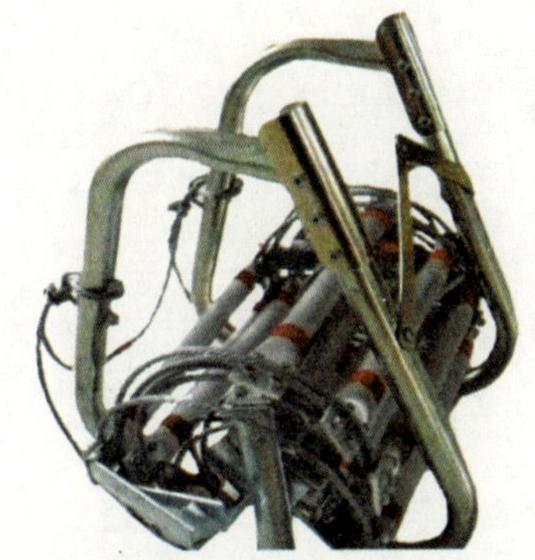

图 6-3-24 悬挂式逃生梯

（5）呼吸器类

呼吸器类逃生器材可分为过滤式消防自救呼吸器和化学氧消防自救呼吸器两类。过滤式消防自救呼吸器是一种依赖于环境大气，通过过滤、吸收等手段净化吸入人体的火场环境气体以保护佩戴者，供火灾时逃生用的呼吸器；化学氧消防自救呼吸器是一种使人的呼吸器官同大气环境隔绝，利用化学生氧剂产生的氧，供火灾缺氧情况下逃生用的呼吸器。

当发生火灾时，立即沿包装盒开启标志方向打开盒盖，撕开包装袋，取出呼吸装置，沿系在包装盒中的提醒带绳拔掉前后两个红色的密封塞，将呼吸器套入头部，拉紧头带绳，迅速逃离火场。过滤式消防过滤式自救呼吸器如图 6–3–25 所示。

图 6–3–25　过滤式消防自救呼吸器

培训模块七

初起火灾处置基本知识

【培训重点】

1. 掌握灭火剂类型划分及适用范围。
2. 熟练掌握灭火剂的灭火原理。
3. 熟练掌握灭火器的操作使用方法。

一、常用灭火剂

灭火剂是指能够有效地破坏燃烧条件，终止燃烧的物质。常用灭火剂主要有水系灭火剂、泡沫灭火剂、气体灭火剂和干粉灭火剂等类型。

1. 水系灭火剂

水系灭火剂是指由水、渗透剂、阻燃剂以及其他添加剂组成，一般以液滴或以液滴和泡沫混合的形式灭火的液体灭火剂。

（1）灭火原理

水系灭火剂的灭火原理主要体现在以下几个方面。一是冷却。由于水的比热容大，汽化热高，而且水具有较好的导热性，因而当水与燃烧物接触或流经燃烧区时，将被加热或汽化，吸收热量，使燃烧区温度降低，致使燃烧中止。二是窒息。水汽化后在燃烧区产生大量水蒸气占据燃烧区，降低燃烧区氧的浓度，使可燃物得不到氧的补充，导致燃烧强度减弱直至中止。三是稀释。水是一种良好的溶剂，可以溶解水溶性甲、乙、丙类液体，当此类物质起火后，可用水稀释，以降低可燃液体的浓度。四是对非水溶性可燃液体的乳化。非水溶性可燃液体的初起火灾，在未形成热波之前，以较强的水雾射流或滴状射流灭火，可在液体表面形成“油包水”型乳液，重质油品甚至可以形成含水油泡沫。水的乳化作用可使液体表面受到冷却，使可燃蒸气产生的速率降低，致使燃烧中止。综上所述，用水灭火时往往是以上几种作用的共同结果，但冷却发挥着主要作用。

（2）类型划分

水系灭火剂按性能分为以下两类：一是非抗醇性水系灭火剂（S），即适用于扑灭 A 类火灾和 B 类火灾（水溶性和非水溶性液体燃料）的水系灭火剂；二是抗醇性水系灭火剂（S/AR），即适用于扑灭 A 类火灾或 A、B 类火灾（非水溶性液体燃料）的水系灭火剂。

（3）适用范围

1）用直流水或开花水可扑救一般固体物质的表面火灾及闪点在 120℃以上的重油火灾。

2）用雾状水可扑救阴燃物质火灾、可燃粉尘火灾、电气设备火灾。

3）用水蒸气可以扑救封闭空间内（如船舱）的火灾。

凡遇水能发生燃烧和爆炸的物质，不能用水进行扑救。

2. 泡沫灭火剂

泡沫灭火剂是指泡沫液与水混溶，并通过机械方法或化学反应产生的灭火泡沫。

（1）灭火原理

泡沫灭火剂是通过冷却、窒息、遮断、淹没等综合作用实现灭火的。

（2）类型划分

泡沫灭火剂按发泡倍数不同，分为低倍泡沫灭火剂、中倍泡沫灭火剂和高倍泡沫灭火剂；按构成成分不同，分为蛋白泡沫灭火剂、氟蛋白泡沫灭火剂、水成膜泡沫灭火剂、成膜氟蛋白泡沫灭火剂、合成泡沫灭火剂、抗溶性泡沫灭火剂和 A 类泡沫灭火剂等类型。

1）低倍泡沫灭火剂。指发泡倍数为 1 ~ 20 的泡沫灭火剂。低倍泡沫灭火剂主要用于甲、乙、丙类液体的生产、储存、运输和使用场所，如石油化工企业、炼油厂、储油罐区、飞机库、车库、为铁路油槽车装卸油的鹤管栈桥、码头、飞机库、机场以及燃油锅炉房等。

2）中倍泡沫灭火剂。指发泡倍数为 21 ~ 200 的泡沫灭火剂，一般用于控制或扑灭易燃、可燃液体、固体表面火灾及固体深位阴燃火灾。其稳定性较低倍泡沫灭火剂差，在一定程度上会受风的影响，抗复燃能力较低，因此使用时需要增加供给的强度。

3）高倍泡沫灭火剂。指发泡倍数为201以上的泡沫灭火剂。它以合成表面活性剂为基料，通过高倍数泡沫产生器可产生气泡直径在10 mm以上的泡沫，通过产生的泡沫迅速充满淹没被保护区域和空间，隔绝空气实施灭火；同时，泡沫受热后产生大量水蒸气，降低燃烧区域温度，稀释空气，阻止热量传递，防止火势蔓延。

4）蛋白泡沫灭火剂。它是泡沫灭火剂中最基本的一种，由含蛋白的原料经部分水解制成，是一种黑褐色的黏稠液体，具有天然蛋白质分解后的臭味。蛋白泡沫灭火剂具有原料易得、生产工艺简单、成本低、泡沫稳定性好、对水质要求不高、储存性能较好等优点，主要用于扑救油类液体火灾。但蛋白泡沫灭火剂的流动性能较差，抵抗油质污染的能力较弱，不能用于液下喷射灭火，也不能与干粉灭火剂联用。

5）氟蛋白泡沫灭火剂。它是在蛋白泡沫液中加入氟碳表面活性剂、碳氢表面活性剂等制成。由于氟碳表面活性剂的表面张力较低，并具有较好的疏油性，使其性能得到改善。与蛋白泡沫液相比，氟蛋白泡沫的流动性能较好，疏油性强，可以用于液下喷射灭火，也可以与干粉灭火剂联用，提高整体灭火效率。

6）水成膜泡沫灭火剂（又称“轻水”泡沫灭火剂，英文简称AFFF）。它是指以碳氢表面活性剂和氟碳表面活性剂为基料，可在某些烃类表面上形成一层水膜的泡沫灭火剂。其特点是可在某些烃类表面形成一层能够抑制油品蒸发的水膜，靠泡沫和水膜的双重作用灭火，灭火速度最快，具有流动性好、可液下喷射、可与干粉联用、可预混等特点；但与蛋白泡沫液相比，泡沫不够稳定，防复燃隔热性能差，而且成本较高。

7）成膜氟蛋白泡沫灭火剂（英文简称FFFP）。它是由碳氢表面活性剂、氟碳表面活性剂、抗燥剂、助剂、极性成膜剂、稳定剂、抗冻剂、防腐剂等配制而成，可在某些烃类表面形成一层水膜的氟蛋白泡沫，主要用于扑救油类火灾和极性溶剂火灾。成膜氟蛋白泡沫灭火剂的灭火性能和抗复燃性能与水成膜泡沫灭火剂相当，是一种多功能泡沫灭火剂。

8）抗溶性泡沫灭火剂。它是指所产生的泡沫施放到醇类或其他极性溶剂表面时，可抵抗其对泡沫破坏性的泡沫灭火剂，又称为抗醇泡沫灭火剂。抗溶性泡沫灭火剂有金属皂型、凝胶型、氟蛋白型、硅酮表面活性剂型等多种类型，用于扑救水溶性甲、乙、丙类液体火灾。

9）A类泡沫灭火剂。它是指主要适用于扑救A类火灾的泡沫灭火剂。A类泡沫灭火剂按产品性能分为以下两类：一是适用于扑救A类火灾及隔热防护的A类泡沫灭火剂，代号为 MJAP；二是适用于扑救 A 类火灾、非水溶性液体燃料火灾及隔热防护的 A 类泡沫灭火剂，代号为 MJABP。

特别指出，我国作为联合国环境规划署《关于持久性有机污染物的斯德哥尔摩公约》的缔约方，已经批准将持久性有机污染物（POPs）列入受控清单。全氟辛基磺酸及其盐类和全氟辛基磺酰氟（PFOS 类物质）是典型的 POPs，主要作为泡沫灭火剂的表面活性剂。我国现在生产、销售的 PFOS 类灭火剂，是利用前期生产未销售完的 PFOS 类物质来配制的，PFOS 类灭火剂产量只会越来越少，不久将退出市场，PFOS 类灭火剂的淘汰与替代工作正在加快推进。

3. 气体灭火剂

气体灭火剂是指以气体状态进行灭火的灭火剂。其包括以下类型：

（1）二氧化碳灭火剂

1）灭火原理。二氧化碳灭火剂在常温常压下是一种无色、无味的气体。当储存于密封高压气瓶中，低于临界温度 31.4℃时，以气、液两相共存。在灭火过程中，二氧化碳从储存气瓶中释放出来，压力骤然下降，使二氧化碳由液态转变成气态，分布于燃烧物的周围，稀释空气中的氧含量，氧含量降低会使燃烧时热的产生率减小，而当热产生率减小到低于热散失率的程度时燃烧就会停止，这是二氧化碳所产生的窒息作用；另外，二氧化碳释放时又因焓降的关系温度急剧下降，形成细微的固体干冰粒子，干冰吸取其周围的热量而升华，即能产生冷却燃烧物的作用。因此，二氧化碳灭火剂灭火作用主要在于窒息，其次是冷却。

2）适用范围。二氧化碳灭火剂可以扑救灭火前可切断气源的气体火灾，液体火灾或石蜡、沥青等可熔化的固体火灾，固体表面火灾及棉毛、织物、纸张等部分固体深位火灾，电气火灾。二氧化碳灭火剂不得用于扑救硝化纤维、火药等含氧化剂的化学制品火灾，钾、钠、镁、钛、锆等活泼金属火灾，氢化钾、氢化钠等金属氢化物火灾。

（2）卤代烷灭火剂

1）含义。具有灭火作用的卤代碳氢化合物统称卤代烷灭火剂。

2）种类。卤代烷灭火剂分为二氟一氯一溴甲烷灭火剂（简称为 1211 灭火剂）和三氟一溴甲烷灭火剂（简称为 1301 灭火剂）两种，国际上通称为 Halon，是迄今灭火效果最好的灭火剂。该类灭火剂在常温常压下为无色气体，加压压缩后变成液态予以储存。

3）灭火原理及适用范围。卤化烷灭火剂主要通过抑制燃烧的化学反应过程，使燃烧的链式反应中断，达到灭火的目的。该类灭火剂灭火后不留痕迹，适用于扑救可燃气体火灾，甲、乙、丙类液体火灾，可燃固体的表面火灾和电气火灾。研究发现，卤代烷灭火剂对大气臭氧层具有破坏作用，因此在非必要场所应限制使用。

（3）七氟丙烷灭火剂（FM-200 气体灭火剂）

七氟丙烷灭火剂是一种无色无味、低毒性、不导电的洁净气体灭火剂，其密度大约是空气密度的 6 倍，可在一定压力下呈液态储存。释放后无残余物，对环境的不良影响小，大气臭氧层的耗损潜能值（ODP）为零，毒性较低，不会污染环境和保护对象，是目前卤代烷 1211、1301 最理想的替代品。

1）灭火原理。当七氟丙烷灭火剂喷射到保护区或对象后，液态灭火剂迅速转变成气态，吸收大量热量，使保护区和火焰周围的温度显著降低；另外，七氟丙烷灭火剂在化学反应过程中释放游离基，能最终阻止燃烧的链式反应，从而使火灾扑灭。

2）适用范围。七氟丙烷灭火剂适用于扑救甲、乙、丙类液体火灾，可燃气体火灾，电气设备火灾，可燃固体物质的表面火灾。

（4）六氟丙烷灭火剂（HFC236 fa）

依照国际通用卤代烷命名法，六氟丙烷灭火剂称为 HFC236 fa。具体含义为：HFC 代表氢氟烃；2 代表碳原子个数减 1（即 3 个碳原子）；3 代表氢原子个数加 1（即 2 个氢原子）；6 代表氟原子个数（即 6 个氟原子）；f 表示中间碳原子的取代基形式为“$-CH_2-$”；a 表示两端碳原子的取代原子量之和的差为最小，即最对称。六氟丙烷灭火剂的灭火原理和适用范围与七氟丙烷灭火剂相同。

（5）惰性气体灭火剂

1）含义及类型。惰性气体灭火剂指由氮气、氩气和二氧化碳气按一定质量比混合而成的灭火剂。惰性气体灭火剂又分为 IG—01 惰性气体灭火剂（由氩气单独组成的气体灭火剂）、IG—100 惰性气体灭火剂（由氮气单独组成的气体灭火剂）、IG—55 惰性气体灭火剂（由氩气和氮气按一定质量比混合而成的灭火剂）和 IG—541 惰性气体灭火剂（由氩气、氮气和二氧化碳按一定质量比混合而成的灭火剂）四种类型。该类灭火剂主要通过降低防护对象周围的氧浓度以致窒息进行灭火。

2）灭火原理。惰性气体灭火剂属于物理灭火剂，当混合气体释放后，通过降低防护区中的氧气浓度，使其不能维持燃烧而达到灭火的目的。

3）适用范围。惰性气体灭火剂的适用范围与二氧化碳灭火剂相同。

（6）气溶胶灭火剂

1）含义及类型。气溶胶是指以气体为分散介质，液体或固体为被分散介质所形成的溶胶状物质。气溶胶灭火剂是通过燃烧或其他方式产生具有灭火效能气溶胶的灭火剂。气溶胶火火剂按其产生方式分为热气溶胶灭火剂和冷气溶胶灭火剂两种。热气溶胶灭火剂是指由固体化学混合物（热气溶胶发生剂）经化学反应生成的具有灭火性质的气溶胶，包括 S 型热气溶胶、K 型热气溶胶和其他型热气溶胶。冷气溶胶灭火剂是一种特别研制加工的超细磷铵干粉，其粒径须在 10 μm 以下，用惰性气体使其从容器中喷射出来后在空气中形成气溶胶形态。

2）灭火原理。以热气溶胶灭火剂为例，其灭火原理如下：一是吸热降温灭火，即热气溶胶灭火剂在高温下吸收大量的热，发生热熔、汽化等物理吸热过程，火焰温度被降低，进而辐射到可燃烧物燃烧面用于汽化可燃物分子和将已汽化的可燃物分子裂解成自由基的热量就会减少，燃烧反应速度得到一定抑制；二是化学抑制灭火，即在热作用下，灭火气溶胶中分解的汽化金属离子或失去电子的阳离子可以与燃烧中的活性基团发生亲和反应，反复大量消耗活性基团，减少燃烧自由基；三是降低氧浓度，即灭火气溶胶中的氮气、二氧化碳可降低燃烧中的氧浓度，但其速度是缓慢的，灭火作用远远小于吸热降温、化学抑制。

3）适用范围。气溶胶灭火剂适用于扑救固体表面火灾，以及通信机房、电子计算机房、电缆隧道（夹层、井）及自备发电机房等防护区火灾。

4. 干粉灭火剂

（1）含义及类型

干粉灭火剂是指用于灭火的干燥、易于流动的细微粉末。干粉灭火剂是由灭火基料（如小苏打、磷酸铵盐等）和适量的流动助剂（硬脂酸镁、云母粉、滑石粉等）以及防潮剂（硅油）在一定工艺条件下研磨、混配制成的固体粉末灭火剂。干粉灭火剂有以下类型。

1）普通干粉灭火剂。又称为 BC 干粉灭火剂。这类灭火剂可扑救 B 类、C 类、E 类火灾。

2）多用途干粉灭火剂。又称为 ABC 干粉灭火剂。这类灭火剂可扑救 A 类、B 类、C 类、E 类火灾。

3）超细干粉灭火剂。超细干粉灭火剂是指 90% 粒径小于或等于 20 μm 的固体粉末灭火剂。该类灭火剂按其灭火性能分为 BC 超细干粉灭火剂和 ABC 超细干粉灭火剂两类。

4）D 类干粉灭火剂。即能扑灭 D 类火灾的干粉灭火剂。D 类干粉灭火剂按可扑救的金属材料对象分为单一型和复合型两类。

（2）灭火机理

干粉在灭火过程中，粉雾与火焰接触、混合，发生一系列物理和化学作用，其灭火原理如下。

1）化学抑制作用。当干粉灭火剂加入到燃烧区与火焰混合后，干粉粉末与火焰中的自由基接触时，捕获“OH·”和“H·”，自由基被瞬时吸附在粉末表面，使自由基数量急剧减少，致使燃烧反应链中断，最终使火焰熄灭。

2）冷却与窒息作用。干粉灭火剂的基料在火焰高温作用下，将会发生一系列分解反应，如钠盐干粉在燃烧区吸收部分热量，并放出水蒸气和二氧化碳气体，起到冷却和稀释可燃气体的作用；磷酸盐等化合物还具有导致碳化的作用，它附着于着火固体表面可碳化，碳化物是热的不良导体，可使燃烧过程变得缓慢，使火焰的温度降低。

3）隔离作用。干粉灭火剂覆盖在燃烧物表面，构成阻碍燃烧的隔离层；当粉末覆盖达到一定厚度时，还可以起到防止复燃的作用。

有关研究认为，干粉灭火剂灭火原理较复杂，主要是通过化学抑制作用灭火。

（3）适用范围及注意事项

磷酸铵盐干粉灭火剂适用于扑灭 A 类、B 类、C 类和 E 类火灾；碳酸氢钠干粉灭火剂适用于扑灭 B 类、C 类和 E 类火灾；BC 超细干粉灭火剂适用于扑灭 B 类、C 类火灾，ABC 超细干粉灭火剂适用于扑灭 A 类、B 类、C 类火灾；D 类干粉灭火剂适用于扑灭 D 类火灾。特别指出，BC 类干粉灭火剂与 ABC 类干粉灭火剂不兼容，BC 类干粉灭火剂与蛋白泡沫灭火剂不兼容，因为干粉灭火剂中的防潮剂对蛋白泡沫有较大的破坏作用。对于一些扩散性很强的气体，如氢气、乙炔气体，干粉喷射后难以稀释整个空间的气体，在精密仪器、仪表上会留下残渣，所以不适宜用干粉灭火剂灭火。

5. 7150 灭火剂

7150 灭火剂是特种灭火剂的一种，适用于扑救 D 类火灾。7150 灭火剂是一种无色透明液体，它的化学名称为三甲氧基硼氧六环。7150 灭火剂热稳定性较差，同时本身又是可燃物。当它以雾状被喷到炽热燃烧的轻金属上面时，会发生化学反应，所生成的物质在轻金属燃烧的高温下熔化为玻璃状液体，流散于金属表面及其缝隙中，在金属表面形成一层隔膜，使金属与大气（氧气）隔绝，从而使燃烧窒息；同时在 7150 发生燃烧反应时，还需消耗金属表面附近的大量氧气，这就能够降低轻金属的燃烧强度。

二、常用灭火器的操作使用方法

1. 手提式灭火器的操作使用方法和注意事项

（1）操作使用方法

以干粉灭火器为例，使用灭火器灭火时，先将灭火器从设置点提至距离燃烧物 2 ~ 5 m 处，然后拔掉保险销，一手握住喷筒，另一手握住开启压把并用力压下鸭嘴，灭火剂喷出，对准火焰根部进行扫射灭火。随着灭火器喷射距离缩短，操作者应逐渐向燃烧物靠近。

手提式灭火器的操作要领归纳为“一提，二拔，三握，四压，五瞄，六射”，如图 7-1-1 所示。

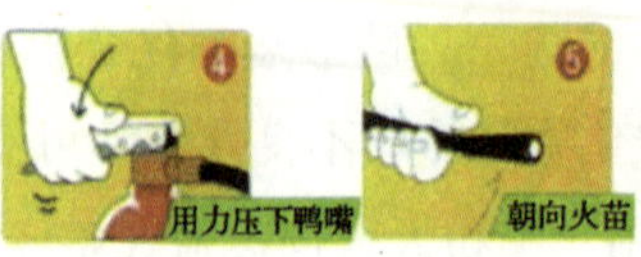

图 7-1-1　手提式灭火器操作示意图

（2）使用注意事项

1）使用干粉灭火器前，要先将灭火器上下颠倒几次，使筒内干粉松动。使用过程中，灭火器应始终保持竖直状态，避免颠倒或横卧造成灭火剂无法正常喷射。有喷射软管的灭火器或贮压式灭火器在使用时，一手应始终压下压把，不能放开，否则喷射会中断。

2）使用二氧化碳灭火器灭火时，手一定要握在喷筒木柄处，接触喷筒或金属管要戴防护手套，以防局部皮肤被冻伤。

3）扑救可燃液体火灾时，应避免灭火剂直接冲击燃烧液面，防止可燃液体流散扩大火势。

4）扑救火灾时，应由近及远喷射灭火剂，直至灭火。

5）扑救电气火灾时，应先断电后灭火。

2. 推车式灭火器的操作使用方法和注意事项

（1）操作使用方法

以推车式干粉灭火器为例，使用时一般由两人协同操作，先将灭火器推拉至现场，在上风方向距离火源约 10 m 处做好喷射准备。然后一人拔掉保险销，迅速向上扳起手柄或旋转手轮到最大开度位置打开钢瓶；另一人取下喷枪，展开喷射软管，然后一只手握住喷枪枪管行至距离燃烧物 1 ~ 2 m 处，将喷嘴对准火焰根部，另一只手开启喷枪阀门，灭火剂喷出灭火。喷射时要沿火焰根部喷扫推进，直至把火扑灭，如图 7-1-2 所示。灭火后，放松手握开关压把，开关即自行关闭，喷射停止，同时关闭钢瓶上的启闭阀。

图 7-1-2　推车式灭火器操作使用示意图

推车式灭火器的操作要领归纳为“一推，二拔，三展，四开，五扣，六射”。

（2）使用注意事项

1）使用时注意喷射软管不能打折或打圈。

2）灭火时对准火焰根部，应由近及远扫射推进，注意死角，防止复燃。

3）使用二氧化碳灭火器灭火时，手一定要握在喷筒木柄处，接触喷筒或金属管要戴防护手套，应避免触碰喇叭筒喷嘴前部，防止冷灼伤。在狭小空间喷射灭火剂时，应提前采取预防措施，防止人员窒息。

4）扑救可燃液体火灾时，应避免灭火剂直接冲击燃烧液面，防止可燃液体流散扩大火势。

5）扑救电气火灾时，应先断电后灭火。

培训项目 2

火灾报警

【培训重点】

1. 了解《消防法》对公民报告火警的义务的规定及基本要求。
2. 掌握报警对象及报警方法。
3. 熟练掌握拨打“119”报警电话的主要内容。
4. 熟练掌握消防控制室值班接到火灾警报的应急程序。

《消防法》规定，任何单位和个人都有维护消防安全、保护消防设施、预防火灾、报告火警的义务。任何人发现火灾都应当立即报警。任何单位、个人都应该无偿为报警提供便利，不得阻拦报警。严禁谎报火警。因此，发现火灾立即报警，是每个公民应尽的义务。及时报告火警，对于减轻火灾损失具有十分重要的作用。

一、报警对象

1. 向国家综合性消防救援机构报警

国家综合性消防救援机构是负责火灾扑救的专业部门，随时待命、有警必出。及时向国家综合性消防救援机构报警，可有效缩短消防队员到达火灾现场的时间，有利于快速抢救人员生命、确保财产安全和以较小的代价扑灭火灾。

2. 向单位和受火灾威胁的人员报警

火灾发生后，除拨向消防救援机构报火警外，还应及时向单位消防安全责任人、相关职能部门负责人报告情况；单位设有消防队、微型消防站的，火灾发现人还应及时向其报告情况。同时，火灾发现人可充分利用呼叫、吹哨、鸣锣、扩音器等，向受到火势威胁的人员发出报警信息。

二、报警方法及报警内容

1. 报警方法

（1）拨打“119”火灾报警电话。

（2）使用报警设施设备如报警按钮报警。

（3）通过应急广播系统发布火警信息和疏散指示。

（4）条件允许时，可派人至就近消防站报警。

（5）使用预先约定的信号或方法报警。

2. 拨打“119”电话报警的主要内容

报火警时，必须讲清以下内容。

（1）起火单位和场所的详细地址。包括单位、场所及建筑物和街道名称，门牌号码，靠近何处，并说明起火部位及附近的明显标志等。

（2）火灾基本情况。包括起火的场所和部位，着火的物质，火势的大小，是否有人员被困，火场有无化学危险源等，以便消防救援部门根据情况派出相应的灭火车辆。

（3）报警人姓名、单位及电话号码等相关信息。

三、消防控制室值班人员接到火灾警报的应急程序

消防控制室值班人员接到火灾警报的应急程序应符合下列要求。

（1）接到火灾警报后，值班人员应立即以最快方式确认。

（2）火灾确认后，值班人员应立即确认火灾报警联动控制开关处于自动状态，同时拨打“119”火灾报警电话，报警时应说明着火单位地点、起火部位、着火物种类、火势大小、报警人姓名和联系电话等。

（3）值班人员应立即启动单位内部应急疏散和灭火预案，并报告单位负责人。

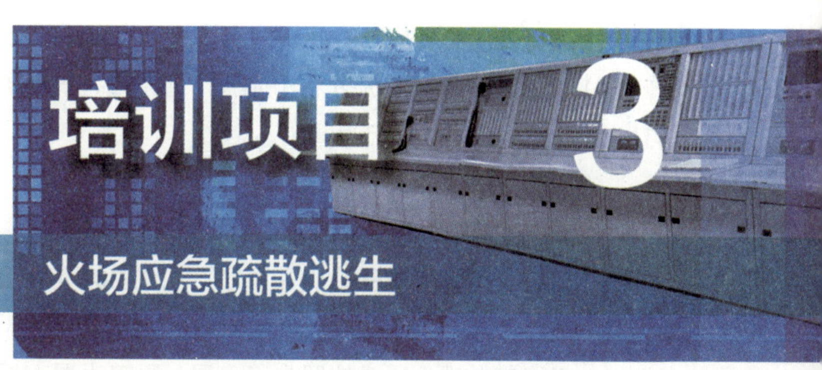

【培训重点】

1. 了解疏散逃生的基本原则。
2. 熟练掌握灭火和应急疏散预案制定的内容与演练频次。
3. 掌握疏散逃生的组织与实施。

应急疏散就是引导人员向安全区撤离。《消防法》规定，机关、团体、企业、事业等单位应当落实消防安全责任制，制定本单位的消防安全制度、消防安全操作规程，制定灭火和应急疏散预案；人员密集场所发生火灾，该场所的现场工作人员应当立即组织、引导在场人员疏散。由此可以看出，发生火灾后，及时组织自救，有序开展人员应急疏散，是发生火灾单位应当履行的消防安全职责。

一、应急疏散逃生的基本原则

1. 统一指挥

（1）实施统一指挥可有效避免在疏散逃生过程中产生混乱、交叉和拥堵，提高效率。

（2）实施统一指挥应以有计划、有步骤、有方法、有秩序和有保障为前提。

（3）实施统一指挥应充分利用应急广播系统、扩音器等设施设备，统一发布火警信息，指引方向，严防自行其事。

2. 有序组织

（1）组织疏散逃生应明确优先顺序，优先安排受火势威胁最严重或最危险区域内的人员疏散。

（2）组织疏散逃生通常按照先着火层、再着火层上层、最后着火层下层的顺序进行，以疏散至安全区域为主要目标。

（3）当仅有唯一疏散路径时，必须合理安排先后顺序，分别进行引导；当具备多条疏散路径和辅助安全疏散设施时，应合理分配路径和设施，在互不干扰的前提下组织疏散逃生。

3. 确保安全

（1）疏散逃生过程中严禁使用普通电梯，防止因烟火蔓延侵入造成人员伤亡。

（2）疏散逃生过程中应利用安全疏散设施或开启紧急电梯抢救被困人员。

（3）疏散逃生过程中应同时组织力量利用室内消火栓、防火门、防火卷帘等设施控制初起火势，启动通风和排烟系统降低烟雾浓度，防止烟火侵入疏散通道，为疏散逃生创造安全环境。

二、灭火和应急疏散预案制定与演练

根据《消防法》的规定，机关、团体、企业、事业等单位应制定灭火和应急疏散预案，并组织进行有针对性的消防演练。

1. 灭火和应急疏散预案制定

（1）预案内容

消防安全重点单位制定的灭火和应急疏散预案应当包括下列内容。

1）组织机构，包括灭火行动组、通信联络组、疏散引导组、安全防护救护组等。

2）报警和接警处置程序。

3）应急疏散的组织程序和措施。

4）扑救初起火灾的程序和措施。

5）通信联络、安全防护救护的程序和措施。

（2）预案制定要求

1）开展单位基本情况调研，掌握与火灾扑救相关的环境、道路、水源等情况以及所涉及的生产设施设备、生产工艺流程等，详细分析火灾重点部位、火灾特点以及发生火灾后可能出现的各种情况，绘制单位总平面图、建筑平面图、重点部位图等相关图样。

2）在分析研判的基础上，分别以单位要害部位起火、重点部位起火等假设火灾情况，部署灭火力量，确定火灾扑救程序和方法，确定任务分工和人员责任。

3）确定火灾扑救组织机构，明确报警和火灾初起处置程序，根据假设火情绘制火情态势图、灭火力量部署图。

4）明确安全防护和通信联络方式及要求，确保单位上下级应急通信畅通；安全防护应重点明确不同区域的最低防护等级、防护手段等，标注应急物资存储位置和种类。

5）根据单位重点部位、人员分布以及安全疏散、避难设施等情况，确定安全疏散路径，绘制安全疏散路线图。

2. 灭火和应急疏散预案演练

（1）预案演练频次

消防安全重点单位应当按照灭火和应急疏散预案，至少每半年进行一次演练，并结合实际不断完善预案。其他单位应当结合本单位实际，参照制定相应的应急方案，至少每年组织一次演练。

（2）预案演练要求

1）根据安全疏散预案，设定演练形式和范围，确定演练时间、参演人员和方式，做好演练准备。

2）编制演练文案，明确组织机构、任务分工、安全保障、实施程序和评估方案，确保演练安全有序。

3）演练期间应加强过程控制，根据预案合理传递控制信息，参演人员应根据相关信息采取相应行动，演练导调人员应做好全过程记录，为后期评估和总结做好准备。

4）演练结束后，应对演练过程进行评估、总结，及时总结经验教训，制定改进措施，修订、完善安全疏散预案。

三、应急疏散逃生的组织与实施

1. 发布火警

（1）利用应急广播系统、警铃、室内电话等设施设备以及通过喊话等方式发布火警信息。

（2）发布的信息应包含教育宣传内容，稳定人员情绪，告知最佳疏散路线、疏散方法和注意事项。

2. 应急响应

（1）单位内部人员应预先了解应急情况下职责分工，根据统一指令迅速行动。

（2）开启消防水泵，切断电源，关闭防火分隔设备，启动通风排烟系统等。

（3）引导被困人员按预定路线向安全区域疏散或实施临时避难等待救援。

3. 引导疏散

（1）疏散过程中应加强安全管理，维护疏散秩序，必要时可采取强制措施，防止拥挤、踩踏、摔伤等事故发生。

（2）在疏散路径上的转弯、岔道、交叉口等易迷失方向的部位设立引导人员指示方向。

（3）引导疏散应有组织地进行，引导被困人员按照疏散走道、疏散楼梯等设施向着火层下层疏散直至到达地面安全区域。

（4）当下行疏散路径受阻时，应注意稳定被困人员情绪，在确保安全的前提下，利用辅助疏散设施实施疏散，并开辟临时避难场所，及时联系外部救援力量等待救援。

培训项目 4 火灾扑救

【培训重点】

1. 了解扑救初起火灾的基本程序和方法。
2. 掌握微型消防站器材配置和值守联动要求。
3. 熟练掌握不同保护对象初起火灾扑救方法及注意事项。

发生火灾后，及时扑灭初起火灾，是减少火灾损失、防止人员伤亡的重要环节。因此，《消防法》规定，任何单位和成年人都有参加有组织的灭火工作的义务；任何单位发生火灾，必须立即组织力量扑救，邻近单位应当给予支援。

一、扑救初起火灾的基本程序和方法

1. 基本程序

（1）发现起火后，应利用就近消火栓、灭火器等设施灭火，启动火灾报警按钮或拨打报警电话，及时通知消防控制室值班人员。

（2）火灾确认后，应及时启动灭火和应急疏散预案，迅速开启消防设施，第一时间组织力量灭火，并向相关人员通报火灾情况。

（3）组织引导人员疏散，协助有需要的人员撤离。

（4）设立警戒，阻止无关人员进入火场，维护现场秩序。

2. 基本方法

（1）利用室内消火栓，直接将水喷洒到燃烧物表面或燃烧区域内，利用水受热汽化原理降低燃烧现场温度，达到冷却灭火的效果。

（2）将泡沫等灭火剂喷洒到燃烧物表面形成保护层，隔绝空气终止燃烧，或转移着火区域附近的易燃易爆物品至安全区域，关阀断料，开辟防火隔离带等，以达到隔离灭火的效果。

（3）当有限空间发生火灾时，可采取封堵孔洞、门窗等方法，阻止空气进入燃烧区域，或向封闭空间内注入惰性气体降低氧含量，以达到窒息灭火的效果。

（4）将干粉等灭火剂喷洒到燃烧区域参与燃烧反应，使燃烧停止，达到抑制灭火的效果。灭火时，需将足量的灭火剂喷洒到燃烧区域内，燃烧终止后仍需要采取冷却降温措施，防止复燃。

二、微型消防站器材配置及值守联动要求

1. 微型消防站建立原则

为落实单位消防安全主体责任，实现有效处置初起火灾的目标，除按照消防法规须建立专职消防队的重点单位外，其他设有消防控制室的重点单位，以救早、灭小和“3 分钟到场”扑救初起火灾为目标，依托单位志愿消防队伍，配备必要的消防器材，建立重点单位微型消防站，积极开展防火巡查和初起火灾扑救等火灾防控工作。合用消防控制室的重点单位，可联合建立微型消防站。

2. 站（房）器材配置

（1）微型消防站应设置人员值守、器材存放等用房，可与消防控制室合用，有条件的可单独设置。

（2）微型消防站应根据扑救初起火灾需要，配备一定数量的灭火器、水枪、水带等灭火器材，配置外线电话、手持对讲机等通信器材。有条件的站点可选配消防头盔、灭火防护服、防护靴、破拆工具等器材。

（3）微型消防站应在建筑物内部和避难层设置消防器材存放点，可根据需要在建筑之间分区域设置消防器材存放点。

（4）有条件的微型消防站可根据实际选配消防车辆。

3. 值守联动要求

（1）微型消防站应建立值守制度，确保值守人员 24 小时在岗在位，做好应急准备。

（2）接到火警信息后，控制室值班员应迅速核实火情，启动灭火处置程序。消防员应按照“3 分钟到场”要求赶赴现场处置。

（3）微型消防站应纳入当地灭火救援联勤联动体系，参与周边区域灭火处置工作。

三、常见保护对象初起火灾扑救及注意事项

1. 常见保护对象初起火灾扑救

（1）电气设备初起火灾扑救

电气设备发生火灾，在扑救时应遵守“先断电，后灭火”的原则。如果情况危急需带电灭火，可用干粉灭火器、二氧化碳灭火器灭火，或用灭火毯等不透气的物品将着火电器包裹，让火自行熄灭。千万不要用水或泡沫灭火器扑救，防止发生触电伤亡事故。

（2）厨房初起火灾扑救

1）当遇有可燃气体从灶具或管道、设备泄漏时，应立即关闭气源，熄灭所有火源，同时打开门窗通风。

2）当发现灶具有轻微的漏气着火现象时，应立即断开气源，并将少量干粉洒向火点灭火，或用湿抹布捂闷火点灭火。

3）当油锅因温度过高发生自燃起火时，首先应迅速关闭气源熄灭灶火，然后开启手提式灭火器喷射灭火剂扑救，也可用灭火毯覆盖，或将锅盖盖上，使着火烹饪物降温、窒息灭火。切记不要用水流冲击灭火。

（3）密闭房间火灾扑救

当发现密闭房间的门缝冒烟时，切不可贸然开门。应通过手摸门把等方式，初步确认内部情况，再决定是否开门。开门时应注意自身安全，切不可直接正对门口，以防止轰燃伤人。

（4）易燃液体储罐初起火灾扑救

易燃液体储罐发生火灾时，应确保固定式水喷淋系统持续正常工作。易燃液体发生泄漏流淌时，应及时关闭上游物料管道阀门，采取必要措施减缓或制止泄漏。流散

液体着火时，应正确选用灭火剂优先予以扑灭。一般情况下，非溶性液体着火可使用普通泡沫、干粉、开花或雾状水来进行火灾的扑救；可溶性液体着火应选用抗溶性泡沫、干粉、卤代烷等灭火剂来进行火灾的扑救，也可用水稀释灭火，但要视具体情况而定。

2. 火灾扑救注意事项

（1）采用冷却灭火法时，不宜用水、二氧化碳等扑救活泼金属火灾和遇水分解物质火灾。镁粉、铝粉、钛粉及锆粉等金属元素的粉末着火时，所产生的高温会使水或二氧化碳分子分解，引起爆炸，加剧燃烧，可采用沙土覆盖等方法灭火；三硫化四磷、五硫化二磷等硫的磷化物遇水或潮湿空气可以分解产生易燃有毒的硫化氢气体，导致中毒危险，扑救时应注意个人安全防护。

（2）采用窒息灭火法时，应预先确定着火物性质。芳香族化合物、亚硝基类化合物和重氮盐类化合物等自反应物质着火时，不需要外部空气维持燃烧，因此不宜采用窒息灭火法扑救，可采用喷射大量的水冷却灭火。

（3）易燃液体火灾扑灭后，由于罐体温度、液体温度或其他原因极易出现复燃，使液体再次燃烧，因此，灭火后要持续冷却和用泡沫覆盖液面，同时还要防止液体蒸气挥发积聚，与空气形成爆炸性混合物，遇明火发生爆炸。

（4）搬运或疏散小包装易燃液体时，要轻拿轻放，严禁滚动、摩擦、拖拉、碰撞等不安全行为，禁止背负、肩扛，禁止使用易产生火花的铁制工具；被疏散的易燃液体不得与氧化剂或酸类物质等危险品混放在一起，避免发生更大的灾害。

（5）可燃气体发生泄漏时，应及时查找泄漏源，杜绝一切火源，采取必要措施制止泄漏，利用隔离灭火法稀释、驱散泄漏气体；泄漏气体着火时，切忌盲目灭火，防止灾情扩大。

培训项目5 火灾现场保护

【培训重点】

1. 了解火灾现场保护的目的。
2. 掌握火灾现场保护的基本要求和注意事项。
3. 熟练掌握火灾现场保护的方法。

火灾现场是指发生火灾的地点和留有与火灾原因有关痕迹物证的场所。《消防法》规定，火灾扑灭后，发生火灾的单位和相关人员应当按照消防救援机构的要求保护现场，接受事故调查，如实提供与火灾有关的情况。因此，火灾发生后，失火单位和相关人员应按照相关要求保护火灾现场。

一、火灾现场保护的目的和范围

1. 火灾现场保护的目的

火灾现场是火灾发生、发展和熄灭过程的真实记录，是消防救援机构调查认定火灾原因的物质载体。保护火灾现场的目的是使火灾调查人员发现、提取到客观、真实、有效的火灾痕迹、物证，确保火灾原因认定的准确性。

2. 火灾现场保护的范围

凡与火灾有关的留有痕迹物证的场所均应列入现场保护范围。火灾现场保护范围应当根据现场勘验的实际情况和进展进行调整。

遇有下列情况时，根据需要应适当扩大保护区。

（1）起火点位置未确定

起火点部位不明显，初步认定的起火点与火场遗留痕迹不一致等。

（2）电气故障引起的火灾

当怀疑起火原因为电气设备故障时，凡与火场用电设备有关的线路、设备，如进户线、总配电盘、开关、灯座、插座、电动机及其拖动设备和它们通过或安装的场所，都应列入保护范围。有时电器故障引起的火灾，起火点和故障点并不一致，甚至相隔很远，则保护范围应扩大到发生故障的那个场所。

（3）爆炸现场

建筑物因爆炸倒塌起火的现场，不论被抛出物体飞出的距离有多远，也应把抛出物着地点列入保护范围，同时把爆炸破坏或影响的建筑物等列入现场保护区。但应注意，并不是把这个大范围全都禁锢起来，只是将有助于查明爆炸原因、分析爆炸过程及爆炸威力的有关物件圈围保护好。

保护范围确定后，禁止任何人（包括现场保护人员）进入保护区，更不得擅自移动火场中的任何物品，对火灾痕迹和物证，应采取有效措施，妥善保护。

二、火灾现场保护的方法

1. 灭火中的现场保护

消防员在进行火情侦察时，应注意发现和保护起火部位和起火点。在起火部位的灭火行动中，特别是在扫残火时，尽量不实施消防破拆或变动物品的位置，以保持燃烧后的自然状态。

2. 勘查的现场保护

（1）露天现场

首先在发生火灾的地点和留有火灾痕迹、物证的一切场所的周围划定保护范围。在情况尚不清楚时，可以将保护范围适当扩大一些，待勘查工作就绪后，可酌情缩小保护区，同时布置警戒。对重要部位可绕红白相间的绳旗划警戒圈或设置屏障遮挡。

如果火灾发生在交通道路上，在农村可实行全部封锁或部分封锁，重要的进出口处布置路障并派专人看守；在城市由于行人、车辆流量大，封锁范围应尽量缩小，并由公安专门人员负责治安警戒，疏导行人和车辆。

（2）室内现场

对室内现场的保护，主要是在室外门窗下布置专人看守，或者对重点部位予以查封；对现场的室外和院落也应划出一定的禁入范围。对于私人房间要做好房主的安抚工作，讲清道理，劝其不要急于清理。

（3）大型火灾现场

可利用原有的围墙、栅栏等进行封锁隔离，尽量不要影响交通和居民生活。

3. 痕迹与物证的现场保护

对于可能证明火灾蔓延方向和火灾原因的任何痕迹、物证均应严加保护。为了引起人们注意，可在留有痕迹、物证的地点做出保护标志。对室外某些痕迹、物证、尸体等应用席子、塑料布等加以遮盖。

三、火灾现场保护的基本要求及注意事项

1. 基本要求

现场保护人员要服从统一指挥，遵守纪律，有组织地做好现场保护工作。不准随便进入现场，不准触摸现场物品，不准移动、拿用现场物品。现场保护人员要坚守岗位，做好工作，保护好现场的痕迹、物证，收集群众反映的情况，自始至终保护好现场。

2. 注意事项

现场保护人员的工作不仅限于布置警戒、封锁现场、保护痕迹物证，由于现场有时会出现一些紧急情况，所以现场保护人员要提高警惕，随时掌握现场动态，发现问题时负责保护现场的人员应及时采取有效措施进行处理，并及时向有关部门报告。

（1）扑灭后的火场“死灰”复燃，甚至二次成灾时，要迅速有效地实施扑救，酌情及时报警。有的火场扑灭后善后事宜未尽，现场保护人员应及时发现、积极处理，如发现易燃液体或者可燃气体泄漏应关闭阀门，发现有导线落地时应切断电源。

（2）遇有人命危急的情况，应立即设法施行急救；遇有趁火打劫或者二次放火的，思维要敏捷，处置要果断；对打听消息、反复探视、问询火场情况以及行为可疑的人

要多加小心，纳入视线，必要情况下移交公安机关。

（3）危险物品发生火灾时，无关人员不要靠近，危险区域实行隔离，禁止进入，人要站在上风处，离开低洼处。对于那些一接触就可能被灼伤，以及有毒物品、放射性物品引起的火灾现场，进入现场的人员要使用隔绝式呼吸器，穿全身防护衣，暴露在放射线中的人员及装置要等待放射线主管人员到达，按其指示处理，清扫现场。

（4）被烧坏的建筑物有倒塌危险并危及他人安全时，应采取措施使其固定。如受条件限制不能使其固定时，应在其倒塌之前仔细观察并记下倒塌前的烧毁情况。采取移动措施时，尽量使现场少受破坏；若需要变动，事前应详细记录现场原貌。

培训模块 八

计算机基础知识

培训项目 1 计算机系统的组成与功能

【培训重点】

1. 了解系统软件的概念与分类。
2. 掌握常用应用软件的基本操作。
3. 熟练掌握计算机系统的结构与组成。

计算机系统由硬件系统和软件系统两大部分组成。

一、硬件系统

计算机硬件系统是指构成计算机的物理零部件，如图 8-1-1 所示。

1. 输入设备

输入设备是指向计算机系统输入信息的设备。最常用的输入设备是键盘和鼠标，另外还有光笔、麦克风、摄像头、图像扫描仪等。

（1）键盘

键盘是操作计算机运行的一种指令和数据输入设备。标准 Windows 键盘采用 104 个键，分为主键盘区、功能键区、控制键区、数字键区和状态指示区五个部分，如图 8-1-2 所示。

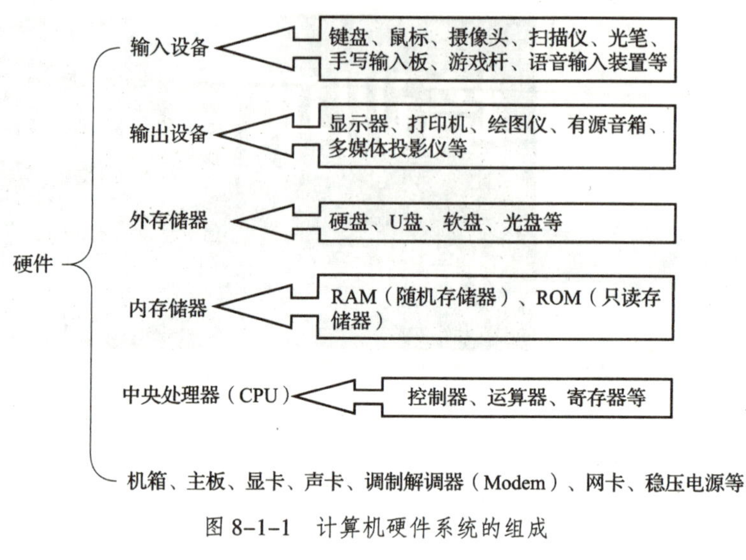

图 8–1–1 计算机硬件系统的组成

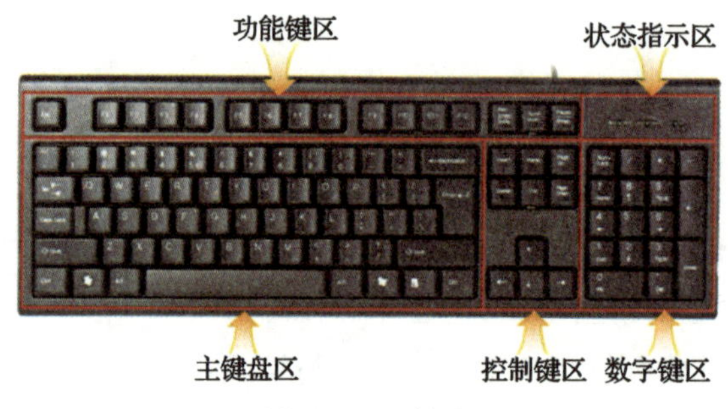

图 8–1–2 键盘

（2）鼠标

鼠标的分类有很多种，按键数分为两键鼠标和三键鼠标，按构造分为机械鼠标、光电鼠标和触摸式鼠标，按接线形式分为有线鼠标和无线鼠标。通过鼠标定位、单击左键、单击右键、双击左键、拖动等操作可实现对象的选择和编辑。

（3）触控屏

触控屏又称为“触摸屏”“触控面板”，是可接收触头等输入信号的感应式液晶显示装置，集操控和显示于一体，用手指或其他笔形物轻触屏幕就可以使计算机执行相应的操作。触摸屏操作简单、方便，多应用于信息查询等公共服务以及多媒体教学等。

2. 输出设备

计算机输出设备有显示器、打印机、绘图仪、投影仪、音箱等。

（1）显示器

显示器通过数据线接在计算机主机显示卡的数据输出口上，用于显示用户输入的各种命令、数据、计算机执行的结果以及各种提示信息等。显示器的主要性能指标有分辨率、刷新频率、彩色种类、扫描速度等。

常见的显示器有液晶显示器和等离子显示器。这两种显示器都是平板式的，它们体积小，功耗少，几乎无电磁辐射。液晶显示器目前广泛应用于个人电脑的配置。等离子显示器显示亮度更高，视野开阔，目前主要用于展示会场等公共场所的信息显示等。

（2）打印机

打印机用于将计算机处理结果打印在相关介质上，按工作原理分为击打式打印机和非击打式打印机。击打式打印机利用打印头上的钢针与色带和打印纸相撞而印出字符或图形。非击打式打印机利用光、电、磁、喷墨等物理和化学的方法把字符或图形印出来。常见的打印机有激光打印机、喷墨打印机，此外还有热敏打印机、针式打印机等，如图 8–1–3 所示。

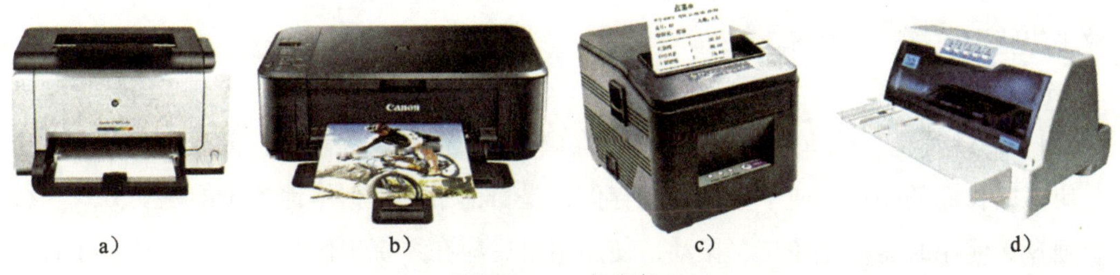

a） b） c） d）

图 8–1–3 打印机

a）激光打印机 b）喷墨打印机 c）热敏打印机 d）针式打印机

激光打印机打印图案精细，水浸图案不会模糊，打印速度快，打印成本低，噪声小。激光打印机一般应用于办公文件打印。喷墨打印机打印照片效果好，成本较低，噪声小；缺点是打印速度较慢，水浸图案会模糊，针头容易堵住。喷墨打印机一般应用于家庭或照片打印。热敏打印机靠对打印纸加热，使内部热敏物质变黑，不需要除热敏纸外的其他耗材；缺点是长期放置图案会消失，加热后整体变黑，不能打印彩色。热敏打印机一般应用于打印超市购物小票。针式打印机靠针头把墨水打印到纸上，优点是可以打印一式几份的票据（复写纸式），缺点是噪声大，打印速度慢，只能单色打印。针式打印机一般应用于发票打印。

3. 外存储器

外存储器指除计算机内存及 CPU 缓存以外的存储器，此类存储器一般断电后仍然能保存数据。常见的外存储器有硬盘、光盘、移动存储设备等。

（1）硬盘

硬盘分为固态硬盘（SSD 盘）、机械硬盘（HDD 盘）和混合硬盘（HHD 盘）。

固态硬盘采用闪存颗粒存储，机械硬盘采用磁性碟片存储，混合硬盘是把磁性硬盘和闪存集成到一起的一种硬盘。

机械硬盘最主要的性能指标是转速和容量。转速是硬盘盘片旋转的速度，转速越高，硬盘读写速度越快，常见的有 4 200 r/s、5 400 r/s 和 7 200 r/s。容量是指硬盘能存放的信息量，以字节为单位，用英文字母 B 表示。在计算机中，一个英文字符占一个字节的存储容量，一个汉字占两个字节的存储容量。容量的具体换算关系为：1 TB=1 024 GB，1 GB=1 024 MB，1 MB=1 024 KB，1 KB=1 024 B。

（2）光盘

光盘是一种利用激光技术存储信息的装置，由光盘片和光盘驱动器构成。光盘主要分为 CD、DVD、蓝光光盘等类型，目前用于计算机系统的光盘可分为只读光盘（CD 或 DVD）、一次性写入光盘和可改写光盘三大类。CD 光盘的存储容量一般为 650 MB 左右，DVD 光盘的存储容量为 4 GB 左右。盘片可以单独存放和随身携带，存放中应特别注意避免划伤。

（3）移动存储设备

1）移动硬盘。移动硬盘是以硬盘为存储介质，强调便携性的存储设备，其本质是一块可以移动的硬盘，便于数据移动存储，是目前个人数据本地备份的主要方式。移动硬盘在使用时需避免摔打、振动，使用结束后应在系统中停止设备运行且删除后再拔出。

2）U 盘。U 盘全称 USB 闪存盘，是一种使用 USB 接口的无需物理驱动器的微型高容量移动存储设备，通过 USB 接口与计算机主机连接，实现即插即用。随着手机的发展，出现了许多支持多种端口的 U 盘，可连接苹果或安卓手机。

4. 内存储器

内存储器简称内存，通常也泛称为主存储器。它直接与 CPU 相连接，是计算机中的工作存储器，即当前正在运行的程序与数据都存放在主存储器内，计算机工作时所执行的指令及操作数据都从主存储器中取出，处理的结果也存放在主存储器中。依据性能、特点，内存储器可分为只读存储器（ROM）和随机存储器（RAM）。平常所说的计算机内存指的是随机存储器（RAM），如图 8–1–4 所示。

5. 中央处理器（CPU）

中央处理器是计算机的核心部分，主要由控制器和运算器两部分组成。控制器是计算机的指挥中心，主要作用是控制和管理计算机系统。它按照程序指令的操作要求向计算机各个部分发出控制信号，使整个计算机协调一致地工作。运算器可以完成各种运算和处理，如完成各种算术运算和逻辑运算以及移位、比较等操作。

图 8-1-4 内存条

CPU 的性能主要取决于它在每个时钟周期内处理数据的能力（每次能处理数据的位数）和时钟频率（主频）。位数越多，处理能力越强；频率越高，处理速度越快。

6. 机箱

机箱是计算机主机的外壳，习惯上把机箱以及安装在机箱内的设备统称为主机。机箱的外形一般分为卧式和立式两种，目前立式机箱使用较为广泛。机箱一般还包含电源（变压器）、电源开关、指示灯、前置 USB 接口、前置耳麦接口等。

7. 主板

主板又称为主机板、系统板、母板等，是整个计算机工作的基础，如图 8-1-5 所示。主板采用了开放式结构。主板上大都有 6 ~ 15 个扩展插槽，供计算机外围设备连接。主板上最重要的组件是芯片组。芯片组为主板提供一个通用平台，是主板连接访问内存、显示卡、声卡等设备的桥梁；芯片组也决定了扩展插槽的种类、数量等。

8. 显示卡

显示卡简称显卡，又称显示适配器，是主机向显示器输出图形图像的硬件设备，如图 8-1-6 所示。显卡有主板集成显卡和独立显卡两种形式。一般独立显卡的性能要优于集成显卡。显卡的主要性能指标如下。

（1）分辨率

显卡的分辨率表示显卡在显示器上所能描绘的像素的最大数量，以水平和垂直像素来衡量，例如分辨率为 1 024 × 768。在屏幕尺寸一样的情况下，分辨率越高，显示效果就越精细。

（2）色深

色深是指在某一分辨率下，每一个像素点可以显示的颜色数量，以 bit 为单位。显卡的位数越高，支持的颜色种类就越多。例如，24bit 可显示 2^{24} 种，即 16 777 216 种颜色，十分接近肉眼所能分辨的颜色，又被称为真彩色。

图 8-1-5　主板

图 8-1-6　显示卡

（3）显存容量

显存用来接收和存储来自 CPU 的图像数据信息。显存容量的大小决定了显卡处理图像的能力。

（4）刷新频率

刷新频率是指图像在屏幕上更新的速度，即屏幕上的图像每秒钟出现的次数，以赫兹（Hz）为单位。刷新频率越高，屏幕上图像闪烁感就越小，稳定性也就越高，对视力的保护也越好。一般人的眼睛不容易察觉 75 Hz 以上刷新频率带来的闪烁感，因此显示卡刷新频率最好调到 75 Hz 以上。

9. 声卡

声卡（见图 8-1-7）是处理计算机声音信号的设备，分为独立声卡和集成声卡两类。由于大多数个人计算机对声卡的要求不是很高，故广泛采用主板集成声卡，如要使用独立声卡，则应首先屏蔽主板集成声卡。声卡上一般有三个接口，一个输出声音到音箱，一个连接麦克风输入声音到计算机，还有一个线性输入是通过双头线输入声音信号到计算机。

10. 调制解调器和网卡

调制解调器是调制器和解调器的简称，英文名称为“Modem”，俗称“猫”，它的作用是实现数字信号与模拟信号的相互转换，是计算机通过电话拨号上网的必备设备。现在用的“光猫”是光调制解调器的俗称，它可以将网络传输的光信号转换成计算机可以识别的数字信号。

网卡（见图 8-1-8）又称网络适配器，是计算机通过宽带上网的必需设备，有独立网卡和集成网卡两种形式，目前大多数主板都带有集成网卡。

图 8-1-7 声卡　　　　图 8-1-8 网卡

11. 电源

（1）主机电源

主机电源是把 220 V 交流电转换成直流电，并专门为计算机配件如 CPU、主板、硬盘、内存条、显卡、光盘驱动器等供电的设备，是计算机各部件供电的枢纽。

（2）UPS 稳压电源

UPS 稳压电源能够在计算机工作时提供稳定的电压，以及在突然断电时自动转入后备蓄电池供电（供电时间的长短与蓄电池的功率有关）。UPS 稳压电源主要应用于机房中心的服务器、应急照明系统、消防安全报警系统等需要不间断电源的用电设备。

二、软件系统

软件是指为了满足用户需要而编制的各种程序的总和，一般分为系统软件和应用软件两大类，如图 8-1-9 所示。

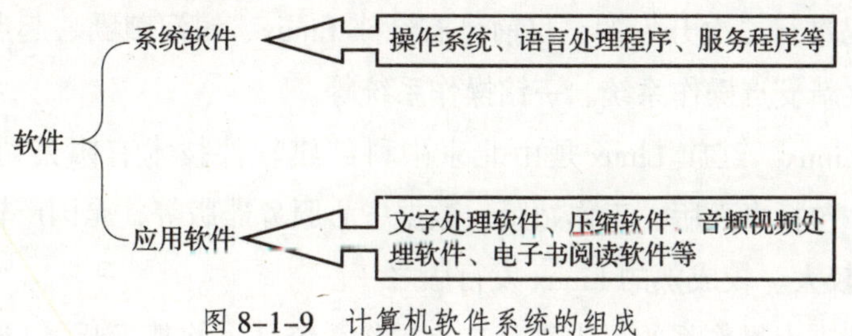

图 8-1-9 计算机软件系统的组成

1. 系统软件

系统软件用于对计算机资源的管理、维护、控制，并帮助用户编写、调试、装配、翻译和运行应用程序。系统软件又可分为操作系统、语言处理程序和服务程序等。

（1）国外系统软件介绍

1）操作系统

①Unix。Unix 是一个强大的多用户、多任务操作系统，支持多种处理器架构，按照操作系统的分类属于分时操作系统。Unix 于 1969 年在美国 AT&T 的贝尔实验室开发。

②Linux。Linux 是 1991 年推出的一个多用户、多任务的操作系统。它是在 Unix 基础上开发的一个操作系统的内核程序，与 Unix 完全兼容。Linux 的设计是为了在 Intel 微处理器上更有效地运用。它是一个源代码公开的自由开放的操作系统，其内核源代码可以自由传播。

③Mac OS。Mac OS 是苹果公司为 Mac 系列产品开发的专属操作系统，是全世界第一个基于 FreeBSD 系统采用“面向对象操作系统”的操作系统。

④Windows。Microsoft Windows 系列操作系统是一种图形操作系统，采用图形窗口界面，用户对计算机的各种复杂操作只需通过点击鼠标就可以实现，可以在 32 位和 64 位 Intel 和 AMD 处理器上运行。Windows 系列操作系统包含有个人计算机版和服务器版两种，个人版有 Windows XP、Windows Vista、Windows 7、Windows 10 等，服务器版有 Windows Server 2003、Windows Server 2008 等。

2）语言处理程序。语言处理程序一般由汇编程序、编译程序、解释程序和相应的操作程序等组成。它是为用户设计的编程服务软件，其作用是将高级语言源程序翻译成计算机能识别的目标程序。常见的语言处理程序有 C 语言、Java、Python 等。

（2）国内系统软件介绍

国产操作系统的研发历程要追溯到 20 世纪 70 年代，现有国产操作系统都是基于 Linux 开源代码进行二次开发的，目前已有红旗 Linux、银河麒麟、起点操作系统、共创 Linux、中兴新支点操作系统、一铭操作系统等。

1）红旗 Linux。红旗 Linux 是由北京中科红旗软件技术有限公司开发的一系列 Linux 发行版，包括桌面版、工作站版、数据中心服务器版等，是国产较出名的操作系统，也是中国较大、较成熟的 Linux 发行版之一。

2）中兴新支点操作系统。中兴新支点操作系统是一款基于开源 Linux 核心进行研发的桌面操作系统，支持国产芯片（龙芯、兆芯、申威、ARM）及软硬件，此系统可以满足日常办公使用。

3）银河麒麟。银河麒麟是由国防科技大学、中软公司、联想公司、浪潮集团和民族恒星公司合作研发的闭源服务器操作系统。此操作系统是 863 计划重大攻关科研项目。银河麒麟完全版共包括实时版、安全版、服务器版三个版本，简化版是基于服务器版简化而成的。

2. 应用软件

应用软件是为了某一类应用需要或为解决某个特定问题而编制的程序或系统管理软件，如文字处理软件 Word、电子表格软件 Excel、计算机辅助设计软件 AutoCAD 等。

（1）文字处理软件

文字处理软件是办公软件的一种，用于文字的格式化和排版，常用的中文文字处理软件有微软公司的 Word、金山公司的 WPS 等。

（2）压缩软件

压缩软件的作用是使原文件的存储容量变小，减少占用的磁盘空间，还可以加密压缩，保证原文件的安全。目前常用的压缩软件有 WinRAR、WinZip 等。下面以 WinRAR 为例介绍其主要操作。

1）压缩文件（夹）

①压缩到当前位置。在选中的对象“1. doc”上单击鼠标右键，弹出快捷菜单（见图 8-1-10），选择“添加到 1.rar”，WinRAR 启动压缩并将压缩文件保存到当前位置。

②压缩文件到其他位置。在选中的对象“1.doc”上单击鼠标右键，弹出快捷菜单，选择“添加到压缩文件”，弹出如图 8-1-11 所示对话框，在当前窗口可以对压缩文件名进行修改。

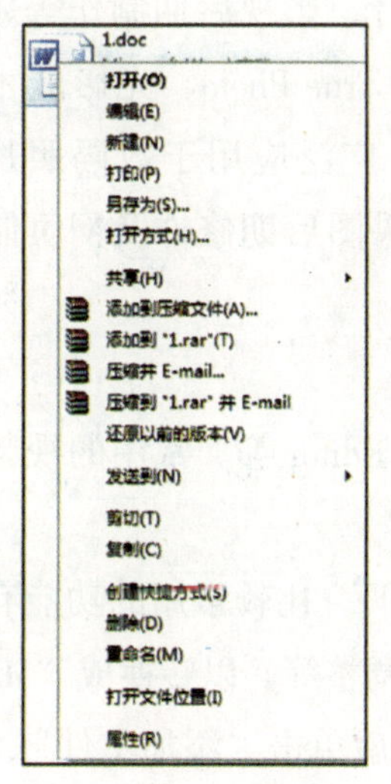

图 8-1-10　快捷菜单

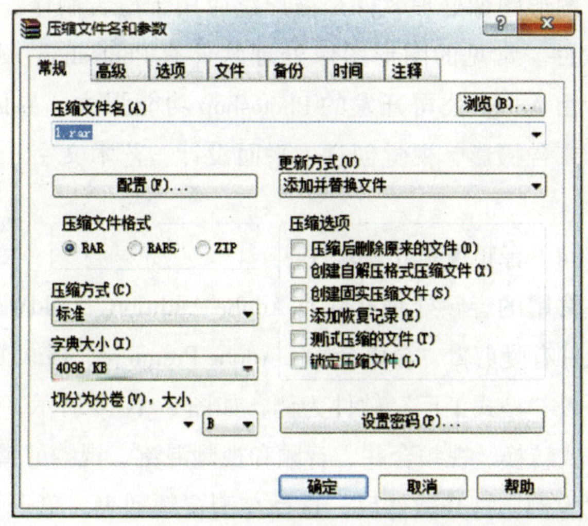

图 8-1-11　压缩文件名和参数

单击右侧【浏览】按钮，打开“查找压缩文件”对话框，在对话框中找到需保存的位置，单击【确定】，则将压缩后的文件保存到指定位置。

2）解压缩文件

①解压文件到当前位置。右键选中需解压缩的文件，弹出如图 8-1-12 所示快捷菜单，选中“解压到当前文件夹”，则在当前位置出现解压后的文件。

②解压文件到其他位置。右键选中需解压缩的文件，弹出快捷菜单，选中“解压文件”，则弹出如图 8-1-13 所示“解压路径和选项”对话框，在对话框中找到需要保存的位置，单击【确定】按钮。

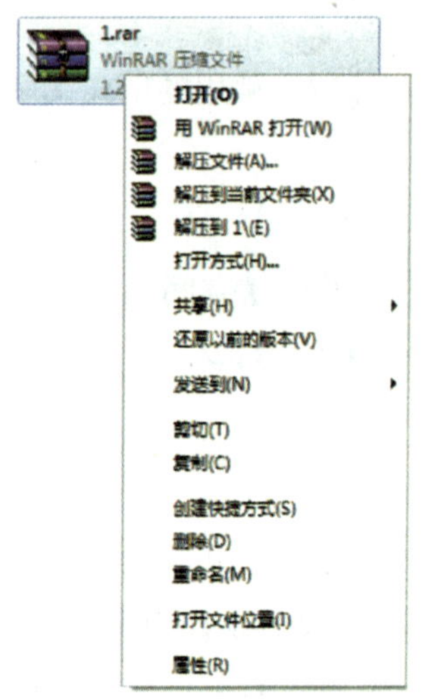

图 8-1-12　快捷菜单

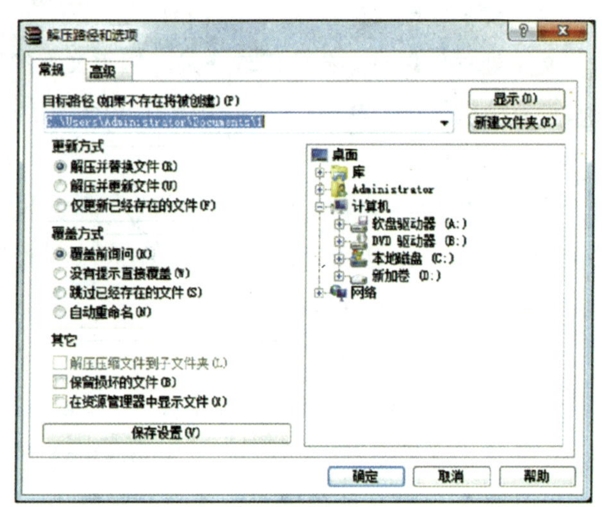

图 8-1-13　解压路径和选项

（3）图形图像处理软件

图形图像处理软件是被广泛应用于广告制作、平面设计、影视后期制作等领域的软件。常见的图形图像处理软件有 Photoshop、ACDsee、True Photo、光影魔术手等。由 Adobe 公司开发的 Photoshop 功能强大、界面友好，广泛应用于数码照片处理、广告摄影、视觉创意、平面设计、艺术文字、建筑效果图后期修饰及网页制作等。

（4）音频视频处理软件

常用的音频处理软件有 Adobe Audition、GoldWave、All Editor 等。常用的视频处理软件有爱剪辑、会声会影、Adobe Premiere、格式工厂等。

以“格式工厂”软件为例，如图 8-1-14 所示，“格式工厂”比较常用的功能有视频格式转换、视频合并、音频和视频混流、视频剪辑、尺寸调整等。以转换成“MP4”格式为例，打开软件后，选择左侧视频列表，单击“MP4”后单击“添加文件”，选择输出文件夹路径，然后单击【确定】，单击【开始】，待转换完成后，单击“输出文件夹”，即可找到转好后的文件。转换过程中，可以修复损坏的文件，还可以帮文件“减肥”，既节省硬盘空间，同时也方便保存和备份。

图 8-1-14 格式工厂

（5）电子书阅读软件

电子书区别于以纸张为载体的传统出版物，是人们阅读的数字化出版物。目前电子书的阅读软件种类很多，如 iReader、多看阅读、福昕等。电子书文件类型一般为 PDF 格式，这是一种电子文件格式，与操作系统平台无关，在 Windows、Unix、Mac OS 等操作系统中通用，这一特点使它成为在 Internet 上进行电子文档发行和数字化信息传播的理想文档格式。PDF 格式文件广泛应用于电子图书、产品说明、公司文告、网络资料、电子邮件等。

下面以 Adobe Reader XI 阅读软件为例介绍其主要操作。

1）阅读文件

①打开 Adobe Reader 软件，执行窗口“文件”菜单中的“打开”命令，在弹出的“打开”窗口中选定需要阅读的 PDF 文件。

②单击“视图”菜单中的“缩放”命令，可以调整阅读的页面比例大小，如图 8-1-15 所示。

③通过鼠标滚轮可以翻看文件，也可以单击工具栏中向上和向下箭头进行翻页浏览。

2）对象编辑。PDF 文件中文字和图片可以选定后复制到其他文件中，具体操作如下。

①打开 PDF 文件，单击工具栏中的“文本和图像选择工具”。

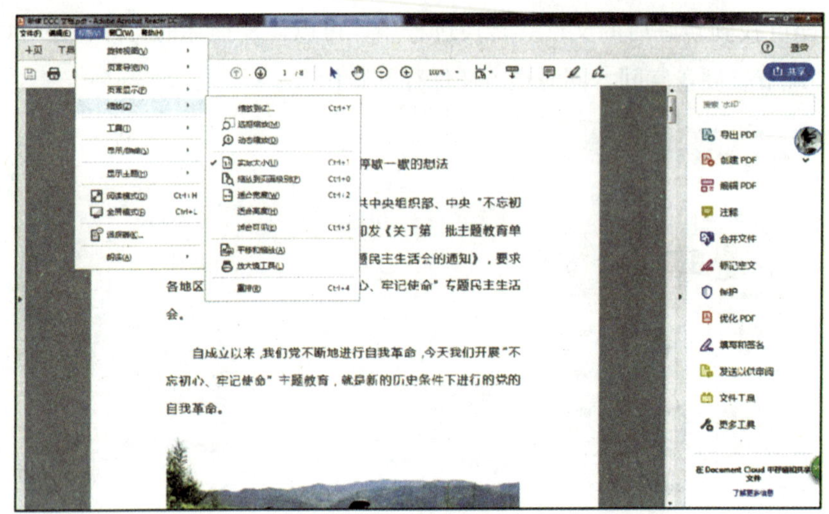

图 8-1-15　电子阅读器浏览窗口

②在文件中单击鼠标拖动，选定文字或图片。

③单击鼠标右键，在弹出的快捷菜单中选中“复制”或“复制图像”。

④打开其他文件，单击鼠标右键，在弹出的快捷菜单中选中“粘贴”，则将文字或图片粘贴到此处。

3）格式转换。PDF 文件可以转换为其他格式，执行“文件”菜单中的“另存为其他”后，选择“文本”或“Word 或 Excel 联机服务”，可把当前 PDF 文件转变为 txt 文本文件或 Word 文档、Excel 表格。

培训项目 2

计算机基本操作

【培训重点】

1. 了解计算机操作系统的种类以及发展。
2. 掌握计算机操作系统的基本配置。
3. 熟练掌握计算机操作系统基本应用。

一、操作系统简介

操作系统（Operating System，OS）是管理计算机硬件和软件资源的计算机程序，同时也是计算机系统的内核与基石。操作系统需要处理如管理与配置内存、决定系统资源供需的优先次序、控制输入与输出设备、操作网络与管理文件系统等基本事务。操作系统也提供一个让用户与系统交互的操作界面。

1. 常见操作系统介绍

（1）微软 Windows 系统

Windows 系统具有人机操作互动性好、支持应用软件多、硬件适配性强等特点。该系统从 1985 年诞生到现在，经过多年的发展完善，相对比较成熟稳定，是当前个人计算机的主流操作系统。

（2）Mac OS

Mac OS 是一套运行于苹果 Macintosh 系列计算机上的操作系统，是首个在商用领域成功应用的图形用户界面操作系统。

（3）Unix 和类 Unix 系统

Unix 是 The Open Group 的注册商标，特指遵守此公司定义的行为的操作系统，只有符合单一 Unix 规范的 Unix 系统才能使用 Unix 名称，否则只能称为类 Unix。类 Unix 系统包括各种传统的 Unix 系统，如 FreeBSD、Solaris 等，以及各种与传统 Unix 类似的系统，如 Minix、Linux 等。此类系统多用于服务器、超级计算机、手机操作系统等。

2. Windows 操作系统简介

（1）个人版

从 Windows 1.0 到 Windows XP、Windows Vista、Windows 7 和 Windows 10，Windows 操作系统已有 34 年的发展历史。

1）Windows XP。Windows XP 操作系统是微软公司 2001 年发行的、首个面向消费者且使用 Windows NT5.1 架构的操作系统。Windows XP 操作系统分为家庭版和专业版，视窗标志为较清晰亮丽的四色窗标志。该系统率先使用双列菜单，为之后的 Windows 版本的开始菜单提供了基础。2009 年微软公司年宣布停止免费主流支持服务。2014 年 4 月 8 日，微软官方正式宣布停止对 Windows XP 的技术支持，宣告了 XP 时代的结束。

2）Windows 7。微软公司 2009 年 10 月 22 日于美国正式发布 Windows 7 操作系统。该系统具有革命性变化，旨在让人们的日常计算机操作更加简单和快捷，为人们提供高效易行的工作环境。Windows 7 可供家庭及商业工作环境、笔记本电脑、平板电脑、多媒体中心等使用。

3）Windows 10。Windows 10 是微软公司研发的跨平台及设备应用的操作系统，是微软公司发布的最后一个独立 Windows 版本。Windows 10 有生物识别技术、Cortana 搜索功能、多桌面、贴靠辅助、通知中心等新增功能。Windows 10 还优化了开始菜单、任务栏、文件资源管理器等。

（2）服务器版

Windows Server 是微软公司在 2003 年 4 月 24 日推出的 Windows 服务器操作系统，内置了许多服务用于搭建网站、管理共享、管理账户、文件和服务打印等模块。2018 年 10 月微软公司正式发布 Windows Server 2019。

二、基本操作

1. 开关机

（1）开机

开机要按照一定的顺序，否则会影响机器的使用寿命。首先打开总电源，即接通主机与显示器的电源，接着开启显示器，最后再开主机。

（2）关机

首先关闭所有程序，这样既不会忘记保存文件，关机速度也会加快；关闭所有程序后再按【开始】/【关机】按钮，关闭计算机；计算机显示关机完成，显示器黑屏后，再关闭显示器；最后关闭总电源。

2. 桌面组成

Windows 桌面是指系统启动完成后屏幕显示的内容，包括“开始”菜单、桌面图标和任务栏三个部分。下面以 Windows 7 为例进行介绍。

（1）“开始”菜单

用鼠标单击【开始】按钮，弹出如图 8–2–1 所示“开始”菜单。菜单列出当前计算机上安装的程序，程序以图标的形式出现，后面是程序名。若需要的程序不在当前菜单中，可以用鼠标单击“所有程序”，会弹出子菜单，单击要运行的程序，启动程序。

图 8–2–1 “开始”菜单

（2）桌面图标

桌面图标可分为系统图标和应用程序快捷方式图标两类。系统图标是操作系统为方便用户管理和应用计算机资源而在桌面上创建的快捷方式图标，如“计算机”“回收站”等。应用程序快捷方式图标是由用户根据个人需要安装到系统中的各个应用软件所产生的快捷调用图标。桌面图标除“回收站”外，都可以重新命名。

（3）任务栏

打开程序和文档后，在“任务栏”上会出现一个标有文档名称的按钮，若要切换界面，单击代表该界面的按钮。若右键单击该按钮，则可以弹出快捷菜单关闭界面。

单击“任务栏”最右侧的时钟，选择“更改日期和时间设置”，用户可以设置日期和时间。

单击“任务栏”右侧的输入法按钮，在弹出的输入法菜单中选择其中一种输入法。

3. 文件和文件夹管理

文件就是在计算机中，以实现某种功能或某个软件的部分功能为目的而定义的一个单位。文件名包括文件主名和扩展名两个部分。文件主名可由用户按照命名规则自定义表示；扩展名则表示文件的类型，如 txt 表示文本文件，doc 表示 Word 文件。

文件夹是用来组织和管理磁盘文件的一种数据结构，用来协助人们管理计算机文件。每一个文件夹对应一块磁盘空间，提供了指向对应空间的地址，它没有扩展名，但是可分为文档、图片、视频、音乐、常规五种类型。

文件名或文件夹名中最多可以有 255 个字符，不区分英文字母大小写，允许使用空格，不能出现 \/：*？#″<> | 。

（1）建立文件（夹）

选定存储文件或文件夹的位置，如在文档库下创建新文件（夹），具体操作如下：如图 8-2-2 所示，单击窗口中的“文件”菜单，选择“新建”子菜单中的“文件夹”或列表中的某文件，文档库窗口即增加一个“新建文件夹”的文件夹或“新建文档”的文件，输入一个新名称，按【Enter】键，文件或文件夹建立完毕。

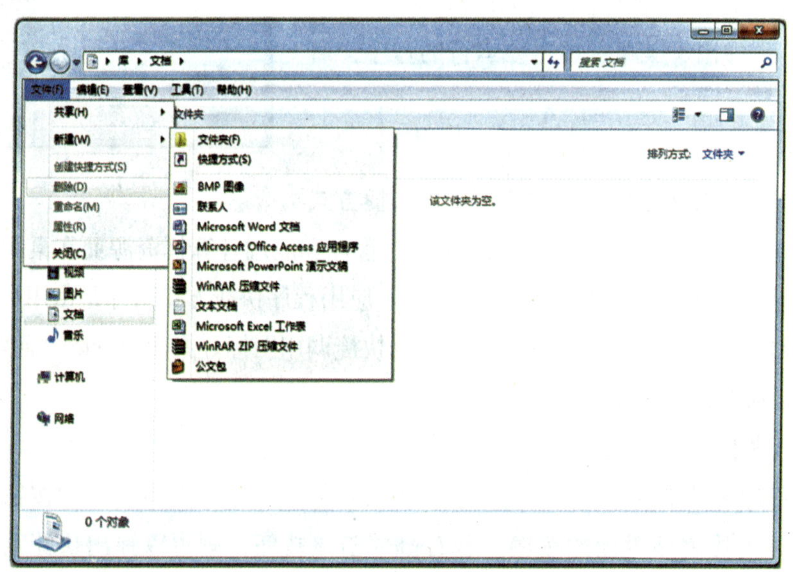

图 8-2-2 新建文件

以上操作也可以在文档库窗口的空白区域处单击鼠标右键，通过快捷菜单完成。

（2）重命名文件（夹）

Windows 允许更改文件或文件夹的名称，具体操作如下：选中重命名的文件（夹），在“文件”菜单中选择“重命名”，文件（夹）名在框内突出显示，输入新名称，按【Enter】键，完成文件重命名。

以上操作也可以右键单击文件（夹），通过快捷菜单完成。

（3）选中文件（夹）

1）选中连续文件（夹）。鼠标左键单击第一个文件，按住【Shift】键后用鼠标单击最后一个文件，则选中一组连续文件。

2）选中不连续文件（夹）。鼠标左键单击第一个文件，按住【Ctrl】键后用鼠标左键单击另一个文件，依次选中多个不连续文件。

3）选中所有文件（夹）。鼠标单击任一个文件，执行窗口中的“编辑”菜单，选中“全部选定”命令（或按下【Ctrl】+【A】键）。

（4）复制、移动文件（夹）

复制文件是将文件复制一份副本后，将副本另存到其他位置。移动文件是将文件从原来位置搬到其他位置。复制、移动文件和文件夹的操作基本类似，如将文档库中的 work.txt 文件复制或移动到 D 盘，具体操作如下。

1）复制。选中该文件，单击窗口中的“编辑”菜单，选中“复制”命令。打开 D 盘窗口，单击窗口中的“编辑”菜单，选择“粘贴”命令。D 盘中出现 work.txt 文件。此时文档库和 D 盘各存有一份 work.txt 文件。

快捷键方法：选中文件，按下【Ctrl】+【C】键，即执行“复制”命令；在目标位置按下【Ctrl】+【V】键，即执行“粘贴”命令。

2）移动（或剪切）。将上述操作中的“复制”命令改成“剪切”命令，则实现移动文件。此时文档库中的 work.txt 文件消失，而 D 盘中出现 work.txt 文件。

快捷键方法：选中文件，按下【Ctrl】+【X】键，即执行“剪切”命令；在目标位置按下【Ctrl】+【V】键，即执行“粘贴”命令。

（5）删除文件（夹）

1）临时删除文件（夹）。使用鼠标选中文件，在窗口的“文件”菜单中选择“删除”命令或按下【Dclete】键，原有位置的文件消失，被放到“回收站”。“回收站”中的文件是可以被还原到原始位置的。

2）永久删除文件（夹）。选中文件后按下【Shift】+【Delete】键，该文件被永久删除。或者在“回收站”中选中文件，单击窗口的“文件”菜单中的“删除”命令，则文件从“回收站”中消失，被永久删除。

（6）查找文件或文件夹

当忘记某一文件的具体存放位置，查找某个文件（夹）功能就显得非常重要。具体操作如下：单击“开始”菜单，在“搜索程序和文件”文本框内输入查找的文件名，搜索结果会分类出现在菜单栏中。也可以打开“计算机”以及包含的所有目录，在窗口右上方“搜索”文本框内输入搜索内容。

在设置搜索条件时，文件名或文件夹名可以使用通配符“*”和“？”，其中“*”代表任意字符（0个或多个），“？”代表一个字符。例如：“*.doc”表示文件类型是.doc的全部文件；“w??k.doc”表示文件名是四个字符的Word文件，其中第一个字符是“w”，最后一个字符是“k”，中间两个字符是任意字符。

4. 控制面板

控制面板是用来进行系统设置和设备管理的一个工作集。在控制面板中，用户可以根据自己的喜好对鼠标、键盘、桌面等进行设置和管理，还可以添加或删除软件和硬件。执行“开始”菜单中的“控制面板”命令可以启动控制面板，如图8-2-3所示。

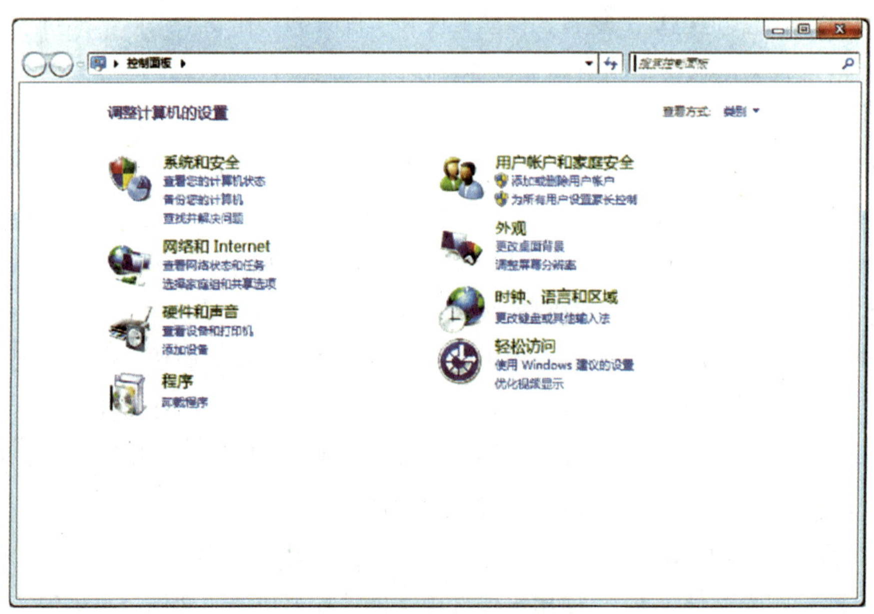

图8-2-3　控制面板

（1）添加硬件

目前，绝大多数硬件都是即插即用。下面以添加打印机为例介绍添加硬件的具体操作方法。

1）将打印机连接到计算机上后，Windows 7 会自动检测到设备。

2）Windows 7 在计算机硬盘中查找该设备的驱动程序，若硬盘中没有，则提示插入与设备一起提供的光盘。

3）安装完毕驱动程序后，Windows 7 将为设备配置属性和设置。打印机图标上有“√”标记，表示该打印机为用户的默认打印机。

在控制面板中，点击“硬件和声音”→“设备和打印机”图标，右键单击默认打印机，在快捷菜单中单击“打印机属性”命令，打开当前打印机属性对话框，选择“共享”选项卡，选中“共享这台打印机”选项，并在下面的共享名文本框中输入共享时该打印机的名称，则在网络中同一工作组的其他用户也可以使用该打印机。

（2）添加或删除程序

1）添加程序。目前，安装程序有多种途径。

①许多应用程序以光盘形式提供，光盘上带有自动安装文件 Auto-run.inf，该光盘在放入光驱后可自动运行安装程序。

②直接运行安装盘中的安装程序，如 setup.exc 或 install.exe。

③若安装程序是从互联网上下载的，通常整套软件被捆绑成一个 .exe 文件，运行该文件直接安装。

安装程序过程在安装向导提示下进行，用户根据具体要求选择安装位置等参数完成安装。

2）删除程序。删除程序有以下两种途径。

①执行“开始”菜单中的“所有程序”命令，在程序列表中找到要删除的程序，如果该程序提供了“卸载”工具，则利用该工具即可删除程序。

②执行“开始”菜单中的“控制面板”命令，启动控制面板，打开“程序”/“程序和功能”窗口，在列表中选中要删除的程序，右键单击【卸载】按钮，即可删除程序。

（3）显示

打开“控制面板”→“外观”→“显示”，如图 8-2-4 所示。在该对话框中可以完成如下常用设置。

1）桌面背景。单击“更改桌面背景”选项，在显示的图片中选择设置为背景的图片；若该范围没有，可以单击【浏览】按钮，在计算机磁盘中选择。通过“图片位置”可以改变背景类型。

2）屏幕保护程序。“屏幕保护程序”是在一段时间内没有使用计算机时，屏幕上出现的移动的图片。单击“更改屏幕保护程序”选项，在“屏幕保护程序”列表中选择方案，并可以设置等待多长时间启动屏幕保护程序，同时可以选中“在恢复时使用密码保护”命令。

图 8-2-4　显示

3）分辨率。在“调整分辨率”选项中单击“分辨率”，拖动游标可以改变像素大小。

（4）系统属性

右键单击“计算机”，从快捷菜单中选择“属性”命令，则打开如图 8-2-5 所示系统属性对话框。

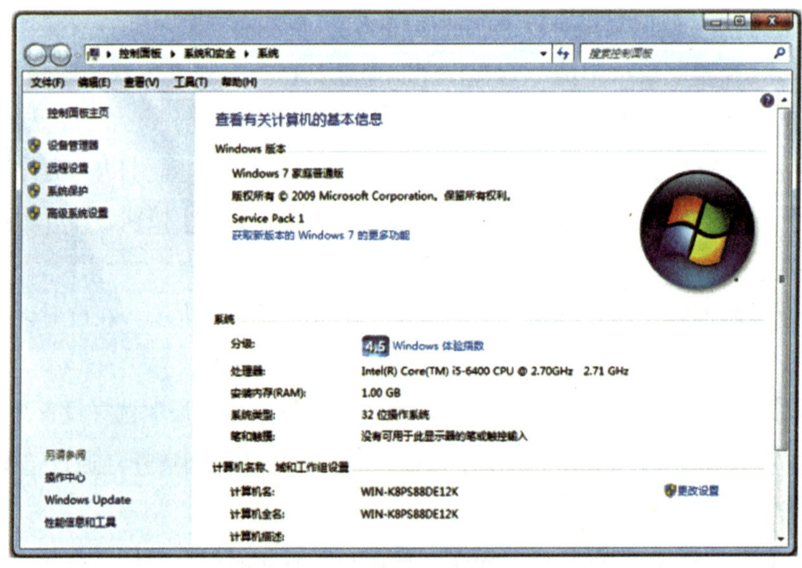

图 8-2-5　系统属性

（5）区域与语言选项

在“控制面板”窗口中，点击“时钟、语言和区域”→“区域和语言”，选择

“键盘和语言”选项卡，单击【更改键盘】按钮，打开“文本服务和输入语言”对话框，在“设置”选项卡中可以看到当前安装的各种输入法。

1）添加输入法。单击【添加】按钮，弹出“添加输入语言”对话框，在下拉列表中选中需要添加的输入法，单击【确定】。注意只可添加已经安装的输入法。

2）删除输入法。选中需要删除的输入法，单击【删除】按钮。注意删除的输入法并未卸载，可在添加输入法中添加回来。

3）更改键设置。中英文切换可以用鼠标单击任务栏通知区域的输入法按钮，在弹出的菜单中选择“中文（中国）”；也可以用【Ctrl】+【Space】组合键切换中英文输入法。如果在不同的汉字输入法间进行切换，可以使用【Ctrl】+【Shift】组合键快速实现。

若需要设置某种输入法的组合键顺序，可以在“高级键设置”选项卡中单击“更改键顺序”，选中“启用按键顺序”项，并设置需要的键顺序，单击【确定】。

（6）设置系统时间

在“控制面板”窗口中，点击“时钟、语言和区域”→“日期和时间”，弹出“日期和时间属性”对话框。用户可以单击【更改时区】按钮更改时区。在“日期和时间”选项卡中，单击【更改日期和时间】按钮可以调节年、月、星期和时钟。

（7）用户账户

用户账户是计算机使用者的身份凭证。Windows 在一台计算机上建立多个用户账号，不同用户用不同账号登录，尽量减少相互之间的影响。每个经常使用计算机的人都应该有一个用户账户。用户账户由一个“用户名”和一个“口令”来标识，二者都需要用户在登录时键入。以下操作均以管理员的身份登录之后进行设置。

1）创建用户账户

①在“控制面板”中点击“用户账户和家庭安全”→“用户账户”，打开“用户账户”窗口。

②点击“管理其他账户”→“创建新账户”。

③按照要求输入用户名。

④挑选账户类型：管理员或标准用户。管理员账户允许更改所有计算机设置，标准用户只允许更改某些设置。

⑤单击“创建用户”，此账户就被加入到计算机中了。

2）更改用户。用“管理员”账户进入“用户账户”→“管理其他账户”界面，可以更改账户名称、账户图片，并可添加密码。

3）删除账户。用“管理员”账户进入“用户账户”→“管理其他账户”界面，单击标准用户，选中删除账户。

培训项目 3 文字处理软件的功能和使用

【培训重点】

1. 了解文字处理软件的功能和种类。
2. 掌握 Word 2010 文件基本操作(新建、保存、打印等)。
3. 熟练掌握 Word 2010 文字编辑和文件排版。

一、文字处理软件概述

文字处理软件是一种计算机应用软件，实现文字的电子化，对文字进行编辑、排版和打印。常用的文字处理软件有 Windows 自带的记事本、写字板，微软（Microsoft）公司的 Word，金山软件公司的 WPS 等。

Word 是微软公司 Microsoft Office 办公软件中的一类。本教材以 Word 2010 版本为例，讲解文字处理软件的功能和使用方法。

二、Microsoft Word 的功能

1. 文字录入与编辑

用户使用键盘或其他输入工具将文字录入到 Word 中，对文字和段落样式进行编

辑，存储为专用格式文件，设置页面后可直接打印。Word 软件界面直观，所见即所得，呈现的样式即为打印出来的样式。

2. 格式设置与排版

Word 有强大的格式编辑和排版功能，可添加目录、章节、页码、批注、书签等。Word 提供统计功能，对字数、行数、段落数等进行精确统计，非常适用于长篇文件（书稿、杂志等）的排版编辑。

3. 丰富的素材处理

Word 支持各种素材的导入和编辑处理，包括图片、照片、几何形状、SmartArt 图形、图表、艺术字、超链接等，还支持数学专业公式、特殊符号等的插入和编辑。

三、Word 2010 基本操作

1. 启动 Word 2010 程序

用户可采用以下两种方式启动 Word 2010。

（1）Word 2010 安装完成后，会自动在桌面生成快捷方式，如图 8-3-1 所示。双击“Word 2010”图标，启动并打开 Word 2010。

图 8-3-1 Word 2010 桌面快捷方式

（2）单击 Windows 左下角的“开始”图标 ，单击“所有程序”，单击“Microsoft Office”，在下拉列表中单击“Microsoft Word 2010”（见图 8-3-2），启动并打开 Word 2010。

图 8-3-2　从 Windows“开始”菜单中打开 Word

2. Word 2010 界面说明

打开 Word 2010，显示如图 8-3-3 所示界面，包含快速访问工具栏、菜单栏、功能区和编辑区四部分。

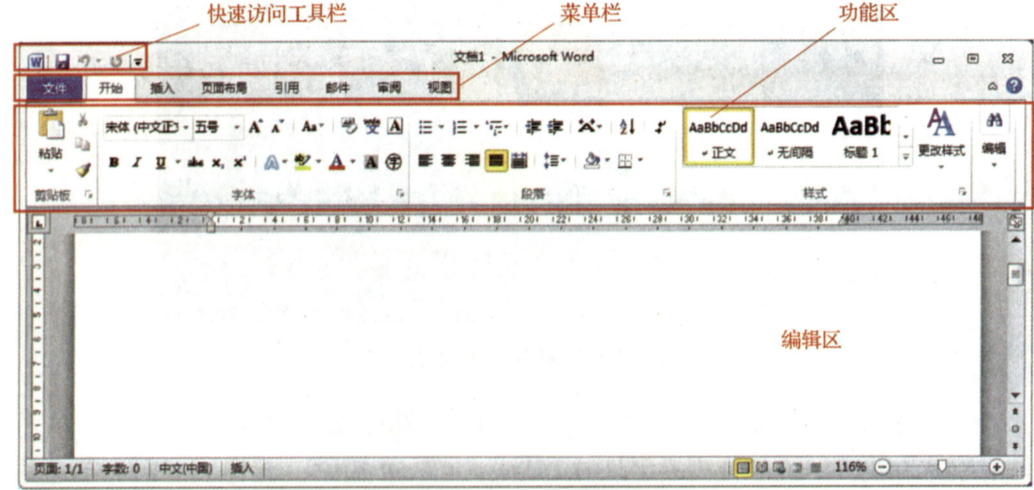

图 8-3-3　Word 2010 界面

（1）快速访问工具栏

快速访问工具栏是用户自定义的快捷工具栏，默认情况下为“保存”“撤销”和“恢复”三个命令按钮。点击工具栏右侧的▼，用户可根据需要添加“新建”“打开”“打印预览和打印”等常用命令按钮。

（2）菜单栏

菜单栏包括文件、开始、插入、页面布局、引用、邮件、审阅、视图等栏目，点击栏目名称，在下方功能区中显示相关操作命令按钮集合。

（3）功能区

菜单栏栏目对应的操作命令集合，按照类别又划分为多个子功能区，如“开始”功能区分为剪贴板、字体、段落、样式和编辑五个子功能区，点击右下角的斜箭头，弹出功能扩展对话框，将鼠标放在某个命令按钮上，会在下侧浮动显示该按钮的名称、快捷键和说明，如图 8–3–4 所示。

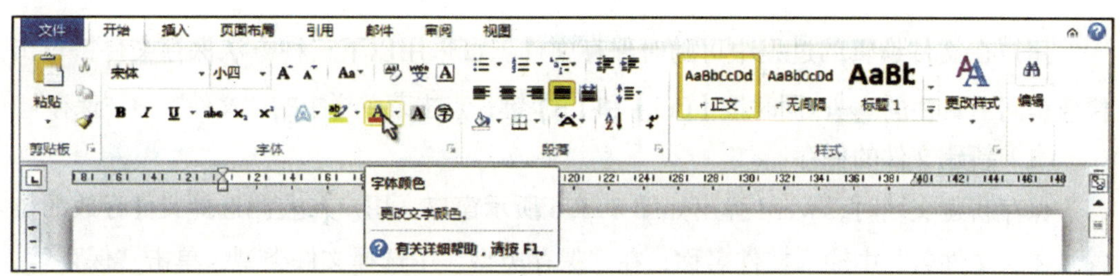

图 8–3–4　命令按钮的名称、快捷键和说明

（4）编辑区

编辑区为文档的编辑和显示区域，用户能够直接看到文档编辑后的效果。

3. 新建文件

用户可新建多种类型的 Word 文件，如空白文档、基于模板的文档等。

Word 2010 启动后，会自动创建一个名为“文档 1”的空白文档。用户也可以通过菜单栏中的“文件”→“新建”→“空白文档”手动创建新的空白文档，如图 8–3–5 所示。

Word 2010 提供多种类型的 Word 模板，模板自带固定格式和版式，用户可以利用模板快速生成特定类型和格式的 Word 文档，如求职信、简历、宣传册、日程表、传真等。点击菜单栏中的“文件”→“新建”，Word 2010 显示模板界面，用户进入相应的类别选择模板、创建新文档。其中，“Office.com 模板”为 Office 提供的互联网模板服务，用户需先单击右侧的“下载”，将模板下载到本地后方可使用。

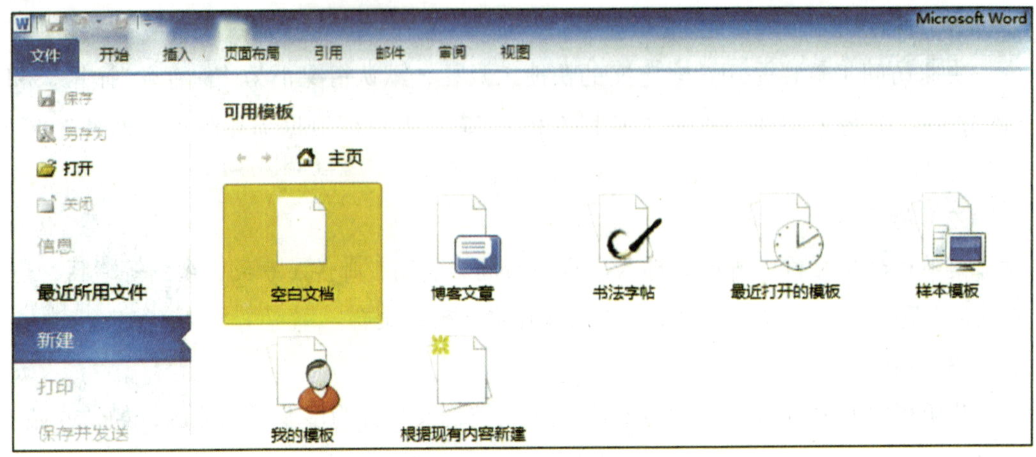

图 8–3–5　通过 Word 菜单新建空白文档

4. 保存文件

用户在文件编辑的过程中可随时保存文件。可采用以下三种方法保存文件：单击快速访问工具栏的 ；同时按【Ctrl】和【S】键；点击菜单栏中的“文件”→“保存”。

（1）新建文件的保存

保存新建文档时，Word 弹出如图 8–3–6 所示窗口，用户在左侧选择文件存放的位置，在“文件名”中输入文件名称，在“保存类型”中选择文件类型，单击“保存”。

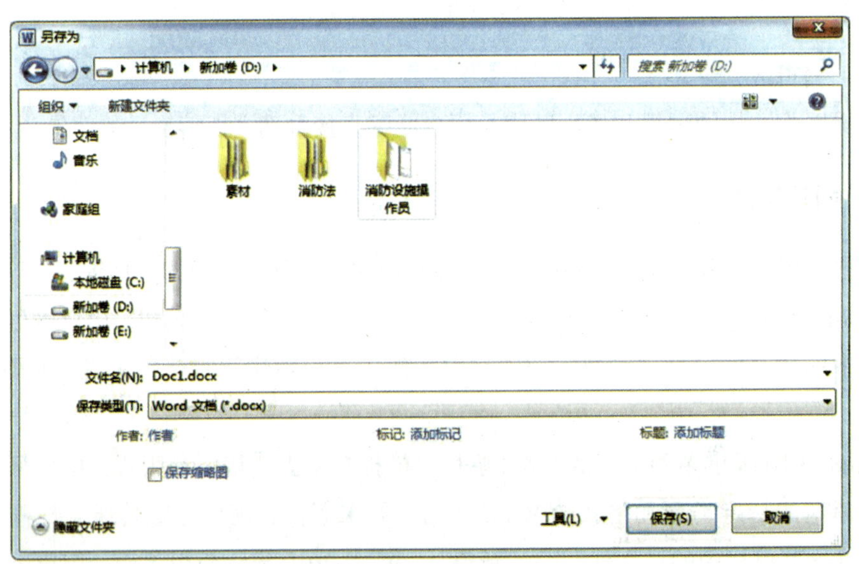

图 8–3–6　保存新建文件

（2）已有文件的保存和另存为

用户对已有文件进行编辑后，需再进行“保存”操作，以保留编辑结果。要保存为不同的文件名或文件类型时，在“文件”菜单中单击“另存为”，保存为新文件名或新格式。

Word 2010 保存的默认文件扩展名为 .docx，用户也可另存为 .doc（Word 97–2003 文件），.pdf（PDF 文件），.txt（文本文件）等。

（3）文件的自动保存

为防止计算机断电、系统死机等意外情况下 Word 文件丢失或损坏，用户在编辑文件时应经常进行“保存”操作，也可使用 Word 2010 的自动保存功能。如图 8-3-7 所示，点击“文件”→“选项”→“保存”，勾选“保存自动恢复信息时间间隔”，输入自动保存时间间隔，如“10 分钟”则表示系统每 10 分钟自动保存一次文件。

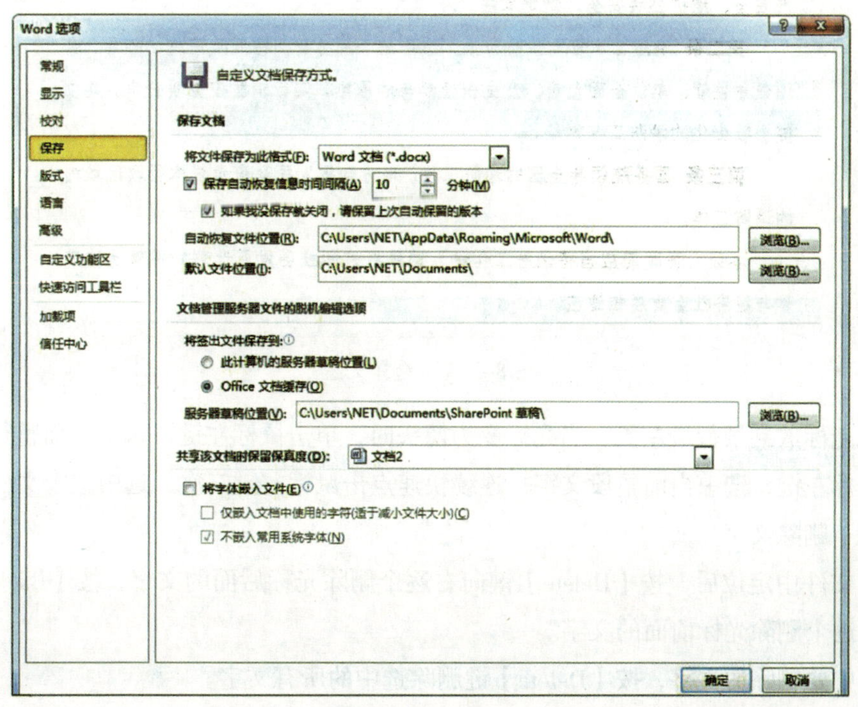

图 8-3-7　自动保存 Word 文件

注意时间间隔的设置要综合考虑文件的重要性、文件大小和计算机性能等因素，若文件较大而时间间隔过短，则会增加系统负担，导致工作效率降低。

5. 输入文字

新建空白文档后，编辑区出现一个闪烁的光标，用户可在此处中输入文字。当输入的文字到达编辑区右侧边界时自动换行，用户可按【Enter】键另起一段。在段落中插入文字时，单击鼠标左键，将光标定位在要插入的位置上，即可在光标闪烁处插入文字。

6. 编辑文字

（1）选择文字

用户在对文字进行编辑之前，要先选择编辑的对象。在要编辑的文字开始位置单击鼠标左键，然后按住鼠标左键，拖至要编辑的文字结束位置后松手，选中要编辑的文字，文字变为灰色或浅蓝色底，如图 8-3-8 所示。

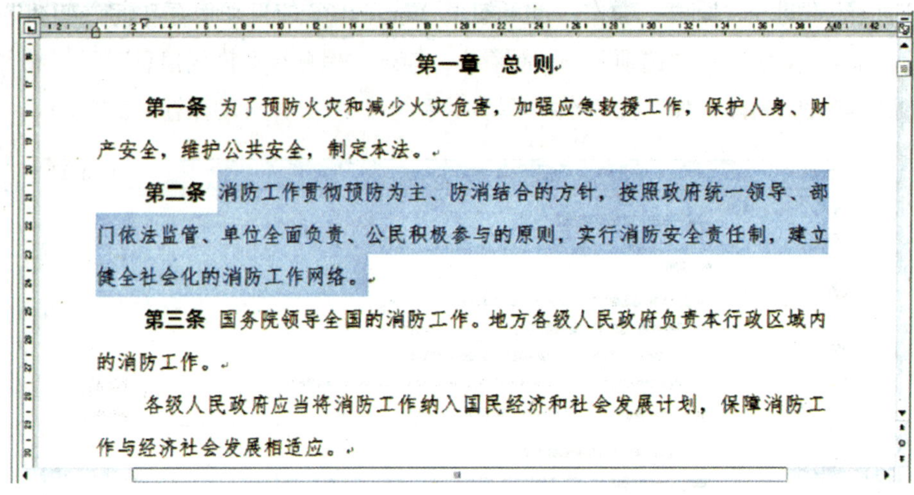

第一章　总则

第一条　为了预防火灾和减少火灾危害，加强应急救援工作，保护人身、财产安全，维护公共安全，制定本法。

第二条　消防工作贯彻预防为主、防消结合的方针，按照政府统一领导、部门依法监管、单位全面负责、公民积极参与的原则，实行消防安全责任制，建立健全社会化的消防工作网络。

第三条　国务院领导全国的消防工作。地方各级人民政府负责本行政区域内的消防工作。

各级人民政府应当将消防工作纳入国民经济和社会发展计划，保障消防工作与经济社会发展相适应。

图 8-3-8　选择文字

将光标放到某行最左侧，当光标变为箭头时，单击鼠标左键，选中当前整行文字；双击鼠标左键，选中当前整段文字；连续快速点击鼠标左键三次，选中整个文档。

（2）删除文字

在文件中定位后，按【Delete】键向右逐个删除光标后面的文字，按【Backspace】键向左逐个删除光标前面的文字。

选中要删除的文字，按【Delete】键删除选中的所有文字。

（3）移动文字

选中要移动的文字，按住鼠标左键，将文字拖到要移动到的地方，松手后文字就移动到了目的地。

（4）复制、剪切和粘贴

点击菜单栏中的“开始”栏目，显示图 8-3-4 所示“开始”功能区。选中要复制的文字，点击“剪贴板”子功能区的 复制 按钮，或者单击鼠标右键，单击“复制”，或者同时按下【Ctrl】键和【C】键，将要复制的文字复制到剪贴板中。光标定位到要粘贴的位置，点击功能区的 粘贴 按钮，或者单击鼠标右键，单击“粘贴”，或者同时按下【Ctrl】键和【V】键，将选中的文字粘贴到光标所在位置。

“剪切”实现的功能和上述的“移动文字”结果一样，选中要移动的文字，单击功能区的 剪切 按钮，或者单击鼠标右键，单击“剪切”，或者同时按下【Ctrl】键和【X】键，将要剪切的文字复制到剪贴板中。定位后粘贴，将选中的文字粘贴（结果是“移动”）到所在位置。

点击“剪贴板”子功能区右下角的斜箭头，显示 Windows 系统剪贴板中的内容（见图 8-3-9），用户开机后使用所有应用软件复制、剪切的内容（文本、图片等）均在此显示。在文件中定位后，单击剪贴板中的内容，可直接将该内容粘贴到光标定位处。

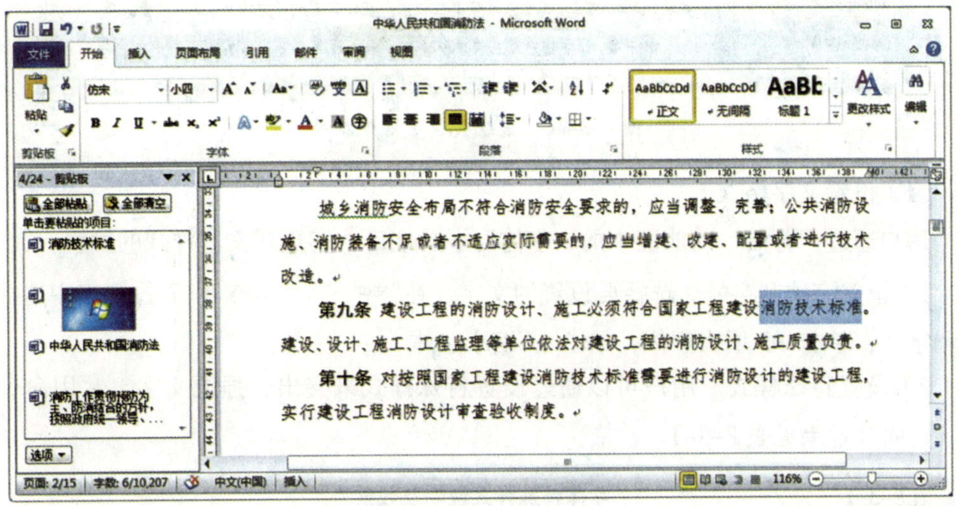

图 8-3-9 Windows 剪贴板

（5）查找和替换

1）查找文本。“查找”功能可帮助用户在文档中快速查找关键字或定位到关键字所在位置。点击“编辑”子功能区中的 查找 按钮，在左侧弹出的导航对话框中输入要查找的关键字，按【Enter】键后显示匹配结果（见图 8-3-10），左侧导航栏中显示的是匹配的关键词数量和段落预览，右侧将匹配结果在文档中加黄色底色显示。

2）替换文本。点击“编辑”子功能区中的 替换 按钮，弹出替换对话框，在“查找内容”中输入拟被替换的文字，在“替换为”中输入要替换的文字，点击“全部替换”，Word 把文件中的所有关键词全部替换为新内容，并在弹出的对话框中报告替换结果和数量。

7. 排版

Word 2010 拥有强大的排版功能，可对字体、段落等进行编辑和美化，增强文件的表现力。

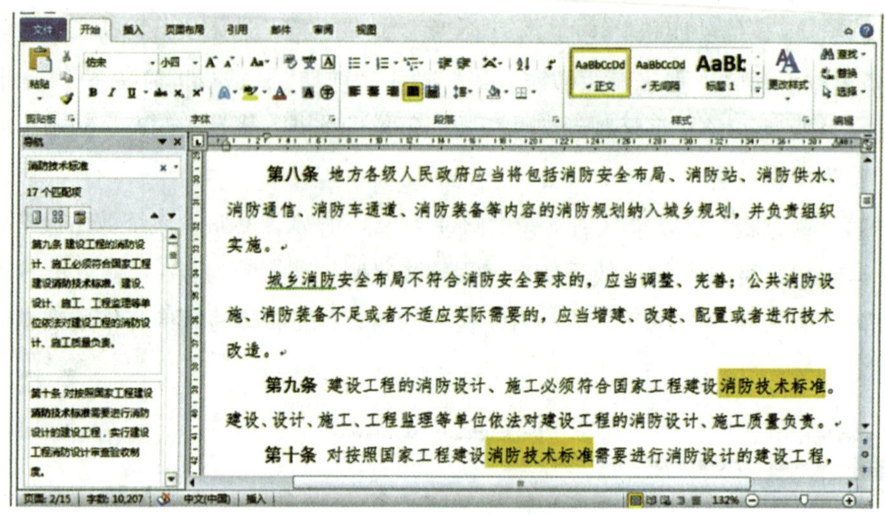

图 8-3-10　查找关键字匹配结果

（1）设置文字格式

用户通过“开始”功能区中的“字体”子功能区，实现对文本样式的编辑。

1）设置字体和字号。选择要设置的文字，在 宋体 · 小四 · 下拉列表中选择字体和字号，单击 A˄ 增大字体，单击 A˅ 缩小字体。

2）设置特殊样式。用户可以通过设置特殊样式来突出、强调文字，常用命令按钮、说明及效果见表 8-3-1。

表 8-3-1　字体特殊样式说明及效果

按钮	说明及效果	按钮	说明及效果
B	**将所选文字加粗**	A	更改字体颜色
I	*将所选文字设置为倾斜*	A	为所选字体添加底纹背景
U	为所选文字加下划线		

（2）设置段落格式

用户通过“开始”功能区中的“段落”子功能区，实现对段落的编辑和排版。

1）设置对齐方式。Word 2010 提供五种文本对齐方式，分别为左对齐 、居中 、右对齐 、两端对齐 和分散对齐 。用户将光标定位到需要调整的段落中的任意位置，点击相应的命令按钮，即可实现本段文本的对齐。

2）设置行距。行距是指各行之间的间距，点击“段落”子功能区右下角的箭头 ，可在弹出窗口的“行距”对话框中设置行间距，在下方“预览”框中直接显示设置效果。选择“固定值”，在右侧“设置值”中输入磅值，则行距固定，与字号大小无关；选择“多倍行距”，在右侧“设置值”中输入倍数，则行距与当前字号有关，字号越大，行距越大，如图 8-3-11 所示。

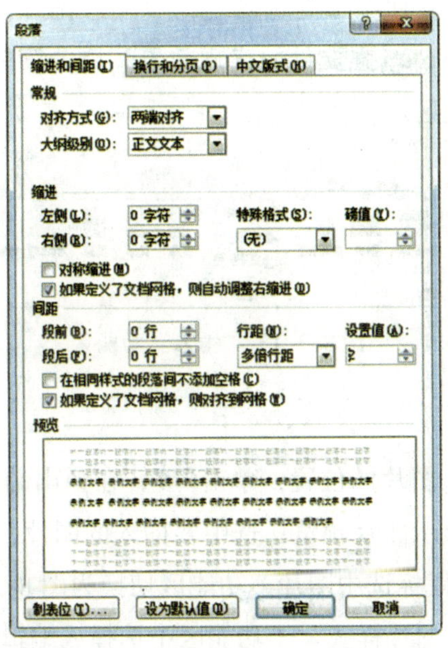

图 8-3-11 设置多倍行距及预览效果

8. 页面设置

点击菜单栏中的“页面布局”，显示图 8-3-12 所示“页面布局”功能区，通过“页面设置”子功能区，对当前文件页面属性进行设置和调整。

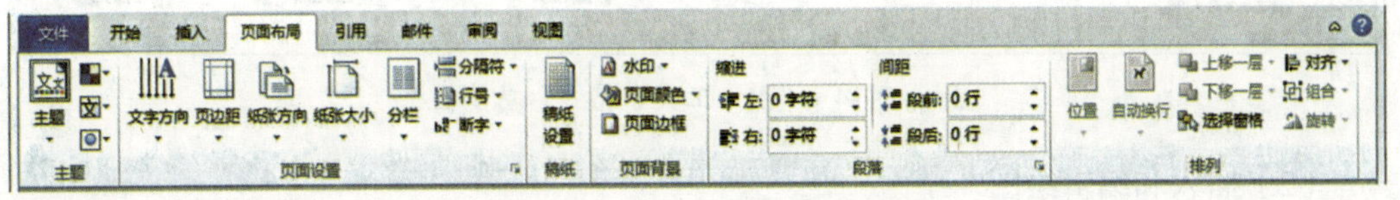

图 8-3-12 “页面布局”功能区

单击纸张方向，设置打印纸张的方向，有“纵向”和“横向”两个选项。

单击纸张大小，在弹出的列表中显示标准纸张及尺寸，常用的纸张为 A4（纵向尺寸为 21 厘米 ×29.7 厘米）。单击最下方的“其他页面大小”，可在“宽度”和“高度”中输入自定义尺寸调整页面大小，此选项用于非标准纸，如自制宣传页、请柬等。

页边距是页面内容与页面边缘的距离。单击页边距，“上”“下”“左”“右”分别表示四个方向的边距，边距越大，可打印范围越小。单击最下方的“自定义边距”，可输入尺寸调整上、下、左、右四个方向的页边距。

9. 文件中的图片和图形

Word 2010 有强大的图片图形处理功能，可插入图片、照片，也可使用 Word 自带绘图功能绘制各种形状，增强文件的表现效果。单击菜单栏中的“插入”，显示图 8-3-13 所示“插入”功能区。

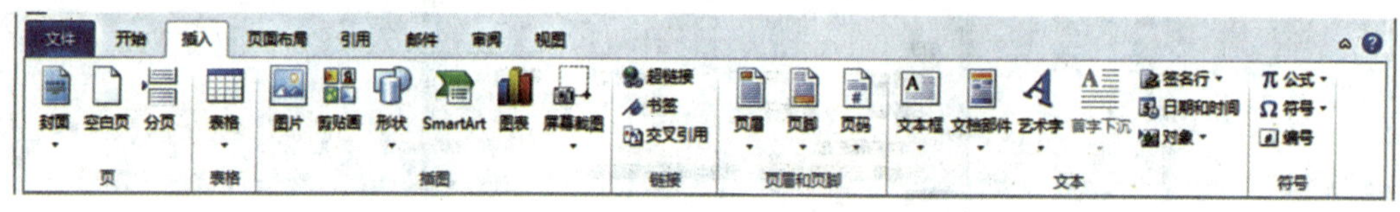

图 8-3-13 “插入”功能区

（1）插入和编辑图片

将光标定位到要插入图片的位置，单击图片，在弹出的对话框左侧选择图片所在位置，右侧为预览窗口显示图片预览；选中要插入的图片，单击“插入”，将图片插入到 Word 文件中。单击鼠标选中图片，功能区切换为图 8-3-14 所示“图片工具 - 格式”功能区，用户可在“图片样式”子功能区中选择或编辑图片样式（包括边框、阴影等），在“大小”子功能区中更改图片高度和宽度，可以使用裁剪命令对图片进行裁剪。

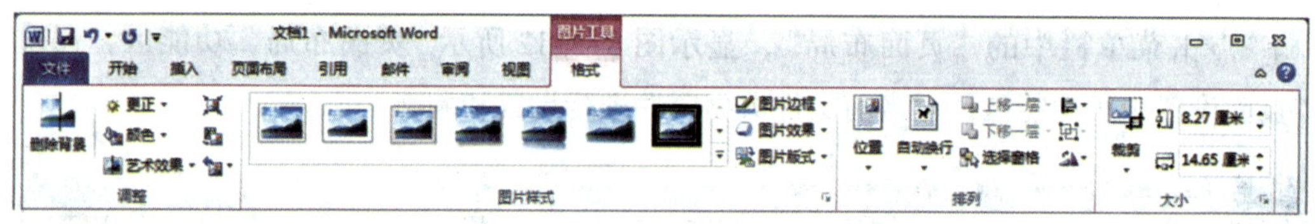

图 8-3-14 “图片工具 - 格式”功能区

（2）插入和编辑绘图

单击形状，选择要绘制的图形，此时光标变为一个十字，按住鼠标左键不放并拖拽，绘制出所需的图形。选中该形状，功能区切换为图 8-3-15 所示“绘图工具 - 格式”功能区，用户可在“形状样式”子功能区编辑图形效果（填充、轮廓等），可直接拖拽图形调整大小，也可在“大小”子功能区中设置精确的尺寸。Word 提供多种形状的图形，包括线条、矩形、基本形状、箭头、流程图、标注等，图 8-3-15 所示为利用矩形、圆形、新月形、梯形等绘制的一具灭火器。

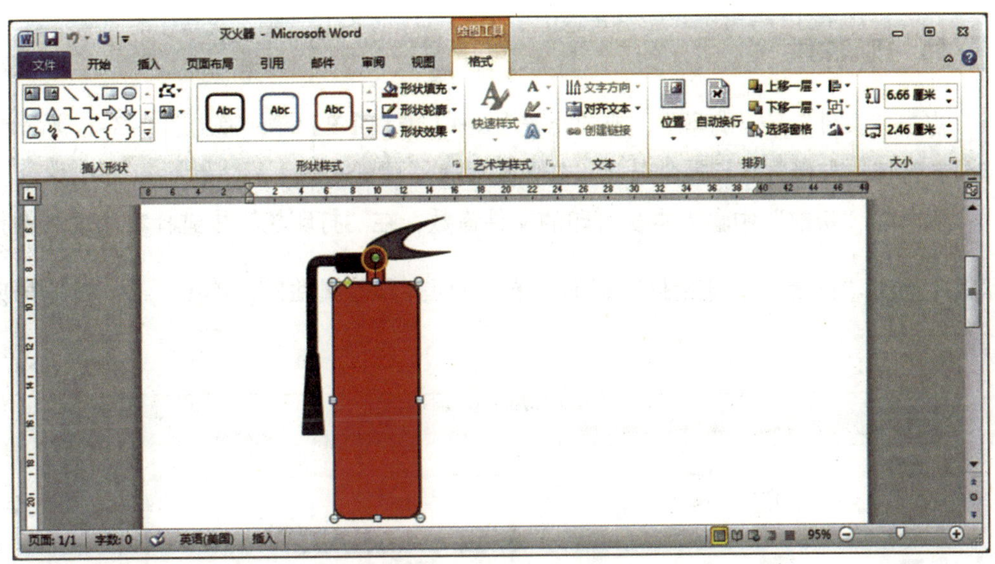

图 8-3-15 “绘图工具 – 格式”功能区

10. 页码

当文件页数较多时，用户需要插入页码进行编排。在“插入”功能区中单击，在弹出的列表中可选择页码放置在顶端、底端还是侧面，还可以选择放置在顶端（或底端）的左侧、右侧还是中间位置。在列表中单击“设置页码格式”可设定页码格式，如“1、2、3”“–1–、–2–、–3–”等，还可以是英文字母、罗马字符或汉字，如图 8-3-16 所示。页码插入完成后，用户可以在相应的位置看到页码；双击任意一页的页码，可对页码的字体样式和大小进行编辑。

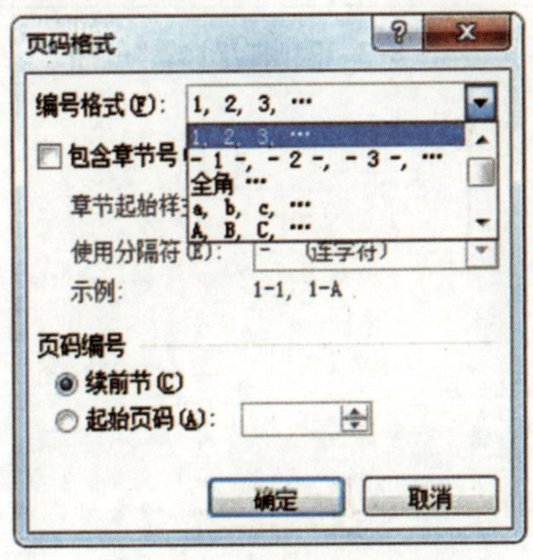

图 8-3-16 设置页码格式

11. 打印文件

点击“文件”→“打印”，或同时按【Ctrl】键和【P】键，弹出图 8-3-17 所示打印设置窗口，左侧为打印属性选项，右侧显示打印预览效果。

用户在“份数”中输入本次打印的文件份数，在“打印机”中选择本次使用的打印机，并在“设置”中设置打印范围、单/双面打印等属性后，单击 按钮完成打印。

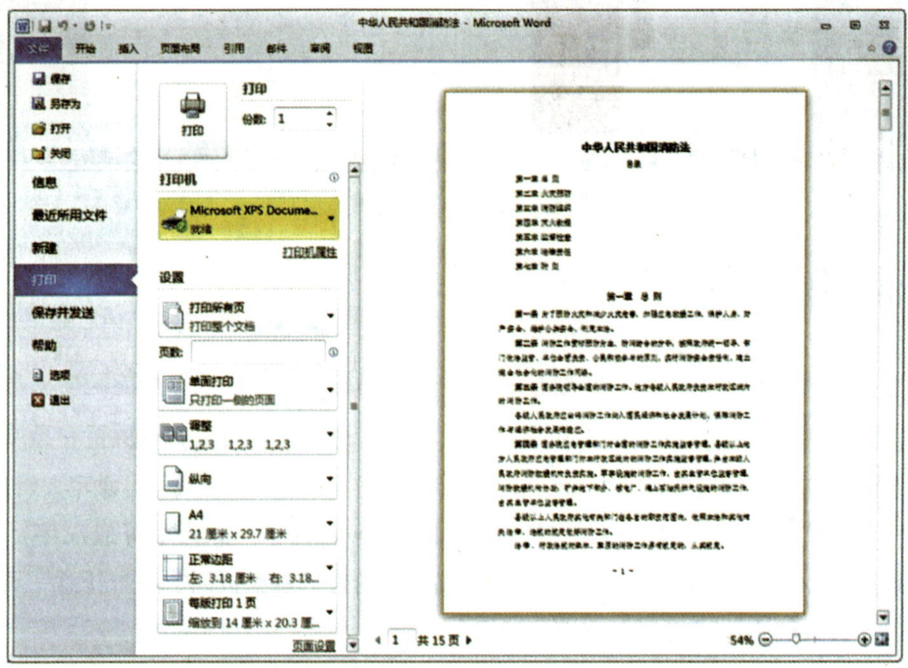

图 8-3-17 打印设置窗口

培训项目 4

电子表格软件的功能和使用

【培训重点】

1. 了解电子表格软件的功能和种类。
2. 掌握 Excel 2010 的新建、保存、打印等基本操作。
3. 熟练掌握数字、公式以及单元格的基本操作。

一、电子表格软件概述

电子表格软件是一种计算机应用软件，主要功能是实现表格的电子化，并对表格中的数据进行整理、计算、统计等。目前常用的电子表格软件有微软公司的 Excel、金山公司的 WPS 表格等。Excel 和 Word 都是微软公司 Microsoft Office 办公软件中的一类。本教材以 Excel 2010 版本为例，讲解电子表格软件的功能和使用方法。

二、Excel 2010 的功能

1. 表格制作功能

Excel 有强大的表格制作功能，以单元格为单位进行编辑，每个单元格都可以编辑文字、添加边框、填充颜色，通过合并单元格等操作可以制作各种表格，如花名册、经费表、日历等。

2. 数据处理功能

Excel 提供计算和统计功能，自带数学、财务、工程等专用函数公式，用户也可以自定义公式对数值进行计算和统计。

三、Excel 2010 基本操作

1. 启动 Excel 2010 程序

用户可采用以下两种方式启动 Excel 2010。

（1）Excel 2010 安装完成后，会自动在桌面生成快捷方式。双击“Excel 2010”快捷图标，启动并打开 Excel 2010。

（2）单击 Windows 左下角的“开始”图标，点击“所有程序”→“Microsoft Office”，在下拉列表中单击“Microsoft Excel 2010”，启动并打开 Excel 2010。

2. Excel 2010 界面说明

打开 Excel 2010，显示如图 8-4-1 所示界面。和 Word 2010 类似，其界面分为快速访问工具栏、菜单栏、功能区、编辑栏和编辑区五部分。

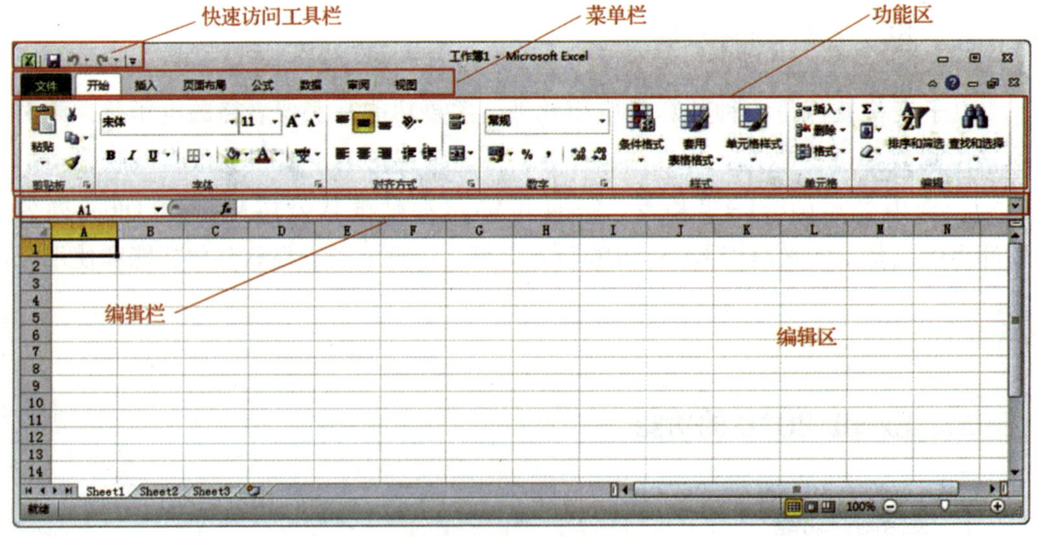

图 8-4-1　Excel 2010 界面

（1）快速访问工具栏

快速访问工具栏是用户自定义的快捷工具栏，默认情况下包含“保存”“撤销”和“恢复”三个命令按钮。单击工具栏右侧的 ▼，用户可根据需要添加“新建”“打开”“打印预览和打印”“升序排序”“降序排序”等常用命令按钮。

（2）菜单栏

菜单栏包括文件、开始、插入、页面布局、公式、数据、审阅、视图等栏目，单击栏目名称，在下方功能区中显示相关操作命令按钮集合。

（3）功能区

功能区为菜单栏栏目对应的操作命令集合，按照类别又划分为多个子功能区，如“开始”功能区分为剪贴板、字体、对齐方式、数字、样式、单元格和编辑七个子功能区。单击右下角的斜箭头 ，弹出功能扩展对话框，将光标放在某个命令按钮上，会在下侧浮动显示该按钮的名称、快捷键和说明。

（4）编辑栏

Excel 以“单元格”为基本单位，点击某个单元格，在编辑栏中显示当前单元格的位置（行以数字命名，列以大写字母命名）和内容。如图 8–4–2 所示，单元格 D2 的内容为“46.00”，F2 的内容为 D2*E2 的计算结果。

D2 | fx 46

	A	B	C	D	E	F
1	序号	类型	规格	单价（元）	数量（具）	小计（元）
2	1	手提式ABC类干粉灭火器	3KC	46.00	5	230.00
3	2	推车式ABC类干粉灭火器	35KG	420.00	1	420.00
4	3	手提式二氧化碳灭火器	3KG	116.00	6	696.00
5	4	推车式二氧化碳灭火器	24KC	1,020.00	1	1,020.00
6	5	手提式洁净气体灭火器	3KG	445.00	2	890.00
7	合计（元）					3,256.00

F2 | fx =D2*E2

	A	B	C	D	E	F
1	序号	类型	规格	单价（元）	数量（具）	小计（元）
2	1	手提式ABC类干粉灭火器	3KG	46.00	5	230.00
3	2	推车式ABC类干粉灭火器	35KG	420.00	1	420.00
4	3	手提式二氧化碳灭火器	3KG	116.00	6	696.00
5	4	推车式二氧化碳灭火器	24KG	1,020.00	1	1,020.00
6	5	手提式洁净气体灭火器	3KG	445.00	2	890.00
7	合计（元）					3,256.00

图 8–4–2 编辑栏内容

（5）编辑区

编辑区为表格的编辑和显示区域，用户能够直接看到编辑后的效果。

3. 新建 Excel 工作簿文件

Excel 文件称为“工作簿”。Excel 2010 启动后，会自动创建一个名为“工作簿 1”的空白工作簿，用户也可通过菜单栏中的“文件”→“新建”→“空白工作簿”手动创建新的空白工作簿。

Excel 2010 还提供了多种类型的 Excel 模板，这些模板自带固定格式和版式，用户可以利用模板快速生成特定类型的 Excel 文件，如日历、预算表、计划表等。点击菜单栏中的“文件”→“新建”，Excel 2010 显示工作簿模板界面，用户进入相应的类别，选择模板，创建新工作簿。图 8–4–3 所示为使用模板生成的日历。

图 8–4–3　使用模板生成日历

4. 保存文件

用户在工作簿编辑的过程中可随时保存，可采用以下三种方法保存工作簿文件：单击快速访问工具栏的 ；同时按【Ctrl】键和【S】键；点击菜单栏中的“文件”→“保存”。

（1）新建工作簿的保存

保存新建工作簿时，Excel 弹出图 8–4–4 所示窗口，用户在左侧选择文件存放位置，在“文件名”中输入工作簿名称，在“保存类型”中选择工作簿类型，单击【保存】。

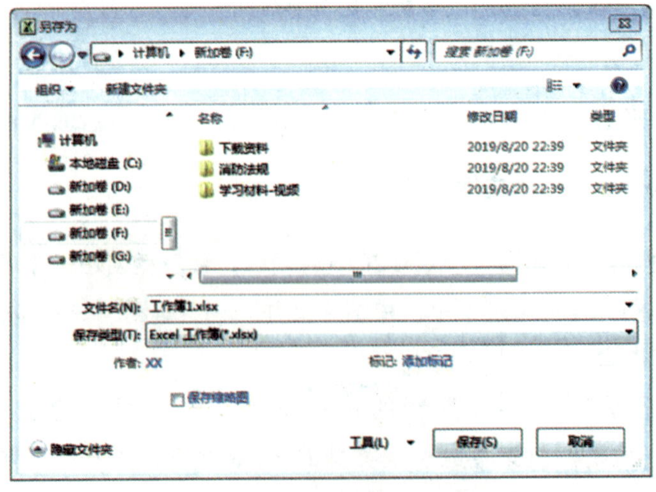

图 8–4–4　保存 Excel 新建工作簿文件

（2）已有工作簿的保存和另存为

用户对已有工作簿进行编辑后，需再进行“保存”操作，以保留编辑结果。要保存不同的文件名或文件类型时，在“文件”菜单中单击“另存为”，保存为新文件名或新格式，界面与图 8-4-4 所示一致。

Excel 2010 保存的默认工作簿扩展名为 .xlsx，用户也可另存为 .xls（Excel 97-2003 工作簿）、.pdf（PDF 文件）和 .html（网页文件）等。

（3）工作簿的自动保存

Excel 2010 的自动保存功能和 Word 2010 相同，点击“文件”→“选项”→“保存”，勾选“保存自动恢复信息时间间隔”，输入自动保存时间间隔，可参考图 8-3-7。

5. 工作表的基本操作

一个 Excel 工作簿文件由若干个工作表组成，如图 8-4-3 所示日历，就是由“1 月”到“12 月”12 个工作表组成的。

（1）新建工作表

新建的 Excel 工作簿包含三个工作表，分别为“Sheet1”“Sheet2”和“Sheet3”。单击下方“Sheet3”后的 按钮，新建一个工作表“Sheet4”。

（2）删除工作表

在要删除的工作表名称上单击鼠标右键，单击“删除”，删除当前工作表。如果当前工作表中有数据，Excel 2010 会弹出图 8-4-5 所示提示窗口，单击“删除”确定。

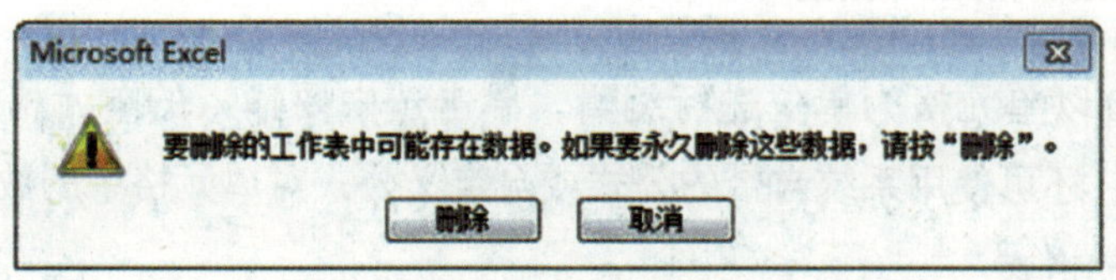

图 8-4-5 删除工作表的提示

（3）移动或复制工作表

在要移动或复制的工作表名称上单击鼠标右键，单击“移动或复制”，弹出如图 8-4-6 所示窗口，“将选定工作表移至工作簿”列表默认在当前工作簿中操作，单击下拉列表选中其他工作簿，可将当前工作表移动或复制到其他工作簿中。

若将工作表“Sheet4”移动到“Sheet2”之前，在“下列选定工作表之前”列表中选择“Sheet2”，单击“确定”，将“Sheet4”移动到“Sheet2”之前；选中“建立副本”，则将“Sheet4”复制到“Sheet2”之前，效果如图 8-4-7 所示。

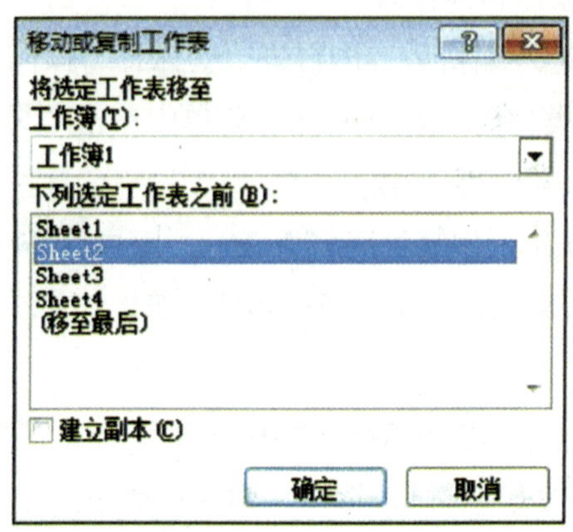

图 8–4–6　移动或复制工作表

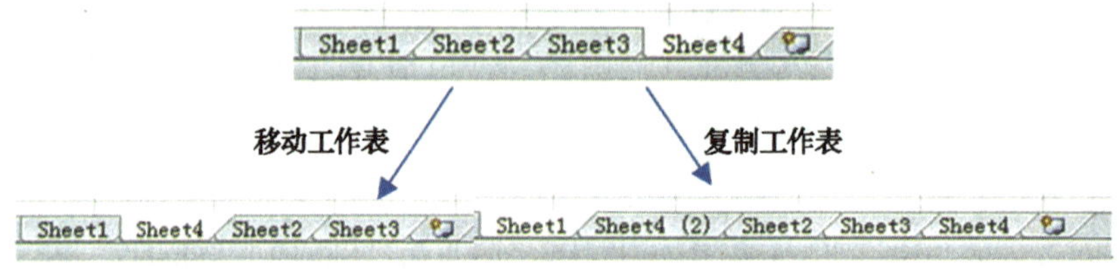

图 8–4–7　移动和复制工作表

（4）重命名工作表

在工作表名称上单击鼠标右键，单击“重命名”，或双击鼠标左键，工作表名称底色变成灰色后，可输入新的名称。

6. 数字和公式的基本操作

Excel 2010 以单元格为单位进行编辑，单击选中要输入的单元格，可输入文本、数值、日期等，还可使用系统自带的公式或自定义公式对单元格中的数字进行计算。

（1）数字的格式

在图 8–4–8 所示“开始”功能区中，“数字”子功能区实现对单元格数字的编辑。

图 8–4–8　“开始”功能区

单击选中要编辑的单元格，单击“数字”子功能区的 常规 按钮，弹出图 8–4–9 所示窗口，每行显示格式名称和预览效果。也可单击“数字”子功能区右下角

的按钮 或在单元格处单击鼠标右键，单击“设置单元格格式”，弹出图 8-4-10 所示窗口，进行数字的格式选择和设置。Excel 提供了多种数字格式，“数值”选项可定义数字的小数点位数和负数的展现形式，“日期”和“时间”可根据国家区域选择日期和时间的格式。

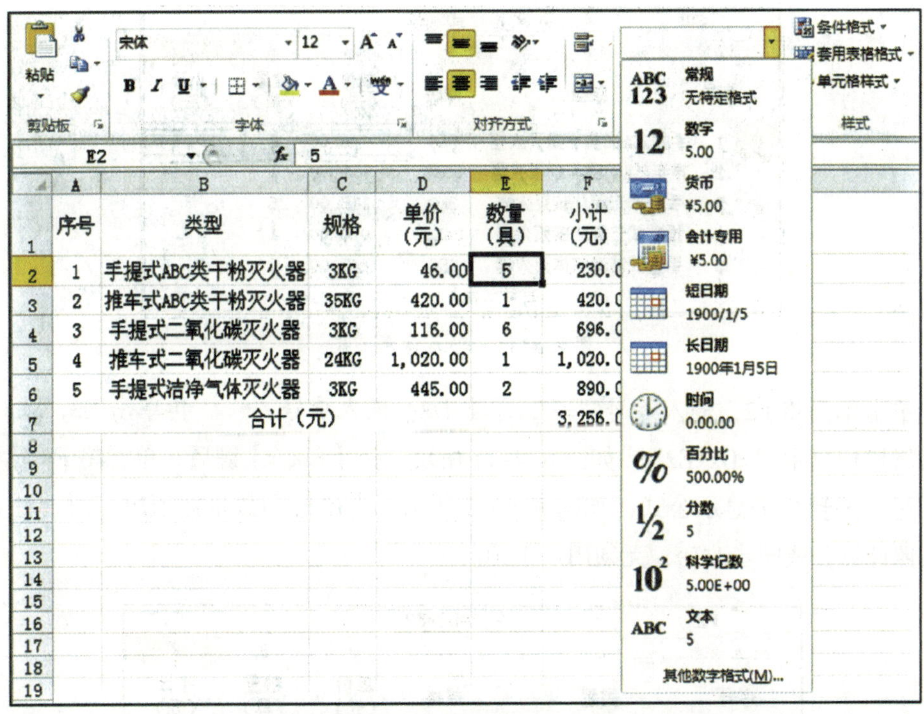

图 8-4-9 单元格数字分类格式

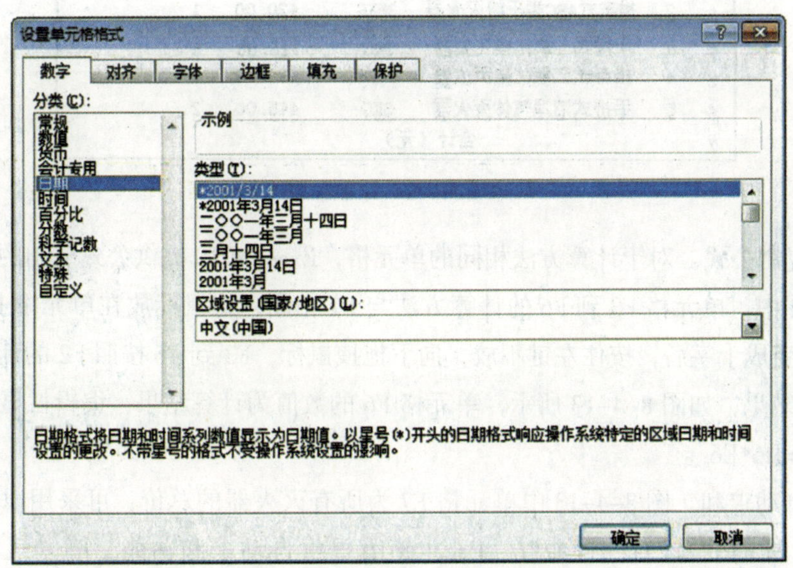

图 8-4-10 设置单元格数字格式

（2）使用公式计算

1）创建公式。在存放计算结果的单元格中输入等号，然后选择需要参与计算的单元格并输入计算符，按【Enter】键结束。如图 8-4-11 所示，单元格 F2 为手提式 ABC 类干粉灭火器的总价，从表中可知，总价 = 单价 × 数量。

SUM =D2*E2

	A	B	C	D	E	F
1	序号	类型	规格	单价（元）	数量（具）	小计（元）
2	1	手提式ABC类干粉灭火器	3KG	46.00	5	=D2*E2
3	2	推车式ABC类干粉灭火器	35KG	420.00	1	
4	3	手提式二氧化碳灭火器	3KG	116.00	6	
5	4	推车式二氧化碳灭火器	24KG	1,020.00	1	
6	5	手提式洁净气体灭火器	3KG	445.00	2	
7		合计（元）				

图 8-4-11　输入计算公式

单击单元格 F2，输入等号“=”，单击 D2，输入乘号“*”，再单击 E2，此时 F2 和编辑栏均显示“=D2*E2”，如图 8-4-11 所示。按【Enter】键后，单元格 F2 显示计算结果，编辑栏仍显示公式，如图 8-4-12 所示。当单价和数量数值改变时，计算结果按照计算公式同步改变，无须用户干预。

F2 =D2*E2

	A	B	C	D	E	F
1	序号	类型	规格	单价（元）	数量（具）	小计（元）
2	1	手提式ABC类干粉灭火器	3KG	46.00	5	230.00
3	2	推车式ABC类干粉灭火器	35KG	420.00	1	
4	3	手提式二氧化碳灭火器	3KG	116.00	6	
5	4	推车式二氧化碳灭火器	24KG	1,020.00	1	
6	5	手提式洁净气体灭火器	3KG	445.00	2	
7		合计（元）				

图 8-4-12　计算结果

2）复制公式。对于计算方法相同的单元格，Excel 2010 提供公式复制的功能。在图 8-4-12 中，单元格 F3 到 F6 的计算方法与 F2 相同，将鼠标放在单元格 F2 的右下角，光标变成十字后，按住左键不放，向下拖拽鼠标，F3 到 F6 按照 F2 的计算公式自动计算出结果，如图 8-4-13 所示，单元格 F6 的数值为计算结果，编辑栏显示复制后的公式“=D6*E6”。

3）自动求和。图 8-4-13 中单元格 F7 为所有灭火器的总价，可采用以上方法创建公式，即 F7=F2+F3+F4+F5+F6。Excel 2010 提供自动求和功能，单击菜单栏中的“公式”，公式功能区如图 8-4-14 所示。

F6　=D6*E6

	A	B	C	D	E	F
1	序号	类型	规格	单价（元）	数量（具）	小计（元）
2	1	手提式ABC类干粉灭火器	3KG	46.00	5	230.00
3	2	推车式ABC类干粉灭火器	35KG	420.00	1	420.00
4	3	手提式二氧化碳灭火器	3KG	116.00	6	696.00
5	4	推车式二氧化碳灭火器	24KG	1,020.00	1	1,020.00
6	5	手提式洁净气体灭火器	3KG	445.00	2	890.00
7			合计（元）			

图 8-4-13　复制公式

图 8-4-14　公式功能区

单击单元格 F7，然后单击 Σ（自动求和）按钮，单元格 F7 显示“=SUM（F2：F6）”，如图 8-4-15 所示，表示 F7 的值为单元格 F2 至 F6 数值的总和，按下【Enter】键，F7 显示自动求和的结果，如图 8-4-16 所示。

SUM　=SUM(F2:F6)

	A	B	C	D	E	F	G
1	序号	类型	规格	单价（元）	数量（具）	小计（元）	
2	1	手提式ABC类干粉灭火器	3KG	46.00	5	230.00	
3	2	推车式ABC类干粉灭火器	35KG	420.00	1	420.00	
4	3	手提式二氧化碳灭火器	3KG	116.00	6	696.00	
5	4	推车式二氧化碳灭火器	24KG	1,020.00	1	1,020.00	
6	5	手提式洁净气体灭火器	3KG	445.00	2	890.00	
7			合计（元）			=SUM(F2:F6)	
8						SUM(number1, [number2], ...)	

图 8-4-15　自动求和

F7　=SUM(F2:F6)

	A	B	C	D	E	F
1	序号	类型	规格	单价（元）	数量（具）	小计（元）
2	1	手提式ABC类干粉灭火器	3KG	46.00	5	230.00
3	2	推车式ABC类干粉灭火器	35KG	420.00	1	420.00
4	3	手提式二氧化碳灭火器	3KG	116.00	6	696.00
5	4	推车式二氧化碳灭火器	24KG	1,020.00	1	1,020.00
6	5	手提式洁净气体灭火器	3KG	445.00	2	890.00
7			合计（元）			3,256.00

图 8-4-16　自动求和计算结果

如果只计算部分单元格的和，如计算 F4 至 F6 的和，单击 Σ 自动求和 按钮后，选择 F4 至 F6 这三个单元格，按【Enter】键即可。

在图 8-4-14 所示公式功能区的“函数库”子功能区中，Excel 2010 提供了多种函数，包括平均值、最大最小值等，还有数学、财务、工程等专用函数。

7. 单元格的基本操作

（1）选择单元格

在 Excel 中以单元格为基本单位进行编辑，单击要编辑的单元格，选中当前单元格。Excel 也可以对行、列、部分或整个表格进行编辑。将光标放在左侧数字上，单击选择一行，如图 8-4-17 所示，选择一行后，按住左键向上 / 下拖拽选择多行。将鼠标放在表格上端的字母上，单击选择一列，按住左键向左 / 右拖拽选择多列。可对整行或整列进行字体和格式的编辑。

	A	B	C	D	E	F	G	H	I	J	K	L	M	N	O
1	序号	类型	规格	单价（元）	数量（具）	小计（元）									
2	1	手提式ABC类干粉灭火器	3KG	46.00	5	230.00									
3	2	推车式ABC类干粉灭火器	35KG	420.00	1	420.00									
4	3	手提式二氧化碳灭火器	3KG	116.00	6	696.00									
5	4	推车式二氧化碳灭火器	24KG	1,020.00	1	1,020.00									
6	5	手提式洁净气体灭火器	3KG	445.00	2	890.00									
7		合计（元）				3,256.00									

图 8-4-17　选择一行

（2）合并和拆分单元格

1）合并单元格。选择要合并的单元格，单击图 8-4-8 所示“开始”功能区“对齐方式”子功能区的 合并后居中 按钮，合并当前选中的单元格。

2）拆分单元格。选择要拆分的单元格，单击 合并后居中 按钮，弹出图 8-4-18 所示菜单，单击“取消单元格合并”。

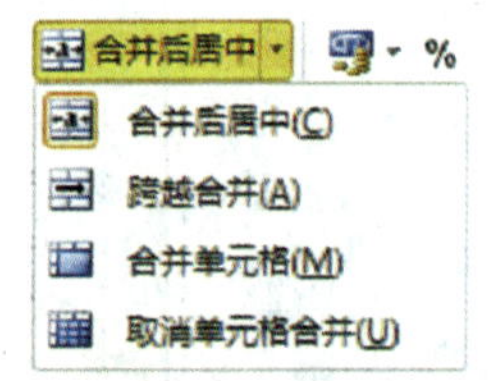

图 8-4-18　拆分单元格

（3）设置文字格式

Excel 2010 中对文字格式的编辑与 Word 2010 相同。在“开始”功能区的“字体”子功能区中，可对工作簿中的文字字体、字号、颜色等进行编辑，具体操作参考“培训项目 3　文字处理软件的功能和使用”第三部分“Word 2010 基本操作”。

（4）设置单元格格式

1）设置行高和列宽。单元格的高和宽通过设定单元格所在的行高和列宽实现。如要调整图 8-4-19 所示单元格 C2 的宽和高，将光标指针放到 C 列标识右侧的分界线上，此时光标指针变为左右双向箭头，按住鼠标左键不放，左右拖动即可调整 C 列的宽度；同样，将光标放置到第 2 行标识下侧的分界线上，调整第 2 行的高度。

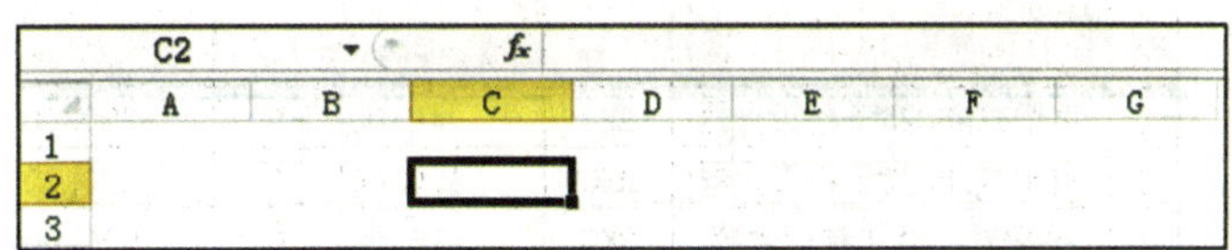

图 8-4-19 调整列宽

2）设置对齐方式。“对齐方式”子功能区用来设置单元格的格式，功能按钮及对应的文字在单元格中的位置见表 8-4-1 和表 8-4-2。

表 8-4-1 垂直对齐方式

按钮	说明
	顶端对齐
	垂直居中
	底端对齐

表 8-4-2 水平对齐方式

按钮	说明
	左对齐
	居中
	右对齐

（5）设置边框和底纹

表格在编辑时是没有边框的，选择要加边框的单元格，单击“字体”子功能区的 按钮添加边框。单击按钮右侧的三角，弹出图 8-4-20 所示选项列表，可选择边框的位置、样式和颜色等。

单击 按钮，弹出图 8-4-21 所示窗口，选择颜色填充到选择的单元格中。表格添加框线和颜色后，直观醒目，如图 8-4-22 所示。

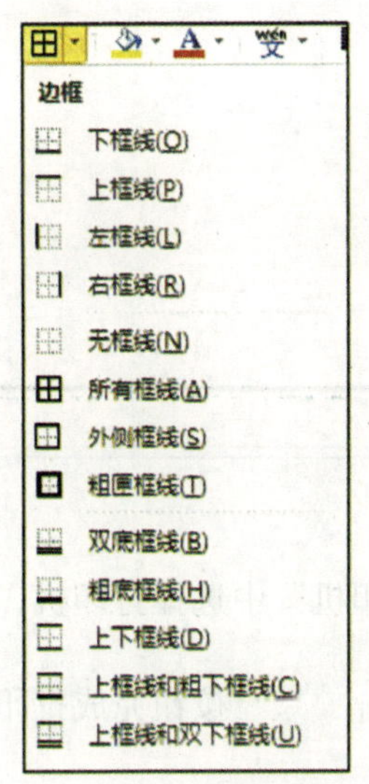

图 8-4-20 边框选项列表

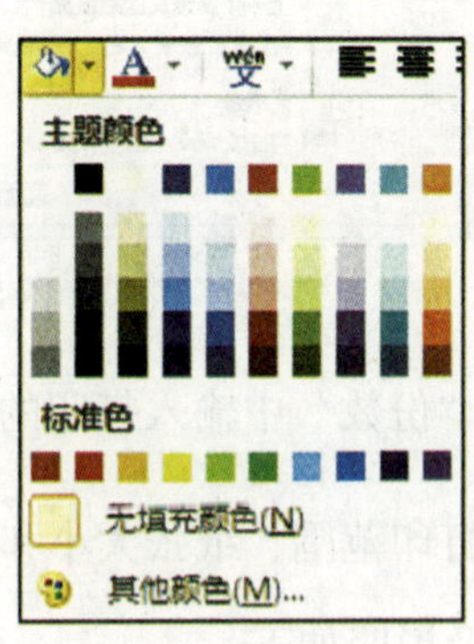

图 8-4-21 填充颜色

序号	类型	规格	单价（元）	数量（具）	小计（元）
1	手提式ABC类干粉灭火器	3KG	46.00	5	230.00
2	推车式ABC类干粉灭火器	35KG	420.00	1	420.00
3	手提式二氧化碳灭火器	3KG	116.00	6	696.00
4	推车式二氧化碳灭火器	24KG	1,020.00	1	1,020.00
5	手提式洁净气体灭火器	3KG	445.00	2	890.00
合计（元）					3,256.00

图 8-4-22　带框线和颜色的表格

8. 预览和打印文件

点击“文件”→“打印”，或同时按【Ctrl】键和【P】键，弹出图 8-4-23 所示打印设置窗口，左侧为打印属性选项，右侧显示打印预览效果。

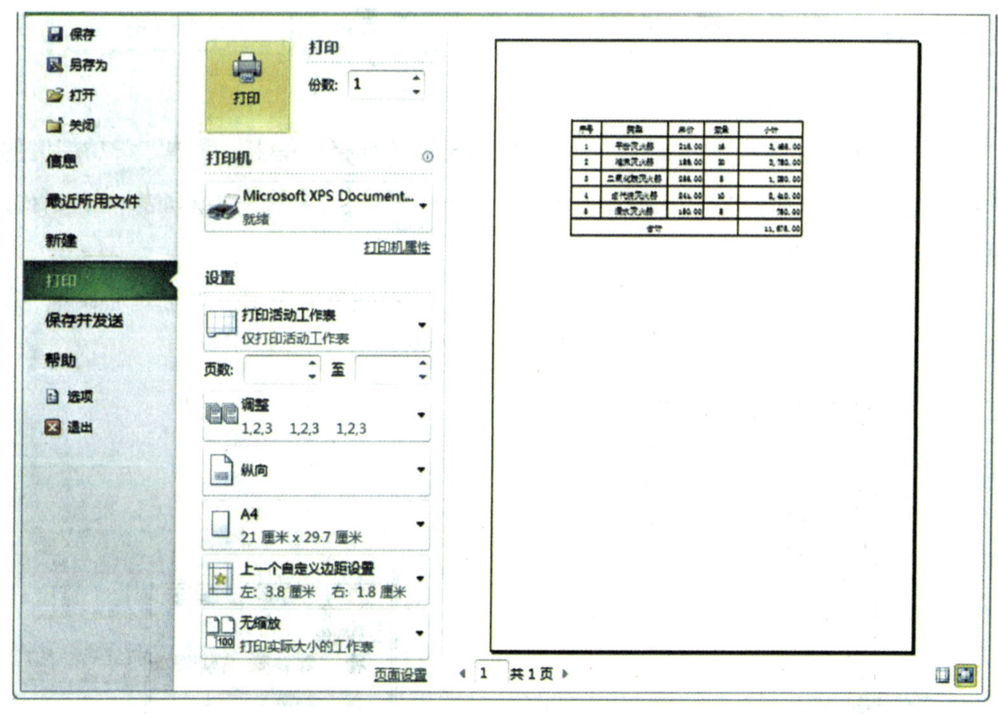

图 8-4-23　打印设置窗口

用户在“份数”中输入打印的文件份数，在“打印机”中选择打印机，并在“设置”中设置打印范围、纸张大小和方向等属性后，单击　按钮完成打印。打印设置主要选项及说明如下。

打印活动工作表：只打印当前编辑的工作表。

打印整个工作簿：打印有内容的所有工作表。

打印选定区域：打印当前工作表中选定的单元格区域。

Excel 中表格在打印时可能会出现同一行跨页等问题，用户可通过“分页预览”界面直接调整打印格式。单击“视图”菜单，显示图 8-4-24 所示“视图”功能区，单击“工作簿视图”子功能区的 分页预览 按钮，显示分页预览视图，虚线表示分页位置，灰色字（“第 1 页”“第 2 页”）标识当前每页打印的内容，用户通过拖拽鼠标改变行高和列宽，可将内容调整到一页，如图 8-4-25 所示。

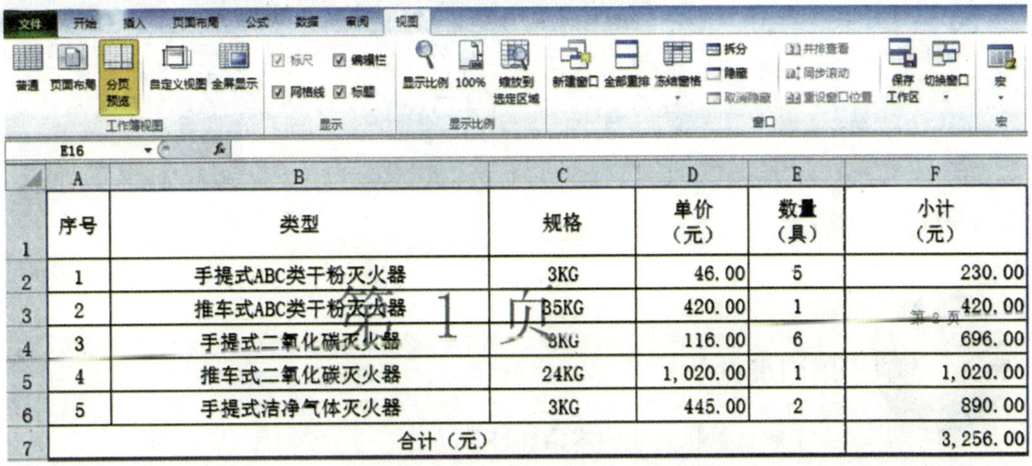

序号	类型	规格	单价（元）	数量（具）	小计（元）
1	手提式ABC类干粉灭火器	3KG	46.00	5	230.00
2	推车式ABC类干粉灭火器	35KG	420.00	1	420.00
3	手提式二氧化碳灭火器	3KG	116.00	6	696.00
4	推车式二氧化碳灭火器	24KG	1,020.00	1	1,020.00
5	手提式洁净气体灭火器	3KG	445.00	2	890.00
合计（元）					3,256.00

图 8-4-24 分页预览视图

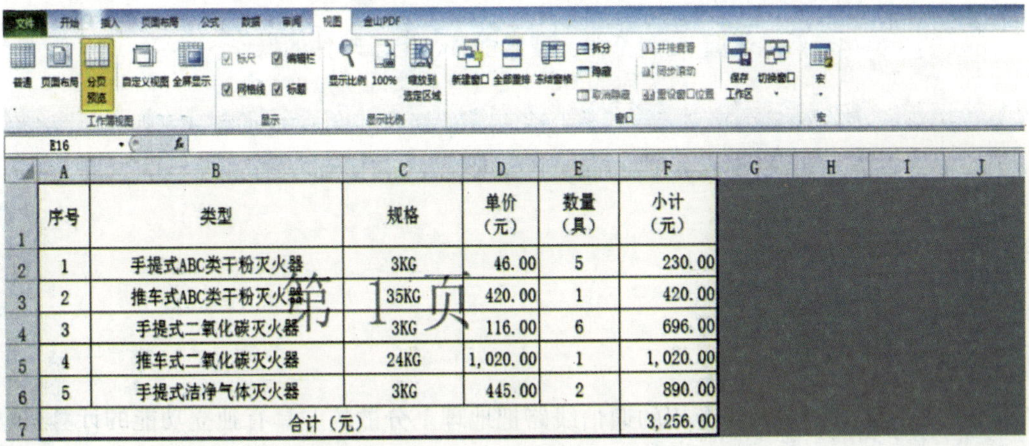

序号	类型	规格	单价（元）	数量（具）	小计（元）
1	手提式ABC类干粉灭火器	3KG	46.00	5	230.00
2	推车式ABC类干粉灭火器	35KG	420.00	1	420.00
3	手提式二氧化碳灭火器	3KG	116.00	6	696.00
4	推车式二氧化碳灭火器	24KG	1,020.00	1	1,020.00
5	手提式洁净气体灭火器	3KG	445.00	2	890.00
合计（元）					3,256.00

图 8-4-25 利用分页预览视图调整为一页

【培训重点】

1. 了解计算机网络的术语和种类。
2. 掌握计算机网络的介质、接入方法。
3. 掌握网络安全基本知识。
4. 熟练掌握 IE 浏览器、搜索引擎、电子邮件的操作。

一、网络的术语

1. 计算机网络

计算机网络就是采用专用的通信线路把地理上分散的、具有独立功能的计算机、电子终端设备和通信设备连接起来，遵循统一的协议，使计算机和电子终端设备可以通信、传递信息，共享硬件、软件、数据资源。

2. 互联网

互联网（Internet，也叫国际互联网）是指由数量众多的、覆盖全球的各种计算机网络互联起来的计算机网络。互联网连接了全球众多的网络与终端设备，为用户提供种类繁多、数量巨大的信息资源，为全世界人们的通信和信息传递提供了一个方便可靠的平台。

3. 服务器和客户端

用户使用互联网，本质是在使用互联网提供的服务。由客户端向服务器提出服务请求，服务器处理请求后将响应信息发给客户端，完成一次互联网服务过程，如图 8–5–1 所示。

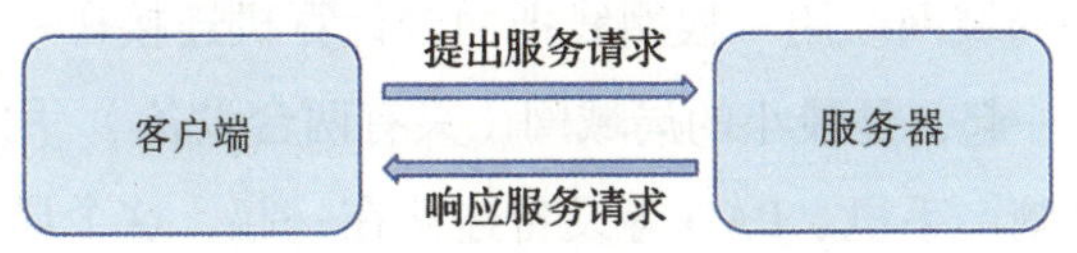

图 8–5–1 互联网服务提供过程

服务器是提供网络服务、保障网络服务的设备，是一台高性能计算机，放置在专用机房。一台或多台服务器以及相应的软件组成一套完整的互联网服务系统，24 小时向用户提供服务，如网站服务器提供网站页面访问服务，邮件服务器提供电子邮件收发服务。

客户端是用户使用的终端设备，计算机、手机、PAD 等都是客户端。用户使用客户端中的专用软件向服务器提出请求，如使用浏览器访问网站、使用视频播放软件点播电影，服务器处理请求后将响应结果返还给客户端，如网站页面、播放视频等；对于不符合要求的用户，服务器拒绝服务，如只对会员开放的收费电影，非会员或者未付费用户无法观看。

4. 互联网的性能指标

（1）速率

互联网的速率指的是数据的传送速率，也称为数据率或比特率，单位是 bit/s（比特每秒）或 b/s 或 bps，即每秒传送的比特位数。

（2）带宽

带宽用来表示互联网传输数据的能力，即在单位时间内通过的最高数据率，单位是 bps。例如，家中申请的互联网带宽是 20 M，表示上网的最高数据率是 20 Mbps，由于路由器、计算机及手机本身的性能影响，在实际上网中网络速率往往达不到 20 Mbps。

如果把互联网比作一条高速公路，“速率”指的是在这条高速公路上汽车行驶的实际速度，“带宽”指的是汽车在这条高速路上可行驶的最高速度。

二、网络的分类

1. 按照网络覆盖的地理范围分类

按照网络覆盖的地理范围，计算机网络可分为局域网、城域网、广域网三种。

（1）局域网

局域网的覆盖范围一般在几公里之内，一个房间、一座建筑物、一个消防中队、一所大学的网络都是局域网。用一根网线把两台计算机连接在一起，用蓝牙技术把手机和蓝牙耳机连接在一起，是最小的局域网（只有两台设备）。用户使用路由器把家中的计算机、笔记本电脑、手机、PAD 等设备连接在一起，这个局域网称为“个人局域网”。

局域网组建成本低，数据传输速率快，一个家庭或单位可自行搭建，实现网络连接和资源共享。

（2）城域网

城域网覆盖一座城市或者一个地区，覆盖范围在几公里至几十公里，满足一个城市或地区范围内的设备联网需求。智慧城市网、消防指挥调度网覆盖整个城市，属于城域网的范围。

城域网比局域网的实现技术复杂，数据传输速率较慢。搭建城域网需自己组建链路（铺设光纤、架设微波通信设备等）或租用本地运营商的链路。

（3）广域网

广域网的覆盖范围为几十公里到几千公里，可覆盖几个城市、整个国家，甚至整个地球。互联网是最大、覆盖范围最广的广域网。

广域网的实现技术最复杂，由于信息长距离传输，经过多种网络链路（光纤、卫星等）和网络设备，数据传输速率慢，有时还会出现错误。例如，使用互联网在线观看高清视频，经常会出现画面不流畅、视频卡顿的现象。

2. 按照网络的传输介质分类

（1）导向传输网（有线网）

导向传输网是采用有线物理线路连接的网络，基于导向传输介质，即有线网。

（2）非导向传输网（无线网）

非导向传输网是利用无线电波在空间传输信号的网络，即无线网。无线网络技术近几年发展迅速，有效解决了施工难度大的地区的网络传输问题。常说的“WiFi”是无线局域网的一种技术协议。

3. 按照网络的使用者分类

（1）公用网

公用网是电信运营公司（中国联通、中国电信、中国移动等）组建的网络，单位或个人按照电信运营公司规定申请并缴纳费用后均可使用。

（2）专用网

专用网是某个行业或部门为满足本单位业务工作组建的网络。专用网不向本单位以外的人员提供服务。例如，军队、铁路、银行、电力、消防等系统均有专用网。

三、网络传输介质

网络传输介质是指在网络中传输信息的物理载体，分为导向传输介质和非导向传输介质两类。在导向传输介质中，信号沿着固定方向传播，也称有线介质；在非导向传输介质中，信号在一定空间范围内自由传播，也称无线介质。

1. 导向传输介质

（1）双绞线

双绞线传输的是电信号，把两根互相绝缘的铜导线绞合在一起，构成一对双绞线。常说的“网线”，是将四对双绞线外包护套，两端用水晶头封装而成的传输介质。双绞线是局域网中常用的传输介质，制作简单、价格低廉，但抗干扰能力差，传输距离有限。

（2）同轴电缆

同轴电缆传输的是电信号，用铜质芯线做导线，外包绝缘层、屏蔽层和保护套。同轴电缆传输速率快，抗干扰能力强，有线电视网的用户端使用的就是同轴电缆。

（3）光纤

光纤传输的是光信号。光纤是用石英玻璃制成很细的纤芯（直径 8 ~ 100 μm），外包一层折射率比纤芯低的包层。若干根光纤扎在一起，加上加强芯和保护套，构成光缆。光纤传输损耗小，数据传输速率快，抗干扰能力强，广泛应用于长距离传输。

2. 非导向传输介质

（1）短波

短波依靠电离层的反射实现数据传输。短波通信系统组网快捷，传输距离远，不用支付话费，运行成本低，广泛应用于训练、救援等场合。

（2）微波

微波能够穿透电离层，因此在空间是直线传播，适用于点对点通信。由于地球表面是曲面，微波的传输距离只有 50 km 左右，为实现远距离传输，要使用一组微波中继站，将前一站的信号放大后送到下一站，形成“地面微波接力通信”。

（3）卫星

卫星是一个特殊的微波接力站，位于同步轨道上，高度在 36 000 km 左右，通信受干扰少，信号稳定，应用于离陆地较远的海洋中或十分偏远的地方。

四、网络应用

1. 网络的接入

用户通过 ISP（互联网服务提供商）接入互联网，需要向 ISP 提出申请并支付相关的费用，家里的宽带连接、手机选号入网都是通过本地区的互联网服务提供商接入互联网。我国的 ISP 有中国移动、中国电信、中国联通等公司。

（1）ADSL 技术

非对称数字用户线路（ADSL）用数字技术对现有的模拟电话线路进行改造，使它能够承载宽带数字业务。ADSL 的“非对称”体现在上下行带宽不一样，用户从互联网下载的信息远远多于上传信息，因此 ADSL 的下行（从远端服务器到用户客户端）带宽远远大于上行（从用户客户端到远端服务器）带宽，科学合理地利用了有限的网络带宽。

用户计算机处理的是数字信号，而电话线传输的是模拟信号，需要在用户线两端各安装一个 ADSL 调制解调器（Modem，俗称“猫”），实现数字信号和模拟信号的转换。ADSL 直接利用用户现有的电话线，无须重新布线，特别是老旧小区，采用 ADSL 技术接入互联网是最省钱省力的方式。

（2）光纤同轴混合网

光纤同轴混合网是在有线电视网的基础上开发的宽带接入网，覆盖面非常广。光纤同轴混合网把原有有线电视网中的同轴电缆主干部分改换为光纤，到用户家中仍使用同轴电缆，可传送电视节目，还可提供电话、网络等服务。

（3）光纤接入技术

光纤接入技术是目前最好的接入方式，速度快、信号稳定，但目前成本较高。由于用户需求不一致，因此出现了多种光纤接入方式，简称 FTTx（Fiber to the …，光纤到……），包括 FTTC（光纤到路边）、FTTZ（光纤到小区）、FTTB（光纤到大楼）、FTTF（光纤到楼层）等，现在很多住宅小区的互联网服务提供商已提供 FTTH（光纤到户）服务。

2. 浏览

互联网是一个大规模、联机式的信息储存所，为用户提供方便快捷的信息浏览服务，采用“超链接”的方法，用户可以从一个网站访问另一个网站，或新的网页、视频等资源。

用户使用浏览器在互联网上浏览信息，目前常用的浏览器有微软公司的 Internet Explorer（简称 IE）、网景公司的 Netscape Navigator 等；国内很多公司开发了更符合中国人使用习惯的浏览器，如 360 浏览器、QQ 浏览器、搜狗浏览器等。这里以 IE 浏览器为例，说明浏览器的使用方法。

（1）启动 IE 浏览器

用户可采用以下三种方法启动 IE 浏览器。

1）点击任务栏的“开始”→“所有程序”，在弹出的菜单中单击“Internet Explorer”。

2）在 Windows 桌面上双击“Internet Explorer”图标。

3）在任务栏的快速启动处单击 IE 图标。

（2）IE 浏览器窗口

启动 IE 浏览器后，打开 IE 浏览器窗口，如图 8–5–2 所示。

用户在 IE 浏览器的“地址栏”中输入网址，“内容显示窗口”显示出相应的网页内容。“工具栏”提供相关的功能和命令，实现 IE 浏览器相关功能和操作。

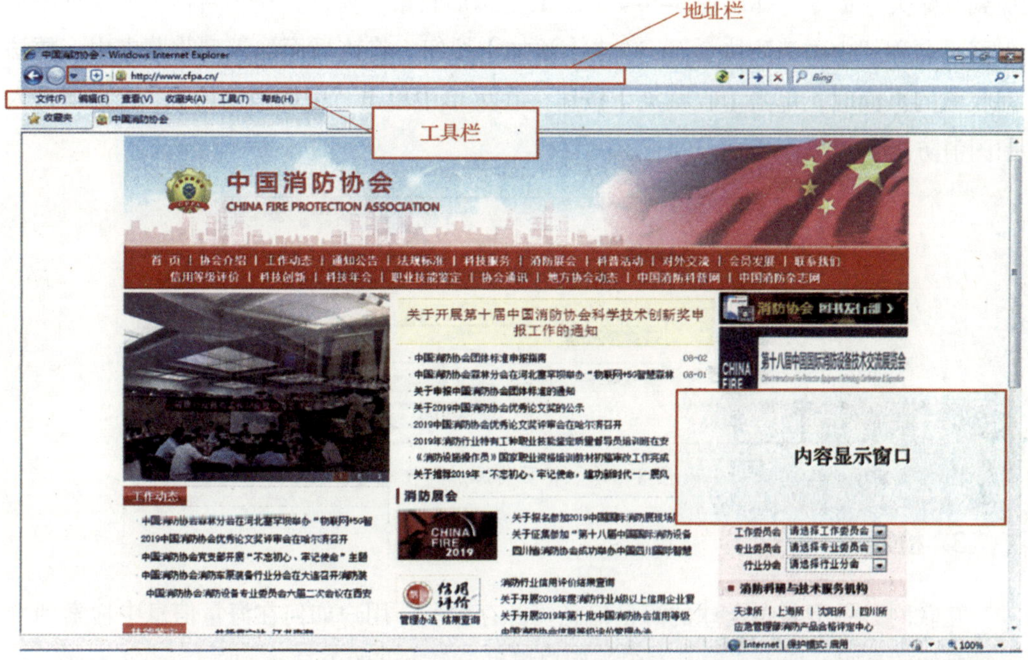

图 8–5–2　IE 浏览器界面

（3）浏览信息

在地址栏中输入网址打开页面后，把光标放到文字上，光标变成手形，表示此处有超链接连接到其他网页，有的页面会增加文字变色、弹出全部文字等特效，如图 8–5–3 所示。单击这些文字，打开相应的内容网页。

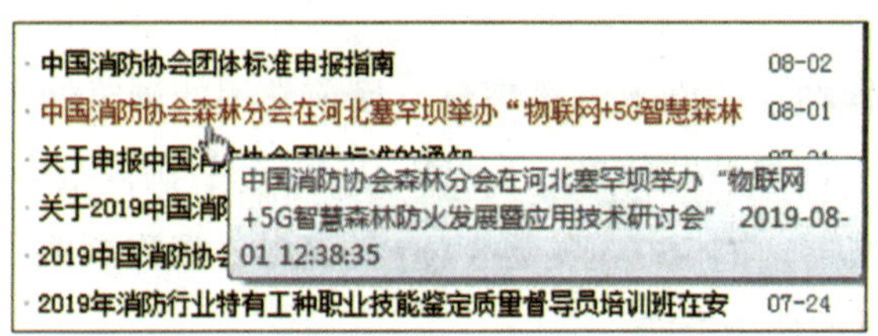

图 8–5–3　页面超链接

在网页传输过程中，由于通信链路或计算机性能等原因，有时会导致网页不能显示或显示不完整，可单击“地址栏”后方的刷新按钮 重新加载网页。对于随时更新数据的网页（如 12306 购票网页），单击刷新按钮可及时了解最新动态。

（4）收藏夹

收藏夹是一个目录，存放用户需要保留或经常访问的网页地址，用户可直接点击收藏夹中的页面名称访问这些网页，无须再输入地址。

例如：要将“中国消防协会”网站首页加入收藏夹，先在 IE 浏览器中输入网站地址“http://www.cfpa.cn”，进入中国消防协会网站首页；单击“收藏夹”菜单中的“添加到收藏夹”命令，弹出图 8–5–4 所示的“添加收藏”窗口，在“名称”文本框中输入网页名称“中国消防协会”，单击【添加】按钮，将该页面加入到收藏夹中。要访问收藏的页面时，单击【收藏夹】按钮，在菜单中单击“中国消防协会”，直接进入中国消防协会网站首页。

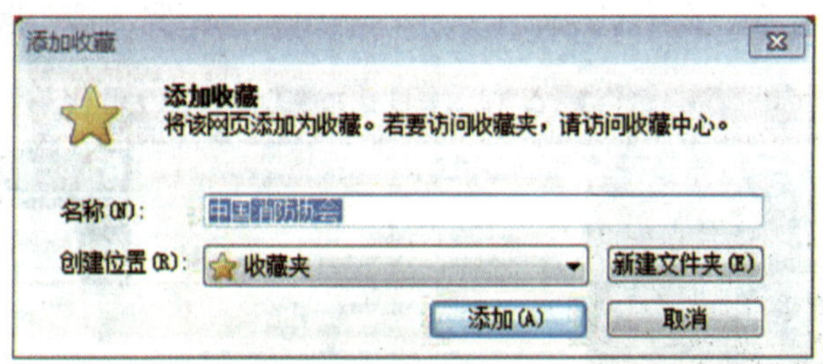

图 8–5–4　将页面添加到收藏夹

3. 检索

互联网是一个遍布全球的海量信息资源存储所，用户如何在海量信息中检索到自己需要的信息呢？搜索引擎是专门为用户提供信息查询的工具。

搜索引擎是一种网页检索工具，通过特定的技术在互联网搜集和发现信息，对信息按照一定的规则进行处理和组织后，为用户提供查询服务。用户提交关键字进行查询，搜索引擎返回和用户提交的关键字相关的信息列表，每一个列表条目代表一个网页。国内常用的搜索引擎有百度、360 搜索、搜狗搜索等。下面以“百度”搜索引擎为例，说明搜索引擎的使用方法。

打开百度（http: //www.baidu.com）首页（见图 8–5–5），在搜索框中输入搜索关键字，如输入“灭火器使用方法”，单击【百度一下】按钮，IE 浏览器内容显示栏显示出与“灭火器使用方法”相关的页面列表，如图 8–5–6 所示。

图 8–5–5　百度搜索引擎

图 8–5–6　使用百度搜索的“灭火器使用方法”页面列表

单击“灭火器使用方法 - 百度经验”，打开相关页面，如图 8-5-7 所示。

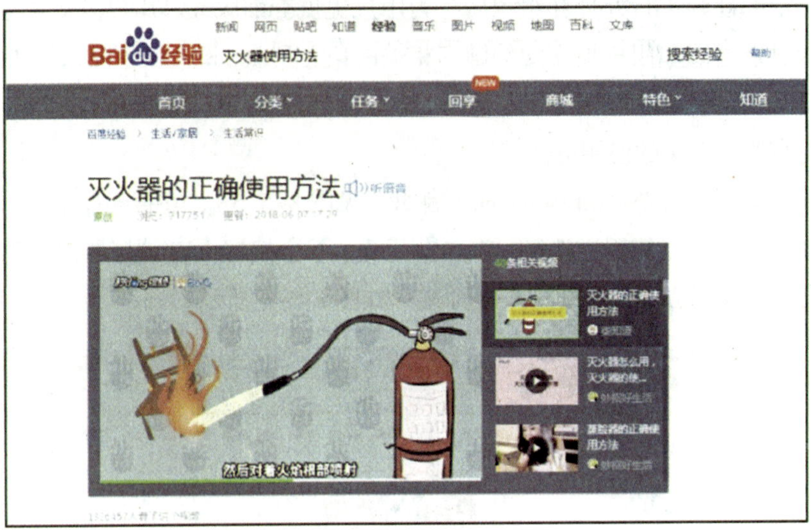

图 8-5-7 “灭火器使用方法”页面

4. 电子邮件

电子邮件（E-mail）是互联网上使用最多的一种应用。利用电子邮件系统，用户把邮件发送到收件人的电子邮箱中，收件人可随时登录邮箱收取邮件。与普通纸质信件相比，电子邮件使用方便，传递速度快，费用低廉，还可发送除文字信息以外的图片、声音、视频、压缩文件等多种格式文件。

电子邮箱的格式为“用户名 @ 邮件服务器名”，其中“用户名”为用户申请电子邮箱时自定义的名称，“邮件服务器名”为用户邮箱所在的服务器名称。现在国内很多大型网站都提供电子邮箱服务，包括免费邮箱、VIP 邮箱、企业邮箱等，个人用户申请免费电子邮箱即可。下面以网易 163 免费电子邮箱（@163.com）为例，说明电子邮箱的使用方法。

（1）申请电子邮箱

打开浏览器，在浏览器地址栏中输入网易 163 电子邮箱的地址“mail.163.com”，进入网易 163 电子邮箱界面，如图 8-5-8 所示。单击“注册新账号”，进入邮箱申请界面。

按照图 8-5-9 所示电子邮箱申请界面填写相关信息后，单击“立即注册”，完成电子邮箱的申请。在“邮件地址”中填写的用户名是“xfczyyx”，则申请的电子邮箱为 xfczyyx@163.com。用户申请邮箱时，应使用简单易记的名称，用户名“xfczyyx”为“消防操作员邮箱”的首字母。

图 8–5–8 电子邮箱申请 / 登录界面

图 8–5–9 申请电子邮箱

（2）登录电子邮箱

在图 8–5–8 所示页面中输入邮箱用户名和密码，单击“登录”，进入用户的电子邮箱页面，如图 8–5–10 所示。如果用户有新邮件或未读邮件，会在右侧“未读邮件”按钮右上角提示数量。页面左侧是电子邮箱的功能操作列表，点击功能按钮，右侧显示相应功能界面。

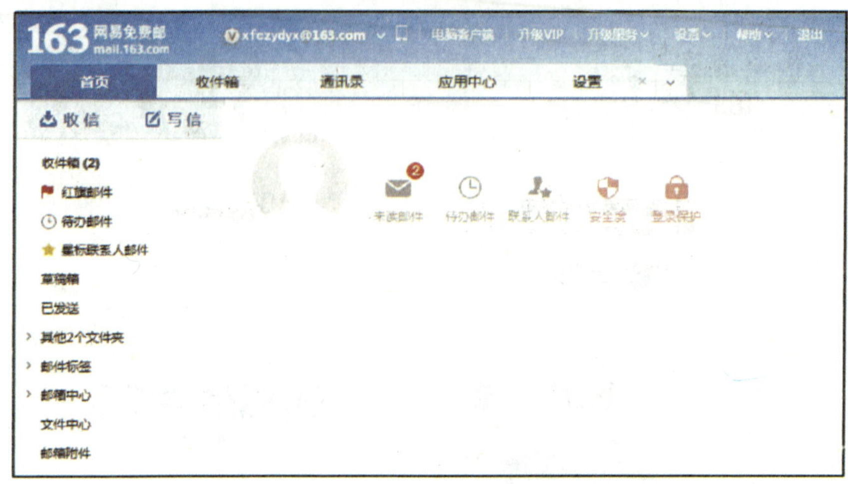

图 8-5-10 电子邮箱界面

这里要特别注意，为保护电子邮箱安全，登录时不要选择“免登录”“自动登录”“保存密码”等选项，特别是在公共计算机上，一定要注意保护个人信息安全。

（3）发送邮件

点击左侧 写信 按钮，弹出撰写邮件页面，如图 8-5-11 所示。发送电子邮件时，用户需要填写以下信息：

收件人：收件方的电子邮箱。

主题：邮件的主题，简要概括邮件的内容和目的，要简短扼要。

邮件正文：在图 8-5-11 所示界面的空白部分输入邮件正文，可对文字进行格式编辑。

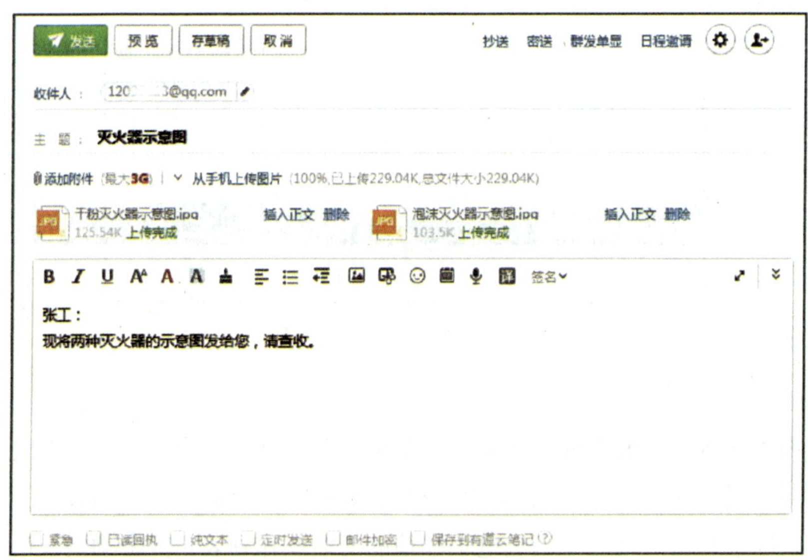

图 8-5-11 撰写并发送电子邮件

附件：电子邮件可发送多种格式的文件，这些文件作为邮件的附件，同正文一并发送给对方。单击“添加附件”，在弹出的对话框中选择要发送的文件，单击“插入”，将附件插入到邮件附件列表中。

邮件编辑完成后，单击 按钮发送邮件。用户可在图 8-5-10 所示界面左侧菜单列表中的“已发送”功能中查看所有已发送邮件的信息。

（4）接收和管理邮件

点击左侧菜单栏的“收件箱”，进入用户的收件箱界面（见图 8-5-12），右侧显示用户收件箱中的所有邮件信息。

收件箱中邮件显示的信息类似纸质信封，包括发件人的姓名（或邮箱）、邮件主题、发件日期、阅读状态等，带标识 的表示该邮件为新邮件或未打开阅读，带标识 的表示该邮件带有附件。单击邮件主题，显示邮件的正文和附件名称等内容，单击附件名称可将附件下载到本地计算机。

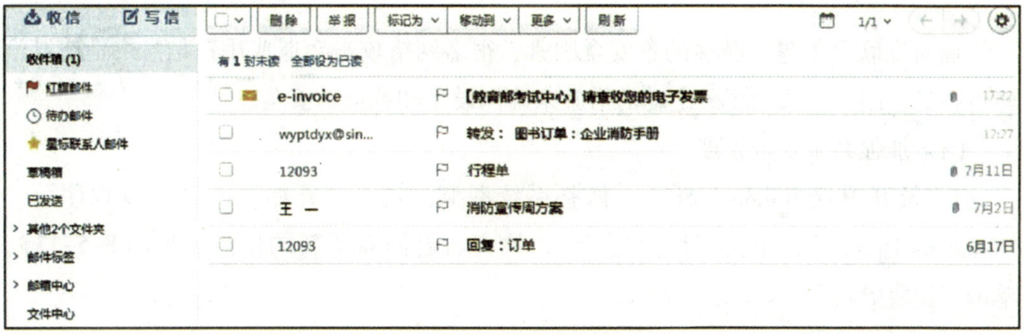

图 8-5-12 收件箱

单击“回复”，直接回复发件人。单击“转发”，可将该邮件转发至其他收件人。单击“删除”，该邮件被删除至“已删除”文件夹中。“已删除”文件夹类似 Windows 的“回收站”，用户可恢复已经删除的邮件；如果要彻底删除邮件，可在“已删除”文件夹中再一次删除。现在邮箱都提供“彻底删除”功能，邮件彻底删除后无法恢复。“已删除”文件夹中的邮件也占用邮箱空间，用户要及时清理“已删除”文件夹，释放空间。

“垃圾邮件”中存放的是系统自动识别的垃圾邮件，一般是广告等群发邮件，和“已删除”邮件不一样。

五、网络安全

网络安全包括物理安全和数据安全两方面，物理安全指网络设施、终端设备的可靠运行，数据安全指数据的完整性、保密性和可用性。互联网是一个开放的网络，随着大数据、人工智能等技术的发展和应用，互联网安全问题也日趋严重。

1. 计算机网络面临的安全威胁

（1）计算机病毒

计算机病毒是一种能够自我复制的程序，隐藏在其他程序或文件中，破坏计算机系统的正常工作，具有潜伏性、可传染性、可激活性等特点。

（2）网络攻击

网络攻击包括被动攻击和主动攻击两种。被动攻击窃听或非授权获取他人信息，不干扰用户的正常访问；主动攻击利用系统漏洞，进行窃取数据、中断服务、篡改和伪造信息、入侵系统等行为，破坏性大，直接威胁系统和数据的安全。

2. 网络安全防范

面对互联网上越来越多的不安全因素，很多网络攻击会造成用户信息的泄露甚至经济损失，用户应采取积极主动的措施来确保设备和数据的安全。

（1）加强系统安全管理

1）及时升级 Windows 补丁，修补系统漏洞。进入“开始”→“所有程序”→“Windows Update”，单击“检查更新”，检查后返回需更新的信息（见图 8-5-13），单击“安装更新”，安装系统补丁。

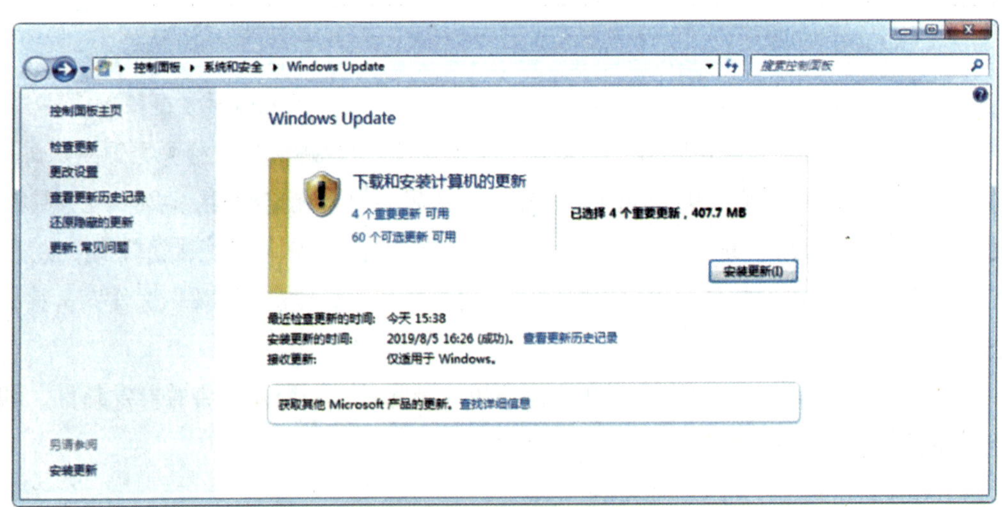

图 8-5-13 Windows 更新

2）安装正版防病毒软件，如 360 杀毒、金山毒霸等，开机时自动启动，及时更新病毒库，并定期扫描计算机查杀病毒。

（2）规范互联网网络行为

不当的互联网网络行为，可能会给计算机带来病毒、木马，导致用户计算机被人控制，危害计算机和数据安全。

1）不访问非正常的网站，不下载不明的文件、视频。

2）对来历不明的电子邮件直接删除，切勿打开附件。

3）选择安全的公共上网场所，不连接来历不明的 Wi-Fi。

4）不使用计算机时立刻关机。

5）不在联网设备上存储涉密或个人隐私信息。

6）使用 QQ、微信等聊天工具时，不轻易点击陌生人发来的链接、红包。

7）提交个人信息，特别是身份证、头像等信息时要谨慎。

8）按照访问系统的重要等级设置不同的密码，重要的密码（如银行登录密码）避免和其他系统密码相同，并定期更换；重要系统密码要在 8 位以上，并包含数字、字母（大小写）和符号，可用汉语辅助记忆，如密码为“Woyao1%fen”，翻译过来就是“我要 100 分”。

培训项目 6

AutoCAD 软件的功能和使用

【培训重点】

1. 了解 AutoCAD 软件的用途。
2. 掌握 AutoCAD 软件的功能。

一、AutoCAD 概述

CAD（Computer Aided Design）是计算机技术的一个应用领域，中文名称为“计算机辅助设计”，指利用计算机及相关设备辅助人员进行设计工作，广泛应用于工程设计领域。

AutoCAD（Autodesk Computer Aided Design）是由美国 Autodesk 公司开发的一种计算机辅助绘图与设计软件，用于二维和三维图形设计、绘图、编辑等工作，解决了传统手工绘图精度低、效率低、劳动强度大等问题，已成为建筑设计工作的重要软件。

二、AutoCAD 的功能

1. 二维图形绘制

AutoCAD 可直接绘制二维图形对象，如点、直线、曲线、多边形、圆弧、圆等，从而实现复杂的工程和建筑等绘图功能。

2. 三维图形绘制

AutoCAD 提供强大的三维绘图功能，如三维图形元素、线框模型、三维型体的多面视图和透视图等。

3. 图形编辑

AutoCAD 可对图形进行移动、旋转、缩放、剪切等编辑和修改，提供详尽的尺寸标注，方便用户进行图形管理。

三、AutoCAD 2010 基本操作

1. 启动 AutoCAD 2010 程序

用户可采用以下两种方式启动 AutoCAD 2010。

（1）AutoCAD 2010 安装完成后，会自动在桌面生成快捷方式，如图 8-6-1 所示。双击“AutoCAD 2010”图标，启动并打开 AutoCAD 2010。

图 8-6-1　AutoCAD 2010 桌面快捷方式

（2）单击 Windows 左下角的开始图标，点击“所有程序”→“Autodesk”→“AutoCAD 2010 – Simplified Chinese”，在下拉列表中单击“AutoCAD 2010”，启动并打开 AutoCAD 2010。

2. AutoCAD 2010 界面说明

打开 AutoCAD 2010，显示如图 8-6-2 所示界面，包含快速访问工具栏、菜单栏、功能区、绘图区、命令区五个部分。

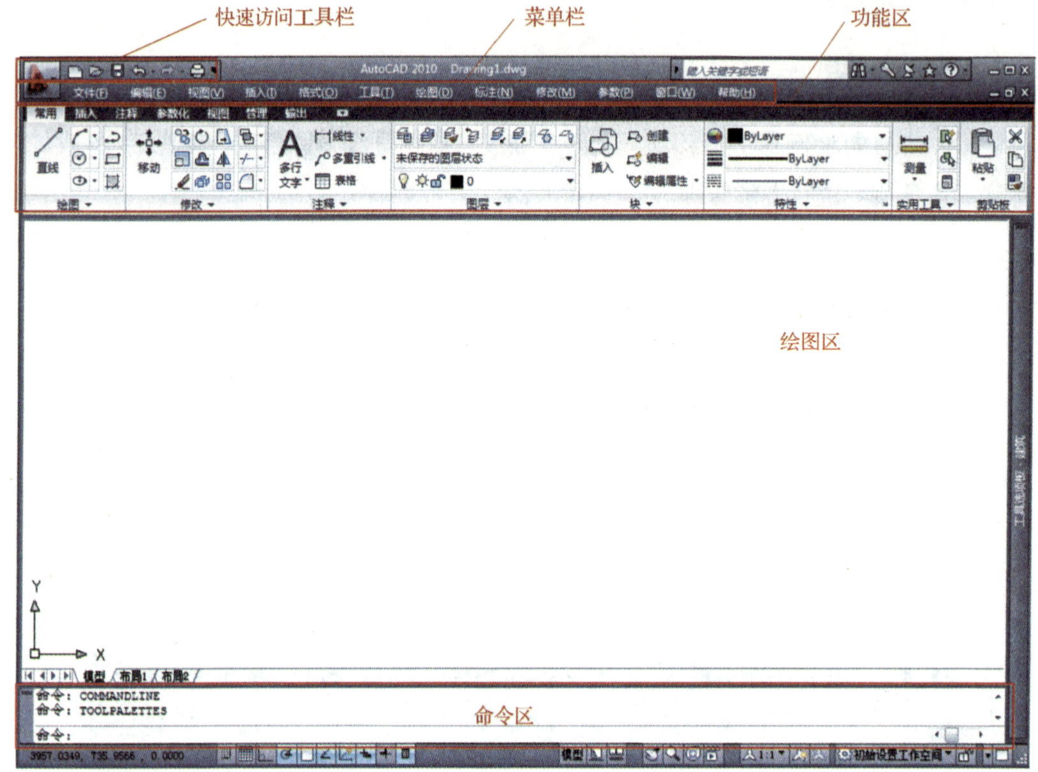

图 8-6-2　AutoCAD 2010 界面

快速访问工具栏是用户自定义的快捷工具栏，默认情况下为“新建”“打开”“保存”“撤销”“恢复”和“打印”六个命令按钮。单击工具栏右侧的 ▼，用户可根据需要添加或删除命令按钮。

菜单栏包括文件、编辑、视图、插入、格式、工具、绘图、标注、修改、参数、窗口、帮助等栏目，单击栏目名称，在下方弹出的菜单栏中显示相关的操作命令集合。

功能区包括标签栏和与其相对应的操作命令集合，各个功能区按照类别又划分为多个子功能区，如“常用”功能区分为绘图、修改、注释、图层、块、特性、实用工具、剪贴板八个子功能区。单击子功能区名称右侧的 ▼，弹出功能扩展对话框，将光标放在某个命令按钮上，会在下侧浮动显示该按钮的名称、用途和使用方法等，如图 8-6-3 所示。

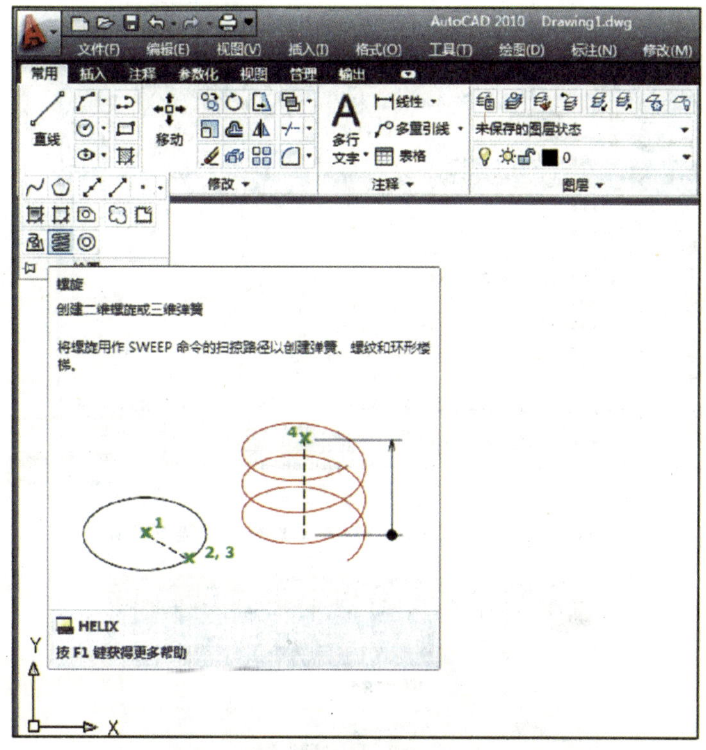

图 8-6-3 命令按钮的名称、用途和使用方法

绘图区是图形的绘制和显示区域，鼠标在此区域为十字光标。用户在绘制图形时，绘图区还会显示当前图形的属性（尺寸、角度等）。

命令区分为上下两部分，上部区域显示历史命令，包括 AutoCAD 启动后的所有操作；下部区域为命令行，用户可直接在此处输入命令。

3. 新建绘图文件

AutoCAD 2010 启动后，会自动创建一个名为“drawing1.dwg”的空白绘图文件。用户也可以通过菜单栏中的“新建”→“图形”，手动创建新文件，如图 8-6-4 所示。单击“打开”右侧的 ，在弹出的列表中选择“无样板打开 - 英制”或“无样板打开 - 公制”，新建空白绘图文件。

AutoCAD 2010 提供多种图形样板，用户也可选择样板创建新文件。

4. 打开绘图文件

用户可以采用以下三种方式打开文件：单击快速访问工具栏的 ；同时按【Ctrl】和【O】键；单击左上角的 图标，在弹出的菜单栏中单击“打开”，如图 8-6-5 所示。

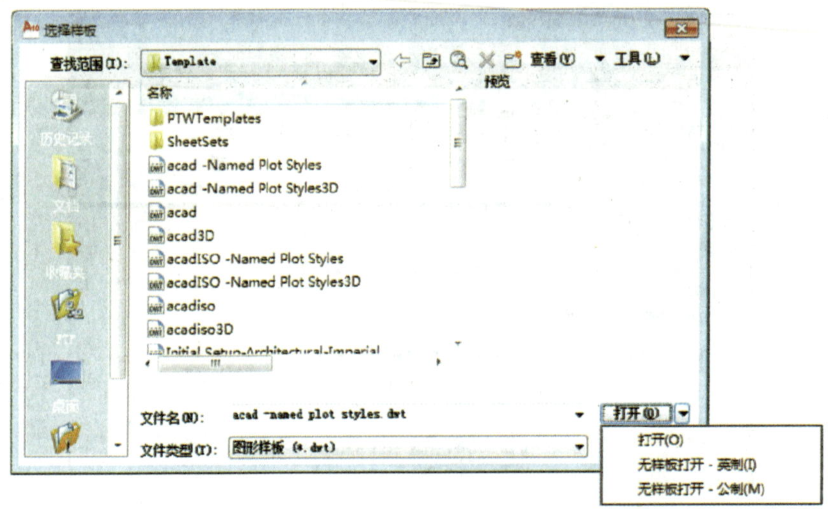

图 8-6-4　通过 AutoCAD 菜单新建空白绘图文件

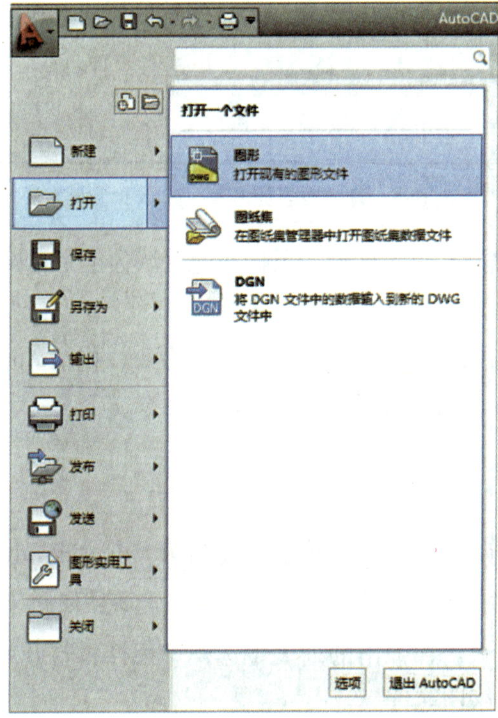

图 8-6-5　打开绘图文件

5. 保存绘图文件

AutoCAD 的绘图文件扩展名为 .dwg，用户在文件编辑过程中可随时保存文件，可采用以下三种方法保存文件：单击快速访问工具栏的 ；同时按【Ctrl】和【S】键；单击左上角的 图标，在弹出的菜单栏中单击“保存”。

培训模块 九

相关法律、法规知识

培训项目 1 《中华人民共和国劳动法》《中华人民共和国消防法》相关知识

【培训重点】

1. 了解劳动法、消防法的含义及立法概况。
2. 掌握劳动法、消防法解析中的基本概念。
3. 熟练掌握劳动合同的解除条件、工时与休息休假的例外规定、保障劳动安全的权利义务规定。
4. 掌握消防法的主要内容。

一、《中华人民共和国劳动法》相关知识

1.《中华人民共和国劳动法》概况

《中华人民共和国劳动法》简称《劳动法》。广义上的劳动法，是我国社会主义法律体系中与宪法、民法、刑法、行政法、诉讼法等相并列的一个重要的法律部门，是专门调整劳动关系以及和劳动关系密切相关的其他社会关系的法律规范的总称。狭义上的劳动法，是一部综合调整劳动关系的基本法律。

我国现行《劳动法》于 1994 年 7 月 5 日第八届全国人民代表大会常务委员会第八次会议通过，自 1996 年 1 月 1 日起施行，第十一届全国人民代表大会常务委员会第十次会议、第十三届全国人民代表大会常务委员会第七次会议分别于 2009 年 8 月 27 日

和 2018 年 12 月 29 日进行了两次修正。《劳动法》全文分为总则、促进就业、劳动合同与集体合同、工作时间和休息休假、工资、劳动安全卫生、女职工和未成年人工特殊保护、职业培训、社会保险和福利、劳动争议、监督检查、法律责任和附则，共 13 章 107 条。

2.《劳动法》的主要内容

以下对《劳动法》中的劳动合同、工作时间和休息休假、工资和社会保险、劳动安全卫生、职业培训等重点内容进行简单解析和说明。

（1）劳动合同

劳动合同是劳动者与用人单位确立劳动关系、明确双方权利和义务的法律形式（协议）。

1）劳动合同的订立。建立劳动关系，应当订立劳动合同。订立劳动合同，应当遵循平等自愿、协商一致的原则，不得违反法律、行政法规的规定。

2）劳动合同的内容。劳动合同一般包括以下七项必备条款：劳动合同期限；工作内容；劳动保护和劳动条件；劳动报酬；劳动纪律；劳动合同终止的条件；违反劳动合同的责任。

3）劳动合同的变更。劳动合同的变更是指劳动合同依法订立后，在合同尚未履行或者尚未履行完毕以前，双方当事人依法对劳动合同约定的内容进行修改或者补充的法律行为。

①只要用人单位和劳动者协商一致，即可变更劳动合同的内容。劳动合同是双方当事人协商一致而订立的，当然经协商一致可以予以变更。一方当事人未经对方当事人同意擅自更改合同内容的，变更后的内容对另一方没有约束力。

②劳动者患病或者非因公负伤，在规定的医疗期满后不能从事原工作，用人单位可以与劳动者协商变更劳动合同，调整劳动者的工作岗位。

③劳动者不能胜任工作，用人单位可以与劳动者协商变更劳动合同，调整劳动者的工作岗位。

4）劳动合同的解除。劳动合同的解除是指劳动合同当事人依法提前终止合同权利义务的法律行为。

①用人单位和劳动者经协商一致，即可解除劳动合同。

②劳动者有以下四种情形之一，用人单位可以单方面解除劳动合同：在试用期间被证明不符合录用条件的；严重违反劳动纪律或者用人单位规章制度的；严重失职，营私舞弊，对用人单位利益造成重大损害的；被依法追究刑事责任的。

③有以下三种情形之一，用人单位提前三十日以书面形式通知劳动者本人，可以

单方面解除劳动合同：劳动者患病或者非因工负伤，医疗期满后，不能从事原工作也不能从事由用人单位另行安排的工作的；劳动者不能胜任工作，经过培训或者调整工作岗位，仍不能胜任工作的；劳动合同订立时所依据的客观情况发生重大变化，致使原劳动合同无法履行，经当事人协商不能就变更劳动合同达成协议的。

④劳动者有以下四种情形之一的，用人单位不得单方面解除劳动合同：劳动者患职业病或者因工负伤并被确认丧失或者部分丧失劳动能力的；劳动者患病或者负伤，在规定的医疗期内的；女职工在孕期、产假、哺乳期内的；法律、行政法规规定的其他情形。

⑤劳动者可以单方面解除劳动合同，但应当提前三十日以书面形式通知用人单位。有以下三种情形之一，劳动者可以随时通知用人单位解除劳动合同：在试用期内的；用人单位以暴力、威胁或者非法限制人身自由的手段强迫劳动的；用人单位未按照劳动合同约定支付劳动报酬或者提供劳动条件的。

（2）工作时间和休息休假

1）工作时间。工作时间是指劳动者根据国家的法律规定，在 1 个昼夜或 1 周之内从事本职工作的时间。《劳动法》规定劳动者每日工作时间不超过 8 小时，平均每周工作时间不超过 44 小时（国务院修订《关于职工工作时间的规定》，调整为每日工作 8 小时、每周工作 40 小时；因工作性质或者生产特点的限制不便落实的，可以按照国家有关规定实行其他工作时间办法）。

2）休息、休假时间。休息时间指劳动者工作日内的休息时间、工作日间的休息时间和工作周之间的休息时间，法定节假日休息时间、探亲假休息时间和年休假休息时间则称为休假。《劳动法》规定用人单位应当保证劳动者每周至少休息一日（国务院修订《关于职工工作时间的规定》，调整为星期六和星期日为周休息日，不能实行这一统一工作时间的单位，可以根据实际情况灵活安排周休息日）；在元旦、春节、国际劳动节、国庆节以及法律法规规定的其他休假节日中进行休假（国务院关于修改《全国年节及纪念日放假办法》的决定，增加了清明节、端午节、中秋节）。

3）延长工作时间。延长工作时间是指根据法律规定，在标准工作时间之外延长劳动者的工作时间，一般分为加班和加点。《劳动法》对于延长工作时间的劳动者范围、延长工作时间的长度、延长工作时间的条件都有具体限制，出于紧急工作需要才能安排加班加点。延长工作时间的劳动者有权获得相应的报酬或安排补休。

（3）工资和社会保险

工资是指劳动关系中劳动者因履行劳动义务而应得的、由用人单位以货币方式支付的劳动报酬。用人单位不得以实物替代货币支付工资。

1）工资分配的原则。工资分配必须遵循以下原则：按劳分配、同工同酬的原则；工资水平在经济发展的基础上逐步提高的原则；工资总量宏观调控的原则；用人单位自主决定工资分配方式和工资水平的原则。

2）最低工资。最低工资是指劳动者在法定工作时间或依法签订的劳动合同约定的工作时间内提供了正常劳动，用人单位依法应支付的最低限度的劳动报酬。最低工资的具体标准由省级政府规定，报国务院备案。用人单位支付劳动者的工资不得低于当地最低工资标准。

3）社会保险。社会保险是国家通过立法建立的，保证社会成员在遭遇社会风险暂时或永久丧失劳动能力而失去收入来源的情况下，能够从国家和社会依法获得物质帮助和补偿的社会安全制度。用人单位和劳动者必须依法参加社会保险，缴纳社会保险费。劳动者在退休、患病、负伤、因工伤残或患职业病、失业、生育时依法享受社会保险待遇。

（4）劳动安全卫生

劳动安全卫生也称劳动保护，是指直接保护劳动者在生产过程中安全和健康的各种措施。国家制定劳动安全卫生制度，包括劳动安全技术规程、劳动卫生规程、劳动安全卫生管理制度以及国家安全监察等方面的法律规定。

1）劳动安全规定。从事特种作业的劳动者必须经过专门培训并取得特种作业资格。劳动者在劳动过程中必须严格遵守安全操作规程。劳动者对用人单位管理人员违章指挥、强令冒险作业，有权拒绝执行；对危害生命安全和身体健康的行为，有权提出批评、检举和控告。

2）女职工特殊保护。由于女性的身体结构和生理机能与男性不同，有些工作会给女性的身体健康带来危害。从保护女职工生命安全、身体健康的角度出发，法律规定了女职工禁止从事的劳动范围，这不属于对女职工的性别歧视，而是对女职工的保护。同时，对女职工特殊生理期间（经期、孕期、产期、哺乳期）的保护，也称为女职工的“四期”保护。

（5）职业培训和职业技能鉴定

职业培训（又称职业技能培训和职业技术培训），是指根据社会职业的需求和劳动者从业的意愿及条件，对劳动者按照一定标准进行的旨在培养和提高其职业技能的教育训练活动。职业技能鉴定，是指职业技能鉴定机构对劳动者职业技能所达到的等级，依法进行考核、评定和证明，从而赋予劳动者特定职业资格的考察活动。职业培训不是职业技能鉴定的必经程序。

《劳动法》要求用人单位应当建立职业培训制度，按照国家规定提取和使用职业培训经费，根据本单位实际，有计划地对劳动者进行职业培训；从事技术工种的劳动者，上岗前必须经过培训；国家确定职业分类，对规定的职业制定职业技能标准，实行职业资格证书制度，由经备案的考核鉴定机构负责对劳动者实施职业技能考核鉴定。例如，消防设施操作员依法参加消防设施操作员职业技能鉴定并经鉴定合格取得相应等级职业资格证书，就是从国家职业层面落实《劳动法》的具体举措。

二、《中华人民共和国消防法》相关知识

1.《中华人民共和国消防法》概况

《中华人民共和国消防法》简称《消防法》。广义上的消防法，是我国社会主义法律体系中与宪法、民法、刑法、行政法、诉讼法等相并列的一个重要的法律部门，是专门调整政府、部门、单位、公民消防安全关系以及和消防关系密切相关的其他社会关系的法律规范的总称。狭义上的消防法，是一部综合调整社会各方面消防关系的基本法律。

我国现行《消防法》于 1998 年 4 月 29 日第九届全国人民代表大会常务委员会第二次会议通过，自 1998 年 9 月 1 日起施行，并于 2008 年 10 月 28 日第十一届全国人民代表大会常务委员会第五次会议和 2019 年 4 月 23 日第十三届全国人民代表大会常务委员会第十次会议进行了两次修订。《消防法》的立法宗旨是为了预防火灾和减少火灾危害，加强应急救援工作，保护人身、财产安全，维护公共安全。《消防法》是人民群众长期同火灾作斗争的经验总结，而且也正确地反映了消防工作的客观规律，对做好我国的消防工作发挥了重要的指导作用，同时，也体现了我国消防工作的特色。《消防法》全文分为总则、火灾预防、消防组织、灭火救援、监督检查、法律责任和附则，共 7 章 74 条。

2.《消防法》的主要内容

（1）总则部分

《消防法》总则部分规定了立法宗旨，我国消防工作贯彻的方针、原则和实行的基本制度；明确了国务院领导全国的消防工作，地方各级人民政府负责本行政区域内的消防工作。各级人民政府应当将消防工作纳入国民经济和社会发展计划，保障消防工作与经济社会发展相适应；国务院应急管理部门对全国的消防工作实施监督管理。县级以上地方人民政府应急管理部门对本行政区域内的消防工作实施监督管理，并由本级人民政府消防救援机构负责实施；军事设施的消防工作，由其主管单

位监督管理，消防救援机构协助；矿井地下部分、核电厂、海上石油天然气设施的消防工作，由其主管单位监督管理；县级以上人民政府其他有关部门在各自的职责范围内，依法做好消防工作。除此之外，还规定了单位和公民基本的消防安全义务等。

（2）火灾预防

1）城乡消防规划和建设的要求。地方各级人民政府应当将包括消防安全布局、消防站、消防供水、消防通信、消防车通道、消防装备等内容的消防规划纳入城乡规划，并负责组织实施；城乡消防安全布局不符合消防安全要求的，应当调整、完善；公共消防设施、消防装备不足或者不适应实际需要的，应当增建、改建、配置或者进行技术改造。

2）建设工程消防设计、施工质量要求和建设工程消防监督管理制度。

①消防技术标准要求。建设工程的消防设计、施工必须符合国家工程建设消防技术标准。

②消防质量责任要求。建设、设计、施工、工程监理等单位依法对建设工程的消防设计、施工质量负责。

③建设工程消防监督管理制度。对按照国家工程建设消防技术标准需要进行消防设计的建设工程，实行建设工程消防设计审查验收制度。依法需进行消防设计的建设工程，应将消防设计文件报住房和城乡建设主管部门进行审查或将消防设计图纸及技术资料报备案；工程竣工后应向住房和城乡建设主管部门申请消防验收或报备案。经审查、验收不合格的，不得施工、投入使用；备案项目经抽查不合格的，应当停止施工、使用。

3）公众聚集场所投入使用、营业前的消防安全检查许可制度。宾馆、饭店、商场、集贸市场、客运车站候车室、客运码头候船厅、民用机场航站楼、体育场馆、会堂、公共娱乐等公众聚集场所，是容易发生群死群伤火灾事故的地方。为此，《消防法》规定了实行消防安全许可的制度。公众聚集场所在投入使用、营业前，建设单位或者使用单位应当向场所所在地的县级以上地方人民政府消防救援机构申请消防安全检查。消防救援机构应当自受理申请之日起10个工作日内，根据消防技术标准和管理规定，对该场所进行消防安全检查。未经消防安全检查或者经检查不符合消防安全要求的，不得投入使用、营业。

4）举办大型群众性活动安全许可制度。举办大型群众性活动，承办人应当依法向公安机关申请安全许可，制定灭火和应急疏散预案并组织演练，明确消防安全责任分工，确定消防安全管理人员，保持消防设施和消防器材配置齐全、完好有效，保证疏散通道、安全出口、疏散指示标志、应急照明和消防车通道符合消防技术标准和管理规定。

5）机关、团体、企业、事业等单位应当履行的消防安全职责。《消防法》对单位消防安全主体责任的规定包括以下三个层次。

①一般单位应当履行的消防安全职责。一是落实消防安全责任制，制定本单位的消防安全制度、消防安全操作规程，制定灭火和应急疏散预案；二是按照国家标准、行业标准配置消防设施、器材，设置消防安全标志，并定期组织检验、维修，确保完好有效；三是对建筑消防设施每年至少进行一次全面检测，确保完好有效，检测记录应当完整准确，存档备查；四是保障疏散通道、安全出口、消防车通道畅通，保证防火防烟分区、防火间距符合消防技术标准；五是组织防火检查，及时消除火灾隐患；六是组织进行有针对性的消防演练；七是法律、法规规定的其他消防安全职责。同时规定，单位的主要负责人是本单位的消防安全责任人。

②消防安全重点单位应当履行的消防安全职责。除应当履行一般单位的消防安全职责外，还应履行以下职责：一是确定消防安全管理人，组织实施本单位的消防安全管理工作；二是建立消防档案，确定消防安全重点部位，设置防火标志，实行严格管理；三是实行每日防火巡查，并建立巡查记录；四是对职工进行岗前消防安全培训，定期组织消防安全培训和消防演练。

③多家共用单位的消防安全职责。同一建筑物由两个以上单位管理或者使用的，应当明确各方的消防安全责任，并确定责任人对共用的疏散通道、安全出口、建筑消防设施和消防车通道进行统一管理。

④住宅区的物业服务企业的消防安全职责。住宅区的物业服务企业应当对管理区域内的共用消防设施进行维护管理，提供消防安全防范服务。

6）涉及消防安全的行为要求。主要包括以下内容。

①“三合一”场所的禁止或限制性规定。生产、储存、经营易燃易爆危险品的场所不得与居住场所设置在同一建筑物内，并应当与居住场所保持安全距离。生产、储存、经营其他物品的场所与居住场所设置在同一建筑物内的，应当符合国家工程建设消防技术标准。

②用火、用气消防安全管理。禁止在具有火灾、爆炸危险的场所吸烟、使用明火。因施工等特殊情况需要使用明火作业的，应当按照规定事先办理审批手续，采取相应的消防安全措施。作业人员应当遵守消防安全规定。

③生产、储存、运输、销售、使用、销毁易燃易爆危险品管理。生产、储存、运输、销售、使用、销毁易燃易爆危险品，必须执行消防技术标准和管理规定。进入生产、储存易燃易爆危险品的场所，必须执行消防安全规定。禁止非法携带易燃易爆危险品进入公共场所或者乘坐公共交通工具。储存可燃物资仓库的管理，必须执行消防

技术标准和管理规定。

④单位和个人的消防安全行为。任何单位、个人不得损坏、挪用或者擅自拆除、停用消防设施、器材，不得埋压、圈占、遮挡消火栓或者占用防火间距，不得占用、堵塞、封闭疏散通道、安全出口、消防车通道。人员密集场所的门窗不得设置影响逃生和灭火救援的障碍物。

7）建筑构件和有关材料的防火性能以及电器产品、燃气用具的消防安全要求。主要包括以下内容。

①建筑构件、建筑材料和室内装修、装饰材料的防火性能必须符合国家标准；没有国家标准的，必须符合行业标准。人员密集场所室内装修、装饰，应当按照消防技术标准的要求，使用不燃、难燃材料。

②电器产品、燃气用具的产品标准，应当符合消防安全的要求。电器产品、燃气用具的安装、使用及其线路、管路的设计、敷设、维护保养、检测，必须符合消防技术标准和管理规定。

8）消防产品的质量要求和监督管理制度。主要包括以下内容。

①消防产品的质量要求。消防产品必须符合国家标准；没有国家标准的，必须符合行业标准。禁止生产、销售或者使用不合格的消防产品以及国家明令淘汰的消防产品。依法实行强制性产品认证的消防产品，由具有法定资质的认证机构按照国家标准、行业标准的强制性要求认证合格后，方可生产、销售、使用。新研制的尚未制定国家标准、行业标准的消防产品，应当按照国务院产品质量监督部门会同国务院应急管理部门规定的办法，经技术鉴定符合消防安全要求的，方可生产、销售、使用。

②消防产品监督管理制度。实行强制性产品认证的消防产品目录，由国务院产品质量监督部门会同国务院应急管理部门制定并公布；经强制性产品认证合格或者技术鉴定合格的消防产品，国务院应急管理部门消防机构应当予以公布；产品质量监督部门、工商行政管理部门、消防救援机构应当按照各自职责加强对消防产品质量的监督检查。

9）农村消防工作和重点季节、期间的防火要求，村民委员会、居民委员会的防火职责。主要包括以下内容。

①在农业收获季节、森林和草原防火期间、重大节假日期间以及火灾多发季节，地方各级人民政府应当组织开展有针对性的消防宣传教育，采取防火措施，进行消防安全检查。

②乡镇人民政府、城市街道办事处应当指导、支持和帮助村民委员会、居民委员会开展群众性的消防工作。

③村民委员会、居民委员会应当确定消防安全管理人，组织制定防火安全公约，进行防火安全检查。

10）实行公众责任保险制度。国家鼓励、引导公众聚集场所和生产、储存、运输、销售易燃易爆危险品的企业投保火灾公众责任保险，鼓励保险公司承保火灾公众责任保险。

11）消防行业从业人员的资格资质规定。主要包括以下内容。

①消防安全持证上岗。进行电焊、气焊等具有火灾危险作业的人员和自动消防系统的操作人员，必须持证上岗，并遵守消防安全操作规程。

②消防技术服务机构和执业人员应依法获得相应的资质、资格。消防产品质量认证、消防设施检测、消防安全监测等消防技术服务机构和执业人员，应当依法获得相应的资质、资格，依照法律、行政法规、国家标准、行业标准和执业准则，接受委托提供消防技术服务，并对服务质量负责。

（3）消防组织建设

消防组织是由地方人民政府、单位、村（居）民委员会等组建，负责一定区域或本单位火灾扑救以及紧急救援工作的队伍。消防组织包括国家综合性消防救援队伍、专职消防队、志愿消防队三种形式。按照组建主体，消防组织的组建职责和范围包括以下方面。

1）各级人民政府应当加强消防组织建设，根据经济社会发展的需要，建立多种形式的消防组织，加强消防技术人才培养，增强火灾预防、扑救和应急救援的能力。

2）县级以上地方人民政府应当按照国家规定建立国家综合性消防救援队、专职消防队，并按照国家标准配备消防装备，承担火灾扑救工作。专职消防队的队员依法享受社会保险和福利待遇。

3）乡镇人民政府应当根据当地经济发展和消防工作的需要，建立专职消防队、志愿消防队，承担火灾扑救工作。

4）国家综合性消防救援队、专职消防队按照国家规定承担重大灾害事故和其他以抢救人员生命为主的应急救援工作。国家综合性消防救援队、专职消防队应当充分发挥火灾扑救和应急救援专业力量的骨干作用，按照国家规定，组织实施专业技能训练，配备并维护保养装备器材，提高火灾扑救和应急救援的能力。消防救援机构应当对专职消防队、志愿消防队等消防组织进行业务指导；根据扑救火灾的需要，可以调动指挥专职消防队参加火灾扑救工作。

5）下列单位应当建立单位专职消防队，承担本单位的火灾扑救工作：一是大型核设施单位、大型发电厂、民用机场、主要港口；二是生产、储存易燃易爆危险品的大型企业；三是储备可燃的重要物资的大型仓库、基地；四是第一项、第二项、第三项规定以外的火灾危险性较大、距离国家综合性消防救援队较远的其他大型企业；五是距离国家综合性消防救援队较远、被列为全国重点文物保护单位的古建筑群的管理单位。

6）机关、团体、企业、事业等单位以及村民委员会、居民委员会根据需要，建立志愿消防队等多种形式的消防组织，开展群众性自防自救工作。

（4）灭火救援

灭火救援不只是国家综合性消防救援队伍的职责，也是专职消防队、志愿消防队的职责，并且火灾现场有关的所有单位和个人都有参与的职责与义务。

1）灭火救援的保障措施。县级以上地方人民政府应当组织有关部门针对本行政区域内的火灾特点制定应急预案，建立应急反应和处置机制，为火灾扑救和应急救援工作提供人员、装备等保障。

2）公民及时报火警及为报警提供便利的义务，单位组织扑救火灾的职责、火灾发生后的参与义务。任何人发现火灾都应当立即报警。任何单位、个人都应当无偿为报警提供便利，不得阻拦报警，严禁谎报火警。人员密集场所发生火灾，该场所的现场工作人员应当立即组织、引导在场人员疏散。任何单位发生火灾，必须立即组织力量扑救，邻近单位应当给予支援。消防队接到火警，必须立即赶赴火灾现场，救助遇险人员，排除险情，扑灭火灾。

3）消防救援队接到火警后的责任，以及火灾现场总指挥的决定权限。火灾现场总指挥根据扑救火灾的需要，有权决定下列事项。

①使用各种水源。

②截断电力、可燃气体和可燃液体的输送，限制用火用电。

③划定警戒区，实行局部交通管制。

④利用邻近建筑物和有关设施。

⑤为了抢救人员和重要物资，防止火势蔓延，拆除或者破损毗邻火灾现场的建筑物、构筑物或者设施等。

⑥调动供水、供电、供气、通信、医疗救护、交通运输、环境保护等有关单位协助灭火救援。

4）让行执行火灾扑救或者应急救援任务的消防车、消防艇。消防车、消防艇前往执行火灾扑救或者应急救援任务，在确保安全的前提下，不受行驶速度、行驶路线、行驶方向和指挥信号的限制，其他车辆、船舶以及行人应当让行，不得穿插超越。收费公路、桥梁免收车辆通行费。交通管理指挥人员应当保证消防车、消防艇迅速通行。赶赴火灾现场或者应急救援现场的消防人员和调集的消防装备、物资，需要铁路、水路或者航空运输的，有关单位应当优先运输。

5）补偿、医疗、抚恤。单位专职消防队、志愿消防队参加扑救外单位火灾所损耗的燃料、灭火剂和器材、装备等，由火灾发生地的人民政府给予补偿。对因参加扑救火灾或者应急救援受伤、致残或者死亡的人员，按照国家有关规定给予医疗、抚恤。

（5）监督检查

各级政府及消防救援机构的监督检查职责，包括以下方面。

1）政府对有关部门履行消防安全职责情况的监督检查职责，以及政府有关部门开展消防安全检查的职责如下。

①地方各级人民政府应当落实消防工作责任制，对本级人民政府有关部门履行消防安全职责的情况进行监督检查。

②县级以上地方人民政府有关部门应当根据本系统的特点，有针对性地开展消防安全检查，及时督促整改火灾隐患。

2）消防救援机构、公安派出所进行消防监督检查的职责如下。

①消防救援机构应当对机关、团体、企业、事业等单位遵守消防法律、法规的情况依法进行监督检查。公安派出所可以负责日常消防监督检查、开展消防宣传教育，具体办法由国务院公安部门规定。

②消防救援机构、公安派出所的工作人员进行消防监督检查，应当出示证件。

③消防救援机构在消防监督检查中发现城乡消防安全布局、公共消防设施不符合消防安全要求，或者发现本地区存在影响公共安全的重大火灾隐患的，应当由应急管理部门书面报告本级人民政府。

3）消防救援机构采取临时查封措施的权力，以及对重大火灾隐患的处理措施。消防救援机构在消防监督检查中发现火灾隐患的，应当通知有关单位或者个人立即采取措施消除隐患；不及时消除隐患可能严重威胁公共安全的，消防救援机构应当依照规定对危险部位或者场所采取临时查封措施。

4）住房和城乡建设主管部门、消防救援机构及其工作人员依法实施消防监督管理的原则性要求和禁止性行为，以及接受监督的要求如下。

①住房和城乡建设主管部门、消防救援机构及其工作人员应当按照法定的职权和程序进行消防设计审查、消防验收、备案抽查和消防安全检查，做到公正、严格、文明、高效。

②住房和城乡建设主管部门、消防救援机构及其工作人员进行消防设计审查、消防验收、备案抽查和消防安全检查等，不得收取费用，不得利用职务谋取利益；不得利用职务为用户、建设单位指定或者变相指定消防产品的品牌、销售单位或者消防技术服务机构、消防设施施工单位。

③住房和城乡建设主管部门、消防救援机构及其工作人员执行职务，应当自觉接受社会和公民的监督。

（6）法律责任

对违反《消防法》规定行为的处罚规定，包括以下方面。

1）规定了违反《消防法》规定的具体消防违法行为及处罚的种类、幅度、对象，处罚的决定机关；设定了警告、罚款、责令停止施工（停止使用、停产停业、停止执业）、没收违法所得、拘留、吊销相应资质资格六类行政处罚。

2）规定了消防救援机构以及住房和城乡建设、产品质量监督、工商行政管理等其他有关行政主管部门的工作人员在消防工作中滥用职权、玩忽职守、徇私舞弊的法律责任。

3）规定了消防违法行为构成犯罪的，应依法追究刑事责任。

培训项目 2

《火灾自动报警系统设计规范》（GB 50116）《火灾自动报警系统施工及验收规范》（GB 50166）相关知识

【培训重点】

1. 了解《火灾自动报警系统设计规范》《火灾自动报警系统施工及验收规范》的制定目的。
2. 掌握《火灾自动报警系统设计规范》《火灾自动报警系统施工及验收规范》的颁布实施日期、适用范围和主要内容。

一、《火灾自动报警系统设计规范》（GB 50116）

1. 制定目的与颁布实施日期

为合理设计火灾自动报警系统，预防和减少火灾危害，保护人身和财产安全，特制定《火灾自动报警系统设计规范》（GB 50116）。该标准于 2013 年 9 月 6 日颁布，自 2014 年 5 月 1 日起实施。

2. 适用范围

《火灾自动报警系统设计规范》（GB 50116）适用于新建、扩建和改建的建（构）筑物中设置的火灾自动报警系统的设计，不适用于生产和储存火药、炸药、弹药、火工品等场所设置的火灾自动报警系统的设计。

3. 主要内容

《火灾自动报警系统设计规范》（GB50116）共 12 章、7 个附录，主要内容包括总则、术语、基本规定、消防联动控制设计、火灾探测器的选择、系统设备的设置、住宅建筑火灾自动报警系统、可燃气体探测报警系统、电气火灾监控系统、系统供电、布线、典型场所的火灾自动报警系统等。

二、《火灾自动报警系统施工及验收规范》（GB 50166）

1. 制定目的与颁布实施日期

为保障火灾自动报警系统的施工质量和使用功能，预防和减少火灾危害，保护人身和财产安全，特制定《火灾自动报警系统施工及验收规范》（GB 50166），该标准于 2007 年 10 月 23 日颁布，自 2008 年 3 月 1 日起实施。

2. 适用范围

《火灾自动报警系统施工及验收规范》（GB 50166）适用于工业与民用建筑中设置的火灾自动报警系统的施工及验收，不适用于火药、炸药、弹药、火工品等生产和储存场所设置的火灾自动报警系统的施工及验收。

3. 主要内容

《火灾自动报警系统施工及验收规范》（GB 50166）共 6 章、6 个附录，主要内容包括总则、基本规定、系统施工、系统调试、系统的验收、系统的使用和维护。该标准对火灾自动报警系统使用前准备和使用及维护提出了明确要求，消防设施操作员必须熟练掌握、认真落实。

培训项目 3 《城市消防远程监控系统技术规范》(GB 50440)相关知识

【培训重点】

1. 了解《城市消防远程监控系统技术规范》的制定目的。
2. 掌握《城市消防远程监控系统技术规范》的颁布实施日期、适用范围和主要内容。

一、制定目的与颁布实施日期

为了合理设计和建设城市消防远程监控系统，保障系统的设计和施工质量，实现火灾的早期报警和建筑消防设施运行状态的集中监控，提高单位消防安全管理水平，特制定《城市消防远程监控系统技术规范》(GB 50440)。该标准于 2007 年 10 月 23 日颁布，自 2008 年 1 月 1 日起实施。

二、适用范围

《城市消防远程监控系统技术规范》(GB 50440)适用于远程监控系统的设计、施工、验收及运行维护。

三、主要内容

《城市消防远程监控系统技术规范》(GB 50440）共8章、5个附录，主要内容包括总则、术语、基本规定、系统设计、系统配置和设备功能要求、系统施工、系统验收、系统的运行及维护等。其中，第7.1.1条为强制性条文，必须严格执行。

培训项目 4

《建筑灭火器配置设计规范》（GB 50140）《建筑灭火器配置验收及检查规范》（GB 50444）相关知识

【培训重点】

1. 了解《建筑灭火器配置设计规范》《建筑灭火器配置验收及检查规范》的制定目的。
2. 掌握《建筑灭火器配置设计规范》《建筑灭火器配置验收及检查规范》的颁布实施日期、适用范围和主要内容。

一、《建筑灭火器配置设计规范》（GB 50140）

1. 制定目的与颁布实施日期

为了合理配置建筑灭火器，有效地扑救工业与民用建筑初起火灾，减少火灾损失，保护人身和财产的安全，特制定《建筑灭火器配置设计规范》（GB 50140）。该标准于 2005 年 7 月 15 日颁布，自 2005 年 10 月 1 日起实施。

2. 适用范围

《建筑灭火器配置设计规范》（GB 50140）适用于生产、使用或储存可燃物的新建、改建、扩建的工业与民用建筑工程，不适用于生产或储存炸药、弹药、火工品、花炮的厂房或库房。

3. 主要内容

《建筑灭火器配置设计规范》（GB 50140）共 7 章、6 个附录，主要内容包括总则、术语和符号、灭火器配置场所的火灾种类和危险等级、灭火器的选择、灭火器的设置、灭火器的配置、灭火器配置设计计算。

二、《建筑灭火器配置验收及检查规范》（GB 50444）

1. 制定目的与颁布实施日期

为保障建筑灭火器的合理安装配置和安全使用，及时有效地扑灭初起火灾，减少火灾危害，保护人身和财产安全，特制定《建筑灭火器配置验收及检查规范》（GB 50444）。该标准于 2008 年 8 月 13 日颁布，自 2008 年 11 月 1 日起实施。

2. 适用范围

《建筑灭火器配置验收及检查规范》（GB 50444）适用于工业与民用建筑中灭火器的安装设置、验收、检查和维护，不适用于生产或储存炸药、弹药、火工品、花炮的厂房或库房。

3. 主要内容

《建筑灭火器配置验收及检查规范》（GB 50444）共 5 章、3 个附录，主要内容包括总则、基本规定、安装设置、配置验收及检查与维护。

培训项目 5 《建筑防烟排烟系统技术标准》（GB 51251）相关知识

【培训重点】

1. 了解《建筑防烟排烟系统技术标准》的制定目的。
2. 掌握《建筑防烟排烟系统技术标准》的颁布实施日期、适用范围和主要内容。

一、制定目的与颁布实施日期

为了合理设计建筑防烟、排烟系统，保证施工质量，规范验收和维护管理，减少火灾危害，保护人身和财产安全，特制定《建筑防烟排烟系统技术标准》（GB 51251）。该标准于 2017 年 11 月 20 日颁布，自 2018 年 8 月 1 日起实施。

二、适用范围

《建筑防烟排烟系统技术标准》（GB 51251）适用于新建、扩建和改建的工业与民用建筑的防烟、排烟系统的设计、施工、验收及维护管理。对于有特殊用途或特殊要求的工业与民用建筑，当专业标准有特别规定的，可从其规定。

三、主要内容

《建筑防烟排烟系统技术标准》（GB 51251）共 9 章、7 个附录，主要内容包括总则、术语和符号、防烟系统设计、排烟系统设计、系统控制、系统施工、系统调试、系统验收和维护管理等。

培训项目 6 《消防应急照明和疏散指示系统技术标准》(GB 51309)相关知识

【培训重点】

1. 了解《消防应急照明和疏散指示系统技术标准》的制定目的。
2. 掌握《消防应急照明和疏散指示系统技术标准》的颁布实施日期、适用范围和主要内容。

一、制定目的与颁布实施日期

为了合理设计消防应急照明和疏散指示系统，保证消防应急照明和疏散指示系统的施工质量，确保系统正常运行，特制定《消防应急照明和疏散指示系统技术标准》。该标准于2018年7月10日颁布，自2019年3月1日起实施。

二、适用范围

《消防应急照明和疏散指示系统技术标准》(GB 51309)适用于建、构筑物中设置的消防应急照明和疏散指示系统的设计、施工、调试、检测、验收与维护保养。

三、主要内容

《消防应急照明和疏散指示系统技术标准》（GB 51309）共7章、6个附录，主要内容包括总则、术语、系统设计、施工、系统调试、系统检测与验收、系统运行维护。

培训项目 7 《防火卷帘、防火门、防火窗施工及验收规范》（GB 50877）相关知识

【培训重点】

1. 了解《防火卷帘、防火门、防火窗施工及验收规范》的制定目的。
2. 掌握《防火卷帘、防火门、防火窗施工及验收规范》的颁布实施日期、适用范围和主要内容。

一、制定目的与颁布实施日期

为保证防火卷帘、防火门、防火窗工程的施工质量和使用功能，减少火灾危害，保护人身和财产安全，特制定《防火卷帘、防火门、防火窗施工及验收规范》（GB 50877）。该标准于 2014 年 1 月 9 日颁布，自 2014 年 8 月 1 日起实施。

二、适用范围

《防火卷帘、防火门、防火窗施工及验收规范》（GB 50877）适用于新建、扩建、改建工程中设置的防火卷帘、防火门、防火窗的施工、验收及维护管理。

三、主要内容

《防火卷帘、防火门、防火窗施工及验收规范》（GB 50877）共 8 章、5 个附录，主要内容包括总则、术语、基本规定、进场检验、安装、功能调试、验收、使用与维护等。

培训项目 8 《消防给水及消火栓系统技术规范》（GB 50974）相关知识

【培训重点】

1. 了解《消防给水及消火栓系统技术规范》的制定目的。
2. 掌握《消防给水及消火栓系统技术规范》的颁布实施日期、适用范围和主要内容。

一、制定目的与颁布实施日期

为合理设计消防给水及消火栓系统，保障施工质量，规范验收和维护管理，减少火灾危害，保护人身和财产安全，特制定《消防给水及消火栓系统技术规范》（GB 50974）。该标准于 2014 年 1 月 29 日颁布，自 2014 年 10 月 1 日起实施。

二、适用范围

《消防给水及消火栓系统技术规范》（GB 50974）适用于新建、扩建、改建的工业、民用、市政等建设工程的消防给水及消火栓系统的设计、施工、验收和维护管理。

三、主要内容

《消防给水及消火栓系统技术规范》（GB 50974）共14章、7个附录，主要内容包括总则、术语和符号、基本参数、消防水源、供水设施、给水形式、消火栓系统、管网、消防排水、水力计算、控制与操作、施工、系统调试与验收、维护管理等。

培训项目 9

《自动喷水灭火系统设计规范》(GB 50084)《自动喷水灭火系统施工及验收规范》(GB 50261)相关知识

【培训重点】

1. 了解《自动喷水灭火系统设计规范》《自动喷水灭火系统施工及验收规范》的制定目的。
2. 掌握《自动喷水灭火系统设计规范》《自动喷水灭火系统施工及验收规范》的颁布实施日期、适用范围和主要内容。

一、《自动喷水灭火系统设计规范》(GB 50084)

1. 制定目的与颁布实施日期

为正确、合理地设计自动喷水灭火系统，保护人身和财产安全，特制定《自动喷水灭火系统设计规范》(GB 50084)。该标准于 2017 年 5 月 27 日颁布，自 2018 年 1 月 1 日起实施。

2. 适用范围

《自动喷水灭火系统设计规范》(GB 50084)适用于新建、扩建、改建的民用与工业建筑中自动喷水灭火系统的设计，不适用于火药、炸药、弹药、火工品工厂、核电站及飞机库等特殊功能建筑中自动喷水灭火系统的设计。

3. 主要内容

《自动喷水灭火系统设计规范》（GB 50084）共 12 章、4 个附录，主要内容包括总则、术语和符号、设置场所火灾危险等级、系统基本要求、设计基本参数、系统组件、喷头布置、管道、水力计算、供水、操作与控制、局部应用系统等。

二、《自动喷水灭火系统施工及验收规范》（GB 50261）

1. 制定目的与颁布实施日期

为保障自动喷水灭火系统的施工质量和使用功能，减少火灾危害，保护人身和财产安全，特制定《自动喷水灭火系统施工及验收规范》（GB 50261）。该标准于 2017 年 5 月 27 日颁布，自 2018 年 1 月 1 日施行。

2. 适用范围

《自动喷水灭火系统施工及验收规范》（GB 50261）适用于工业与民用建筑中设置的自动喷水灭火系统的施工、验收及维护管理。

3. 主要内容

《自动喷水灭火系统施工及验收规范》（GB 50261）共 9 章、7 个附录，主要内容包括总则、术语、基本规定、供水设施安装与施工、管网及系统组件安装、系统试压和冲洗、系统调试、系统验收、维护管理等。

培训项目 10

《泡沫灭火系统设计规范》（GB 50151）《泡沫灭火系统施工及验收规范》（GB 50281）相关知识

【培训重点】

1. 了解《泡沫灭火系统设计规范》《泡沫灭火系统施工及验收规范》的制定目的。
2. 掌握《泡沫灭火系统设计规范》《泡沫灭火系统施工及验收规范》的颁布实施日期、适用范围和主要内容。

一、《泡沫灭火系统设计规范》（GB 50151）

1. 制定目的与颁布实施日期

为合理地设计泡沫灭火系统，减少火灾损失，保障人身和财产安全，特制定《泡沫灭火系统设计规范》（GB 50151）。该标准于 2010 年 8 月 18 日颁布，自 2011 年 6 月 1 日起实施。

2. 适用范围

《泡沫灭火系统设计规范》（GB 50151）适用于新建、改建、扩建工程中设置的泡沫灭火系统的设计，不适用于船舶、海上石油平台等场所设置的泡沫灭火系统的设计。

3. 主要内容

《泡沫灭火系统设计规范》（GB 50151）共9章、1个附录，主要内容包括总则、术语、泡沫液和系统组件、低倍数泡沫灭火系统、中倍数泡沫灭火系统、高倍数泡沫灭火系统、泡沫—水喷淋系统与泡沫喷雾系统、泡沫消防泵站及供水、水力计算等。

二、《泡沫灭火系统施工及验收规范》（GB 50281）

1. 制定目的与颁布实施日期

为保障泡沫灭火系统的施工质量和使用功能，规范验收和维护管理，特制定《泡沫灭火系统施工及验收规范》（GB 50281）。该标准于2006年6月19日颁布，自2006年11月1日起实施。

2. 适用范围

《泡沫灭火系统施工及验收规范》（GB 50281）适用于新建、扩建、改建工程中设置的低倍数、中倍数和高倍数泡沫灭火系统的施工及验收、维护管理。

3. 主要内容

《泡沫灭火系统施工及验收规范》（GB 50281）共8章、4个附录，主要内容包括总则、术语、基本规定、进场检验、系统施工、系统调试、系统验收、维护管理等。

培训项目 11 《自动跟踪定位射流灭火系统》（GB 25204）相关知识

【培训重点】

1. 了解《自动跟踪定位射流灭火系统》的制定目的。
2. 掌握《自动跟踪定位射流灭火系统》的颁布实施日期、适用范围和主要内容。

一、制定目的与颁布实施日期

为合理设计自动跟踪定位射流灭火系统，保障该系统相关产品的质量和使用功能，规范维护管理，减少火灾危害，保护人身和财产的安全，特制定《自动跟踪定位射流灭火系统》（GB 25204）。该标准于 2010 年 9 月 26 日颁布，自 2011 年 3 月 1 日起实施。

二、适用范围

《自动跟踪定位射流灭火系统》（GB 25204）适用于以水或泡沫混合液为喷射介质的，利用红外线、数字图像或其他火灾探测组件进行早期火灾的自动定位，并运用自动控制技术来实现灭火的各种自动跟踪定位射流灭火系统。

三、主要内容

《自动跟踪定位射流灭火系统》（GB 25204）共 8 章、1 个附录，主要内容包括范围，规范性引用文件，术语和定义，分类与型号，性能要求，试验方法，检验规则，标志、包装、储存、运输和使用说明书。

培训项目12

《气体灭火系统设计规范》（GB 50370）《气体灭火系统施工及验收规范》（GB 50263）相关知识

【培训重点】

1. 了解《气体灭火系统设计规范》《气体灭火系统施工及验收规范》的制定目的。
2. 掌握《气体灭火系统设计规范》《气体灭火系统施工及验收规范》的颁布实施日期、适用范围和主要内容。

一、《气体灭火系统设计规范》（GB 50370）

1. 制定目的与颁布实施日期

为合理设计气体灭火系统，减少火灾危害，保护人身和财产的安全，特制定《气体灭火系统设计规范》（GB 50370）。该标准于2006年3月2日颁布，自2006年5月1日起实施。

2. 适用范围

《气体灭火系统设计规范》（GB 50370）适用于新建、改建、扩建的工业和民用建筑中设置的七氟丙烷、IG541混合气体和热气溶胶全淹没灭火系统的设计。

3. 主要内容

《气体灭火系统设计规范》（GB 50370）共 6 章、7 个附录，主要内容包括总则、术语和符号、设计要求、系统组件、操作与控制、安全要求等。

二、《气体灭火系统施工及验收规范》（GB 50263）

1. 制定目的与颁布实施日期

为统一气体灭火系统工程施工及验收要求，保障气体灭火系统工程质量，特制定《气体灭火系统施工及验收规范》（GB 50263）。该标准于 2007 年 1 月 24 日颁布，自 2007 年 7 月 1 日起实施。

2. 适用范围

《气体灭火系统施工及验收规范》（GB 50263）适用于新建、扩建、改建工程中设置的气体灭火系统工程施工及验收、维护管理。

3. 主要内容

《气体灭火系统施工及验收规范》（GB 50263）共 8 章、6 个附录，主要内容包括总则、术语、基本规定、进场检验、系统安装、系统调试、系统验收、维护管理等。

培训项目 13

《建筑消防设施的维护管理》（GB 25201）相关知识

【培训重点】

1. 了解《建筑消防设施的维护管理》的制定目的。
2. 掌握《建筑消防设施的维护管理》的颁布实施日期、适用范围和主要内容。

一、制定目的与颁布实施日期

为引导和规范建筑消防设施的维护管理工作，确保建筑消防设施完好有效，特制定《建筑消防设施的维护管理》（GB 25201）。该标准于 2010 年 9 月 26 日颁布，自 2011 年 3 月 1 日实施。

二、适用范围

《建筑消防设施的维护管理》（GB 25201）适用于在用建筑消防设施的维护管理。

三、主要内容

《建筑消防设施的维护管理》（GB 25201）共 10 章、5 个附录，主要内容包括适用范围、术语和定义、总则、值班、巡查、检测、维修、保养、档案。

培训项目 14 其他消防设施设计、施工和验收、检测规范标准的相关知识

【培训重点】

1. 了解其他消防设施设计、施工和验收、检测规范标准的制定目的。
2. 掌握其他消防设施设计、施工和验收、检测规范标准的颁布实施日期、适用范围和主要内容。

一、《固定消防炮灭火系统设计规范》(GB 50338)和《固定消防炮灭火系统施工与验收规范》(GB 50498)

1.《固定消防炮灭火系统设计规范》(GB 50338)

(1)制定目的与颁布实施日期

为合理地设计固定消防炮灭火系统，减少火灾损失，保护人身和财产安全，特制定《固定消防炮灭火系统设计规范》(GB 50338)。该标准于 2003 年 4 月 15 日颁布，自 2003 年 8 月 1 日起实施。

(2)适用范围

《固定消防炮灭火系统设计规范》(GB 50338)适用于新建、改建、扩建工程中设置的固定消防炮灭火系统的设计。

（3）主要内容

《固定消防炮灭火系统设计规范》（GB 50338）共 6 章，主要内容包括总则、术语和符号、系统选择、系统设计、系统组件、电气等。

2.《固定消防炮灭火系统施工与验收规范》（GB 50498）

（1）制定目的与颁布实施日期

为保障固定消防炮灭火系统的施工质量和使用功能，规范工程验收和维护管理，特制定《固定消防炮灭火系统施工与验收规范》（GB 50498）。该标准于 2009 年 5 月 13 日颁布，自 2009 年 10 月 1 日起实施。

（2）适用范围

《固定消防炮灭火系统施工与验收规范》（GB 50498）适用于新建、扩建、改建工程中设置固定消防炮灭火系统的施工、验收及维护管理。

（3）主要内容

《固定消防炮灭火系统施工与验收规范》（GB 50498）共 9 章、7 个附录，主要内容包括总则、基本规定、进场检验、系统组件安装与施工、电气安装与施工、系统试压与冲洗、系统调试、系统验收、维护管理。

二、《干粉灭火系统设计规范》（GB 50347）

1. 制定目的与颁布实施日期

为合理设计干粉灭火系统，减少火灾危害，保护人身和财产安全，特制定《干粉灭火系统设计规范》（GB 50347）。该标准于 2004 年 9 月 2 日颁布，自 2004 年 11 月 1 日起实施。

2. 适用范围

《干粉灭火系统设计规范》（GB 50347）适用于新建、扩建、改建工程中设置的干粉灭火系统的设计。

3. 主要内容

《干粉灭火系统设计规范》（GB 50347）共 7 章、2 个附录，主要内容包括总则、术语和符号、系统设计、管网计算、系统组件、控制与操作、安全要求等。

三、《二氧化碳灭火系统设计规范》(GB 50193)

1. 制定目的与颁布实施日期

为合理地设计二氧化碳灭火系统，减少火灾危害，保护人身和财产安全，特制定《二氧化碳灭火系统设计规范》(GB 50193)。该标准于 2010 年 4 月 17 日颁布，自 2010 年 8 月 1 日起实施。

2. 适用范围

《二氧化碳灭火系统设计规范》(GB 50193) 适用于新建、改建、扩建工程及生产和储存装置中设置的二氧化碳灭火系统的设计。

3. 主要内容

《二氧化碳灭火系统设计规范》(GB 50193) 共 7 章、9 个附录，主要内容包括总则、术语和符号、系统设计、管网计算、系统组件、控制与操作、安全要求等。

四、《低压二氧化碳气体惰化保护装置》(GB 36660)

1. 制定目的与颁布实施日期

为规范低压二氧化碳气体惰化保护装置产品质量，特制定《低压二氧化碳气体惰化保护装置》(GB 36660)。该标准于 2018 年 9 月 17 日颁布，自 2019 年 4 月 1 日起实施。

2. 适用范围

《低压二氧化碳气体惰化保护装置》(GB 36660) 适用于发电厂、水泥厂等场所煤粉制备过程及天然气输配气场站使用的低压二氧化碳气体惰化保护装置。

3. 主要内容

《低压二氧化碳气体惰化保护装置》(GB 36660) 规定了低压二氧化碳气体惰化保护装置的术语和定义、分类、型号编制、要求、试验方法、检验规则、使用说明书编写要求等。

五、《柜式气体灭火装置》（GB 16670）

1. 制定目的与颁布实施日期

为规范柜式气体灭火装置产品质量，特制定《柜式气体灭火装置》（GB 16670）。该标准于 2006 年 3 月 1 日颁布，自 2006 年 10 月 1 日起实施。

2. 适用范围

《柜式气体灭火装置》（GB 16670）适用于柜式高压二氧化碳、七氟丙烷、氮气、氩气、三氟甲烷气体灭火装置，充装其他气体灭火剂的柜式气体灭火装置也可参照使用；不适用于柜式低压二氧化碳灭火装置。

3. 主要内容

《柜式气体灭火装置》（GB 16670）规定了柜式气体灭火装置的性能要求、试验方法、检验规则、标志、包装运输、储存和使用说明书编写要求等。

六、《细水雾灭火系统技术规范》（GB 50898）

1. 制定目的与颁布实施日期

为合理设计细水雾灭火系统，保证其施工质量，规范其验收和维护管理，减少火灾危害，保护人身和财产安全，特制定《细水雾灭火系统技术规范》（GB 50898）。该标准于 2013 年 6 月 8 日颁布，自 2013 年 12 月 1 日起实施。

2. 适用范围

《细水雾灭火系统技术规范》（GB 50898）适用于建设工程中设置的细水雾灭火系统的设计、施工、验收及维护管理。

3. 主要内容

《细水雾灭火系统技术规范》（GB 50898）共 6 章、7 个附录，主要内容包括总则、术语和符号、设计、施工、验收、维护管理等。

七、《水喷雾灭火系统技术规范》(GB 50219)

1. 制定目的与颁布实施日期

为合理设计水喷雾灭火系统，保障其施工质量和使用功能，减少火灾危害，保护人身和财产安全，特制定《水喷雾灭火系统技术规范》(GB 50219)。该标准于 2014 年 10 月 9 日颁布，自 2015 年 8 月 1 日起实施。

2. 适用范围

《水喷雾灭火系统技术规范》(GB 50219) 适用于新建、扩建和改建工程中设置的水喷雾灭火系统的设计、施工、验收及维护管理。

3. 主要内容

《水喷雾灭火系统技术规范》(GB 50219) 共 10 章、7 个附录，主要内容包括总则、术语和符号、基本设计参数和喷头布置、系统组件、给水、操作与控制、水力计算、施工、验收、维护管理等。

八、《消防安全标志　第 1 部分：标志》(GB 13495.1)

1. 制定目的与颁布实施日期

为规范消防安全标志的设计和使用，特制定《消防安全标志　第 1 部分：标志》(GB 13495.1)。该标准于 2015 年 6 月 2 日颁布，自 2015 年 8 月 1 日起实施。

2. 适用范围

《消防安全标志　第 1 部分：标志》(GB 13495.1) 适用于所有需要设置消防安全标志的场所，不适用于消防技术文件和各类地图所用的图形符号。

3. 主要内容

《消防安全标志　第 1 部分：标志》(GB 13495.1) 规定了用于消防安全领域的标志。

九、《探火管式灭火装置》（GA 1167）

1. 制定目的与颁布实施日期

为了规范探火管式灭火装置产品质量，特制定《探火管式灭火装置》（GA 1167）。该标准于2014年6月23日颁布，自2014年7月1日起实施。

2. 适用范围

《探火管式灭火装置》（GA 1167）适用于探火管式灭火装置产品质量控制。

3. 主要内容

《探火管式灭火装置》（GA 1167）规定了探火管式灭火装置的术语和定义、分类、型号编制、要求、试验方法、检验规则、标志、包装、运输、储存和使用说明书编写要求等。

十、《油浸变压器排油注氮灭火装置》（GA 835）

1. 制定目的与颁布实施日期

为规范油浸变压器排油注氮灭火装置产品质量，特制定《油浸变压器排油注氮灭火装置》（GA 835）。该标准于2009年6月4日发布，自2009年7月1日实施。

2. 适用范围

《油浸变压器排油注氮灭火装置》（GA 835）适用于油浸变压器排油注氮灭火装置，保护油浸电抗器等设备的排油注氮灭火装置可参照采用。

3. 主要内容

《油浸变压器排油注氮灭火装置》（GA 835）规定了油浸变压器注氮式灭火装置及其氮气瓶组、氮气释放阀、排油阀、断流阀、减压装置、消防控制柜、火灾探测装置、油气隔离装置等部件的性能要求、试验方法、检验规则、使用说明书编写要求等。

十一、《消防产品现场检查判定规则》（GA 588）

1. 制定目的与颁布实施日期

为提高消防产品监督检查工作的质量，及时发现和查处假冒伪劣消防产品，建立良好的消防产品市场秩序，特制定《消防产品现场检查判定规则》（GA 588）。该标准于 2012 年 12 月 26 日颁布，自 2013 年 1 月 1 日起实施。

2. 适用范围

《消防产品现场检查判定规则》（GA 588）适用于消防产品质量监督机构对消防产品的现场检查和判定。

3. 主要内容

《消防产品现场检查判定规则》（GA 588）规定了消防产品现场检查的术语和定义、基本规定、市场准入检查、产品质量现场检查和判定规则。

十二、《泡沫喷雾灭火装置》（GA 834）

1. 制定目的与颁布实施日期

为规范泡沫喷雾灭火装置产品质量，特制定《泡沫喷雾灭火装置》（GA 834）。该标准于 2009 年 6 月 4 日颁布，自 2009 年 7 月 1 日起实施。

2. 适用范围

《泡沫喷雾灭火装置》（GA 834）适用于泡沫灭火系统中的泡沫喷雾灭火装置。

3. 主要内容

《泡沫喷雾灭火装置》（GA 834）规定了泡沫喷雾灭火装置及装置中部件的要求、试验方法、检验规则、标志、包装、运输和储存要求。

十三、《灭火器维修》（GA 95）

1. 制定目的与颁布实施日期

为规范灭火器维修过程，确保灭火器维修安全，特制定《灭火器维修》（GA 95）。

该标准于 2015 年 10 月 12 日颁布，自 2016 年 2 月 1 日起实施。

2. 适用范围

《灭火器维修》（GA 95）适用于手提式灭火器和推车式灭火器维修。

3. 主要内容

《灭火器维修》（GA 95）规定了灭火器维修的术语和定义、总要求、维修条件、维修技术要求、报废与回收处置、试验方法和检验规则。

基础知识考核示范样例

一、单项选择题（下列每题有 4 个选项，其中只有 1 个是正确的，请将其代号填写在横线空白处，每题 1 分）

1. ________是做人的基本准则，也是社会道德和职业道德的一项基本规范。

A. 诚实守信　　B. 爱岗敬业

C. 以人为本　　D. 钻研业务

2. 下列不属于消防工作特点的是________。

A. 社会性　　B. 行政性

C. 经常性　　D. 艰巨性

3. 可燃性液体挥发的蒸气与空气混合达到一定浓度后，遇明火发生一闪即灭的燃烧现象，称为________。

A. 爆炸　　B. 自燃

C. 闪燃　　D. 喷溅

4. 2018 年 7 月四川某县工业园一科技有限公司发生一起火灾爆燃事故，造成 19 人死亡，12 人受伤，直接财产损失约 500 万元，则该起火灾事故属于________。

A. 特别重大火灾　　B. 重大火灾

C. 较大火灾　　D. 一般火灾

5. 建筑消防车道的坡度不宜大于________%。

A. 2　　B. 5

C. 8　　D. 1

二、多项选择题（下列每题的多个选项中，至少有 2 个是正确的，请将正确答案的代号填在横线空白处，每题 1 分）

1. 道德的表现形式为________。

A. 家庭美德　　B. 道德情感

C. 道德自律　　D. 社会公德

E. 职业道德

2. 建筑物之间的防火间距应按相邻建筑物外墙的最近水平距离计算，当外墙有凸出的________时，从凸出部分的外缘计算。

A. 可燃构件　　B. 易燃构件

C. 难燃构件　　D. 不燃构件

E. 阻燃构件

3. 关于文件（夹）说法正确的是________。

A. 文件名包括文件主名和扩展名两个部分

B. 扩展名表示文件的类型

C. 文件夹是用来组织和管理磁盘文件的一种数据结构

D. 文件名或文件夹名中最多可以有 255 个字符

E. 文件夹不可被删除

4. 劳动者有下列________情形之一，用人单位有权单方面解除合同。

A. 在试用期间被证明不符合录用条件的

B. 严重违反劳动纪律或用人单位规章制度的

C. 严重失职，营私舞弊，对用人单位利益造成重大损害的

D. 被依法追究刑事责任的

E. 劳动合同订立时所依据的客观情况发生重大变化，致使原劳动合同无法履行的

5.《火灾自动报警系统设计规范》（GB 50116）不适用于生产和储存________等场所设置的火灾自动报警系统的设计。

A. 火药　　B. 炸药

C. 弹药　　D. 农药

E. 火工品

三、判断题（下列判断正确的请在括号中打“√”，错误的请在括号内打“×”，每题 1 分）

1. 职业是指从业人员所从事的社会工作类别。（　）

2. 火灾是失去控制的燃烧所造成的灾害。（　）

3. 保护范围确定后，禁止任何人（包括现场保护人员）进入保护区。（　）

4. Excel 以“单元格”为基本单位进行编辑。（　）

5.《自动喷水灭火系统设计规范》（GB 50084）不适用于火药、炸药、弹药、火工品工厂、核电站及飞机库等特殊功能建筑中自动喷水灭火系统的设计。（　）

参 考 文 献

［1］中国消防协会. 建（构）筑物消防员（基础知识、初级技能）［M］. 北京：中国科学技术出版社，2013.

［2］张东风. 职业道德［M］. 北京：中国劳动社会保障出版社，2018.

［3］全国人大常委会法工委刑法室，公安部消防局. 中华人民共和国消防法释义［M］. 北京：人民出版社，2009.

［4］中国消防协会. 消防安全技术实务［M］. 北京：中国人事出版社，2018.

［5］中国消防协会. 消防安全技术综合能力［M］. 北京：中国人事出版社，2018.

［6］中华人民共和国公安部消防局. 中国消防手册（第一卷）［M］. 上海：上海科学技术出版社，2010.

［7］中华人民共和国公安部消防局. 中国消防手册（第七卷）［M］. 上海：上海科学技术出版社，2006.

［8］中华人民共和国公安部消防局. 中国消防手册（第八卷）［M］. 上海：上海科学技术出版社，2006.

［9］中华人民共和国公安部消防局. 中国消防手册（第九卷）［M］. 上海：上海科学技术出版社，2006.

［10］中华人民共和国公安部消防局. 中国消防手册（第十卷）［M］. 上海：上海科学技术出版社，2006.

［11］和丽秋. 消防燃烧学［M］. 北京：机械工业出版社，2018.

［12］王雪松，许景峰. 房屋建筑学［M］. 重庆：重庆大学出版社，2018.

［13］舒秋华. 房屋建筑学［M］. 武汉：武汉理工大学出版社，2018.

［14］张泽江，梅秀娟. 古建筑消防［M］. 北京：化学工业出版社，2010.

［15］赵辉. 古建筑消防工程施工细节详解［M］. 北京：化学工业出版社，2014.

［16］张学魁，闫胜利. 建筑灭火设施［M］. 北京：中国人民公安大学出版社，2014.

［17］张树平. 建筑防火设计［M］. 北京：中国建筑工业出版社，2001.

［18］舒中俊，杜建科，王霁. 材料燃烧性能分析［M］. 北京：中国建材工业出版社，2014.

［19］张玉龙．维修电工基础知识［M］．北京：中国劳动社会保障出版社，2012.

［20］张振文．电工手册［M］．北京：化学工业出版社，2017.

［21］陈南，蒋慧灵．电气防火及火灾监控［M］．北京：中国人民公安大学出版社，2014.

［22］丁宏军．火灾自动报警系统设计［M］．成都：西南交通大学出版社，2014.

［23］朱磊，周广连．建筑消防设施实操教程［M］．南京：江苏教育出版社，2013.

［24］张永根，朱磊．建筑消防概论［M］．南京：南京大学出版社，2018.

［25］孙军田．固定消防设施操作管理实用手册［M］．北京：中国人民公安大学出版社，2014.

［26］戴梅萼，史嘉权．微型计算机技术及应用［M］．北京：清华大学出版社，2008.

［27］刘世勇，罗立新．计算机应用基础［M］．北京：清华大学出版社，2018.

［28］神龙工作室，王作鹏，殷慧文．Word/Excel/PPT 2010 办公应用从入门到精通［M］．北京：人民邮电出版社，2013.

［29］王留洋，周蕾等．大学计算机基础实践教程［M］．南京：南京大学出版社，2017.

［30］全国计算机等级考试教材编写组，未来教育教学与研究中心．全国计算机等级考试教程二级 MS Office 高级应用［M］．北京：人民邮电出版社，2016.

［31］谢希仁．计算机网络（第 7 版）［M］．北京：电子工业出版社，2017.